智能数据系统与通信网络中的安全保证与容错恢复

Security and Resilience in Intelligent Data-Centric Systems and Communication Networks

［意］Massimo Ficco（马西莫·菲科）

Francesco Palmieri（弗朗西斯科·帕尔米耶里）　主编

秦丹阳　译

国防工业出版社

·北京·

著作权合同登记　图字：军-2021-005 号

图书在版编目（CIP）数据

智能数据系统与通信网络中的安全保证与容错恢复/（意）马西莫·菲科（Massimo Ficco），（意）弗朗西斯科·帕尔米耶里（Francesco Palmieri）主编；秦丹阳译. —北京：国防工业出版社，2022.7

书名原文：Security and Resilience in Intelligent Data-Centric Systems and Communication Networks

ISBN 978-7-118-12521-4

I. ①智⋯　II. ①马⋯ ②弗⋯ ③秦⋯　III. ①数据处理系统②通信网—研究　IV. ①TP274②TN915

中国版本图书馆 CIP 数据核字（2022）第 114587 号

注意

　　本书涉及领域的知识和实践标准在不断变化。新的研究和经验拓展我们的理解，因此须对研究方法、专业实践或医疗方法作出调整。从业者和研究人员必须始终依靠自身经验和知识来评估和使用本书中提到的所有信息、方法、化合物或本书中描述的实验。在使用这些信息或方法时，他们应注意自身和他人的安全，包括注意他们负有专业责任的当事人的安全。在法律允许的最大范围内，爱思唯尔、译文的原文作者、原文编辑及原文内容提供者均不对因产品责任、疏忽或其他人身或财产伤害及/或损失承担责任，亦不对由于使用或操作文中提到的方法、产品、说明或思想而导致的人身或财产伤害及/或损失承担责任。

※

国防工业出版社 出版发行

（北京市海淀区紫竹院南路 23 号　邮政编码 100048）

北京虎彩文化传播有限公司印刷
新华书店经售

*

开本 710×1000　1/16　印张 21¾　字数 380 千字
2022 年 7 月第 1 版第 1 次印刷　印数 1—1000 册　定价 189.00 元

（本书如有印装错误，我社负责调换）

国防书店：（010）88540777　　书店传真：（010）88540776
发行业务：（010）88540717　　发行传真：（010）88540762

译 者 序

随着移动通信技术、网络技术、信息技术的持续快速发展和普及，分布式数据系统深刻地改变着人们的工作、学习和生活方式。在科技改变生活，网络引领未来的新时代，技术日新月异，移动互联网、云计算、物联网（IoT）、大数据等新技术对信息产业产生颠覆性、革命性的创新效应，促进爆炸式增长的信息消费，新业态、新商业模式的不断涌现正在塑造着全球电子信息产业发展的新格局，在此过程中信息化和经济全球化相互促进。不论是政务管理、国防建设，还是社交媒体、教育医疗，身边的一切都在发生巨大的变化，从基础设施、系统构建、云计算到移动终端，无时无刻不在提醒着我们，我们已经步入一个数字化的世界。以数据为中心的智能系统称为智能数据系统，在现代人类生活中更是起到不可替代的重要作用。特别是近年来，复杂的分布式智能数据系统已被应用在国家许多重要的领域。然而，智能数据系统与通信网络在深入国防、科技、文化等方面的同时，却给信息安全带来越来越大的挑战。

目前，智能数据系统已经普遍应用在高级的监控设备上。那么，当智能数据系统发生故障或运行中断时，所产生的后果将对公共安全造成灾难性的影响，从而导致严重的经济损失。智能数据系统的安全性和可靠性在工业领域以及公共领域显得尤为重要。这就要求现代智能数据系统必须具备有力抵御攻击和恶意行为的容错能力，以便降低系统发生严重故障和敏感数据被窃取的风险。此类系统在各关键领域的实际应用，对开发人员，特别是计算机工程师，提出了新的挑战，必须设计更具鲁棒性的解决方案以确保系统更高的安全性能。然而，由于智能数据系统自身存在结构动态复杂性，其安全性和容错性往往难以实现。

本书立足于现代智能数据系统与通信网络在各种领域快速发展所引发的安全问题，从集合数据系统可信性研究、物联网空间安全、智能安全接入、大数据与智能传感器安全、区域网络攻击检测以及云上安全监测等方面入手，分别从支持物联网的智能数据系统与通信网络两个角度介绍目前最新的安全技术与容错技术，主要包括能够有效阻止与避免信息泄露或恶意攻击的技术与方法，以及复杂异构应用背景下对破坏或阻碍监控与追踪等安全应用的防范。此外，本书还将给出针对这类数据系统与通信网络的潜在篡改风险与攻击的检测技术与方法，帮助读者了解相关概念与技术，以期实现更加稳定、可靠的系统级安全保证。书中涵盖了目前智能数据系统与通信网络安全领域的热点问题与最新研究成果，并据此构建了对未来技术发展与演进方向的讨论基础。

从我国目前智能数据系统与通信网络的发展状况上来看，尽管技术起步较晚，在网络安全防御上与"技术强国"有着一定的差距，但是，作为"技术大国"，我国相关研究发展迅速。新型智能数据系统的开发与设计在一定程度上取决于算法技术、系统结构、科学工具等多种要素，而这些要素往往受到相关领域工艺水平、安全意识、检测精度等的多种限制。中国的后现代发展，很大程度上取决于信息化的发展，作为全球信息化发展最为迅速的国家，对于网络安全的保证也是发展的重要方面。本书所给出的具体安全事例解决方案以及安全技术的展望对我国的国家安全、经济发展、文化保护以及军事建设具有重要意义。此外，本书还可以作为通信系统、电子工程、计算机科学、数据安全、计算机通信网络、数据加密、网络安全等领域研究的重要分析工具及材料补充；对于高年级本科生及相关研究方向的硕士、博士研究生，本书将介绍学术未来的研究方向并给予指导和提供参考。

由于书中内容的专业性非常强，从翻译初稿到终稿，经过了一年的辛勤努力。在此，感谢本书翻译团队的成员，感谢对书中内容进行了初稿翻译的马静雅、张岩、冯攀、纪萍、赵敏、郭若琳、徐广超，特别感谢为全书后期校对、排版的赵敏。每一位译者都在工作之余花了很多时间精推细敲、反复斟酌原文和译文，几经修订才使本书得以呈现在读者面前，感谢每一位参与者的辛苦付出。我们衷心地希望本书的引进与出版，能够进一步推动我国智能数据系统与通信网络技术的创新与发展。

译　者
2021 年 5 月

前　言

1. 研究目的与意义

以数据为中心的智能系统称为智能数据系统，在现代人类生活中起到不可替代的重要作用。特别是近年来，复杂的分布式智能数据系统已被应用在国家许多重要的行业，如机场、港口、核电厂与化工厂、水油等能源供应系统、电信系统、银行与金融服务系统，以及政府和应急服务等。

目前，智能数据系统已经普遍应用在高级的监控设备上。那么，当智能数据系统发生故障或运行中断时，所产生的后果将对公共安全造成灾难性的影响，从而导致严重的经济损失（Ficco 等，2016）。因此，智能数据系统的安全性和可靠性在工业领域及公共领域显得尤为重要。这就要求现代智能数据系统必须具备有力抵御攻击和恶意行为的容错能力，以便降低系统发生严重故障和敏感数据被窃取的风险。此类系统在各关键领域的实际应用对开发人员，特别是计算机工程师，提出了新的挑战，必须设计更具鲁棒性的解决方案以确保系统更高的安全性能。当然，这也意味着要付出更多的时间和成本（ElMaraghy 等，2012；Ficco 等，2017）。

由于智能数据系统自身存在结构动态复杂性，其安全性和容错性往往难以实现（Ferrario，2015）。首先，系统一般采用模块化设计，根据功能和应用需求将若干固化、开源组件进行组合，这样可以有效降低开发成本。然而，这些组件原本是针对不同的应用领域需要而设计的，当应用于其他领域时可能会产生不可预测的安全漏洞。其次，智能数据系统的规模已大幅增长，应用范围也不断延拓，原本"封闭"的运营环境也变得越来越开放，在增强互操作性以及远程控制和移动访问（Ficco 等，2014）的同时，也会出现新的安全威胁，例如被恶意入侵者利用，从而危及系统操作以及机密数据的存储和访问。特别地，这些智能数据系统多用于管理大量异构、复杂和敏感的数据（包括传感器数据、移动数据、监控数据和取证数据等），这些数据本身也可能会成为许多潜在威胁的目标。最后，动态复杂性通常是通过响应组件的环境和操作条件的变化而出现的非常规性系统行为，也可能是网络或系统负载以及计算和通信资源（用来支持执行这些动作）可用性方面不可预知的波动，是智能数据系统的典型特征，而这种动态复杂性在保证系统的环境适应力的同时，却会加剧系统监测及控制行为的复杂程度。此外，智能数据系统并不是孤立的，在现代大数据信息体系框架下，往往呈现高度的相互关联和相互依存的模态。这种协同设计使连环故障或接续故障的可能性增加，会将初始入侵的影响，不论规模大小，扩大到某些关键环节，从而在本地乃至国家范围内诱发重大安全事件（Zio 和 Ferrario，2013）。各数据系统之间的应用关联和协同处理可能会产生无法避免的安全漏洞，而这些漏洞通常会在系统运行时出现，从而影响整体的安全性和可靠性。从这种角度来看，单个系统的安全性并不能保证整个系统的安全性。另外，数据网络中的攻击和漏洞等问题难以及早发现，因此需要现场监控与监测，从而导致维护成本的增加和人力资源超支。因此，在实际应用中，识别、理解和分析网络中各个系统之间复杂的相互作用和相互依赖关系并非易事，这使得客观准确评价网络中各系统由恶意事件造成的损失成为重要的研究挑战（Pederson 等，2006）。

目前，相关研究领域趋向于采用"体系化系统"（System of System，SoS）的方法对网络中各系统进行重组，通过选择适当的中间件在广域网中逐步地将分散且独立的系统关联起来（Maier，1998）。作为大规模并行、分布式的复杂网络系统，SoS 大量的物理性质及功能各异的元素在网络结构中相互作用、相互关联，并按子系统的层次结构进行组织，从而实现整个系统功能（Guckenheimer 和 Ottino，2008）。

此外，随着现代组织机构对数据系统的需求不断增加（例如系统管理员和内部人员需要随时随地接入系统、应用并能够下载或访问相关的资源文件）、新兴信息技术和软件模式（包括虚拟化、云计算、物联网、大数据分析技术、移动设备和应用等）以及有线通信网络和无线通信网络（为大数据采集和传输提供更廉价和更广泛的渠道）的快速发展，私密和敏感数据的应用体现出明显的实时性和移动性，这使得数据网络更易受到潜在的攻击。同时，由于在设置或部署特定系统时，通常假设 SoS 的动态系统数据是"安全的"。例如，在常用或默认的设备上，经过相关校验和鉴权，确实可以在一定程度上保证数据和信息的安全性。但是，如果设备更换或系统改变，新的漏洞就可能随之产生。也就是说，许多组织机构或个人既没有意识到安全隐患，也不了解敏感数据副本的作用以及谁有权访问这些数据。

SoS 处理对象的分布性和复杂性、在不同设备与地点间分布的随机性、支持数据处理的多样性、不受地点与设备限制的适应性、技术发展与概念扩充的快速性，以及广域应用的关键性，无不意味着传统监测、防护和控制的概念在不断演变。此外，具有独立开发特性的软件组件的组合和功能合并，尤其是结合实时性的需求，将成为该领域研究的关键。

恶意软件网关设备、防病毒软件、防火墙和入侵检测系统等传统的安全工具并不足以检测和解决新型的或更复杂的攻击，这些攻击能够规避安全控制并窃取敏感数据，以实现非法利润和工业间谍等活动。标准的安全技术的确能在一定程度上检测并防止典型恶意软件的散播、渗透以及外部攻击的发生，但是，对于隐蔽的分布式攻击和内部的恶意行为（比如内部威胁）而言，标准的安全技术在检测和响应方面存在较大的局限性。实际上，入侵者采用更加复杂或者更加隐蔽的方式规避这些安全工具和技术也是很平常的，因为这些攻击通常设计为低速率攻击模式，看起来类似授权用户执行的正常流量（Ficco 和 Rak，2015）。以相似的方式，对敏感数据有合法访问权限的恶意个体，可以通过每天抽取少量敏感数据来进行缓慢的内部攻击。上述攻击可能会对互联网应用服务提供商的传统资产（计算、存储和连接资源）产生不利影响，从而导致对所涉及的用户或多或少地拒绝服务（Denial of Service，DoS）。更糟糕的是，DoS 可能会把重点放在新的但不太明显的目标和攻击对象上，例如提高数据中心或政务云等机构的能耗（Palmieri，2011、2015；Ficco 和 Palmieri，2015）。然而，安全管理员通常难以察觉上述活动的进行，直到恶意任务几近完成时，才发现已经发生严重的损害（Oltsik，2015）。为此，对于现在智能数据系统及其所设计的通信网络，如何实现可靠高效的安全保障与容错技术是该领域的关键所在。

2. 本书主要研究内容

如今，数据系统结构及其相关技术使得安全技术与容错技术成为敏感数据管理和态势感知支持的关键所在。新型智能数据系统的开发与设计在一定程度上取决于算法技术、系统结构、科学工具等多种要素，而这些要素往往受到相关领域工艺水平、安全意识、检测精度等的多种限制。因此，本书将立足于智能数据系统，深入讨论当前该研究领域的最新理论研究成果与最新实践应用成果，探索未来的系统结构设计、算法设计、安全型设计等相关领域的研究路线与趋势。此外，本书还将介绍智能数据系统安全与容错研究领域的最新研究成果，用以支持相关领域的同类或相似研究。

本书将根据应用特征的不同，分别从支持 IoT 的智能数据系统与通信网络两方面，介绍最新的安全技术与容错技术，主要包括能够有效阻止与避免信息泄露或恶意攻击的技术与方法，以及复杂异构应用背景下破坏或阻碍监控追踪等安全应用的防范。此外，本书还将给出针对这类数据系统与通信网络的潜在篡改风险与攻击的检测技术与方法，帮助读者了解相关概念与技术，以期实现更加稳定、可靠的系统级安全保证。本书所包含的章节是针对不同研究技术领域精心安排而成，主要包括以下部分。

第 1 章基于集合的数据系统可信性研究，介绍数据系统中可信性研究的相关技术并分析云计算技术在该领域的应用。

第 2 章智能数据系统的风险评价与监测，从传统大规模计算系统风险评价方法的分析中探索数据系统的风险评价与监测解决方案，并给出其形式化建构模型。

第 3 章物联网的空间安全分析，主要分析当前 IoT 领域的空间安全技术的研究成果，并分析未来研究发展的思路。

第 4 章物联网与传感器网络的安全研究，主要研究 IoT 相关技术引入后的安全性、私密性以及各种攻击的关键技术。

第 5 章传感器网络的智能接入控制模型，讨论传感器网络在敏感数据采集中的安全问题，研究基于语义的本体问题解决方法，并通过匹配接入控制模型的不同本体描述用以实现互操作。

第 6 章智能传感器与大数据安全及容错，给出安全与容错领域中 IoT 与大数据的技术交集，并在实际应用过程中对两种技术交集的系统设计与数据管理进行分析。

第 7 章 WSN 中 QoS（Quality of Service，QoS）性能增强与负载均衡算法，分析目前 WSN 对于传统 WSN 的通信网络性能研究的变化，并给出 WSN 领域中面向 QoS 性能增强的最新负载均衡算法。

第 8 章攻击建模与检测中的机器学习技术，研究攻击分析与检测领域中机器学习的热点技术，包括最优化技术、群智能以及行为模拟技术等，并讨论生物检测类技术在安全领域的应用与实现。

第 9 章区域网络中的分布式认知，给出基于分布式认知的普适计算架构，并分析区域网络实体交互的可信性。

第 10 章基于新型云的物联网技术，深入分析 IoT 的架构演进，并介绍新型云对物联网感知层、网络层、数据聚合层、中间件以及应用层设计的影响，给出云端结构设计方法。

第 11 章云上安全数据监测（基于 SLA 的安全方法），讨论云安全监测的相关研究进展，给出基于 SLA 的安全监测方法，给出 DoS 检测与漏洞防护的方法。

第 12 章基于强化 iOS 设备的远程访问安全控制，针对智能传感器蓄意滥用的问题，给出基于设备强化的非必要业务禁用方法，并讨论反取证结果、隐私保护以及入侵抵御方法。

第 13 章无线体域网中面向数据容错的路径损耗算法研究，给出无线体域网 WBAN 中用于数据系统保护与数据容错研究中的最新路径损耗算法，分析无线标准、加密原理以及接收机参数设置要求。

第 14 章广域保密信息系统的安全性与容错性设计，分析政府、国防、金融等广域高保密性分布式数据系统的安全性与容错性要求，给出危机信息共享方法，给出保密信息系统的复制、通信等安全保证与容错恢复方法。

我们相信，本书所给出的新方法、经验以及成果对智能数据系统相关领域的研究将起到重要的推动作用，同时为安全领域的学术研究人员、专家及感兴趣的技术人员、大学生拓展研究思路。

致　　谢

向所有为本书出版贡献力量的作者、编辑以及为每项学术成果提出宝贵建议的匿名审稿专家致以诚挚的谢意。

参 考 文 献

EIMaraghy, W., EIMaraghya, H., Tomiyamac, T., Monostorid, L., 2012. Complexity in engineering design and manufacturing. CIRP Ann. Manuf. Technol. 61(2), 793-814.

Ferrario, E., 2015. System-of-systems modeling and simulation for the risk analysis of industrial installations and critical infrastructures. Available at: http://tel.archives-ouvertes.fr/tel- 01127194.

Ficco, M., Palmieri, F., 2015. Introducing fraudulent energy consumption in cloud infrastructures: a new generation of denial-of-service attacks. IEEE syst. J. 1-11.

Ficco, M., Rak, M., 2015. Stealthy denial of service strategy in cloud computing. IEEE Trans. Cloud Comput. 3(1), 80-94.

Ficco. M., Avolio, G., Battaglia, I., Manetti, V., 2014. Hybrid simulation of distributed large-scale critical infrastructures. In: Proceedings of the International Conference on Intelligent Networking and Collaborative Systems (INCoS 2014), pp. 616-621.

Ficco, M., Avolio. G., Palmieri, F., Castiglion, A., 2016. An HLA-based framework for simulation of large-scale critical systems. Concurrency Computat. Pract. Exper. 28(2), 400-419.

Ficco, M., Di Martino, B., Pietrantuono, R., Russo, S., 2017. Optimized task allocation on private cloud for hybrid simulation of large-scale critical systems. Futur. Gener. Comput. Syst. Available at: http://www.sciencedirect.com/science/artical/pii/S0167739X1630061.

Guckenheimer, J., Ottino, J., 2008. Foundations for complex systems research in the physical sciences and engineering. Report from NSF Workshop.

Maier, M., 1998. Architecting principles for systems-of systems. Syst. Eng. 1(4), 267-284.

Oltsik, J., 2015. Data-centric security: a new information security perimeter, pp. 1-4. Available at: http://www.informatica.com/content/dam/informatica-com/global/amer/us/collateral/anaylyst-report/en_esg data centric-security_analyst-report_2876.pdf

Palmieri, F., Ricciardi, S., Fiore, U., 2011. Evaluating network-based dos attacks under the energy consumption perspective: new security issues in the coming green ICT area, pp. 374-379.

Palmieri, F., Ricciardi, S., Fiore, U., Ficco, M., Castiglione, A., 2015. Energy-oriented denial of service attacks: an emerging menace for large cloud infrastructures. J. Supercomput. 71(5), 1620-1641.

Pederson, P.D.D., Hartley, S., Permann, M., 2006. Critical infrastructure interdependency modeling: a survey of us and international research. Idaho National Laboratory, Idaho Falls, pp. 1-126, INL/EXT-06-11464.

Zio, E., Ferrario, E., 2013. A framework for the system-of-systems analysis of the risk for a safety-critical plant exposed to external events. Reliab. Eng. Syst. Saf. 114, 114-125.

目　　录

第1章　基于容器的数据系统可信性研究 ………………………………………… 1

1.1　引言 ……………………………………………………………………… 1

1.2　基于组件的软件工程 …………………………………………………… 4

　　1.2.1　生存期 …………………………………………………………… 4

　　1.2.2　数据管理的结构化方法 ………………………………………… 5

　　1.2.3　新型容器交互操作架构 ………………………………………… 8

1.3　可信性研究的重要概念与关系 ………………………………………… 10

　　1.3.1　可信性属性 ……………………………………………………… 10

　　1.3.2　可信性方法 ……………………………………………………… 14

　　1.3.3　可信性威胁 ……………………………………………………… 15

1.4　虚拟机与容器镜像的应用 ……………………………………………… 16

1.5　SWITCH 与软件工程的 QoS 保证 ……………………………………… 18

1.6　本章小结 ………………………………………………………………… 19

致谢 …………………………………………………………………………… 20

参考文献 ……………………………………………………………………… 20

第2章　智能数据系统的风险评价与监测 ……………………………………… 22

2.1　引言 ……………………………………………………………………… 22

　　2.1.1　现有结构化解决方案 …………………………………………… 22

　　2.1.2　未来结构化解决方案 …………………………………………… 24

2.2　DCIS 管理中的风险因素 ………………………………………………… 25

　　2.2.1　大尺度评价 ……………………………………………………… 25

　　2.2.2　小尺度评价 ……………………………………………………… 26

2.3　传统信息风险评价 ……………………………………………………… 27

2.4　CPS 风险评价方法 ……………………………………………………… 30

2.5　所提出的新型方法 ……………………………………………………… 31

　　2.5.1　结构建模 ………………………………………………………… 32

　　2.5.2　迭代法进程 ……………………………………………………… 33

2.6　形式化构建 ……………………………………………………………… 34

    2.6.1　行为模型 ··· 34

    2.6.2　中和模型 ··· 35

    2.6.3　BN 模型关联与分析 ······································· 37

2.7　相关研究 ··· 37

2.8　本章小结 ··· 39

本章缩略语表 ··· 40

本章术语表 ··· 40

参考文献 ·· 41

第 3 章　物联网的空间安全分析 ··· 45

3.1　引言 ··· 45

3.2　网络空间安全方案 ··· 45

    3.2.1　攻击目标与攻击模式 ······································· 46

    3.2.2　攻击成本 ··· 47

3.3　IoT 对网络空间安全方案的影响 ····································· 49

    3.3.1　IoT 的发展 ·· 49

    3.3.2　IoT 对数字化进程的作用 ···································· 50

    3.3.3　IoT 数字化策略 ·· 53

3.4　工业控制系统 ICS ··· 54

3.5　汽车工业领域的安全研究 ··· 57

    3.5.1　吉普·切诺基 ·· 58

    3.5.2　特斯拉 S 型 ··· 59

3.6　人工智能 ··· 62

3.7　本章小结 ··· 64

参考文献 ·· 66

补充阅读建议 ··· 67

第 4 章　物联网与传感器网络的安全研究 ································· 68

4.1　引言 ··· 68

4.2　IoT 的要素与结构 ··· 69

    4.2.1　IoT 的要素 ·· 69

    4.2.2　IoT 的结构 ·· 71

4.3　IoT 应用领域 ··· 72

4.4　安全、保密与隐私 ··· 74

4.5　关键技术 ··· 77

4.6 设备约束 ……………………………………………………………… 81

4.7 攻击研究 ……………………………………………………………… 82

    4.7.1 物理层攻击 ………………………………………………… 83

    4.7.2 链路层攻击 ………………………………………………… 83

    4.7.3 网络层攻击 ………………………………………………… 84

    4.7.4 传输层攻击 ………………………………………………… 85

    4.7.5 应用层攻击 ………………………………………………… 86

4.8 本章小结 ……………………………………………………………… 86

致谢 …………………………………………………………………………… 87

本章缩略语表 ………………………………………………………………… 87

本章术语表 …………………………………………………………………… 89

参考文献 ……………………………………………………………………… 90

第5章 传感器网络智能接入控制模型 ………………………………………… 93

5.1 引言 …………………………………………………………………… 93

5.2 研究背景与相关工作 ………………………………………………… 94

5.3 问题描述 ……………………………………………………………… 99

5.4 智能接入控制方法 …………………………………………………… 100

5.5 算法原型 ……………………………………………………………… 107

5.6 本章小结 ……………………………………………………………… 110

参考文献 ……………………………………………………………………… 111

第6章 智能传感器与大数据安全及容错 …………………………………… 114

6.1 引言 …………………………………………………………………… 114

6.2 IoT 系统架构 ………………………………………………………… 115

    6.2.1 传感器网络 ………………………………………………… 117

    6.2.2 结构融合 …………………………………………………… 118

    6.2.3 骨干网组网 ………………………………………………… 119

    6.2.4 大数据存储与服务 ………………………………………… 119

    6.2.5 智慧应用与服务 …………………………………………… 120

6.3 大数据驱动管理与价值环风险 ……………………………………… 120

6.4 应用领域 ……………………………………………………………… 122

    6.4.1 智慧城市 …………………………………………………… 123

    6.4.2 智慧电网 …………………………………………………… 123

    6.4.3 智慧楼宇 …………………………………………………… 124

　　　6.4.4　灾难救援、应急处理与恢复 ················· 125

　　　6.4.5　智慧交通与物流 ·························· 126

　　　6.4.6　其他应用领域 ·························· 126

　6.5　分析与讨论 ······························ 127

　　　6.5.1　安全技术分析 ·························· 127

　　　6.5.2　容错技术分析 ·························· 129

　6.6　本章小结 ······························ 131

　本章缩略语表 ······························ 132

　本章术语表 ······························ 132

　参考文献 ······························ 133

第7章　WSN中QoS性能增强与负载均衡算法 ············· 135

　7.1　引言 ······························ 135

　7.2　负载均衡 ······························ 138

　7.3　WSN中的负载均衡技术 ······················ 139

　　　7.3.1　WSN中的负载均衡协议 ··················· 139

　　　7.3.2　WSN中的负载均衡算法 ··················· 142

　7.4　服务质量保证参数QoS ························ 143

　7.5　WSN性能分析 ·························· 145

　7.6　WSN的安全问题 ·························· 145

　　　7.6.1　WSN的攻击漏洞 ······················ 146

　　　7.6.2　WSN的安全需求 ······················ 146

　　　7.6.3　WSN的攻击与防御技术 ··················· 148

　参考文献 ······························ 164

　扩展阅读 ······························ 171

第8章　攻击建模与检测中的机器学习技术 ··············· 172

　8.1　引言 ······························ 172

　8.2　网络空间安全 ·························· 172

　8.3　基于仿生学的安全技术及应用 ··················· 174

　　　8.3.1　应用层的仿生学优化技术及实现 ··············· 174

　　　8.3.2　仿生行为技术的研究与实现 ················· 181

　　　8.3.3　分类器集成 ·························· 181

　　　8.3.4　群体智慧与分布式计算的实现 ··············· 183

　8.4　本章小结 ······························ 184

参考文献 ·· 185

第9章 区域网络中的分布式认知 ·· 186

9.1 引言 ··· 186
9.2 理论与技术背景 ··· 188
9.3 社交媒体技术——全球脑 ·· 192
    9.3.1 Web 的演进 ··· 192
    9.3.2 Web 的全球脑形态 ··· 193
9.4 基于信任的分布式技术 ·· 198
    9.4.1 普适计算 ·· 198
    9.4.2 信任模型 ·· 199
    9.4.3 算法设计与分析 ·· 201
9.5 本章小结 ··· 202
本章缩略语表 ··· 203
本章术语表 ··· 203
参考文献 ·· 204

第10章 基于新型云的物联网技术 ·· 207

10.1 引言 ·· 207
10.2 关键技术与协议 ·· 208
    10.2.1 无线基础设施协议 ··· 209
    10.2.2 应用层协议 ·· 212
10.3 IoT 架构的演进 ·· 214
    10.3.1 初始模型 ·· 214
    10.3.2 中间件技术 ·· 215
    10.3.3 智能 IoT 系统 ··· 216
10.4 基于云的 IoT 结构设计 ·· 216
    10.4.1 感知层 ··· 217
    10.4.2 网络层 ··· 218
    10.4.3 数据聚合层 ·· 218
    10.4.4 中间件 ··· 219
    10.4.5 应用层 ··· 220
10.5 云端结构设计 ··· 220
    10.5.1 数据生成 ·· 221
    10.5.2 数据转换与存储 ··· 222

10.5.3　数据消耗 ⋯⋯⋯⋯⋯⋯⋯⋯⋯⋯⋯⋯⋯⋯⋯⋯⋯⋯⋯⋯⋯⋯ 222

10.6　本章小结 ⋯⋯⋯⋯⋯⋯⋯⋯⋯⋯⋯⋯⋯⋯⋯⋯⋯⋯⋯⋯⋯⋯⋯⋯⋯ 223

参考文献 ⋯⋯⋯⋯⋯⋯⋯⋯⋯⋯⋯⋯⋯⋯⋯⋯⋯⋯⋯⋯⋯⋯⋯⋯⋯⋯⋯⋯ 224

第 11 章　云上安全数据监测：基于 SLA 的安全方法 ⋯⋯⋯⋯⋯⋯⋯⋯ 226

11.1　引言 ⋯⋯⋯⋯⋯⋯⋯⋯⋯⋯⋯⋯⋯⋯⋯⋯⋯⋯⋯⋯⋯⋯⋯⋯⋯⋯⋯ 226

11.2　云安全监测 ⋯⋯⋯⋯⋯⋯⋯⋯⋯⋯⋯⋯⋯⋯⋯⋯⋯⋯⋯⋯⋯⋯⋯⋯ 227

11.3　基于 SLA 的安全监测 ⋯⋯⋯⋯⋯⋯⋯⋯⋯⋯⋯⋯⋯⋯⋯⋯⋯⋯⋯ 230

11.4　SPECS 框架和基于 SLA 的监测体系结构 ⋯⋯⋯⋯⋯⋯⋯⋯⋯ 233

11.4.1　SPECS 监测体系架构 ⋯⋯⋯⋯⋯⋯⋯⋯⋯⋯⋯⋯⋯⋯⋯ 235

11.4.2　云自动化技术：Chef ⋯⋯⋯⋯⋯⋯⋯⋯⋯⋯⋯⋯⋯⋯⋯ 237

11.5　DoS 检测与漏洞防护的复杂安全系统 ⋯⋯⋯⋯⋯⋯⋯⋯⋯⋯⋯ 238

11.5.1　DoS 检测与安全措施 ⋯⋯⋯⋯⋯⋯⋯⋯⋯⋯⋯⋯⋯⋯⋯ 239

11.5.2　漏洞扫描与管理 ⋯⋯⋯⋯⋯⋯⋯⋯⋯⋯⋯⋯⋯⋯⋯⋯⋯ 242

11.5.3　高精度监测体系：安全机制 ⋯⋯⋯⋯⋯⋯⋯⋯⋯⋯⋯⋯ 244

11.6　实际应用分析 ⋯⋯⋯⋯⋯⋯⋯⋯⋯⋯⋯⋯⋯⋯⋯⋯⋯⋯⋯⋯⋯⋯ 246

11.7　本章小结 ⋯⋯⋯⋯⋯⋯⋯⋯⋯⋯⋯⋯⋯⋯⋯⋯⋯⋯⋯⋯⋯⋯⋯⋯ 248

参考文献 ⋯⋯⋯⋯⋯⋯⋯⋯⋯⋯⋯⋯⋯⋯⋯⋯⋯⋯⋯⋯⋯⋯⋯⋯⋯⋯⋯ 248

第 12 章　基于强化 iOS 设备的远程访问安全控制 ⋯⋯⋯⋯⋯⋯⋯⋯⋯ 251

12.1　引言 ⋯⋯⋯⋯⋯⋯⋯⋯⋯⋯⋯⋯⋯⋯⋯⋯⋯⋯⋯⋯⋯⋯⋯⋯⋯⋯ 251

12.2　iOS 环境中的安全性与可信性 ⋯⋯⋯⋯⋯⋯⋯⋯⋯⋯⋯⋯⋯⋯⋯ 252

12.2.1　基于设备信任的远程访问 ⋯⋯⋯⋯⋯⋯⋯⋯⋯⋯⋯⋯⋯ 253

12.2.2　敏感的 iOS 设备服务 ⋯⋯⋯⋯⋯⋯⋯⋯⋯⋯⋯⋯⋯⋯⋯ 253

12.2.3　数据的取证方法 ⋯⋯⋯⋯⋯⋯⋯⋯⋯⋯⋯⋯⋯⋯⋯⋯⋯ 255

12.3　防御策略 ⋯⋯⋯⋯⋯⋯⋯⋯⋯⋯⋯⋯⋯⋯⋯⋯⋯⋯⋯⋯⋯⋯⋯⋯ 256

12.3.1　删除已有的配对记录 ⋯⋯⋯⋯⋯⋯⋯⋯⋯⋯⋯⋯⋯⋯⋯ 257

12.3.2　限制敏感数据的 USB 接入（无线禁用）⋯⋯⋯⋯⋯⋯⋯ 257

12.3.3　部分服务的禁用 ⋯⋯⋯⋯⋯⋯⋯⋯⋯⋯⋯⋯⋯⋯⋯⋯⋯ 257

12.3.4　锁定新设备配对 ⋯⋯⋯⋯⋯⋯⋯⋯⋯⋯⋯⋯⋯⋯⋯⋯⋯ 257

12.4　闭锁模型：iOS 硬化与反取证 ⋯⋯⋯⋯⋯⋯⋯⋯⋯⋯⋯⋯⋯⋯⋯ 258

12.4.1　工具的功能 ⋯⋯⋯⋯⋯⋯⋯⋯⋯⋯⋯⋯⋯⋯⋯⋯⋯⋯⋯ 260

12.4.2　应用服务的配置 ⋯⋯⋯⋯⋯⋯⋯⋯⋯⋯⋯⋯⋯⋯⋯⋯⋯ 261

12.4.3　技术分析 ⋯⋯⋯⋯⋯⋯⋯⋯⋯⋯⋯⋯⋯⋯⋯⋯⋯⋯⋯⋯ 263

12.5　技术讨论 ⋯⋯⋯⋯⋯⋯⋯⋯⋯⋯⋯⋯⋯⋯⋯⋯⋯⋯⋯⋯⋯⋯⋯⋯ 265

12.5.1 "越狱"过程 265

12.5.2 "越狱"对安全模型的影响 266

12.5.3 反取证的含义 267

12.5.4 应对措施：反取证的抵御 268

12.6 本章小结 269

致谢 270

本章术语表 270

参考文献 272

第 13 章 无线体域网中面向数据容错的路径损耗算法研究 274

13.1 引言 274

13.2 WBAN 框架的概述 274

13.2.1 WBAN 的无线信道特性 275

13.2.2 WBAN 与 WSN 网络拓扑 277

13.2.3 WBAN 的应用 279

13.2.4 典型 WBAN 传感器参数 280

13.3 无线通信中的消息完整性 281

13.3.1 WBAN 的加密算法 282

13.3.2 哈希函数技术 284

13.3.3 椭圆曲线密码技术 286

13.4 WBAN 的无线标准 288

13.4.1 IEEE802.15.6——WBAN 290

13.4.2 医疗植入式通信服务 291

13.4.3 路径损耗 292

13.4.4 性能参数 294

13.4.5 接收机设计 296

13.5 本章小结 296

参考文献 297

第 14 章 广域保密系统的安全性与容错性设计 302

14.1 引言 302

14.2 可靠性和保密要求 304

14.3 可靠性与保密性方法研究现状 307

14.4 危机信息共享平台 309

14.5 解决方案 311

14.5.1 危机信息系统中的复制策略 ……………………………… 314

14.5.2 危机信息系统的容错性多播 ……………………………… 319

14.5.3 CISP 平台内的保密性通信 ……………………………… 321

14.6 性能分析与评价 ……………………………………………… 322

14.7 本章小结 ……………………………………………………… 325

致谢 …………………………………………………………………… 326

参考文献 ……………………………………………………………… 326

致谢 …………………………………………………………………… 328

第1章 基于容器的数据系统可信性研究

1.1 引　　言

在过去几十年，人类可支配的整体计算能力以指数级增长。2002 年，日本宇宙开发事业团、日本原子能研究所以及海洋科学技术中心共同开发的矢量型超级计算机"地球模拟器"（Earth Simulator）每秒能完成 35 万亿次浮点运算（35TFLOPS），是当时世界上运算性能最高的计算机。10 年后，美国 IBM 公司生产的超级计算机"红杉"（Sequoia）的运算速度达到每秒 16 千万亿次浮点运算（16PFLOPS），它 1h 的运算量相当于 67 亿人不间断手工运算 320 年。当时，专家预测超级计算机将可以完成每秒 100 亿次浮点运算（100EFLOPS）。2013 年 6 月，中国国防科技大学研制的"天河"二号超级计算机以 34 千万亿次浮点运算（34PFLOPS）速度，成为当时全球最快的超级计算机，这个运算速度是"红杉"运算速度的两倍多。2018 年 6 月，IBM 再次刷新纪录，其超级计算机"顶点"（Summit）的理论运算能力达到 200PFLOS。"顶点"的发布让美国向"2021 年交付 E 级超级计算机"的目标又迈进了一步。它将在能源研究、科学发现、经济竞争力和国家安全等方面带来深远影响，助力科学家们在未来应对更多新的挑战，促进科学发现和激发科技创新。中国计划于 2020 年推出首台 E 级超级计算机，美国能源部近日启动了"百亿亿次计算项目"（Exascale Computing Project），希望在 2021 年至少交付一台 E 级超级计算机，并拟将其命名为"极光"（Aurora），初步规划峰值运算能力超过美标 130 亿亿次。欧盟预计于 2022—2023 年交付首台 E 级超级计算机，使用的是美国、欧盟处理器，架构有可能类似 ARM；日本发展 E 级超级计算机的"旗舰 2020 计划"由日本理化所主导，完成时间也设定在 2020 年。2020 年 11 月，全球超级计算机网站 Top500.org 给出了该领域的最新成就，包括全球最强大的商用计算机系统排名（第 56 届）。虽然现在超级计算机的计算能力已经非常强大，但是层出不穷的新发展与新应用不断对计算资源提出更高的要求。

艾字节（ExaByte，EB，1EB 相当于 10^{18}B）级计算在高性能计算（High Performance Computing，HPC）领域还是比较新的概念，但大数据的发展将对世界上主要的计算基础设施、超级计算机和云联盟设计产生重大影响。在不同的行业，包括研究、环境、电子、电信、汽车、天气和气候、生物多样性、地球物理学、航空航天、金融、化学、物流和能源等，数据对于应用都变得越来越重要。例如，在生物医学领域，通过对大量数据进行分析，可以实现流行病预测；在能源行业，电力公司可以根据它所掌握的海量的用户用电信息，利用大数据技术分析用户用电模式，改进电网运行。而不同行业要求应用以不同的方式处理 EB 量级的数据，这一切都对未来计算基础设施的设计和高性能的计算能力提出了新的要求。

近几年，物联网的高速发展，使得数十亿个相关设备在各个领域得以使用。随着各种类型传感器、射频识别技术（RFID）等的深度应用，智能手机、平板计算机、可穿戴设备等移动终端的迅速普及，促使全球数字信息总量急剧增长。物联网作为大数据（Big Data）的重要来源，所产生的海量数据对现有的传统数据管理方法提出了挑战。作为智能感知的主体，物联网不断产生海量数据并存储在某个数据中心，进行相应的处理。数据作为重要的资源和深度应用的关键元素，由设备采集后存储于专门的数据中心，因此需要更为有效的数据管理方法处理物联网产生的大数据。

大数据并不是一个新概念，最早出现于 1999 年的一篇学术论文（Bryson 等，1999），直至最近几年才被广泛应用。随着物联网的快速发展以及技术触及的领域不断拓展，物联网智能设备。从设计、制造、相关软件和组建的生产等各个相关行业不断进入物联网生态系统，产生的数据量以指数级的速度增长，在这种情况下，各企业组织必须调整技术，使得数据采集和分析处理跟上设备开发与部属的节奏。因此，从某种角度可以认为，物联网推动了大数据技术的开发和实施。

尽管刚开始人们认为大数据与数据规模有关，但它一直没有明确的定义。全球著名信息技术研究与分析机构高德纳咨询公司（Gartner Group）对大数据给出了这样的定义：大数据是指无法在一定时间范围内用常规软件工具进行捕捉、管理和处理的数据集合，是需要新处理模式才能具有更强的决策力、洞察发现力和流程优化能力的海量、高增长率和多样化的信息资产。在维克托·迈尔-舍恩伯格（Viktor Mayer-Schönberger）及肯尼斯·库克耶（Kenneth Cukier）编写的《大数据时代》中，大数据指不用随机分析法（抽样调查）这样捷径，而采用所有数据进行分析处理。

分析员道格莱尼指出，大数据的三个主要特征是**数据量**（Volume）、**多样性**（Variety）、**速度**（Velocity），合称"3V"。后来麦肯锡全球研究所又补充了"**真实性**"（Veracity）作为第四个特征，合称"4V"。其中**数据量**与数据规模有关，随时间呈指数增长。因此，无从得知正在生成的准确数据量是多少，但那一定非常大。过去大部分数据是结构化的，最近十年数据量迅速增加，如今大部分数据是非结构化的。结构化数据由明确定义的数据类型组成，其模式可以使其易于搜索，而非结构化数据通常由不容易搜索的数据组成，其中包括音频、视频和社交媒体发布等格式。据 IBM 估计，如今全世界每天产生 2.3 万亿 GB 的数据，2020 年将达到40ZB，是 2005 年的 300 倍左右（IBM Big Data，2013）。**多样性**用于描述数据的不同类型，大数据一定具有多种数据类型，因为它们来自不同行业，如金融服务、医疗保健、教育、高性能计算和生命科学机构、社交网络、传感器、智能设备等。由于数据类型不同，无法存储在一张电子表格或一个数据库应用中。**速度**指的是生成数据的频率。按照要求，数据可以实时处理或在需要时处理。**真实性**保证数据真实无误，这样才能在需要时执行正确的操作。

上文的分析表明，大数据在现代社会中扮演着重要角色。由于非结构化数据的格式和规模不统一，传统的存储架构无法提供所需的服务质量，并可能导致数据无效、不合规以及存储成本增加等问题。解决数据管理问题的一种方案是，采用以数据为中心的架构，并在这个架构上设计以数据为中心的系统，通常称为"智能数据系统"。智能数据系统的设计理念很简单：随着数据量的增长，移动数据的成本变得过高。因此，智能数据系统给用户提供机会将计算移植到数据上，而不是移动数据本身。智能数据系统设计的关键在于将数据与行为分开。系统的设计目标是依据记录状态的数据组织不同应用进行交互。由于非结构化数据的体积和速度不断增加，出现了新的数据管理挑战。例如，如何保证云端应用服务的可信性。根据有关研究者（Kounev 等，2012）的表述，可信性可以定义为系统在可用性、响应性和可靠性方面提供可信服务的能力。尽管可信性没有明确定义，但本章将在一个基于组件的集合化智能数据系统中描述可信性，从而更加深入地分析智能系统的本质和关键技术。

虽然超级计算机已经可以完成 PB 量级的计算，但通过使用云联盟，可以更广泛地利用计算基础设施。云联盟与计算和数据有关，它将两个或更多的服务供应商的云计算环境互联，以实现负载流量平衡并满足高峰需求，这需要供应商将计算资源批发或租赁给另一个云供应商。这些资源成为买方云计算环境的临时或永久扩展，具体取决于供应商之间特定的联合协议。云联盟为云供应商提供了两个重要的优势。首先，它允许供应商从计算资源中获得收入，以避免这些资源处于空闲或未充分利用状态所引起的资源浪费。其次，云联盟使云供应商能够扩展其地理覆盖范围，并适应突然的需求高峰，而无须构建新的存在点（Point Of Presence，POP）。服务供应商努力使云联盟的所有方面，从云配置到计费支持系统（Billing Support System，BSS）和客户支持都是透明的。在与合作伙伴联合云服务时，云供应商还将在其合作伙伴提供商的数据中心内建立面向客户的服务级别协议（Service Level Agreement，SLA）的扩展。云联盟可以为智能数据系统应用提供各种帮助，目前还属于尚未充分探索的新兴领域。

本章的其余部分如下：1.2 节描述了基于组件的软件工程方法论、数据管理架构方法和容器互操作性；1.3 节指出了可信性中的关键概念和关系，包括可信性属性、可信性方法和可信性威胁；1.4 节描述了应用中的虚拟机和容器镜像服务；1.5 节阐述了软件工程过程中的 QoS 管理；1.6 节将对整体内容做总结。

1.2 基于组件的软件工程

为了构建可信系统及其应用模型，必须采用有明确定义的方法论用以进行需求分析，并在需求与可信性间做出折中。因此，需要将可信智能数据系统及应用开发与现代软件工程实践的各时期建立关联，如需求分析、组件开发、工作流管理、测试、部署、监测和维护等。

随着软件复杂度和规模的不断增长，传统的开发方法在生产力和成本方面不尽如人意。在此条件下，提出了基于组件的软件工程（Component-Based Software Engineering，CBSE）。CBSE 是一种新的软件开发范型，通过选定组件集成到一个明确定义的软件架构中，用以克服复杂度与成本等方面的问题。每个组件都应该作为独立于系统其他组件的功能来呈现，它可以是一个软件包，一个 Web 服务或者一个封装了一系列相关函数（或数据）的模块。在组件对象模型的支持下，通过复用已有的组件，软件开发者可以"即插即用"地快速构造应用软件，不需要设计和开发组件——组件可以在各种开源软件库中找到，这样不仅可以节省时间和经费，提高工作效率，而且可以产生更加规范、更加可靠的应用软件。即使这些组件是异构的、用不同的编程语言编写的，也可以集成在同一个架构中，然后使用定义明确的接口相互通信。因此，CBSE 可以认为是强调使用可复用的软件组件来设计和构造基于计算机的系统。

1.2.1 生存期

每种软件开发方法都会声明软件的生存期。尽管不同方法的生存期可能差别很大，但它们都通过同样的阶段来描述软件的生存期，这些阶段代表产品生存期的主要时期，与产品的状态有关。CBSE 开发过程分成了组件开发与系统开发两部分（Sharp 和 Ryan，2009）。尽管组件开发与系统开发有许多相似之处，但也存在一些明显差异。例如，组件要能够在多种不同产品中重复使用，包括许多尚未设计的产品。

组件开发的生存期可以分为七个阶段（Sharp 和 Ryan，2009），如图 1-1 所示。

（1）需求阶段。确定系统和应用开发的需求规范，计算组件的可用性。

（2）分析和设计阶段。完成系统分析和整体架构设计，进一步完成系统的细节设计，确定在开发中使用的组件。考虑到设计阶段将直接影响 QoS，因此，在该阶段会确定要实现的必要的 QoS 级别。

（3）实现阶段。根据功能特性选择组件，所选组件都经过单独和共同验证和测试，某些组件可能需要进行调整以确保兼容性。

（4）集成阶段。在上一阶段实现了部分集成，此阶段将会实现架构内所有组件的最终集成。

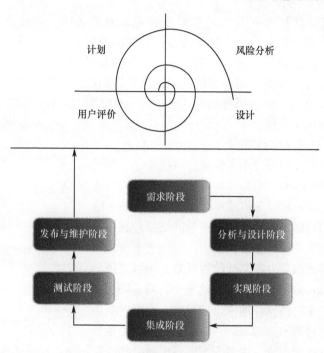

图 1-1　组件开发的生存期

（5）测试阶段。为了确保给定架构内的组件质量，测试阶段必不可少，因为组件虽然是为有不同需求的架构而设计，但是不一定能如期实现该架构的需求。在编译集成以及在系统中完全集成后，组件通常单独进行测试。

（6）发布阶段。此阶段包括软件交付和安装。

（7）维护阶段。对于所有软件产品，必须时常更换组件进行维护。CBSE 选择用新组件替换旧组件或向系统添加新组件的方式提供维护。

云计算技术使得服务访问量大大增加，而且这些访问不受时间和地点限制。因此需要设计云架构以提供所需的 QoS。有研究者（Ramachandran，2011）认为，基于充分验证的软件过程、设计方法和技术（如基于组件的软件工程技术），将云应用设计为 Web 服务组件十分必要。服务级别协议 SLA 支持是云应用开发过程中最常见的问题之一。由于不同服务提供商的 SLA 不同，只能使用组件提供灵活的接口链接到不同的 SLA 实现这一目标。幸运的是，CBSE 支持不同的设计特性，可以设计为支持多个 SLA。

1.2.2　数据管理的结构化方法

集成化是以便携和预测的方式进行应用分配与应用部署的过程。容器的使用因提供了各种处理与管理的可能性。例如，远离集合化应用的主机系统的抽象化、具有扩展性的简单的可信管理和应用版本管理，以及轻量级执行环境构建等（Paraiso

等，2016），而受到技术开发人员和系统管理人员的关注。相比虚拟机（Virtual Machine，VM）的虚拟化，集合容器因在进程级被分离并只需共享主机内核，故可以提供相对轻量级的执行环境。这意味着集合本身并不包含完整的操作系统，从而具有更快的启动时间和更少的容器镜像调用次数。因此，多数集合的全部堆栈可以在主机操作系统（Operating System，OS）的单一实例上运行。通常，容器具有以下三种不同的结构化方法。

1. 功能和数据共容器结构

容器的使用在一定程度上可以减少有状态服务和无状态服务间的硬性障碍，此外，容器的合理化结构设计可以通过配置而成为软件工程过程的一部分。图 1-2 给出了一种功能和数据共容器的情况。当网络参数恶化，如客户端在运行服务间产生较大延迟，可能需要重启服务。如果需要停止服务并在其他位置重启，可以采用检查点机制（Stankovski 等，2016）。这是一种将容错思想应用于计算系统中的技术，通常，应用的一个瞬时状态就可以构成一个检查点（Check Point，CP），在发生故

图 1-2　功能和数据共容器结构

障时可以从该点重新启动，这对于在容易出故障的计算系统中长时间执行程序的应用而言尤为重要。当发生某种事件需要使用服务时，如用户希望进行视频会议，或者用户希望将文件上传到云存储，检查点机制也可以提供安全与稳定性保证。由于用户的地理位置可能影响应用的体验效果，因此需要在靠近用户的位置启动容器。

具备功能和数据的容器可以对应用代码、目标应用所需的函数库和数据集作集成化处理。与其他虚拟化方法相比，采用容器技术通常具有许多优点。容器可以提供更好的可移植性，因为它们可以在相同主机 OS 上运行的任何系统之间轻松移动，无须进行额外的代码优化。在一个基础设施上可以同时运行多个容器，也就是说，它们很容易进行水平扩展。由于扩展中只需要一个 OS，因此，整体的处理性能将得到较大提升。事实上，容器技术的主要优势在于容器的创建速度要比 VM 高得多，同时也为开发以及持续集成和交付提供了更为灵活的环境。

然而，容器技术也并非完美无缺。因为容器的集成化不会与主机 OS 隔离，而容器共享相同的 OS，所以安全威胁可以轻易进入整个系统。但是，开发人员可以通过将容器和 VM 组合使用，在 VM 的 OS 中创建容器从而避免安全威胁问题。如此，安全漏洞只会影响 VM 的 OS，不会影响物理主机。另一个集成化的缺点是容器和基础主机必须使用相同的 OS。

2. 功能和数据容器分离结构

另一种与容器有关的结构化设计方法是将容器的功能和所需的数据完全分离，这可以通过开发软件定义系统和应用程序实现。在开发的系统和应用中，数据和

功能被完全分开。于是，当需要某种功能和与之相关
的数据时，至少要启动两个集合：一个容器提供功能，
而另一个容器提供数据基础设施。例如，用于透明高效
的虚拟机操作分散存储库（dEcentralized repositories for
traNsparent and eficienT vIrtual maChine operations，
ENTICE）项目中的文件系统、结构化查询语言
（Structured Query Language，SQL）数据库或知识库。
图 1-3 给出了一种功能和数据完全分离的结构化容器。

图 1-3　两个链接的容器实现
功能与数据的完全分离

对于用户而言，设置和启动所需功能的时间可能会
略有增加，这是因为该架构需要在功能集合上装配数据
容器，并保证两个容器间正常的网络通信。如果应用对
隐私性和安全性有一定要求，采用分离的方法将能够较
好满足实际需要，这种结构主要面向单租用户的架构选择，通过单向租用，每个用户
都具有自己的独立数据库和软件实例。然而，分离结构化设计在多组用户应用中也能
保证较高的 QoS，如基于物联网的应用（Taherizadeh 等，2016），其中两个容器分别
包含 Web 服务器和 SQL 数据库，并且大小可调。

3．分布式数据基础设施与服务分离结构

当数据集不大时，前文所给出的方法可以正常使用。然而，长时间执行应用将
会产生大量的数据，从而对存储和管理带来较大的压力。由此，产生了两种并行架
构：一种是通过多种方法（CEPH，2016；Amazons3，2017；Storj.io，2016）共同
管理数据；另一种是在容器上集成多种功能管理。

这种数据管理基础设施和服务的完全分离通过虚拟化格式建立，如图 1-4 所示。
这种系统的一个典型应用案例是 Cassandra（Apache Cassandra，2016），作为最具代表
性的开源分布式非关系型数据库（Not Only SQL，NoSQL）应用以分布式、集合化形
式运行，最初由 Facebook 开发，用于存储收件箱等简单格式数据，结构上类似于
Google 分布式数据存储系统 BigTable，主要功能比 Amazon 分布式 Key-Value 存储系
统 Dynamo 更加丰富。Cassandra 的模式灵活，具有良好可扩展性并支持多数据中心。

由此，基于上述两种并行架构开发了云应用，其中一种用于处理集成化应用的灵
活性和集成化属性，另一种用于在可扩展的分布式存储上处理应用数据集，从而使用
户可以通过网络上的任何容器进行访问。为了提高这类体系结构的可靠性，当应用无
响应时，可以通过快速恢复数据库节点来保证系统的可用性与稳定性。根据
Stankovski 等（2015）的论述，可以将容器的文件系统以给定的容器状态保存为磁盘
文件，复制到另一台服务器，并重新启动容器而不需要从进行的初始位置重新执行。

如前文所述，为了能够改善 QoS 参数，也就是可执行性，可以在处理大量
数据的同时使用非虚拟化的数据管理系统，如典型的分布式文件系统 CEPH，如
图 1-5 所示。

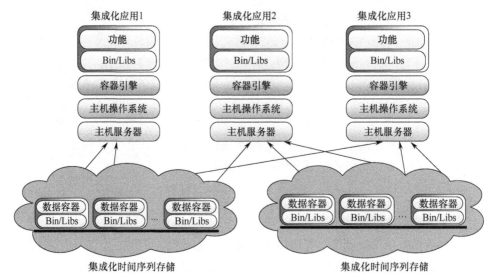

图 1-4　基于特定技术（如 Cassandra）的地理分布式集成化数据基础设施

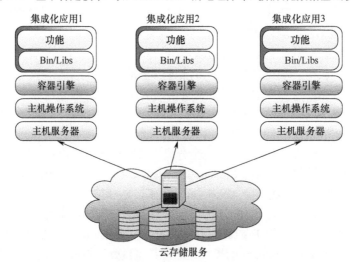

图 1-5　分离的非虚拟化数据管理基础设施（如 CEPH）

1.2.3　新型容器交互操作架构

云计算作为大型计算机到客户端-服务器的大转变之后的又一次革命，为我们带来了工作方式和商业模式的根本性改变，进而成为推动企业创新的引擎。2013 年，Pivotal 的 Matt Stine 提出了云原生（Cloud Native）的概念，凭借优良的可伸缩性，云原生应用和服务也越来越受到青睐。为了统一云计算接口和相关标准，2015 年 7 月，隶属于 Linux 基金会的云原生计算基金会（Cloud Native Computing Foundation，CNCF）应运而生。作为一个非营利组织，CNCF 致力于通过技术优势和用户价值创

8

造一套新的通用容器技术，推动本土云计算和服务的发展。CNCF 关注于容器如何管理而不是如何创建，因为如果没有一个成熟的平台去管理容器，那么大型企业无法真正放心接受和使用容器。目前，CNCF 不仅包括 Google、IBM、Intel、Docker 和 Red Hat 等知名公司，也包括 DaoCloud 等后起之秀。CNCF 的成员代表了容器、云计算技术、IT 服务和终端用户，共同营造全球云原生生态系统，维护和集成开源技术，支持容器化编排的微服务架构应用。CNCF 架构主要包括三个部分：容器的封装与配送、容器的动态调度以及为服务的实现。其中，第一部分是基于构建、存储和分发容器封装软件技术而设计的。第二部分包括容器镜像的动态编排技术，如典型的编排技术 Kubernetes（2017）和 Apache Mesos（2017），前者是 Google 开源的容器编排引擎，它支持自动化部署、大规模可伸缩、应用容器化管理，在生产环境中部署一个应用程序时，通常要部署该应用的多个实例以便对应用请求进行负载均衡；后者是由加州大学伯克利分校的 AMPLab 首先开发的一款开源群集管理软件，支持 Hadoop、ElasticSearch、Spark、Storm 和 Kafka 等应用架构，可以从设备（物理机或虚拟机）抽取 CPU、内存、存储和其他计算资源，让容错和弹性分布式系统更容易使用。第三部分由 R&D 微服务构成，旨在确保以易于查找、访问、使用和链接到其他服务的方式构建部署的容器镜像。因此，该架构可用于构建分布式系统，同时支持软件开发和消费，即云应用的整个生存期。

CNCF.io 是最近开发的一款新的容器交互操作架构，用于解决目前云应用领域的紧急需求，包括 IoT 和大数据应用领域，其架构如图 1–6 所示。

从图 1–6 可以看出，这种架构并没有充分考虑分布式存储设备，也并未有效地融合在 CNCF 架构中。然而，该架构却指明了容器与软件定义网络及软件定义存储间的分离接口设计需求。

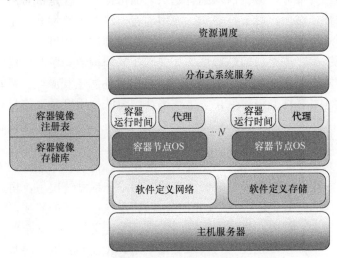

图 1–6　云原生计算基础的云互操作性架构

1.3 可信性研究的重要概念与关系

基于前文描述的案例和对已有文献的回顾，本章将构建可信性研究中的重要概念与关系。系统故障具有破坏性后果，许多用户受到故障和业务连续性中断的影响，需求无法得到满足。停机会导致生产力下降、收入损失、财务业绩不佳，以及使用者声誉受损，直接损害客户、银行和业务合作伙伴对于使用者的信赖。因此，设计一种可信的智能数据系统至关重要。可信性最初定义为系统提供可信赖服务的能力。可信性定义的另一种版本是基于故障的定义，表述为系统避免更频繁、更严重的故障或超出用户忍耐限度的长时间中断的能力（Avizienis 等，2004）。存在许多不同的特性会影响系统的可信性，这些特性总体上具有三个基本特征：属性、威胁和方法。

系统的可信性会根据系统需求而改变，因此，可信性属性的优先级也可能在一定程度上发生改变。然而，可用性是始终需要的必要属性，可靠性、安全性和保密性却并非如此，可以认为是可选属性的。由于可信性依赖于许多概率性属性，所以不能从绝对意义上理解它。考虑到系统故障无法避免，系统不可能在绝对意义上完全可用、可靠、安全或保密。

1.3.1 可信性属性

可信性属性是一种用于评价系统可信性的有效度量。事实上，可以用于评价系统可信性的属性有很多，但目前得到普遍认可的可信性属性是：可用性、可信性、安全性和保密性。然而，对于许多实际应用而言，这四个属性并不足以构建可信的系统或充分满足可信性需求，因此还需要采用附加属性，如可维护性、可执行性、机密性和完整性等，多个可信性属性相互关联，共同构建完备的可信性评价体系。可信性属性本体如图 1-7 所示，可以分为可量化属性和主观属性。可量化属性可以通过物理度量（可靠性）进行量化。主观属性则无法使用度量直接量化，一般需要应用判断信息（安全性）进行主观评价。

1. 可用性

可用性是系统在某个时间点上正确运行的概率。在设计系统时，不仅要考虑故障概率，还要考虑故障次数以及维修所需的时间。在这种情况下，可用性的目标是最大限度地延长系统处于运行状态的时间，以满足执行任务的需要。这些目标体现在系统的可用性上，然而，与商业云存储供应商的定义相比，这个度量标准的含义更具有广泛性。例如，即使没有对请求做出响应，Amazon 也会将其存储视为可用的，因为只有两个特定的 HTTP 错误响应可以解释 SLA 违反所应用的错误。然而，这是可以理解的，因为如果存储服务没有响应，那么这可能是请求程序与存储器间的网络问题引起的，故超出了存储供应商的控制范围。另外，导致服务失效的其他故障也可能发生在供应商方面，但这些故障不受 SLA 违反的影响。

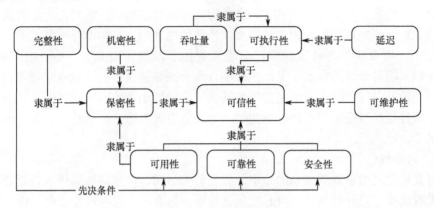

图 1-7 可信性属性本体

许多不同的计划内或计划外事件都可能导致服务中断。计划内的中断包括不同的硬件和软件的升级与维护过程，如新硬件的安装、软件升级、补丁、备份、数据恢复和测试。这些中断虽然是经过计划并按预期进行的计划内事件，但它们仍然是服务不可用的原因。计划外的中断包括由许多不同的非计划事件导致的故障，如物理或虚拟组件故障、数据库故障或人为错误。为了提高可用性，必须进行风险分析。风险分析主要通过平均故障间隔、平均故障时间和平均维修时间来计算组件故障率和平均维修时间。

（1）**平均故障间隔**。平均故障间隔（Mean Time Before Failure，MTBF）是指系统或组件在两次故障间正常运行的平均可用时间，通常以小时为单位。

（2）**平均故障时间**。平均故障时间（Mean Time To Failure，MTTF）是指系统或组件在故障发生前正常运行的平均时间，这是一个统计值，表示是在长时间内计算求得的平均值。从技术上讲，平均故障间隔一般仅用于评价可修复的项目，而平均故障时间用于评价不可修复的项目。然而，可修复和不可修复的项目通常都可以使用 MTBF 进行评价。

（3）**平均修复时间**。平均修复时间（Mean Time To Repair，MTTR）是指修复故障组件所需的平均时间，在计算过程中，通常假设故障原因得到了正确的识别，并且可以获得所需的备件和人员。

实现可用性时单纯依靠 ping 命令是不够的。因为即使存储服务对 ping 命令进行了响应，服务后端也可能关闭。例如，Amazon 的简易存储服务（Simple Storage Service，S3）及其广泛使用的应用程序界面（Application Program Interface，API）会将后端的各种功能对外界开放。用于实现后端服务的技术可以是多种多样的，这对用户来说是透明的。所使用的技术本身可以提供不同程度的服务质量。对 S3 服务使用 ping 命令不会提供关于后端服务实际状态的内部信息。因此，不能仅使用 ping 命令推断服务可用性。在测试后端时，一种常见的方法是运行功能测试，即尝试检索或上传一些数据。这样的测试有机会发现后端的潜在问题。然而，全面的测试很难设计，对于那些可用性作为关键属性的特殊使用场景，必须做好充分准备。在这种情况下，可以使用各种轻量级自适应监测技术，如 CELLAR（Giannakopoulos等，2014）项目开发的技术。可用性监测技术必须是轻量级的，这样它就不会在网络上引起额外负载开销，用于测试的数据负载应该较小且测试时间较短。然而，如果有更多重要的数据需要管理，而此时后端开始出现故障，就无法只依靠可用性监测技术了。

2. 可靠性

可靠性属性用于计算成功的概率，即在给定时间、给定环境条件下，系统能够令人满意地执行设计的任务。可靠性保证没有故障会阻止服务连续交付，用于表示无故障运行间隔。当期望系统能够持续运行没有中断，以及无法进行维护时，高可靠性是十分重要和必要的。然而，所有系统都会出现故障，只是持续时间和频率不同而已。

随着监测和控制能力的不断提高，系统在设计和实施过程中可以降低故障风险并同时提高其可靠性。在以数据为中心的智能系统中，通过将系统监测连接到系统服务器，可以实现更高的可靠性，从而能够快速检测到任何漏洞与缺陷，并采取安全措施确保操作连续性。

3. 安全性

安全性是指系统在不发生灾难性故障情况下运行的能力，这些故障可能会影响用户和环境。安全性和可靠性是相关的属性。可靠性和可用性是系统所必需的，但不是满足系统安全条件的充分条件。因此，安全性属性可以描述为与灾难性故障有关的可靠性（Powell，2012）。

以数据为中心的智能数据系统已在许多重要行业中发挥了作用，如医疗保险、国防和核电等。在这些行业中实施必要的安全标准是至关重要的，否则可能引起系统故障，从而导致人员伤亡、财产损失或环境灾难。因此，智能数据系统也可以定义为安全关键系统。然而，并非所有智能数据系统都在这样的环境中运行，因此在如电子商务系统这类应用中，安全性并不总是最重要的。

4. 保密性

系统保密性提供了保护系统自身免受外部有意或无意攻击的能力，这些攻击可能会改变系统行为并损坏数据。如果没有阻止攻击导致系统损坏，那么可靠性和安全性将不再有效。保密性不是单一的可信性属性，而应该是机密性、完整性和可用性的组合。

　　机密性属性是指在保护用户个人信息、文档和信用卡号码等数据不向未经授权的一方披露的情况下采取的措施。在设计一个可信的系统时，保护这些敏感数据至关重要。**完整性**属性控制数据是否已被未授权方修改。例如，如果在银行交易期间，系统由于完整性较差而不具有充分的可信性，且交易数据从 100 美元修改为100 000 美元，对用户来说完整性代价可能非常重要。完整性是可用性、可靠性和安全性的先决条件。在数据系统设计过程中对保密性要求过低将直接影响系统的可用性。如果遭到常见的拒绝访问攻击，则可能导致系统不可用。

　　通过使用一些技术手段能够实现较高的保密性，如系统预防未经授权的数据泄露、预防未经授权的数据删除以及预防未经授权的数据保留等。容器虚拟化还可以将应用程序合并到一台主机操作系统的加密工作区中。尽管多个容器可以共享一个OS 主机，但是可以使用控制虚拟容器中应用程序之间可能发生的交互类型的策略来定制虚拟容器。由此，容器中应用程序之间的所有交互操作都保留在容器中，故与这些应用程序相关联的数据都被认为是具有保密性的。

　　5. 可维护性

　　可维护性是系统在启动和运行时具有的进行修复和完善的能力。一旦检测到系统故障，用户期望的是能够尽快实施必要的改进，而不必关闭系统。同时还可以通过补丁更新机制在运行期间提高系统的整体性能，这些机制通常被称为实时升级或实时更新机制。

　　由于容器集成化技术的特性，在以数据为中心的智能数据系统中使用容器虚拟化可以提供高水平的可维护性。通过正确应用前文所描述的用于数据管理的体系结构方法，开发人员可以将系统的可维护性提升至较高级别。

　　6. 可执行性

　　可执行性属性表示系统在预定时间间隔内对执行任务的响应能力，该属性可以使用延迟或吞吐量来衡量可执行性。**吞吐量**表示在一个时间单位上传输的预期数据量。**延迟**表示从存储中检索到第一个字节前的时间。

　　这项属性是各种云计算系统和应用中研究最多的属性之一。因此，该属性具有多种可实现方法。例如，正在进行的用于交互式、时间临界和高度自适应云应用的软件工作平台（Software Workbench for Interactive, Time Critical and Highly self-adaptive cloud applications, SWITCH）项目侧重于软件工程的时间关键型应用，并且非常注重可执行性。该项目研究软件组件之间、客户端和应用之间的通信协议，如用户数据报协议（User Datagram Protocol, UDP）或超文本传输协议（Hyper Text Transfer Protocol, HTTP）。显然，在开放的互联网中，吞吐量参数难以预测，因为互联网中的数据传输瞬息万变。此外，网络路径以及当前的工作负载同样难以控制。云供应商可以使用各种软件定义网络（Software Defined Network, SDN）（Kim 和 Feamster, 2013）技术来保证服务质量。SDN 是目前比较流行的新型网络架构，主要利用 OpenFlow 协议将路由器的控制平面从数据平面中分离，改以软件方式实现。Facebook 与 Google 的数据中心均使用 OpenFLow 协议，并成立了开放网络基金会来推动这种技术。另一个著名的项目 SWITCH 一直致力于研究边缘计算方法，用以解决可执行性的这部分问题。

各种存储库的延迟有时是用户与云供应商达成的服务级别协议的一部分。例如，Amazon 的标准 S3 存储在检索数据时的延迟以毫秒为单位，而 Amazon Glacier S3 存储的平均检索时间为 3~5h。另外，Glacier S3 存储是一种旨在以较低的成本存储备份数据的存储类型，因此，在检索到第一个字节前有较长的检索时间。在上述案例中，如果检索时间很重要但没有测量，下载时间过长将会导致网络路径负载判断错误。

1.3.2　可信性方法

可信性方法主要针对如何提高系统可信性。1.3.3 节将介绍三种典型的可信性威胁，这些威胁能够组成一条故障链，因此，可信性方法在实际应用中主要用于打破这样的故障链，从而可以提高系统的可信性。在开发可信性系统时，一般需要采用四个步骤：故障预防、容错、故障预测以及故障排除。故障预防和容错的功能是提供可信任的服务，而故障预测和故障排除是为系统提供对可信性和安全性的信心，即系统可以充分满足应用对可信性和安全性的要求。

1. 故障预防

故障预防技术用于将系统发生故障的可能性降到最低（Pradhan，1996）。质量控制技术，可以在设计过程的规范、实施和制造阶段最大限度地减少系统故障的发生。在这些阶段中，可以使用 Nagios（2017）等监测工具来定位和追踪系统故障。这些工具由不同的组件组成，这些组件负责监测当前状态、收集指标、向监测服务器发送数据、分析报告并通知管理员。网络监测工具 Nagios 将监测主机、设备和服务的当前状态。如果检测到可疑行为，Nagios 将通知管理员。Taherizadeh 等（2016）提出了另一种从用户角度监测性能的方法。这种检测方法可以用于评价交付给终端用户的网络质量，并根据每个用户的主观评价结果提高服务的整体可接受性。

2. 容错

容错技术主要用于防止系统故障转化成为系统错误，继而导致严重的系统异常。容错系统的设计目的是在某些软件或硬件组件出现故障时仍能继续运行。这种类型的设计允许系统在出现异常后能够以较低性能继续运行，而不是在出现故障时完全关闭停止系统运行。

根据系统由错误状态恢复正常的方式，容错系统可以分为前滚系统和后滚系统两种类型。后滚恢复使用检查点机制将系统返回到某个较早的正确状态，在此之后系统将继续正常运行。检查点机制旨在定期记录系统状态。然而，若与大型 VMI 组合使用时，这种方法就存在一定的挑战性（Goiri，2010）。另一方面，前滚恢复会返回检测到错误时的状态，以便纠正错误，保证系统继续工作。

容错系统还可以使用自适应技术提高容错能力。自适应技术赋予系统适应环境变化的能力。为了确保系统的容错性，自适应技术将根据需要进行状态监测和重新配置系统状态参数。

3. 故障预测和排除

这类技术对于确认和减少当前的故障数量以及缓解故障后果是十分必要的。故障预测用于评估系统行为，并估计系统中存在的故障数量、故障未来激活的可能性以及激活它们的后果。故障排除是一种根据故障预测技术的结果减少系统中存在的故障数量的技术。该技术主要包括三个步骤：验证、诊断和纠正（Dubrova，2013）。

验证用于确保系统完全满足所有预期要求。如果没有满足要求，则需要进行故障诊断和必要的纠正。在纠正之后，再次对系统进行验证，以确保系统满足给定的验证条件。系统维护也是一种重要的故障排除技术。纠正性维护用于删除已报告的、造成系统错误的故障，从而使系统恢复服务。预防性维护用于在系统运行期间提前发现系统中的故障，以免造成系统错误。

1.3.3 可信性威胁

在开发可信系统时，最重要的阶段之一是计算可信性威胁。**可信性威胁**，是指可能影响系统、造成可信性下降的风险，如故障、错误以及异常等。在不久的将来，随着越来越多的以数据为中心的智能系统和应用程序的实现，对可信性威胁的理解将会不断加深。

故障可以理解为系统中的某些硬件或软件组件的缺陷，如软件漏洞或硬盘驱动器系统故障。这无疑会影响系统的可信性。如果监测系统能够准确检测到故障，则可以减轻故障的长期影响。例如，SWITCH 的自适应组件可以在另一个云供应商中重新建立服务。这恰好是虚拟化的主要优点之一，因为可以通过在其他地方重新建立所需服务来减少各种故障。

错误是系统故障导致的系统状态，它会导致不正确的运行结果和意外的系统行为。系统的**异常**是指系统在指定的时间内交付的服务与系统规范不一致的状态。在软件定义的系统和应用中，可以通过使用身份验证和授权机制来解决故障和错误，查明系统和应用所使用的高质量 VMI/CI。IBM 最近引入了一项专利，该专利为 VMI 及其组成部分提供加密机制（Kundu 和 Mohindra，2012）。更现代的方法包括使用区块链（Shrier，2016）来提供对系统错误和异常的严格检查，只有经过充分测试和无漏洞的软件组件才可以使用。

这几种系统可信性威胁相互关联。例如，系统故障是出现错误的原因，错误是出现异常的原因。如果云基础设施的某些软件组件出现故障，可能会在某个时刻产生错误并引起意外的系统异常，最终导致系统不可用。

1.4 虚拟机与容器镜像的应用

最近的一些项目（mOSAIC，2017）表明，构建能够移植到特定云供应商的云应用工程平台是可以实现的，并且可以用来解决供应商锁定的问题。在这样的平台上，一旦设计了完整的云应用程序，就可以轻松地在多个云中进行部署。

这种便携式平台即服务（Platform as a Service，PaaS）在实现成本节约方面具有巨大的潜力，因为它们在各种云供应商设置中提供了软件组件的复用。在这样的环境中，基于组件的设计为资源管理和服务定制提供了极大的灵活性。

ENTICE 平台可以看作可移植的 PaaS，从而为用户提供云计算中高效的 VMI/CI 操作。图 1-8 给出了 ENTICE 的关键研究领域。由此，它也可以看作一个基于存储库的、封装了多种子系统的平台（Gec 等，2016）。

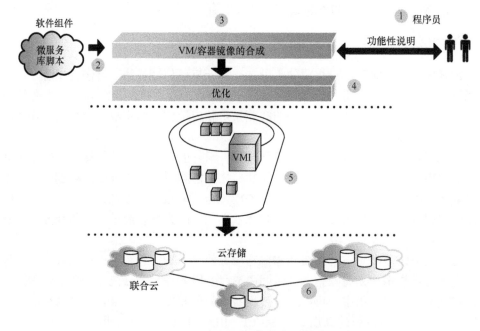

图 1-8　软件组件的打包和分发

（1）在使用 ENTICE 的第一步，程序员将搜索以功能形式表示的软件组件。

（2）某些功能可以通过 CHEF（2017）或 PUPPET（2016）等工具按照教程进行开发。

（3）接下来是自动合成 VM 或容器镜像。

（4）然后，ENTICE 服务基于必要的功能提供优化，这将通过功能测试来实现。

（5）分布式处理过程中最复杂的部分是多目标优化，称为 Pareto 最优，用于解决 QoS 需求冲突问题。与优化所有需求的单一解决方案不同，多目标优化结果具有一组折中解决方案。这就减少了满足用户需求的最佳拟合解决方案的选择。当无法进一步优化时，ENTICE 环境从用户角度考虑，提供了进一步手动优化镜像的可能性。根据云应用程序用户的 QoS 需求，有必要在联合云存储库上按地理位置分布虚拟机和/或容器镜像。

（6）ENTICE 的最后阶段是为提供功能的指定云供应商交付和部署镜像。正如以数据为中心的智能数据系统方法所描述的，优化交付时间可能需要重新部署数据存储镜像。

ENTICE 不仅可以用于优化联合 VMI/CI 存储设备的功能，还可以在运行时优化应用程序从而获得非功能属性。该体系结构的一个重要部分是知识库，它可以收集、交换和管理与 VMI /容器镜像存储库相关的必要 QoS 信息。

开发人员可以使用 ENTICE 环境中最相关的关键组件。开发工具是用于开发云应用程序的工具。然而，这些工具没有为部署阶段提供足够的信息。因此，创建包含特定服务的 VMI 和 CI 镜像是一个相当耗时的过程，需要开发人员对软件服务和可扩展性的软件库知识具有较好的了解。ENTICE 环境为开发人员提供了快速、简便的镜像访问以及存储库范围的软件搜索功能。

知识库组件使用三重数据库以及推理、规则和验证等机制服务。向体系结构的所有其他组件提供信息。根据域本体实现两种推理机制：策略推理和动态推理。策略推理评价 QoS 功能属性、执行时间、成本和存储，以支持应用程序自动封装。动态推理则根据联合云实例的动态信息完成镜像封装和准备。

ENTICE 用户界面是一个客户端应用程序，它通过 API 与知识库（服务器端应用）进行通信。因此，它能够为开发人员提供优化和搜索存储在公共存储库的 VMI/CI 的机会，并将新镜像上传到存储库或基于系统的设置中。开发人员可以使用包含功能需求的脚本来生成镜像。

ENTICE 环境处理功能具有弹性和地理分布特征。这些功能通过监测服务获取网络性能信息，然后基于这些信息对操作进行优化。为了缩减 VMI 的规模而不影响运行中的应用功能，ENTICE 服务会减少每个包含用户开发软件组件的 VMI/CI 的镜像大小。这些操作使得用户有机会在存储库中部署软件资源，从而可以帮助用户节省存储成本。

目前，网上存在许多公共 CI 存储库。通过联合这类存储库，可以提高系统的服务质量。通过增加新的约束、依赖性和来自推理机制或用户体验的派生数据，可以在知识库中注册新的存储库。

1.5 SWITCH 与软件工程的 QoS 保证

服务质量参数是软件工程过程中的重要组成部分，这类参数必须在软件工程过程的早期进行收集和记录。一方面是因为当前的云应用工程工具从根本上加速了软件工程过程，但是一旦应用程序在特定的云供应商中完成部署或开始运行，便无法通过工程工具来改变 QoS。

SWITCH（2017）特别重视 SWITCH 交互式开发环境（Switch Interactive Development Environment，SIDE）的开发，它可以用于指定与各个组件（如数据库和计算单元）相关的 QoS 指标，如增强型 OASIS（2013）的语义模型可以用于存储必要信息。图 1-9 给出了使用 QoS 模型获得必要的 QoS 用于特定功能时，运行中可能发生的情况。

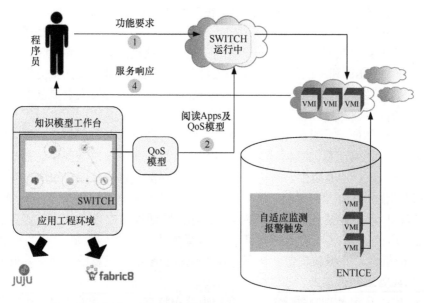

图 1-9 满足 QoS 要求的运行中云应用的适配

（1）用户（或程序）发送某种功能的应用请求。例如，用户可以请求启动视频会议，这是封装到容器中的 JITSI（2017）功能。

（2）在运行中，SWITCH 平台获取特定功能所需的 QoS 模型。

（3）基于应用所需的 QoS 模型判定最适合部署和使用的应用基础设施，选择范围主要考虑可以交付和部署软件组件（容器镜像）的云基础设施。

（4）在此之后，用户可以以较高的 QoS 请求应用所需的功能。运行中的

SWITCH 平台可以提供多种服务，包括监测和警报触发等，这些服务可能引起平台根据 QoS 指标进行自适应调整。

这些场景类型的关键词是**多实例**，因为应用程序可以针对单个应用实例在较高 QoS 下进行部署和使用。SWITCH 项目的设计为基于整个工程过程中基于 QoS 约束的物联网和大数据应用等软件工程的未来发展提供了重要的基础。另外，通过设计，SWITCH 和 ENTICE 环境都可以支持单个应用实例。

1.6   本章小结

云计算系统和应用已经为用户带来了诸多好处，包括较短的软件工程生存期、独立于基础设施的服务供应商、资源的最佳使用以及应用的简化维护（Rittinghouse 和 Ransome，2016）。然而，如果不能拓展新的应用领域并满足新的应用需求，那么这些优势和好处也就无从谈起。可信性是云计算系统和应用的关键属性之一。为了定义可信性这一属性，就必须理解它与其他所需属性的关系，包括可用性、可靠性、安全性和保密性以及一些额外的属性，如可维护性、可执行性、完整性和机密性。

随着大数据时代的到来，云架构需要进一步转型和调整，以支持事件驱动和单一功能使用实例场景。在这种情况下，必须立即建立可信性。

新兴的基于容器的互操作性标准，特别是 CNCF.io，提供了新的架构方法，其中以数据为中心的智能数据（边缘计算）是最为重要的概念。在这样的体系结构中，容器镜像可以通过高度优化的容器存储库系统在全球范围内无缝传送。ENTICE（2017）是一个新兴架构示例，其联合存储基础设施服务（用于管理容器和虚拟机镜像）可用于优化镜像规模、地理分布以及交付和部署时间。因此，ENTICE 旨在支持以数据为中心的应用，这种应用能够根据软件工程师的要求在不同的地理位置交付和部署所需的功能。类似 ENTICE 这样的技术也有助于维护可信性的其他方面，如可维护性，从而能够无缝、透明地向终端用户提供更新的应用功能。

在考虑运行环境时，另一项用于改善整个软件工程生存期的技术是 SWITCH（2017），其交互式开发环境（SIDE）（Zhao 等，2015）开发的主要目标是确保在软件设计和工程处理早期从终端用户获取服务质量的需求。一旦这些需求在语义上被注释和存储，那么，就可以在稍后的应用程序使用的过程中根据它们来确定部署应用的云供应商。由此，在设计可信的以数为中心的智能数据系统过程中，必须在软件设计过程的早期阶段考虑所需的非功能属性。

由云平台、云网络、云终端、云服务和云安全共同构成的云联盟成为新一代信息技术的变革核心（Kimovski 等，2016）。从应用的角度看，可以用于构建以数据为中心的可信性应用的架构主要包括三种：第一，数据与功能同时进行传递和使用，即数据与功能共容器结构；第二，在一个容器中传递功能，而在另一个集合中传递数据，即数据与功能非共容器结构；第三，采用最优分布式存储设备，如CEPH（2016）。

考虑到应用需求的不同，可以选择上述这些架构中的一个或几个。有时可能需要采用多目标优化方法来决定哪种应用设计模式和系统架构是最优的。因此，有必要进行更加深入的研究才能在管理应用程序的整个过程中纳入适当的服务质量模型，而这将是本领域未来的重要研究方向。

致　谢

本章的主要研究内容受到欧盟"地平线 2020 研究与创新计划"资助，资助协议编号为 No. 643963（SWITCH 项目：Software Workbench for Interactive，Time Critical and Highly self-adaptive cloud applications，用于交互式、时间临界和高度自适应云应用的软件工作平台）、No. 644179（ENTICE 项目：dEcentralized repositories for traNsparent and eficienT vIrtual maChine opErations，用于透明高效的虚拟机操作分散存储库）。

参 考 文 献

Amazons3, 2017. https://aws.amazon.com/documentation/s3/. (Online; Accessed 15 May 2017).

Apache Cassandra, 2016. http://cassandra.apache.org/doc/latest/. (Online; Accessed 19 December 2016).

Apache Mesos, 2017. http://mesos.apache.org/documentation/latest/. (Online; Accessed 15 May 2017).

Avizienis, A., Laprie, J.C., Randell, B., Landwehr, C., 2004. Basic concepts and taxonomy of dependable and secure computing. IEEE Trans. Dependable Secure Comput. 1 (1), 11–33.

Bryson, S., Kenwright, D., Cox, M., Ellsworth, D., Haimes, R., 1999. Visually exploring gigabyte data sets in real time. Commun. ACM 42 (8), 82–90.

CEPH Storage, 2016. http://docs.ceph.com/docs/master/. (Online; Accessed 15 December 2016).

CHEF Automate, 2017. https://www.chef.io/chef/#chef–resources. (Online; Accessed 15 May 2017).

Dubrova, E., 2013. Fundamentals of dependability. In: Fault-Tolerant Design. Springer, New York, pp. 5–20.

ENTICE, 2017. ENTICE-decentralised repositories for transparent and efficient virtual machine operations. http://www.entice-project.eu/about/. (Online; Accessed 15 May 2017).

Gec, S., Kimovski, D., Prodan, R., Stankovski, V., 2016. Using constraint-based reasoning for multi-objective optimisation of the entice environment. In: IEEE 2016 12th International Conference on Semantics, Knowledge and Grids (SKG). IEEE, New York, pp. 17–24.

Giannakopoulos, I., Papailiou, N., Mantas, C., Konstantinou, I., Tsoumakos, D., Koziris, N., 2014. Celar: automated application elasticity platform. In: 2014 IEEE International Conference on Big Data (Big Data). IEEE, New York, pp. 23–25.

Goiri, Í., Julia, F., Guitart, J., Torres, J., 2010. Checkpoint-based fault-tolerant infrastructure for virtualized service providers. In: 2010 IEEE Network Operations and Management Symposium, NOMS 2010. IEEE, New York, pp. 455–462.

IBM Big Data, 2013. http://www.ibmbigdatahub.com/infographic/four-vs-big-data/. (Online; Accessed 12 December 2016).

JITSI, 2017. https://jitsi.org/Documentation/DeveloperDocumentation/. (Online; Accessed 15 May 2017).

Kim, H., Feamster, N., 2013. Improving network management with software defined networking. IEEE Commun. Mag. 51 (2), 114–119.

Kimovski, D., Saurabh, N., Stankovski, V., Prodan, R., 2016. Multi-objective middleware for distributed VMI repositories in federated cloud environment. SCPE 17 (4), 299–312.

Kounev, S., Reinecke, P., Brosig, F., Bradley, J.T., Joshi, K., Babka, V., Stefanek, A., Gilmore, S., 2012. Providing dependability and resilience in the cloud: challenges and opportunities. In: Resilience Assessment and Evaluation of Computing Systems. Springer, Berlin, pp. 65–81.

Kubernetes, 2017. http://kubernetes.io/docs/. (Online; Accessed 15 May 2017).

Kundu, A., Mohindra, A., 2012. Method for authenticated distribution of virtual machine images. US Patent App. 13/651,266 (Oct. 12, 2012).

mOSAIC Project, 2017. http://www.mosaic-cloud.eu/. (Online; Accessed 15 May 2017).

Nagios, 2017. https://www.nagios.org/. (Online; Accessed 15 May 2017).

OASIS, 2013. Topology and Orchestration Specification for Cloud Applications. http://docs.oasis-open.org/tosca/TOSCA/v1.0/TOSCA-v1.0.html. (Online; Accessed 19 December 2016).

Paraiso, F., Stéphanie, C., Yahya, A.D., Merle, P., 2016. Model-driven management of docker containers. In: 9th IEEE International Conference on Cloud Computing (CLOUD).

Powell, D., 2012. Delta-4: A Generic Architecture for Dependable Distributed Computing, vol. 1. Springer Science & Business Media, New York.

Pradhan, D.K., 1996. Fault-Tolerant Computer System Design. Prentice-Hall, Inc., Upper Saddle River, NJ.

PUPPET, 2016. https://docs.puppet.com/puppet/. (Online; Accessed 17 December 2016).

Ramachandran, M., 2011. Component-based development for cloud computing architectures. In: Cloud Computing for Enterprise Architectures. Springer, London, pp. 91–114.

Rittinghouse, J.W., Ransome, J.F., 2016. Cloud Computing: Implementation, Management, and Security. CRC press, Boca Raton.

Sharp, J.H., Ryan, S.D., 2009. Component-based software development: life cycles and design science-based recommendations. In: Proc. CONISAR, v2 (Washington, DC).

Shrier, D., Wu, W., Pentland, A., 2016. Blockchain & infrastructure (identity, data security). MIT, Massachusetts.

Stankovski, V., Taherizadeh, S., Taylor, I., Jones, A., Mastroianni, C., Becker, B., Suhartanto, H., 2015. Towards an environment supporting resilience, high-availability, reproducibility and reliability for cloud applications. In: 2015 IEEE/ACM 8th International Conference on Utility and Cloud Computing (UCC). IEEE, New York, pp. 383–386.

Stankovski, V., Trnkoczy, J., Taherizadeh, S., Cigale, M., 2016. Implementing time-critical functionalities with a distributed adaptive container architecture. In: Proceedings of the 18th International Conference on Information Integration and Web-based Applications and Services.

Storj.io, 2016. http://docs.storj.io/. (Online; Accessed 19 December 2016).

SWITCH, 2017. SWITCH project (Software Workbench for Interactive, Time Critical and Highly self-adaptive Cloud applications). http://www.switchproject.eu/about/. (Online; Accessed 15 May 2017).

Taherizadeh, S., Taylor, I., Jones, A., Zhao, Z., Stankovski, V., 2016a. A network edge monitoring approach for real-time data streaming applications. In: Economics of Grids, Cloud, Systems, and Services.

Taherizadeh, S., Jones, A.C., Taylor, I., Zhao, Z., Martin, P., Stankovski, V., 2016b. Runtime network-level monitoring framework in the adaptation of distributed time-critical cloud applications. In: Proceedings of the International Conference on Parallel and Distributed Processing Techniques and Applications (PDPTA), The Steering Committee of The World Congress in Computer Science, Computer Engineering and Applied Computing (WorldComp), p. 78.

Zhao, Z., Taal, A., Jones, A., Taylor, I., Stankovski, V., Vega, I.G., Hidalgo, F.J., Suciu, G., Ulisses, A., Ferreira, P., et al., 2015. A software workbench for interactive, time critical and highly self-adaptive cloud applications (switch). In: 2015 15th IEEE/ACM International Symposium on Cluster, Cloud and Grid Computing (CCGrid), IEEE, New York, pp. 1181–1184.

第 2 章　智能数据系统的风险评价与监测

2.1　引　言

以数据为中心的智能数据系统（Data-Centric Intelligent System，DCIS）因两个重要的因素而开启了崭新的研究和应用视角：一是通过收集到大量数据可以降低成本从而提高应用价值的事实；二是基于现有固化组件（Components Off The Shelf，COTS）计算节点组成的大型计算系统的出现。例如，通过抽象层的方法和适当的软件解决方案来组合价格适宜的处理单元，用以实现大量数据以及大规模并行计算。这种聚合的效果从目前的云和大数据应用的普及就可以看出，这本质上是传统计算架构和软件范例的新趋势，通过适当的中间件和网络支持可以将它们推到极限并加以利用。事实上，这只是 DCIS 产生以来的第一次变革，已有研究表明，DCIS 潜力巨大，其功能与性能优势远远超过当前传统的大规模计算系统。未来，智能数据系统将以大量的非结构化知识为基础，通过使用非传统的自主策略而生成隐性信息，这些隐性信息可以通过新的方式捕获、分类、分析和数据处理以实现应用目标（Ranganathan，2011）。

DCIS 的主要特征表现在处理信息时不再将数据转移到计算单元，这主要是由于扩展、成本、速度、带宽或多种因素的共同作用所产生的。数据的扩展是推动新解决方案的原动力，企业服务器每年处理或交付的数据量据保守估计已经达到 ZB（ZettaBytes，泽字节，$1ZB=10^{21}B$）级别，而且还在呈指数级增长（Chang 和 Ranganathan，2012）；利用 Google 搜索的在线数据总量估计需要采用 EB（ExaByte，艾字节，$1EB=10^{15}B$）衡量，并且统计数据表明在 2002 年至 2009 年期间搜索数据量增加了 56 倍，这对于该应用领域而言已经是过去很久的事了（Ranganathan，2011）；类似的趋势对于其他规模较大的互联网公司而言同样有效。这种增长远远超过了摩尔定律以及目前的技术趋势预测。数据爆炸的必然结果就是推动计算转向数据，而不再是移动数据，并以最合适的方式存储数据、分配数据，用以实现高效的计算。尽管移动代码曾经出现在一些特殊的应用中，但现在的智能应用正在不断地促使计算的移动性从面向有限的特定应用转变为新的计算范式。

2.1.1　现有结构化解决方案

目前 DCIS 的体系结构解决方案主要基于云技术，并利用专门的数据中心体系结构。云技术在多方面极大地改善了大规模分布式计算，如云软件栈，并实现了抽象、虚拟化和虚拟机（Virtual Machine，VM）迁移，通过适当的资源管理策略，可以提高功耗、可持续性、成本、可靠性和可扩展性等方面的性能。数据中心由大量相似的节点组成，与普通计算机的体系结构基本相同，这些节点有组织地放在机架上以节省空间，并实现更好的物理组织和线路连接。将多个机架组织部署在走廊，形成通道。部分节点专门用于数据计算，部分节点专门用于数据存储。节点依靠电源单元和网络设备来履行职责。除物理连接之外，网络还包括若干分工不同的组件：交换机执行本地连接用以充分利用可用带宽；路由器构成网络基本架构并合理处理业务流量；防火墙保护节点；负载均衡器以最优机制分发请求以提高网络性能。事实上，节点的空间组织将对网络基础设施的组织产生影响。

该体系结构可用于构建以数据为中心的多种应用，通常建立在软件即服务（Software as a Service，SaaS）的逻辑上。主要的挑战是确保整个计算基础设施能够满足应用所需的性能要求。例如，网络基础设施要确保大型数据集组织和分布的合理性、确保在需要时可以对目标或应用重定位、确保设施的软件可用性，以及确保数据集可以通过 VM 机制实现迁移。

VM 的迁移是将计算移植到数据的主要工具，数据会保存在基于云的 DCIS 中。事实上，由于性能、功率节省和可靠性等原因，DCIS 早已作为云中间件中不可替代的工具。然而，不可忽略的是，迁移确实需要占用大量时间和带宽：VM 必须通过远程存储启动，否则就会停止并在节点之间移动，然后在目标节点上重新启动，从而导致网络基础设施上的流量骤然增加（Gribaudo 等，2016）。

为了达到所需的性能水平，就必须采用适当的解决方案。虽然现代处理器可以运行超过 40～80 个并行线程，但可用的主存储器通常不足以存储智能数据中心应用所需要的所有数据。因此，外部存储的重要作用不可忽视，在这种状态下，外部存储方式是数据长久保存的唯一解决方案。采用持久性、冗余性等解决方案可以提升存储及后续处理性能，如独立磁盘快速阵列（Rapid Array of Independent Disks，RAID）和磁盘簇（Just a Bunch Of Disks，JBOD）。然后，使用固态硬盘来提供额外需要的解耦合数据缓存，但这会使整体管理和协调复杂化，因为在计算数据和存储数据的位置之间需要增加额外的间接层。通过合理映射并严密组织的存储子系统，再加上能够提供自主平衡的存储管理层、复制和编码的组合以及良好的管理，可以极大限度地改进存储性能。此外，还可以引入多种机制确保更好的可靠性和更好的数据可用性（Gribaudo 等，2016）。然而，这些机制不可避免地会增加网络基础设施的工作负载。

网络起到的关键作用显而易见。云网络基础设施采用了特殊的体系结构，以应对网络瓶颈，并试图以合理的成本打破带宽的限制。Bilal 等（2013）提出了一系列合理的解决方案。三层架构模型是目前使用最为广泛的结构。第一层称为接入层，由连接到所有本地节点和上层的交换机组成，用于实现本地区域的计算和存储节点之间的快速互联。例如，适用于价格不高、可扩展性较低的设备机架组合方式；或者适用于可扩展性较好、总体复杂性不高但较昂贵的设备走廊排列方式。第二层是聚合层，通过另外具有更高性能的交换机收集来自下层普通交换机的所有流量，并创建连接到顶层的基础架构的逻辑分区。第三层是核心层，利用合理接入的交换机创建覆盖整个基础设施的互联架构。这种网络组织可以看作是可扩展性、网络性能和运行成本之间的最佳折中。然而，由于计算和存储节点的数量受到网络中物理连接数量的限制，而且其聚合性能受到可用带宽的限制，因此有必要将系统的可扩展性降到最小。为了实现以数据为中心的智能系统应用，所需的资源虽然在理论上可以获得，但网络基础设施可能导致部分资源无法获取。对此，已有研究确实提供了一些解决方案，但是，这些方案或是基于更好的协议（Hopps，2000），或是单纯依靠更昂贵的技术手段。

2.1.2 未来结构化解决方案

尽管云计算具有灵活性和其他优势，但它对于整个技术发展脉络而言只是一个开始。云架构已经带来了一场革命，特别是该架构能够提供灵活性的宏观优势，但它们只是传统计算架构发展的一个极端进化。总体来讲，云是通过将 COTS 节点与专门的网络体系结构连接起来而构建的，这些网络体系结构在极端的请求和庞大的系统规模上体现了所产生瓶颈的本质。在这种系统规模上，合理和完善的中间件将生成许多面向虚拟化资源管理和执行的抽象服务。计算节点本质上是围绕处理器设计和构建的传统计算机，并且自计算机发明以来一直由处理器管理。内存仍然存在主存储器和外存储器的划分，尽管这种划分变得越发不明显，利用技术进步而不是技术革命的固态磁盘（Solid State Disk，SSD）实际上也不例外，而是进一步证明了这一现象。为了进一步发展 DCIS，需要新的架构解决方案以及新的软件和硬件设计范例。

已有研究将 DCIS 定义为技术的转折点（Ranganathan，2011），并指出许多新技术是构建这种新范式的关键因素。DCIS 具有全新的系统设计视角，将系统中心由处理单元转为数据存储库，同时对主存和外存进行模糊分离，降低数据实际位置与它被处理（如减少、反常、缓存）的位置之间的调节水平，其目的是通过结合体系架构和技术进步来推动创新和实现更加智能化的应用，从而减少延迟，使日益提高的数据处理能力与不断增长的数据速率相匹配。反过来，通过利用纳米传感器或者移动设备进一步增加网络所获取的数据量并丰富数据类型，从而避免无法利用所有可用数据的风险。随着硬件技术的发展，依赖硬件的软件的发展应该通过结合新的软件架构和新的软件解决方案获得所有理论上能获得的数据，新的软件架构可以解决来自遗留软件组织的云软件栈继承的特征问题，而新的软件解决方案可以访问多重数据源，并将它们与结构化和半结构化组织结合。

目前，已有的一些可选的新型技术包括：针对非易失性主存储器的各种设计，如可以利用纳米存储器（Ranganathan，2011）将非易失性存储器和处理器集成在一起，共同构建新架构的基本模块，并结合光子学理论进一步减少数据传输；或者，可以采用更具方法论特性的方法，如更广泛地应用 HW-SW 协同设计用以获得最优化解决方案。更加全面的介绍和更加详细的分析，读者可以参考 Chang 和 Ranganathan（2012）。

2.2 DCIS 管理中的风险因素

风险分析往往从识别系统的主要风险因素开始，从管理系统到系统操作的各个方面，都可能存在风险因素，并且可能在不同的时间尺度上对系统造成影响。长期影响因素的分析及其可能引发的后果预测在制定管理战略时至关重要。一般而言，如果不是政策制定造成的风险，对业务的影响微乎其微；短期影响因素可能会对系统产生相当大的影响，其严重程度取决于影响范围和产生影响的时间。通常在风险分析时，基于粗略和非穷尽的方式可以将风险评价划分为两类，即大尺度风险评价和小尺度风险评价。大尺度风险评价多涉及投资、研究方向以及活动范围等的决策；它需要对外部环境和未来环境发展有敏锐的洞察力和扎实的知识基础，从而能够在非确定性环境中实现最优决策的制定和实施。相反，小尺度的风险评价与更实际的问题有关，与系统本身有关，与系统的瞬时状态有关，与系统在环境中所受到的可控或不可控因素引起的直接威胁有关。小尺度风险评价可能更容易受益于有关上下文的定量信息、明确的场景定义以及较小的评价范围，通过清晰的因果链和易于利用或控制环境信息，以实现最小化风险的目标。

2.2.1 大尺度评价

事实上，主要风险因素涉及创新成本以及持续性发展的长期成本。有关（Chang 和 Ranganathan，2012；Ranganathan，2011）的研究表明，从长远来看，随着范式的不断转变，DCIS 必将经历一场彻底的技术变革。这将在管理决策空间的两个方面产生不确定性：必要的变更执行时间以及技术解决方案的选择。这两个因素中还需要考虑潜在的发展风险，进行必要的分析和对比，从而选择合适的路线。

时机是非常重要的因素，因为行业竞争非常激烈：管理最佳技术解决方案的能力将在市场中发挥重要作用。选错了时机可能给企业经济带来重大灾难。例如，过早可能缺乏重要而可靠的数据予以支持；而太晚则可能无法找到能够开发的市场，从而面临生存危机。变更路线的时间安排和组织也会影响创新过程的可持续性，因为外部技术因素也可能对发展成本产生重大影响。

选择正确合理的技术也至关重要，特别是对于早期进行的技术变革。在如此复杂的系统中，很难依靠单一选择或操作来获得某种功能，因为任何的选择和操作都可能反映与系统其余部分的交互，并且可能随着时间的推移才会出现。新解决方案的迫切需要将有助于加快决策过程，这种决策过程不会类似于创新力度较小或者经过良好评估的备选方案那样能够获得充分的信息：虽然在存储器层次结构中引入SSD 可能得益于具有明确定义的基准以及与具有大量经验文本库类似的解决方案的先验知识，但是，如果要切换到以纳米级存储为中心的模型架构，仍然需要更大量的研究投入、更新基准的商榷、更新模拟和评估工具的选择、更新的中间件设计，以及更新的开发和管理方法。事实上，错误的决定可能会导致意想不到的灾难。

众所周知，在大规模的网络体系结构中存在两个众所周知的风险因素：功耗和安全性。这些风险因素感觉上似乎更适合于小尺度评价，但事实上，这些因素主要是在不同的时间尺度上起作用。尽管电源管理属于资源调度技术范围，但电源管理策略却是保持市场竞争力的重要因素（Rossi，2016）。除解决方案选择、短时间监测和干预之外，安全是另一个需要实施预防战略的问题。

2.2.2 小尺度评价

在小尺度评价中，风险因素主要取决于系统的体系结构及组件行为（事实上，除本章分析的客观因素以外，还受到人为因素的影响）。第一个因素由系统本身的规模给出：即使每个独立组件的平均故障间隔时间（Mean Time Between Failures，MTBF）很高，考虑到系统组件的数量、故障的独立性以及信息的传播与交互，系统的整体故障频率不容忽视，因此合理而有效的管理方法是十分必要的。幸运的是，大多数用于满足性能要求的结构化解决方案都具有较好的可信性，但是，由于系统崩溃而导致的软件重复调用执行以及由于存储数据损坏或丢失而导致的整体性能下降是非常普遍的。如果发生这种情况，则需要中间件实现自适应管理。

网络规模对网络基础设施管理的影响也至关重要。除扩展性友好组件较少外，系统自身的性能瓶颈限制也是引起系统故障的重要因素。对网络及不同网络层和组件上的行为进行全面评估有助于快速准确发现系统的安全问题，持续监测也有助于防范外部威胁，如安全攻击等。

有效的电源管理（Voltage Management，VM）有助于控制成本以及支持系统的可持续性，是保证经济利润的必要因素。电源管理依赖于管理机制与系统组建的整合和迁移（Ciardo 等，2016），因此，VM 可能会增加网络基础设施的工作负载；根据软件需求，准确设计系统的数据分布和互联逻辑，有助于最小化网络设备的功耗；最后，冷却子系统是功率消耗的重要来源。由此可见，合理有效的 VM 调度可以同时在这两个方面起到积极作用。

通常，上述这些风险因素可以通过定量方法进行评价，因为有多种工具可以实现对当前体系结构的监测和建模。有关云和大数据系统性能评估的工具和方法介绍可以在 Gribaudo 等（2016）的研究中找到。

另一个因素显然与安全问题有关，而安全问题又可能影响其他组建从而引起更大的问题。由于它的重要性，本章的其余部分将重点讨论主动威胁情况下的安全风险评价。

2.3 传统信息风险评价

普遍认为代码移动性的研究是 DCIS 系统研究的第一项内容，其中，创新思想是移动处理数据的代码而不是移动数据本身：移动软件代理的设计已成为该领域的一个重要研究趋势（Pham 和 Karmouch，1998）。而研究工作的主要基础在于通过网络传输少量代码的效率远比传输大量数据的效率要高得多。此外，虽然研究的初始阶段只关注应用的可扩展性，但是研究人员很快就会发现该研究对数据安全性也大有好处。

各行业面临的首要问题是如何从公司正确运行重要数据的初始就开始保护这些数据。企业信息安全架构（Enterprise Information Security Architecture，EISA）最早由 Gartner 提出，其主要使组织或行业机构能够充分利用通用原则和最佳实践，将信息安全的业务需求转换成可操作的信息安全和风险管理解决方案，并采用全面而严格的方法确保组织过程和公司内部人员及信息的安全保障（Shariati 等，2011；Anderson 和 Choobineh，2008）。尽管 EISA 经常与信息安全技术紧密地联系在一起，但仅通过技术设备和策略是无法实现其功能的，必须通过跨程序、人员和技术集的全面解决方案来保证数据安全；且并非所有数据都是平等创建的，某些数据在整个企业或业务的运行中可能起到更为重要的作用；以相同技术或方法保护所有数据可能会令解决方案失效或安全工作管理低效。为了实现安全工作合理化的目标，风险的概念开始用于量化数据的危急级别，如图 2-1 所示为 BITS（Businesses，Information，Technology and Security，业务、信息、技术和安全）模式，其中业务、信息、技术和安全性分组在同一个伞形结构下。

最早的风险评价程序源自安全领域，在安全领域中选择那些被工业界和科学界认可并经过广泛评估的方法，直接应用于风险评价过程中。已有与安全相关的风险评价方法，部分已经进行了广泛的推广并成为相关部门的标准。图 2-2 给出了风险评价的典型模式[①]。

[①] http://www.rssb.co.uk/improving-industry-performance/management-of-change。

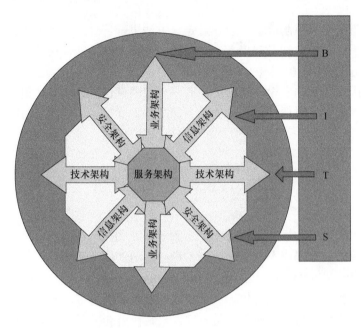

图 2-1　BITS 模式的伞形分组结构

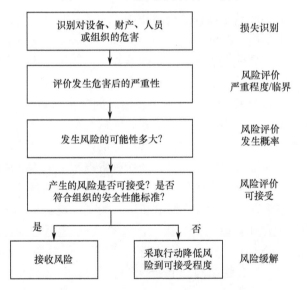

图 2-2　风险评价的典型模式

所有风险量化评价过程都基于下式风险 R 计算方法，即

$$R = TD \tag{2-1}$$

式中：T 为风险发生的概率；D 为与系统或利益有关的损失估计。安全评价方法主要分为定性方法和定量方法两类。定量方法用 T 表示风险概率（取值为 0～1 的实

数），D 主要表示经济损失（如欧元、美元等）；定性方法只是指明 T 的定性范围（如可能、不可能、频繁的等）。为了评价风险，首先是确定（经济）损失阈值，瞬时损失估计值应不超过损失阈值，其次是基于风险矩阵，该矩阵表明对每一次攻击和伤害需要采取的行动。定量方法无疑可以提供更加准确的评价结果，且可以作为可靠风险评价的重要基础。但是，定性方法更容易执行并且更容易应用在工业环境中，事实上，当缺乏定量信息并且存在较大不确定性时，这可能是唯一可行的方法，如广域网络中的大尺度风险评价应用。

近年来，由于信息通信技术（Information Communication Technology，ICT）的巨大进步，其深度的应用在企业和产品中快速增长，这使得线下产品和公司数据安全正面临前所未有的挑战。物联网和工业 4.0 范式就是这种情况，它们正在改变数据的生成、存储和处理方式。IoT 正在不断深度融入社会的日常活动。思科（Cisco，2016）表示，到 2020 年，IoT 每年将产生超过 50ZB 的数据，平均每人产生约 6TB 数据。不难理解，这些数据必然会包含个人私密和敏感数据，因此，保证数据隐私将成为未来社会的必然要求。

随着网络犯罪逐渐成为全球性的"瘟疫"，安全公司纷纷投资于安全风险的评价技术和相关产品。为此，式（2-1）可以扩展为

$$R = TVD \tag{2-2}$$

式中：V 为系统的脆弱性，即攻击可能导致系统受损的概率。

传统产品与网络相结合也将对我们的生活产生多方面的影响：智能汽车和自动驾驶汽车都是网络物理系统（Cyber-Physical System，CPS）的部分案例，CPS 是基于计算机的系统，在生活中与我们的进行深入互动，并将控制和决定我们的安全。根据 TrendMicro（2015）以及其他相关组织的研究，尽管网络攻击主要是针对企业和私营部门，但对关键基础设施的攻击也在迅速增长，传统上封闭的系统现在对互联网开放，完全暴露在恶意软件、拒绝服务（Denial of Service，DoS）攻击和其他威胁面前。这是一个安全性和保密性的共性问题。部分研究人员认为，这两类问题通过特定的融合模型是可以合并为一类的（Bloomfield 等，2013）。

获得兼顾安全性和保密性的合理有效的风险评价方法并非易事，目前还没有普遍接收和认可的标准性评价方法。这方面的研究仍然在进行，并且已经取得了一些研究成果。Macher 等（2016）首次尝试将这两个因素整合到一个联合风险评价模型中，并在汽车领域进行了实验。由于实现了电子产品和汽车间的高度连接及大规模应用的引入，汽车行业势必成为风险评价领域的先驱。其他比较有价值的资源包括 Ward 等（2013）和 Raspotnig 等（2013）的研究。普遍来看，许多国际会议和研讨会，以及可信性领域的知名会议（如 DSN、EDCC、SSCS、S4CIP）均设置了相关专题，并关注这一领域的最新研究成果。

所有数据最终会上传至云端：随着与互联网接入和宽带连接的互联越来越普

遍，将数据存储到云端进行访问并利用云系统处理数据正在成为一种标准的方法。然而，滥用云计算技术可能会对数据造成严重的安全漏洞，因此，必须根据风险评价程序对云系统进行设计和评价。重复地对安全性和保密性进行迭代优化处理可以得到一定的优化解决方案，但所得到的解决方案一般只能针对特定的威胁风险。欧盟网络和信息安全局（European union agency for Network and Information Security，ENISA）于 2009 年发布了一份云计算风险规程报告，强调了风险种类并针对每一项风险建议采用的适当措施；2016 年，云安全联盟（Cloud Security Alliance，CSA）更新了此项研究，并对技术安全问题进行了更加深入的研究（CSA，2016）。

2.4　CPS 风险评价方法

如 2.3 节所述，已有风险程序的主要缺陷之一是完全依赖定性评估，图 2-3 给出了本章所设计方法的基本模式。考虑到本章主要的研究目标在于构建基于综合模型的方法用于设计与评价安全系统，为此设计人员和评价人员需要在正式系统模型的基础上关注威胁、危害、系统响应以及进一步中和等方面的内容。目前，许多同类研究采用攻击树（Attack Trees，AT）和模糊规则（Fuzzy Rules，FR）等形式对上述问题进行建模。

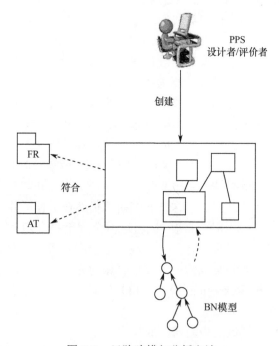

图 2-3　风险建模与分析方法

此时，可以考虑两组自动的模型到模型的转换用以生成易于分析的模型：AT 到贝叶斯网络（Bayesian Networks，BN）的转换，以及 FR 到 BN 的转换。这两种转换都将为脆弱性评价生成正式模型，将脆弱性分析的结果和决策融合，构建相应的解决方案，并将它们集成在一起共同反馈给用户。

2.5 所提出的新型方法

图 2-4 给出了本研究所提出的风险评价过程。该方法既可以抵御自然灾害，也可以抵御安全威胁。因此，可用于安全和保密问题的联合风险评价。

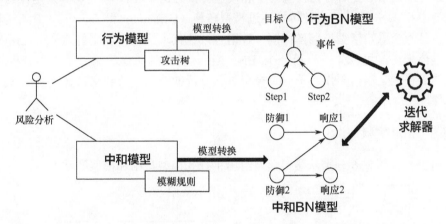

图 2-4 所提出方法的基本模型

第一步，风险分析对攻击行为和低于行为进行建模。通常，可以将攻击者访问系统的过程视为"行为"（Action）。由于这种方法可以应用于不同的案例，以下情况都将报告到管理系统：攻击者的恶意行为、授权用户的不当行为、系统所依赖的外部服务的失败，以及内部系统组件错误。相反，中和是攻击者对某些系统防御措施的反应。所提出的方法具有的基本作用之一是体现了多形式主义方法论中使用两个异构子模型组成主模型的优势（Gribaudo 和 Iacono，2014），这两个子模型分别是行为模型（Action Model，AM）和中和模型（Counteraction Model，CM），分别用于捕获行为动作和中和动作。

该行为模型结合了所考虑威胁对受损系统状态的影响，如系统的利用、服务的中断等。为了捕获这些信息，必须以合理且高效的方式选择适当的语言。AT 是最适合的形式化方法之一，可用于构建恶意行为模型。此外，作为故障树形式基础上的扩展，AT 更适合对自然灾害的建模。

中和模型侧重模拟攻击者对防御策略做出反应的可能性。该模型可以看作一组规则，用来描述攻击者发现某些路径和可能性在执行攻击时不可行的行为。我们需探讨使用 FR 作为描述和形式化规则的有效方法，在我们的例子中，这种形式需要翻译成另一种语言以便进行更加灵活的分析。

BN 也称为信度网络，是目前不确定知识表达和推理领域最有效的理论模型之一，在许多领域都得到了广泛的应用，如人工智能领域（Charniak，1991）、系统可靠性领域（Bobbio，2001；Bernardi，2013），以及软件和系统安全性研究领域（Marrone，2013；Xie，2010）等。使用高效算法的分析技术可以应用于无须基于状态空间的解决方法的 BN 中。当然，还有许多其他可用工具能够支持这类分析，但是所有参数的复杂性将限制应用的范围。

该方法的核心是将行为模型与中和模型转换为两个 BN 模型，分别是行为 BN 模型与中和 BN 模型。这种转换通过模型转换（Gribaudo 和 Iacono，2014）来实现。一旦两个原始模型被翻译成同一种语言，迭代求解器可以交替地分析这两个模型。具体来讲，可以先分析第一个 BN 模型，并将结果作为第二个模型分析的输入，然后将这些输出再作为第一个模型重新分析的输入，持续交替迭代直到达到终止条件。

2.5.1 结构建模

图 2-5 和图 2-6 分别从接口角度给出了行为模型与中和模型的结构。

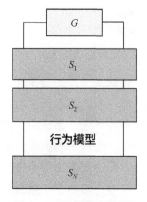
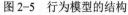

图 2-5 行为模型的结构

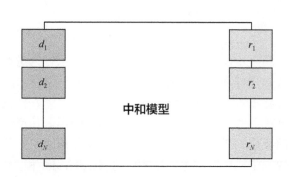

图 2-6 中和模型的结构

更详细地说，图 2-5 所示的行为模型给出了接口集：$\mathcal{S} = \{s_1, \cdots, s_N\}$，它代表了攻击者可以执行的一系列基本行为；$\mathcal{G} = \{g_1, \cdots, g_K\}$，即攻击者可以攻击的一组敏感目标。基本攻击步骤方法有助于确定利用目标的可能性，具体论述可见 2.6 节。图 2-6 所示的中和模型提供了两组接口：$\mathcal{D} = \{d_1, \cdots, d_N\}$ 表示攻击者能够发现它的入侵行为被抵御的概率；$\mathcal{R} = \{r_1, \cdots, r_N\}$ 代表攻击者在防御策略下的响应行为。$\mathcal{S}$、$\mathcal{D}$ 和 $\mathcal{R}$ 具有相同的基数。进一步，令 $\mathcal{V} = \mathcal{D} \cup \mathcal{R} \cup \mathcal{S}$。

所有接口都是布尔型；这里采用 $\mathcal{B}$ 表示布尔集。尽管如此，含义在不同的条件下有不同的区分。

（1）如果相关目标是受到攻击，则 $x \in \mathcal{G}$ 为真，否则为假。

（2）如果发生相关的攻击基本步骤，则 $x \in \mathcal{S} \cup \mathcal{R}$ 为真，否则为假。

（3）如果防御者设置了与攻击者行为相关的防御，则 $x \in \mathcal{D}$ 为真，否则为假。

2.5.2 迭代法进程

迭代求解的目的是将行动模型与中和模型结合在一起分析，用于计算防御者和攻击者的策略。迭代求解过程由行为和中和模型的组合机制支持，如图 2-7 所示。

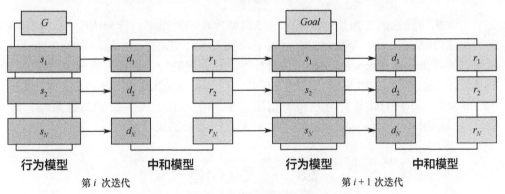

图 2-7　解决方案迭代期间模型的组成

（1）**迭代**。一次迭代过程，将 s_j 映射到 d_j。

（2）**迭代间隙**。它发生在两次迭代之间。它将第 i 次迭代映射时中和模型的 r_j 映射到第 $i+1$ 次迭代时行为模型的 s_j 上。

迭代解决方案算法的伪代码如算法 2-1 所示。

算法 2-1　迭代求解程序伪代码

```
Void isolver ( int maxIter, double riskVL ) {
    Int iterCounter = 0;
    double risk = 0;

    int exitCondition = 0;
    while ( exitCondition == 0 ) {
        risk = Action.computeGoals ( );
        iterCounter++;
        exitCondition = ( iterCounter == maxIter ) || ( risk < riskVL );

        if ( exitCondition == 0 ) {
```

```
        Counteraction . defenses = Action . defStrategy( );
        Action.steps = Counteraction . attStrategy( );
     }
  }
}
```

函数需要传递两个参数：maxIter 和 riskVL，前者表示允许的最大迭代次数，后者表示防御策略可以容忍的最大风险级别。本章将通过脆弱性 P_i 对每个受到攻击的目标的成本 C_i 加权求和计算 R 值，即

$$R = \sum_{i=1}^{k} C_i P_i \qquad\qquad (2-3)$$

本章将脆弱性定义为基础设施无法抵御特定攻击的概率，行为模型和模型所提出的算法由 Action 和 Counteraction 两个对象表示。初始化后，算法首先在循环内部通过函数 Action.computeGoals( ) 计算目标，从而更新每个目标的脆弱性和基础设施的总风险指数。然后，如果没有达到目标 maxIter 或 riskVL，则通过 Action.defStrategy( ) 计算针对攻击者策略（前一次迭代的 R）新的防御策略；最后，通过调用 Counteraction.attStrategy( ) 计算攻击者新的反攻策略。

2.6 形式化构建

本节将分析如何定义行为模型和中和模型并将其转换为 BN。此外，2.6.3 节还将详述迭代求解器在 BN 上的工作原理。

2.6.1 行为模型

AT 及其变形可以构成一套强大的形式体系，学术界和工业界都用它来构建入侵场景模型。本书在研究中参考 Gribaudo 等（2015）给出的 AT 的特定变形，即构建的由 AT 生成 BN 模型的新型模型到模型的转换。因此，在下文中，行为模型同时引用了 Gribaudo 等（2015）所提出的形式体系以及 2.3 节中所构建的模型结构。在这个框架中，行为模型中的 S 被建模为 AT 中的基本事件，G 则是 AT 的极端事件。本章将充分利用 Gribaudo 等（2015）所给出的方法，通过将多个 AT 转换成 BN 模型来组合多个 AT 并进行分析。然后，可以通过对基本威胁建模及对最终目标的危害程度建模来扩展 AT 模型。通过将在 $\mathcal{E}$ 中收集的适当事件引入模型，即内部 AT 节点，来完成该任务。

AT 到 BN 的模型转换的过程类似于从 FT 到 BN（Bobbio 等，2001），这里不再详述，有兴趣的读者可以参考 Gribaudo 等（2015）的研究。简而言之，每个 AT 都转换为一个 BN 节点；AT 在 BN 模型中引入类似的结构，在 BN 中通过 CPTs 对

攻击逻辑运算符（OR，AND，KooN）进行建模。然后，按照 Gribaudo 等（2015）所构建的规则合并每个 AT 生成的 BN。

所有这些 BN 变量都属于 $\mathbb{B}$，尽管这些值在语义上有所不同。

（1）$\mathcal{G}$ 生成的 BN 节点为真代表目标不具有足够的抵御能力，否则为假。

（2）$\mathcal{E}$ 生成的 BN 节点为真代表内部攻击事件发生，否则为假。

（3）$\mathcal{S}$ 生成的 BN 节点为真代表攻击基本步骤发生，否则为假。

图 2-8 给出了这种映射的一个实例，其中双目标行为模型，如图 2-8（a）所示，转换为优化的 BN 模型，如图 2-8（b）所示。

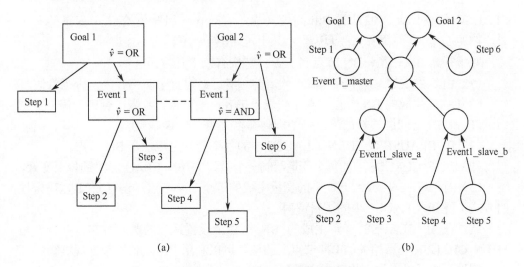

(a)　　　　　　　　　　　　　　　　　　(b)

图 2-8　AT 到 BN 映射的示例

（a）原始组合 AT 模型；（b）转换后的 BN 模型。

2.6.2　中和模型

中和模型表示在感知系统或基础设施正在采用某种防御策略时攻击者的行为模型，因此，可以通过规则集模式对其进行建模。本章将主要通过基于 FR 模糊逻辑（Kusko，1993），来探讨攻击者决策中的不确定因素的影响。可以通过对攻击方法的模糊描述对其概率行为进行建模，克服使用确定性清晰的逻辑对这种概念建模的局限性。

模糊逻辑最重要的概念之一是隶属函数，即

$$\mu_F: \mathcal{V} \to 0 \cdots 1 \subset \mathbb{R}, F \in \mathbb{B} \tag{2-4}$$

由于变量的概率特性，可以将此函数定义为

$$\mu_F(x) = \Pr(x = F) \tag{2-5}$$

此外，基于传统的布尔逻辑引入了一组模糊运算符。

（1）$\oplus$：$\mathcal{D} \times \mathcal{D} \to \mathcal{D}$ 表示模糊 OR。

（2）$\odot$：$\mathcal{D} \times \mathcal{D} \to \mathcal{D}$ 表示模糊 AND。

（3）$\neg$：$\mathcal{D} \to \mathcal{D}$ 表示模糊 NOT。

中和模型是遵循此模式的一组规则，即

$$\text{IF IF\_CLAUSE THEN THEN\_CLAUSE;} \tag{2-6}$$

每项规则都由两部分组成：IF_CLAUSE 和 THEN_CLAUSE。IF_CLAUSE 为一个模糊谓词，它由布尔常数，$\mathcal{D}$ 以及前文中所定义的模糊算子共同表示。例如，$(d_i == \text{TRUE}) \odot (d_j == \text{FALSE})$，其中 $i,j \in \{1,\cdots,N\}$；THEN_CLAUSE 由 IF_CLAUSE 的模糊真值触发的中和列表构成；它包含一组赋值给 $\mathcal{R}$ 中变量的布尔值。例如，$r_m = \text{TRUE}$、$r_n = \text{TRUE}$，其中 $m,n \in \{1,\cdots,N\}$。

对于行为 BN 模型，BN 节点属于 $\mathcal{B}$；特别有以下几方面。

（1）由 $\mathcal{D}$ 生成的 BN 节点为真，代表防御者已经设置了防御行为，否则为假。

（2）由 $\mathcal{R}$ 生成的 BN 节点为真，代表攻击者已采取攻击步骤，否则为假。

FR 和 BN 之间的转换如下，每个规则都将生成一个 BN 模型。

（1）IF_CLAUSE 或 THEN_CLAUSE 中的每个变量生成一个 BN 节点。

（2）从 IF_CLAUSE 中的每个变量绘制一个弧到 THEN_CLAUSE 中的每个变量。

（3）对于 THEN_CLAUSE 中的变量生成的每个 BN 节点，设置 CPT 以确定性的方式实现 IF_CLAUSE 中的逻辑谓词。

通过在 IF_CLAUSE 变量生成的 BN 节点上设置适当的概率分布，并查询与 THEN_CLAUSE 变量相关的 BN 节点上的值，可以利用 BN 复制模糊推理机制。

例如，通过以下规则构建中和模型，即

$$\text{IF}(A == \text{TRUE}) \oplus (B == \text{FALSE})\text{THEN}(C = \text{TRUE}),(D = \text{FALSE}); \tag{2-7}$$

$$\text{IF} \neg (C == \text{FALSE})\text{THEN}(D = \text{FALSE}); \tag{2-8}$$

图 2-9 给出了两种中和 BN 模型与上面两个方程的匹配情况。

A	B	C = TURE	C = FALSE	D = TURE	D = FALSE
FALSE	FALSE	1	0	0	1
FALSE	TURE	0.5	0.5	0.5	0.5
TURE	FALSE	1	0	0	1
TURE	TURE	1	0	0	1

(a)

C	D = TRUE	D = FALSE
FALSE	0.5	0.5
TRUE	0	1

(b)

图 2-9 FR 到 BN 映射的示例

（a）式（2-7）的 BN 模型和 CPT 表；（b）式（2-8）的 BN 模型和 CPT 表。

2.6.3 BN 模型关联与分析

本章 2.5 节对 BN 模型进行了简单的介绍，本节将对 BN 模型的关联与分析进行详细的分析。首先，通过计算表示目标的节点的概率来求解行为 BN 模型，而无须观察表示步骤的 BN 节点。评价需要通过估计攻击者行为的先验概率分布来实现。

现在，选择最关键的目标作为进一步分析的基础。[①]这里将观察如何实现这一目标。通过计算期望概率，可以评估达到关键目标的最可能原因，即更可能成功的攻击步骤。因此，防御者的第一步是避免攻击者完成这一攻击步骤。

在这一点上需要考虑中和模型。如果防御者通过防守 s_i 设置其移动，则对于 $\forall j \neq i$，d_i 设置为真，d_j 设置为假。根据 $\mathcal{D}$ 的值设置观测值构建中和 BN 模型，并且用模型计算 $\mathcal{R}$ 中节点的概率值。这些变量的值表示攻击者在知道防御者的行动时，可能采取的行动。

第二次迭代起始于复制观测节点的响应值开始，这些节点代表经分析后所采取的攻击步骤。现在，可以对目标的临界性进行第二次评价，并且可以制定新的防御策略。然而，这里只考虑了可以改善基础设施整体风险的策略。当迭代次数达到最大迭代次数或者风险级别降低到可接受的阈值以下时，该过程结束。

在多个规则的 THEN_CLAUSE 中存在 $\mathcal{R}$ 的节点的可能性是这种方法的关键所在。由于这些规则可以产生该变量的不同值，因此需要采用如图 2-10 所示的共识机制。

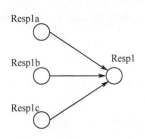

Resp1a	Resp1b	Resp1c	Resp1=TURE	Resp1=FALSE
FALSE	FALSE	FALSE	0	1
FALSE	FALSE	TURE	0.33	0.67
FALSE	TURE	FALSE	0.33	0.67
FALSE	TURE	TURE	0.67	0.33
TURE	FALSE	FALSE	0.33	0.67
TURE	FALSE	TURE	0.67	0.33
TURE	TURE	FALSE	0.67	0.33
TURE	TURE	TURE	1	0

图 2-10 BN 线性共识机制

2.7　相关研究

Han 等（2016）全面介绍了数据中心目前采用的典型解决方案，用于支持以数据为中心的计算应用。具体介绍了主要服务器供应商的产品规格，以及用于评估数

---

① 在所有资源具有相同经济价值的假设中，所采用的概率是临界量度。

据中心特性和性能的主流模拟器，以便提供方法比较和支持大型基础设施设计和管理。基于软件即服务 SaaS 方法，Mandal 等（2013）介绍了以数据为中心的应用，提供了许多有用的参考资料，这些资料描述了其他解决方案的结构；还提出了一种新的解决方案，增强了可定制性、可扩展性和多用户共融性，从而提供更好的性能。Vishnu 等（2010）提供了对大型 DCIS 中影响容错的主要因素及相关模型与见解，以及一系列有价值的相关文献。Gribaudo 等（2016a）和 Gribaudo 等（2016）对于有效解决大型架构存储子系统容错问题进行了分析，提出了一种用于性能预测的建模方法。ÖmerKÖksal 和 Tekinerdogan（2017）对数据分发服务中间件的问题进行了系统回顾。

有关研究立足于评价大型计算机系统的性能和可信性（Castiglione，2014、2015；Barbierato，2016），并且根据问题的规模进行建模。Xu 等（2014）、Yan 等（2012 年）、Distefano 和 Puliafito（2014）和 Lian 等（2005）从最优管理、性能和可信性角度分析存储子系统和相关问题。具体来说，Lian 等（2005）分析了在存储子系统中正确分发复制的数据问题，及其效率和性能；Simon 等（2014）另辟蹊径，提出了一个新的解决方案，利用纳米中心来实现大规模分布式备份存储系统。上述研究中另一个值得思考的地方在于，系统性地讨论了成本问题并且在分布方面给出了一些有价值的分析模型。最后，Oral 等（2014）提供了与大规模以数据为中心的并行文件系统部署和操作有关的经验。

由于 VM 在当前体系结构中发挥了重要作用，无论是软件迁移还是云资源管理与共享，都可以阅读一些相关的文献，简要地了解用于构建本章内容的研究背景与技术基础。Menasce 等（2005）提供了一种以性能为导向的研究思路，包括相对全面的文献汇总与归纳；而 Gribaudo 等（2012）、Huber 等（2010）、Watson 等（2010）、Benevenuto 等（2006）、Vasile 等（2015）、Sfrent 和 Pop（2015）均从不同角度分析了多种复杂因素的影响，主要针对系统性能。当然，也有那些为了取得风险管理一致性和共识性所必须考虑的因素的影响。

Singh 等（2015）详细研究了表征云网络基础设施的特征，并分析了 Google 采用的用于解决规模性问题的方案（Zafar 等，2016；Azizi 等，2016）。本章介绍的三层网络层次架构并不是文献中唯一采用的方法，常用的解决方案还有 Clos、fat 树（Al-Fares 等，2008）和 DCell（Bilal 等，2013；Couto 等，2015）；还有一些引起关注的解决方案包括 VL2（Greenberg 等，2009）和 CONGA（Alizadeh 等，2014；Luo 等，2014），研究给出了一种用于 DCIS 的特定方法。其他可以参考的文献还包括 Fiore（2014）关于数据为中心的智能网络结构、Palmieri 等（2016）和 Spoto 等（2014）关于分布式数据中心和 Saleh（2010）关于在光网络虚拟平台上应用以数据为中心的智能网络。大型网络基础设施的性能分析主要通过基于监测数据的仿真工具完成。Bilal 等（2013）和 Couto 等（2015）提供了现有方法的全面比较, Fiandrino 等 (2015) 和 Ruiu 等 (2016) 还考虑了功耗问题, Gribaudo 等 (2016) 提供了一种基于分析的量化方法。

本章关于 DCIS 及其未来发展的分析主要来自 Chang 和 Ranganathan (2012) 以及 Ranganathan (2011)。Chang 和 Ranganathan (2012) 主要围绕数据资源构建未来数据中心网络, 对 DCIS 的发展趋势和技术模型进行了深入分析, 以构建全面综合的解决方案模型为目标, 兼顾以数据为中心的应用, 对数据系统设计按照发展预测进行系统化的分类。Chang 和 Ranganathan (2012) 也提供了一个重要的研究思路作为参考。Ranganathan (2011) 主要关注从微处理器到纳米存储的转变, 并建议将其作为面向 DCIS 的未来构建模块。文章介绍了以数据为中心的工作负载的技术特征分类, 以推断未来应用的需求并提出一些假设。特别地, 作者强调了以数据为中心的工作负载对系统体系结构的影响, 及其作为设计创新重要驱动要素的作用。此外, 该研究还详细介绍了基于纳米存储的复杂结构, 以及建议遵循的关键方法。Bourhis (2016) 从动机、可能的替代方案和设计选择等方面对面向 DCIS 应用作了较为全面的分析。作者通过建模来分析各种参数对性能影响的权重, 用以获得最优的解决模型, 此外, 从量化角度给出了包含所有主要相关问题和参数的可信性描述, 最终用于解决数据处理的问题。Chen 等 (2013) 和 Okamoto 等 (2014) 研究了专门处理以数据为中心的网络架构。Ravindran (2015) 以及 Ravindran 和 Iannelli (2014) 提供了两种服务质量管理方法。从 DCIS 管理的角度看, 读者可以找到 DCIS 与中间件相关的模型关联。Saleh (2010) 和 Saleh 等 (2009、2013) 研究了处理以数据为中心的 Web 服务的方法。

2.8 本章小结

风险分析和风险管理是每位管理者都需要面对的重要任务。这是一个伴随时代发展的热点领域, 广泛且不断更新变化的知识体系有助于保证决策的正确性、高效性和合理性, 特别是当人们对某学科最先进的技术应用颇感兴趣时。如果需要确保在复杂多样的应用场景或先验知识不充分的场合中迅速制定合理的决策, 适当的模型和实用的工具就变得至关重要。此外, 如果在应用领域有所创新, 决策问题的唯一解决方案是尽可能地了解推动变革的因素以及新技术将如何影响未来, 如是否引起范式转换。

本章详细介绍了智能数据系统 DCIS 运行的当前与未来环境, 并且分析了运行环境在可能发生剧烈变化的条件下应该采取的措施。提出了评估风险时应考虑的主要风险因素。从实际应用的角度入手, 分析了不同风险因素的重要程度, 并从应用角度定义了若干性能参数的含义。然后, 给出了一般风险分析原则, 以及如何针对单一风险要素进行分析，如何通过更新扩展现有的、具有良好评价新功能的工具开发定量的评价模型，如何通过扩展知识和遵循严格的逻辑概念过程建立全面而具体的架构模型。

本章缩略语表

AT：（Attack Trees）攻击树

BITS：（Business，Information，Technology and Security）业务，信息，技术和安全

BN：（Bayesian Networks）贝叶斯网络

COTS：（Components Off The Shelf）固化组件

CPS：（Cyber-Physical System）网络物理系统

CSA：（Cloud Security Alliance）云安全联盟

DCIS：（Data-Centered Intelligent System）智能数据系统

EISA：（Enterprise Information Security Architecture）企业信息安全架构

ENISA：（European Union Agency for Network and Information Security）欧盟网络与信息安全局

FR：（Fuzzy Rules）模糊规则

FT：（Fault Trees）故障树

IoT：（Internet of Things）物联网

JBOD：（Just a Bunch of Disks）磁盘簇

MTBF：（Mean Time Between Failures）平均故障间隔

RAID：（Rapid Array of Inexpensive Disks）独立磁盘快速阵列

SaaS：（Software as a Service）软件即服务

SSD：（Solid State Disk）固态硬盘

VM：（Virtual Machine）虚拟机

本章术语表

操作模型：描述攻击者行为的模型。

攻击者：在发生自然事件/灾难时对基础设施或抽象实体有恶意意图的实施者。

中和模型：描述防御者行为的模型。

形式化：一种建模语言。

多形模式模型：由显式或隐式子模型构成的由形式化语言构建的模型。

参 考 文 献

Al-Fares, M., Loukissas, A., Vahdat, A., 2008. A scalable, commodity data center network architecture. SIGCOMM Comput. Commun. Rev. 38 (4), 63–74.

Alizadeh, M., Edsall, T., Dharmapurikar, S., Vaidyanathan, R., Chu, K., Fingerhut, A., Lam, V.T., Matus, F., Pan, R., Yadav, N., Varghese, G., 2014. Conga: distributed congestion-aware load balancing for datacenters. SIGCOMM Comput. Commun. Rev. 44 (4), 503–514.

Anderson, E.E., Choobineh, J., 2008. Enterprise information security strategies. Comput. Secur. 27 (1–2), 22–29. doi:10.1016/j.cose.2008.03.002.

Azizi, S., Hashemi, N., Khonsari, A., 2016. A flexible and high-performance data center network topology. J. Supercomput. 1–20. doi:10.1007/s11227-016-1836-2.

Barbierato, E., Gribaudo, M., Iacono, M., 2016. Modeling and evaluating the effects of Big Data storage resource allocation in global scale cloud architectures. Int. J. Data Warehouse. Min. 12 (2), 1–20.

Benevenuto, F., Fernandes, C., Santos, M., Almeida, V.A.F., Almeida, J.M., Janakiraman, G.J., Santos, J.R., 2006. Performance models for virtualized applications. In: Min, G., Martino, B.D., Yang, L.T., Guo, M., Rnger, G. (Eds.), ISPA Workshops, Lecture Notes in Computer Science, vol. 4331. Springer, Berlin, Heidelberg, pp. 427–439.

Bernardi, S., Flammini, F., Marrone, S., Mazzocca, N., Merseguer, J., Nardone, R., Vittorini, V., 2013. Enabling the usage of UML in the verification of railway systems: the DAM-Rail approach. Reliab. Eng. Syst. Saf. 120, 112–126.

Bilal, K., Khan, S.U., Zhang, L., Li, H., Hayat, K., Madani, S.A., Min-Allah, N., Wang, L., Chen, D., Iqbal, M.I., Xu, C., Zomaya, A.Y., 2013. Quantitative comparisons of the state-of-the-art data center architectures. Concurrency Computat. Pract. Exper. 25 (12), 1771–1783.

Bloomfield, R., Netkachova, K., Stroud, R., 2013. Security-Informed Safety: If It's Not Secure, It's Not Safe. Springer Berlin Heidelberg, Berlin, Heidelberg, pp. 17–32. doi:10.1007/978-3-642-40894-6_2.

Bobbio, A., Portinale, L., Minichino, M., Ciancamerla, E., 2001. Improving the analysis of dependable systems by mapping fault trees into Bayesian networks. Reliab. Eng. Syst. Saf. 71 (3), 249–260. doi:10.1016/S0951-8320(00)00077-6.

Bourhis, P., Deutch, D., Moskovitch, Y., 2016. Analyzing data-centric applications: why, what-if, and how-to. In: 2016 IEEE 32nd International Conference on Data Engineering (ICDE), pp. 779–790. doi:10.1109/ICDE.2016.7498289.

Castiglione, A., Gribaudo, M., Iacono, M., Palmieri, F., 2014. Exploiting mean field analysis to model performances of big data architectures. Futur. Gener. Comput. Syst. 37, 203–211.

Castiglione, A., Gribaudo, M., Iacono, M., Palmieri, F., 2015. Modeling performances of concurrent big data applications. Softw. Pract. Exp. 45 (8), 1127–1144.

Chang, J., Ranganathan, P., 2012. (Re)designing data-centric data centers. IEEE Micro 32, 66–70. doi:10.1109/MM.2012.3.

Charniak, E., 1991. Bayesian networks without tears. AI Mag. 12 (4), 50–63.

Chen, J., Zhang, H., Zhou, H., 2013. Topology-based data dissemination approaches for large scale data centric networking architecture. China Commun. 10 (9), 80–96. doi:10.1109/CC.2013.6623506.

Ciardo, G., Gribaudo, M., Iacono, M., Miner, A., Piazzolla, P., 2016. Power consumption analysis of replicated virtual applications in heterogeneous architectures. In: Caporarello, L., Cesaroni, F., Giesecke, R., Missikoff, M. (Eds.), Digitally Supported Innovation: A Multi-Disciplinary View on Enterprise, Public Sector and User Innovation. Springer International Publishing, Cham, pp. 285–297.

Cisco, 2016. Cisco global cloud index: forecast and methodology, 2015–2020. https://www.cisco.com/c/dam/en/us/solutions/collateral/service-provider/global-cloud-index-gci/white-paper-c11-738085.pdf.

Couto, R.D.S., Secci, S., Campista, M.E.M., Costa, L.H.M.K., 2015. Reliability and survivability analysis of data center network topologies. CoRR abs/1510.02735.

智能数据系统与通信网络中的安全保证与容错恢复

CSA, 2016. Big Data—Security and Privacy Handbook. https://downloads.cloudsecurityalliance.org/assets/research/big-data/BigData_Security_and_Privacy_Handbook.pdf.

Distefano, S., Puliafito, A., 2014. Information Dependability in Distributed Systems: The Dependable Distributed Storage System, pp. 3–18.

ENISA, 2009. Cloud Computing Risk Assessment. https://www.enisa.europa.eu/publications/cloud-computing-risk-assessment.

Fiandrino, C., Kliazovich, D., Bouvry, P., Zomaya, A., 2015. Performance and energy efficiency metrics for communication systems of cloud computing data centers. IEEE Trans. Cloud Comput. PP (99), 1–1.

Fiore, U., Palmieri, F., Castiglione, A., De Santis, A., 2014. A cluster-based data-centric model for network-aware task scheduling in distributed systems. Int. J. Parallel Prog. 42 (5), 755–775.

Greenberg, A., Hamilton, J.R., Jain, N., Kandula, S., Kim, C., Lahiri, P., Maltz, D.A., Patel, P., Sengupta, S., 2009. Vl2: a scalable and flexible data center network. SIGCOMM Comput. Commun. Rev. 39 (4), 51–62.

Gribaudo, M., Iacono, M., 2014. An introduction to multiformalism modeling. In: Gribaudo, M., Iacono, M. (Eds.), Theory and Application of Multi-Formalism Modeling. IGI Global, Hershey, pp. 1–16.

Gribaudo, M., Piazzolla, P., Serazzi, G., 2012. Consolidation and replication of VMS matching performance objectives. In: Analytical and Stochastic Modeling Techniques and Applications, Lecture Notes in Computer Science, vol. 7314. Springer Berlin Heidelberg, Berlin, Heidelberg, pp. 106–120.

Gribaudo, M., Iacono, M., Marrone, S., 2015. Exploiting Bayesian networks for the analysis of combined attack trees. Electron. Notes Theor. Comput. Sci. 310, 91–111. doi:10.1016/j.entcs.2014.12.014. Proceedings of the Seventh International Workshop on the Practical Application of Stochastic Modelling (PASM).

Gribaudo, M., Iacono, M., Manini, D., 2016a. Improving reliability and performances in large scale distributed applications with erasure codes and replication. Futur. Gener. Comput. Syst. 56, 773–782.

Gribaudo, M., Iacono, M., Manini, D., 2016b, Modeling replication and erasure coding in large scale distributed storage systems based on CEPH. In: Proc. of XII conference of the Italian chapter of AIS, Lecture Notes in Information Systems and Organisation. Springer Berlin/Heidelberg, Berlin, Heidelberg.

Gribaudo, M., Iacono, M., Manini, D., 2016c, Three layers network influence on cloud data center performances. In: Proceedings—30th European Conference on Modelling and Simulation, ECMS 2016, pp. 621–627.

Gribaudo, M., Iacono, M., Palmieri, F., 2016d, Performance modeling of big data oriented architectures. In: Kolodziej, J., Pop, F., Di Martino, B. (Eds.), Resource Management for Big Data Platforms and Applications, Computer Communications and Networks. Springer International Publishing, Cham, pp. 3–34.

Han, M., Kim, M., Park, C., Na, Y., Kim, S.W., 2016. Server system modeling for data-centric computing: in terms of server specifications, benchmarks, and simulators. In: 2016 International Conference on Electronics, Information, and Communications (ICEIC), pp. 1–4. doi:10.1109/ELINFOCOM.2016.7562993.

Hopps, C., 2000. Analysis of an Equal-Cost Multi-Path Algorithm. RFC Editor, United States.

Huber, N., Von Quast, M., Brosig, F., Kounev, S., 2010. Analysis of the performance-influencing factors of virtualization platforms. In: Proceedings of the 2010 International Conference on the Move to Meaningful Internet Systems: Part II, OTM'10. Springer-Verlag, Berlin, Heidelberg, pp. 811–828.

Kusko, B., 1993. Fuzzy Thinking: The New Science of Fuzzy Logic. Harper Collins, London.

Lian, Q., Chen, W., Zhang, Z., 2005. On the impact of replica placement to the reliability of distributed brick storage systems. In: 25th IEEE International Conference on Distributed Computing Systems, 2005. ICDCS 2005. Proceedings, pp. 187–196. doi:10.1109/ICDCS.2005.56.

Luo, H., Zhang, H., Zukerman, M., Qiao, C., 2014. An incrementally deployable network architecture to support both data-centric and host-centric services. IEEE Netw. 28 (4), 58–65. doi:10.1109/MNET.2014.6863133.

Macher, G., Armengaud, E., Brenner, E., Kreiner, C., 2016. Threat and risk assessment methodologies in the automotive domain. Procedia Compu. Sci. 83, 1288–1294. doi:10.1016/j.procs.2016.04.268. The 7th International Conference on Ambient Systems, Networks and Technologies (ANT 2016)/The 6th International Conference on Sustainable Energy Information Technology (SEIT-2016)/Affiliated Workshops, http://www.sciencedirect.com/science/article/pii/S1877050916303015.

Mandal, A.K., Changder, S., Sarkar, A., Debnath, N.C., 2013. A novel and flexible cloud architecture for data–centric applications. In: 2013 IEEE International Conference on Industrial Technology (ICIT), pp. 1834–1839. doi:10.1109/ICIT.2013.6505955.

Marrone, S., Nardone, R., Tedesco, A., D'Amore, P., Vittorini, V., Setola, R., De Cillis, F., Mazzocca, N., 2013. Vulnerability modeling and analysis for critical infrastructure protection applications. Int. J. Crit. Infrastruct.

Prot. 6 (3–4), 217–227.

Menasce', D.A., 2005. Virtualization: concepts, applications, and performance modeling. In: Proc. of the Computer Measurement Groups 2005 International Conference.

Ömer KÖksal, Tekinerdogan, B., 2017. Obstacles in data distribution service middleware: a systematic review. Futur. Gener. Comput. Syst. 68, 191–210. doi:10.1016/j.future.2016.09.020.

Okamoto, S., Zhang, S., Yamanaka, N., 2014. Energy efficient data-centric network on the optical network virtualization platform. In: 2014 12th International Conference on Optical Internet 2014 (COIN), pp. 1–2. doi:10.1109/COIN.2014.6950540.

Oral, S., Simmons, J., Hill, J., Leverman, D., Wang, F., Ezell, M., Miller, R., Fuller, D., Gunasekaran, R., Kim, Y., Gupta, S., Vazhkudai, D.T.S.S., Rogers, J.H., Dillow, D., Shipman, G.M., Bland, A.S., 2014. Best practices and lessons learned from deploying and operating large-scale data-centric parallel file systems. In: SC14: International Conference for High Performance Computing, Networking, Storage and Analysis, pp. 217–228. doi:10.1109/SC.2014.23.

Palmieri, F., Fiore, U., Ricciardi, S., Castiglione, A., 2016. Grasp-based resource re-optimization for effective big data access in federated clouds. Futur. Gener. Comput. Syst. 54, 168–179.

Pham, V., Karmouch, A., 1998. Mobile software agents: an overview. IEEE Commun. Mag. 36 (7), 26–37. doi: 10.1109/35.689628.

Ranganathan, P., 2011. From microprocessors to nanostores: rethinking data-centric systems. Computer 44, 39–48. doi:10.1109/MC.2011.18.

Raspotnig, C., Katta, V., Karpati, P., Opdahl, A., 2013. Enhancing chassis: a method for combining safety and security. In: Proceedings—2013 International Conference on Availability, Reliability and Security, ARES 2013, pp. 766–773. doi:10.1109/ARES.2013.102.

Ravindran, K., 2015. Agent-based QOS negotiation in data-centric clouds. In: 2015 IEEE 4th International Conference on Cloud Networking (CloudNet), pp. 331–334. doi:10.1109/CloudNet.2015.7335333.

Ravindran, K., Iannelli, M., 2014. SLA evaluation in cloud-based data-centric distributed services. In: 2014 23rd International Conference on Computer Communication and Networks (ICCCN), pp. 1–8. doi: 10.1109/ICCCN.2014.6911762.

Rossi, G.L.D., Iacono, M., Marin, A., 2016. Evaluating the Impact of EDOS Attacks to Cloud Facilities. ACM, New York, NY, USA.

Ruiu, P., Bianco, A., Fiandrino, C., Giaccone, P., Kliazovich, D., 2016. Power comparison of cloud data center architectures. In: Proceedings of the 2016 IEEE International Conference on Communications (ICC).

Saleh, I., 2010a, Specification and verification of data-centric web services. In: 2010 6th World Congress on Services, pp. 132–135.

Saleh, I., Kulczycki, G., Blake, M.B., 2009. Demystifying data-centric web services. IEEE Internet Comput. 13 (5), 86–90. doi:10.1109/MIC.2009.106.

Saleh, I., Kulczycki, G., Blake, M.B., Wei, Y., 2013. Formal methods for data-centric web services: from model to implementation. In: 2013 IEEE 20th International Conference on Web Services, pp. 332–339. doi: 10.1109/ICWS.2013.52.

Sfrent, A., Pop, F., 2015. Asymptotic scheduling for many task computing in big data platforms. Inform. Sci. 319, 71–91.

Shariati, M., Bahmani, F., Shams, F., 2011. Enterprise information security, a review of architectures and frameworks from interoperability perspective. Procedia Comput. Sci. 3, 537–543. doi:10.1016/j.procs.2010.12.089.

Simon, V., Monnet, S., Feuillet, M., Robert, P., Sens, P., 2014, May. SPLAD: scattering and placing data replicas to enhance long-term durability. Rapport de recherche RR-8533. INRIA, 23pp. http://hal.inria.fr/hal-00988374.

Singh, A., Ong, J., Agarwal, A., Anderson, G., Armistead, A., Bannon, R., Boving, S., Desai, G., Felderman, B., Germano, P., Kanagala, A., Provost, J., Simmons, J., Tanda, E., Wanderer, J., Hölzle, U., Stuart, S., Vahdat, A., 2015, August. Jupiter rising: a decade of CLOS topologies and centralized control in Google's datacenter network. SIGCOMM Comput. Commun. Rev. 45 (4), 183–197.

Spoto, S., Gribaudo, M., Manini, D., 2014. Performance evaluation of peering-agreements among autonomous systems subject to peer-to-peer traffic. Perform. Eval. 77, 1–20.

TrendMicro, 2015. Report on cybersecurity and critical infrastructure in the Americas. https://www.trendmicro.com/cloud-content/us/pdfs/security-intelligence/reports/critical-infrastructures-west-hemisphere.pdf.

Vasile, M.A., Pop, F., Tutueanu, R.I., Cristea, V., KoÅĆodziej, J., 2015. Resource-aware hybrid scheduling algorithm in heterogeneous distributed computing. Futur. Gener. Comput. Syst. 51, 61–71.

Vishnu, A., Dam, H.V., Jong, W.D., Balaji, P., Song, S., 2010. Fault-tolerant communication runtime support for data-centric programming models. In: 2010 International Conference on High Performance Computing, pp. 1–9. doi:10.1109/HIPC.2010.5713195.

Ward, D., Ibarra, I., Ruddle, A., 2013. Threat analysis and risk assessment in automotive cyber security. SAE Int. J. Passenger Cars Electron. Electr. Syst. 6 (2). https://www.scopus.com/inward/record.uri?eid=2-s2.0-84878771276&partnerID=40&md5=06754d2815cb6e3aaa12ab34e8dec4ec.

Watson, B.J., Marwah, M., Gmach, D., Chen, Y., Arlitt, M., Wang, Z., 2010. Probabilistic performance modeling of virtualized resource allocation. In: Proceedings of the 7th International Conference on Autonomic Computing, ICAC '10. ACM, New York, NY, USA, pp. 99–108.

Xie, P., Li, J., Ou, X., Liu, P., Levy, R., 2010. Using Bayesian networks for cyber security analysis. In: Setola, R., Geretshuber, S. (Eds.), Proceedings of the 40th IEEE/IFIP International Conference of Dependable Systems and Networks, pp. 211–220.

Xu, L., Cipar, J., Krevat, E., Tumanov, A., Gupta, N., Kozuch, M.A., Ganger, G.R., 2014. Agility and performance in elastic distributed storage. Trans. Storage 10 (4), 16:1–16:27. doi:10.1145/2668129.

Yan, F., Riska, A., Smirni, E., 2012. Fast eventual consistency with performance guarantees for distributed storage. In: 2012 32nd International Conference on Distributed Computing Systems Workshops (ICDCSW), pp. 23–28. doi:10.1109/ICDCSW.2012.21.

Zafar, S., Bashir, A., Chaudhry, S.A., 2016. On implementation of DCTCP on three-tier and fat-tree data center network topologies. SpringerPlus 5 (1), 766. doi:10.1186/s40064-016-2454-4.

第3章　物联网的空间安全分析

3.1　引　言

我们生活在一个物联网时代，这个神奇的时代将会改变着我们所熟知的世界。人们对未来有着无限的憧憬和展望，许多代表性研究不断让那些憧憬和展望清晰明朗。

（1）思科（Cisco）系统（Evans，2011）预测，到 2020 年世界将会有 500 亿台联网设备投入工作中。

（2）高德纳（Gartner）咨询公司（Lovelock，2016）预测，到 2030 年，世界将会有 600 亿台联网设备投入工作中。

（3）商业智能化 BI 的报告（Business Intelligence，2015）认为，到 2019 年，物联网将为全球经济增加 1.7 万亿美元。

（4）麦肯锡（McKinsey）全球研究所（2015）预测，到 2025 年，物联网将对全球经济产生 11.1 万亿美元的影响。

因此，物联网带来的改变将对商业、社会和人们的生活方式产生极大的影响，这对世界而言，将是一个真正的突破。但是，与此同时，物联网给网络安全领域带来的安全挑战引发的担忧，是阻碍企业和政府采用物联网解决方案的最大障碍之一。

事实上，物联网研究所（Internet of Things Institute，IoTI，2016）的一份报告指出，很多企业尚未全面接受物联网的两个主要原因如下。

（1）数据隐私（40%）。巨大的潜在数据量大大增加了安全漏洞的成本。

（2）安全问题（40%）。物联网项目可能会在类似"荒野西部"的环境中产生微妙的影响。

尽管如此，这些原因似乎并没有影响到物联网的兴起。据该研究所估计，物联网在 2019 年底的复合年均增长率将达到 43%。事实上，这种热潮却是物联网现象的主要问题之一。

3.2　网络空间安全方案

本章将重点关注与网络安全有关的场景构建，以目前最先进的物联网空间安全技术为起点，建立物联网安全领域应用发展与技术发展的相关性。

3.2.1　攻击目标与攻击模式

为了得到全球真实的网络攻击场景，这里首先考虑两份关于数据泄露和信息安全事件的报告，这两份报告分别来自 IBM 赞助的波耐蒙研究所有限责任公司（Ponemon Institute LLC，2016）和威瑞森公司（Verizon，2016）提供的 2016 数据泄露调查报告（Data Breach Investigations Report，DBIR），其主要观点源自以下问题。

目标是谁？ 在行业方面，从已确认的数据丢失攻击统计中可以发现三个主要的集群。

（1）+35%金融。

（2）5%～12%，住宿、信息、公共、零售、医疗保健。

（3）低于 2.5%的其他行业，包括娱乐业、制造业、运输业、采矿业、房地产、建筑业和农业。

如果再考虑那些没有造成数据泄露的攻击，那么公共事业受到网络攻击的比例将超过73%，而所有其他行业则不到 5%。

攻击者是谁？ 波耐蒙研究所有限责任公司（Ponemon Institute LLC，2016）认为，大约 50%的攻击是恶意的，而其他的攻击则是由系统故障和人为错误造成的。此外，超过80%的攻击来自系统或网络外部。

为什么进行攻击？ 威瑞森（Verizon，2016）认为大约 89%的恶意攻击是因财务收益（至少80%）和间谍行为造成的。

怎样进行攻击？ 通常存在三种攻击方式：黑客攻击和恶意软件攻击是最常用的，其次是社交攻击，最后是错误、误用、物理和环境等攻击（Ponemon Institute LLC，2016）。

就各类攻击使用的具体方法和手段而言，目前，不断增加的形式包括以下几种。

（1）恶意软件：C2、导出数据、间谍软件/键盘记录程序。

（2）黑客入侵：使用窃取的凭证、使用后门或 C2。

（3）社会：钓鱼。

还有一些形式正在不断减少，包括以下几方面。

（1）黑客入侵：蛮力、内存。

（2）恶意软件：后门。

表 3-1 给出了行业确认的数据泄露攻击模式，每种行业占比最大的攻击类型采用阴影标识。从表中可以看出，网络应用程序 App 攻击明显处于增长趋势，而且在金融领域影响显著。

表 3-1　威瑞森提供的行业攻击模式信息（Verizon，2016）

行业	犯罪软件	间谍活动	DOS	E2 攻击	资产盗窃	错误	卡片盗刷	POS	特权滥用	App
住宿	<1%	<1%	20%	1%	1%	1%	<1%	74%	2%	1%
行政	—	—	56%	4%	—	2%	—	4%	22%	11%
教育	2%	2%	81%	2%	3%	4%	—		1%	5%
娱乐	—	—	99%	—	<1%		—	1%		1%
金融	2%	<1%	34%	5%	<1%	1%	6%	<1%	3%	48%
医疗	4%	2%	—	11%	32%	18%		5%	23%	4%
信息	4%	3%	46%	21%	<1%	11%		<1%	2%	12%
制造业	5%	16%	33%	33%	—			1%	6%	6%
管理	1%	2%	90%	2%	1%	1%			2%	1%
公共	16%	<1%	1%	17%	20%	24%		<1%	22%	<1%
零售	1%	<1%	45%	2%		1%	3%	32%	1%	13%
运输	10%	16%	26%	—	—	6%	—	—	6%	35%

3.2.2　攻击成本

已经了解了攻击的手段、模式和目标，本节将考虑攻击的代价。根据波耐蒙研究所的分析报告（Ponemon Institute LLC，2016），可以从以下几个角度整理数据。

（1）**从国家角度**。表 3-2 给出了人均数据泄露成本和由此产生的总成本。美国、德国和加拿大的人均成本最高。印度、南非和巴西的人均成本最低。美国的总成本最高，其次是德国和加拿大。印度、南非和巴西的总成本处于后三位。在过去的三年里，除了英国和澳大利亚，所有国家的人均成本都呈上升趋。而澳大利亚是唯一总成本呈下降趋势的国家。

表 3-2　各国数据泄露代价

平均数据泄露成本/$		总成本/M$	
美国	221↑	美国	7.01↑
德国	213↑	德国	5.01↑
加拿大	211↑	加拿大	4.98↑
法国	196↑	法国	4.72↑
英国	159↓	安巴	4.61↑
意大利	156↑	英国	3.95↑
日本	142↑	日本	3.30↑
安巴	140↑	意大利	3.26↑
澳大利亚	131↓	澳大利亚	2.44↓
南非	101	巴西	1.92↑
巴西	100↑	南非	1.87
印度	61↑	印度	1.60↑

（2）**从行业角度**。表 3-3 给出了各行业的数据泄露按人均比例计算的成本代价，结果表明，被监管程度越高的行业，成本就越高，如医疗行业等。

表 3-3　按行业划分的人均数据泄露成本

行　　业	人均数据泄露成本/$	行　　业	人均数据泄露成本/$
医疗保健	335	能源	148
教育	246	技术	145
金融	221	餐饮	139
服务	208	消费者	133
生命科学	195	传媒	131
零售	172	运输	129
通信	164	科研	112
工业	156	公共	80

（3）**从攻击形式角度**。该报告强调了造成数据泄露的三个主要因素的影响。恶意犯罪攻击约占攻击的 50%，这说明外部攻击和恶意攻击呈增长趋势。此外，犯罪袭击的成本代价普遍高于其他攻击。最后，报告指出衡量组织管理攻击有效性的两个关键参数：事件响应和包含过程，前者指平均识别时间（Mean Time To Identify，MTTI），而后者指平均包含时间（Mean Time To Contain，MTTC）。表 3-4 给出了根据攻击三个主要因素衡量的 MTTI 和 MTTC，单位为天。

表 3-4　攻击形式分析

攻击形式	事故率	成本/万美元	MTTI	MTTC
恶意或犯罪攻击	48%	170	229	82
系统故障	27%	138	189	67
人为错误	25%	133	162	59

总泄露成本代价与 MTTI 之间存在明显的联系，当 MTTI 不足 100 天时，泄露成本约为 320 万美元；当 MTTI 超过 100 天时，泄露成本约为 438 万美元。并且，泄露成本与 MTTC 之间也存在相似的联系，如果 MTTC 少于 30 天，总数据泄露成本为 318 万美元；如果 MTTC 超过 39 天，总数据泄露成本为 435 万美元。因此，这些数据与建立能够识别和纠正攻击的响应过程应该具有一致性。

（4）**从成本因素角度**。最后一项数据统计是从影响数据泄露成本代价的因素角度进行分析的。表 3-5 给出了影响泄露成本的积极因素和消极因素，表中的数值越高表示安全防御性能越好，攻击影响越差。

表 3-5 影响泄露攻击成本的因素分析

影响因素	量化值	影响因素	量化值
事件响应小组	16	数据分类模式	5
广泛使用的加密方案	13	保险保护	5
员工培训	9	ID 保护的提供	-3
威胁共享的参与	9	咨询顾问的参与	-5
BCM 的参与	9	设备的丢失或盗窃	-5
DLP 的广泛使用	8	紧急通知	-6
CISO 的任命	7	广泛的云迁移	-12
董事会层面的参与	6	第三方介入	-14

3.3 IoT 对网络空间安全方案的影响

为了分析物联网对网络安全的潜在影响，首先将着眼于最具有前景的发展领域，其次将深入研究物联网各发展方向的主要威胁来源。

3.3.1 IoT 的发展

麦肯锡全球研究所（McKinsey Global Institute，2015）关于物联网领域发展有着积极而客观的见解。该研究所预测，到 2025 年，物联网技术的潜在经济价值将在 3.9 万亿～11 万亿美元，并给出了物联网渗入的九个的领域，见表 3-6 所列，表中信息根据各活动领域的经济影响进行排序，通过分析可以发现：

表 3-6 IoT 对不同活动领域的经济影响（来自麦肯锡的研究报告）

活动领域	经 济 影 响	占整个经济影响的比例/%	
		最小	最大
工厂	运营优化、预测维护、库存优化、健康和安全	30.87	33.24
城市	公共安全与健康、交通控制、资源管理	23.72	14.91
人类	疾病监测和管理、健康改善	4.39	14.29
零售	自动检测、局部优化、智能 CRM、门店个性化促销、库存收缩预防	10.46	10.42
工地	运营优化、设备维护、健康与安全、物联网研发启用	4.08	8.36
户外	物流运输、自动汽车与卡车、导航	14.29	7.64
汽车	状态维护、降低保险	5.36	6.65
家居	能源管理、安全保障、家务自动化、智能电器设计	5.10	3.14
办公室	组织重新设计和工人监测、增强现实技术培训、能源监控、建筑安全	1.79	1.35

（1）在最好的情况下，工厂、城市和人类从物联网中获得的价值最大；

（2）在最坏的情况下，工厂、城市和户外从物联网中获得的价值最大；

（3）物联网对工厂和零售业领域的经济影响占整个经济影响的百分比并不受预测可变性的影响，但其他领域则取决于预测的可变性，主要包括是人类基本活动和户外活动。

麦肯锡的报告指明，不论是研究开发人员还是市场应用人员还应当关注阻碍和促进物联网发展的相关因素。

（1）成本传感器，低成本电池，低成本数据通信，云存储的应用和分析。

（2）设备和系统之间的互操作性。

（3）与传感器采集数据相关的以及个人或组织应用分析所得的隐私性和机密性。

（4）安全，对组织、个人、和所有涉及物联网领域的利益相关者的保护。

以上因素均可看作是物联网发展项目所涉及的重要特征。由此，麦肯锡报告中还可以增加一些新的元素。例如，在电力不足的情况下，传感器必须持久耐用。此外，新的数据通信、新的协议、新的体系结构、新的组织和机制（Palmieri，2013、2017；D'Angelo 等，2015）成为技术研究领域的重点，用以满足物联网应用对灵活性、健壮性、探索性、窄带宽、可扩展性和低能耗等方面的需求。

3.3.2 IoT 对数字化进程的作用

数字化程度越高，网络安全的重要性就越大。随着数据和处理的数字化进程不断加快，现有的各类应用得到了明显的改进，商业和人类活动的新方式、新方法也逐渐活跃起来。这是一个能够改变整个社会和生活方式的过程。当然，使用的数字化过程越多，问题就越呈现数字化形态。这甚至包括犯罪过程。数字化进程毫无疑问将同工业化革命一样成为人类进化史上的里程碑。

在这一演变过程中，物联网是前进中最根本的一步。事实上，由于物联网的发展，人类开始将大量尚未进行数字化或尚未完全数字化的过程深入推进，并开启了新的商业生活模式。这是 IT 又一次飞跃性的进步，从主机开始，经过 PC 机、笔记本计算机和智能手机，现在全面步入传感器时代。

物联网的发展依赖技术的革新，技术是应用能够深入领域并使其扩展的"推动者"，也就是说，如果没有这些技术，物联网的应用就无法实现。这就意味着面向物联网的新技术发展将成为现阶段技术领域的热点问题，主要包括：

（1）传感器；

（2）通信与传输；

（3）数据协议；

（4）设备管理；

（5）语义学；

（6）应用程序和分析；

（7）安全技术。

因此，物联网的"万物互联"对网络安全来说是一个巨大的挑战。那么，物联网将给网络安全带来什么样的威胁呢？

（1）**企业文化**。物联网解决方案的实施还涉及那些到目前为止一直使用传统和封闭式解决方案的公司与企业。这些运营个体从未开发或没有能力开发能够通过网络安全验证的解决方案，更糟糕的是，现有传统的解决方案从网络空间设计上而言本身就是不安全的。因此，继续坚持使用这些传统和封闭解决方案的公司或企业将无法发展适应于时代发展的安全文化。

（2）**设备进化**。计量和远程控制并不是什么新概念，在人们开始谈论物联网技术之前，优化供应链的出现就已经促使许多公司开始使用这类技术。也就是说，与物联网相关的很多技术在此之前就已经具备，相关的系统和平台也已经完成了安装，只是技术的应用和设备的完善都是独立的，并没有连接到网络。因此，在物联网开发的第一阶段，应该考虑许多运行中的传统设备与物联网新技术的集成与融合问题。如上所述，可以想象到从网络安全的角度而言，这些传统系统并没有准备好连接到互联网世界。

（3）**互操作性**。物联网项目的成功要素是让设备和系统进行广泛连接，并实现数据在不同组织之间的共享。然而，数据泄露机会的增加，使组织的边缘变得越来越灰色，与客户和合作伙伴之间的重叠越来越多，这不但降低了对信息的管控能力，而且扩大了网络安全攻击的范围。例如，当客户信息泄露，从信息的采集到处理，从数据的存储到云平台的访问，攻击究竟发生在哪个环节？如果考虑自带设备（Bring Your Own Device，BYOD）扩散，就会很容易理解智能手机可以作为连接个人区域和工作区域的桥梁的原因。因此，黑客攻击的范围也从传统的狭义网络扩展到像家庭传感器这样的个域物联网应用中。此外，智能手机和泛在通信技术的发展使其也将成为大规模拒绝攻击（Denial of Service，DoS）的推动者和目标（Lee 和 Kim，2015）。

（4）**技术先驱（先锋者）**。市场竞争、政府推动创新和良好的激励带动了物联网发展的热潮。在投身于物联网火热发展浪潮时，人们常常忽略了一些与"万物互联"未见明显直接关联但却同样重要的内容，如网络安全。物联网也不例外，实际上它是一个以快速原型设计为关键所在的领域，其广泛的应用价值使得早期的物联网先驱更关注应用的拓展与深入，并未对网络安全给以充分地关注与考虑。

（5）**技术演进（革新者）**。正如前文所述，物联网需要开发面向网络实际应用需求的新技术，并开发新的架构、协议和应用程序。因此，对于早期使用者来说，新技术的发展必须经历一个不成熟的阶段，当然，这种不成熟也包括网络安全。

（6）**云计算**。作为物联网发展的基本因素，云计算主要服务于物联网所产生的海量数据。物联网所产生的海量数据是传统硬件架构服务器难以管理和处理的。如果没有云服务，大多数潜在用户将会因体验不到应用优势而放弃网络应用。因此，云计算的数据安全性问题和个人隐私保护问题也是物联网安全威胁的重要部分。

（7）**个人应用**。物联网的一个重要特性是共享，然而，这也是影响物联网发展的障碍所在，应用开发的初始探索阶段，许多不成熟的应用需要在试运行阶段不断调整并在遇到实际运行问题的过程中寻找合理的解决方案。然而，不成熟的应用必然会增加共享过程带来的安全威胁。

（8）**设施设备**。设施设备是物联网场景中的关键挑战（Lee 和 Kim，2015）。当然，前面所分析的几项内容都适用于新设备开发和运行。在开发阶段，需要确保所涉及的设施设备都具备一些基本特征，如价格不宜过高、足够智能和能耗较低等。此外，相关设施设备在运行过程中还应该具有能量感知功能，以避免过多暴露目标而受到频繁的攻击（Palmieri 等，2011）。此外，物联网的相关设施设备应该易于升级、可配置、可控制，并且需要最小的带宽。

（9）**数字虚拟化**。人本身、过程手段和外界事物变得越来越数字化。随着数字化程度越来越高，数字身份和数字能力正变得越来越普及，从而使虚拟世界和物理世界的重叠不断深化。在重塑网络安全使命的同时，应将网络安全和人身安全的各个方面作为整体系统进行综合管理。事实上，网络安全漏洞可能对人类和环境造成越来越大的影响。高德纳公司（Perkins 和 Byrnes，2015）构建了新模型，用于说明数字虚拟世界的安全性和可靠性，如信息技术（Information Technology，IT）、操作技术（Operational Technology）、物联网技术 IoT等，如图 3-1 所示。

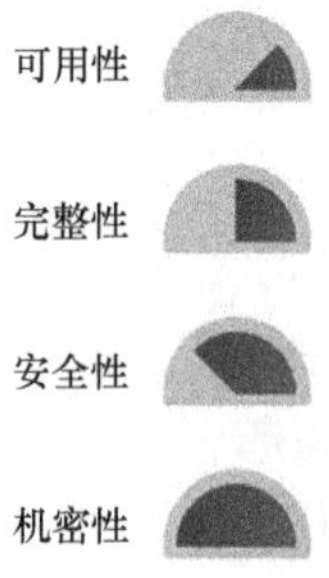

那么，物联网世界中是否存在潜在的网络安全漏洞呢？仅从设备来看，惠普公司的分析（Hewlett Packard Enterprise，2015a，b）给出了关于物联网威胁的状态分析，值得思考。

（1）90%的设备至少收集一项个人资料。

（2）70%的设备使用未加密的网络服务。

（3）在云计算和移动应用程序中，70%的设备允许攻击者使用账户枚举识别有效的用户账户。

可用性
完整性
安全性
机密性

图 3-1　物联网时代的安全因素
（Perkins 和 Byrnes，2015）

（4）在云计算和移动应用程序中，80%的设备无法设置和维护安全密码（复杂且足够长）。

（5）在提供用户界面的设备中，有 60%容易受到诸如持久跨站脚本攻击（Cross-Site Scripting，XSS）和弱凭证等一系列问题的影响。

HP 以及其他供应商和研究机构已经开始对物联网安全威胁进行分类（Lee and Kim，2015）。事实上，网络安全的基本原则并没有改变，不同的只是新设备、新IT 框架、新流程和业务范式带来了新的挑战。

关于分类可以参考物联网工程的开放网络应用安全项目（Open Web Application Security Project，OWASP），其目的是"帮助制造商、开发商和消费者更好地理解与物联网相关的安全问题，并允许用户在任何情况下对构建、部署或评估物联网技术方面做出更好的安全性决定"（OWASP，2017）。这是一个基于社区的实时项目，主要涉及以下几方面。

（1）攻击面。列出了攻击点，如内存、身份验证和生态系统。

（2）漏洞。与每个攻击面密切相关。

（3）固件。主要是固件漏洞的安全测试指南。

（4）SCADA/ICS。与监测控制与数据采集（Supervisory Control And Data Acquisition，SCADA）和工业控制系统（Industrial Control System，ICS）应用的安全弱点相关参数集合。

还有一些关于数字化物联网技术及发展的纵向项目用于探索安全设备和应用程序的开发与实践，具体可以参考相关文献。

3.3.3 IoT 数字化策略

当然，并非所有可能参与到物联网领域的组织都以同样的方式进行演变。由高德纳（Gartner）的相关研究报告（Perkins 和 Byrnes，2015）可知，根据组织机构的开放共享程度以及边缘与核心单元之间的价值分布，可以采用四种不同的分类方法。

（1）**数据守护**。这类公司大多数情况下仍保持着传统的、基于核心服务的方式，在机密性、完整性和可用性方面依然保守。通常采用不透明的方法来实现数据的透明性，对数据和资产的访问权限仍然是关键因素。这些组织不会轻易改变网络安全的保障方式。

（2）**财富共享**。这类公司多采用集中式的管理方式，但与此同时，也在不断对透明性数据或应用管理进行压力测试。通常情况下，这类公司是社交媒体供应商或提供廉价服务的大规模数据中心，它们不得不依赖专利以便在保持自身价值的同时使技术层次的透明性提升。

（3）**技术扩展**。这类公司通过采用云服务或放宽对低风险资产的访问权限，将自己的价值推向了边缘。这些组织需要将资产安全和网络安全结合起来，并对边缘资产使用包装式的方法。当然，这里需要面对的主要问题是对边缘服务的快速交付。

（4）**引领变革**。这类公司欣然接受变革，并将价值观推向数字化和物理化的边缘。它们需要整合网络安全和安全管理（IT、OT 以及 IoT）。与此同时，他们也开放了数据访问。因此，传统的安全技术必须与资产管理、工艺、人员和企业流动性管理等方面相结合。此外，它们需要从核心到边缘采用分析来管理和控制复杂性。

因此，高德纳公司提出了一种物联网类公司可以采取的发展轨迹，其中，必须要面对的就是数字世界和物理世界之间的融合。为此，网络安全模型和风险管理方法是应用开发的关键所在。

3.4　工业控制系统 ICS

工厂，作为工业控制的重要载体，是受物联网革命影响最大的领域，要按照数字和物理融合的方式加以个性化改造。工业控制系统（Industrial Control System，ICS）采用完全封闭的控制系统或操作技术 OT，然而，物联网的使用将开辟新的攻击载体。这种演进的观点促使业务风险负责人不仅需要关注数据的完整性、可用性和可信性，同时还需要注意操作过程中人员和环境的安全（Perkins 和 Byrnes，2015）。攻击不仅影响数据安全，而且还会影响人类和环境的物理安全，如德国钢铁厂（Zetter，2015）和震网病毒 Stuxnet（Langner，2011）的攻击事件。

操作技术 OT 与大量的 SCADA 和 ICS 系统有关，它们都属于完全封闭式系统，专门用于工业过程的高效控制。下面，本节将概述这类工业应用的漏洞（Dell Inc，2016）。

首先，近年来针对 ICS 组件和 SCADA 系统的攻击与日俱增，攻击的主要原因清楚地表明，这些系统目前无法较好地处理网络安全问题。产生漏洞的方面主要有：

（1）内存缓冲区边界；

（2）无输入验证；

（3）信息曝光；

（4）资源管理错误；

（5）权限和权限控制；

（6）凭证管理；

（7）加密问题。

使用美国国家标准技术研究所（National Institute of Standards and Technology，NIST）提供的通用漏洞（Common Vulnerabilities and Exposures，CVE）数据库可以找到超过 70K 的漏洞，其中 408 个与主要供应商有关。表 3-7 给出了供应商与检测漏洞之间的对应关系（Recorded Future，2016），表中阴影颜色越深表示受到的影响越大。

大多数的攻击本质上都具有破坏性和勒索性的特征，就像索尼（Sony）公司（Kaspersky Lab，2016）的案例一样。

本章研究的落脚点是 ICS，作为由少数研究人员主导的有限领域，有必要从开发角度进行深入的系统化分析。由于 ICS 与业务和 Internet 互联网系统联系得越来越紧密，因此，这类攻击可以通过桌面软件、Web 基础设施和金融基础设施等来完成。

表 3-7　供应商与漏洞关系（Recorded Future，2016）

Siemens	WinCC	Siemens SIMATIC	S70 300	SINUMERIK	Tecnomatlx factory link	TIA Portal			
Schneider Electric	InTeractve Graphical SCADA System	Wonderware	Modicon Ouantum	VAMPSET	Modicon M340	BMX NOE 0110	Clear SCADA	Accutech Manager	Magelis XBT HMI 6001
Advantech	Advantech Studio	Advantech WebAccess	ADAMVew						
CoDeSys	CoDeSys								
DATAC	DATAC RealWin								
Measuresot	Measuresoft ScadaPro								
Ecava	IntegraXor								
Elipse Software	Elipse E3								
Yokogava	Centum CS 3000								
AzeoTech	DAQFactory								
MatrikonOPC	MatrikonOPC								
Sinapsis	eSolar Light								
General Electric	D20 PLC	Proficy							

　　此外，工业控制系统在互联网上的应用正逐渐成为一个新的威胁形态，因为这些系统在设计之初主要用于封闭控制环境，也就是在网络层面上处于完全隔离状态，那么，ICS 的设计初衷与直接在网络上的应用必然导致不安全问题，如图 3-2 所示。

　　仅仅使用 Shodan 搜索引擎，就可以在互联网上找到超过 20 万个 ICS 系统，这些 ICS 系统运行在 170 个国家的 18 万个主机上。ICS 中 88.8%的协议在设计上是开放的和不安全的（Kaspersky Lab，2016），它们运行在 91.6%的主机上。如果缩小分析范围，有 1433 个大型组织，17042 个 ICS 系统软件运行在 13698 个主机上。这里所讨论的是管理关键服务的组织机构，包括电力、航空航天、运输（包括机场）、石油和天然气、冶金、化工、农业、汽车、公用事业、饮料和食品制造、建筑、液体储罐、智慧城市等，这些组织主要位于美国（21.9%）、法国（9.7%）、和意大利（8%）。最广泛使用的 ICS 可能被大型组织机构应用于企业部门等关键环节，这些系统主要来自以下供应商：四零四科技 Moxa（5057 项业务，占比约为 29.7%）、西门子 Siemens（3559 项业务，占比约为 20.9%）、罗克韦尔自动化 Rockwell Automation（2383 项业务，占比约为 13.9%）以及施耐德电气 Sehneder（2107 项业务，占比约为 12.4%）。

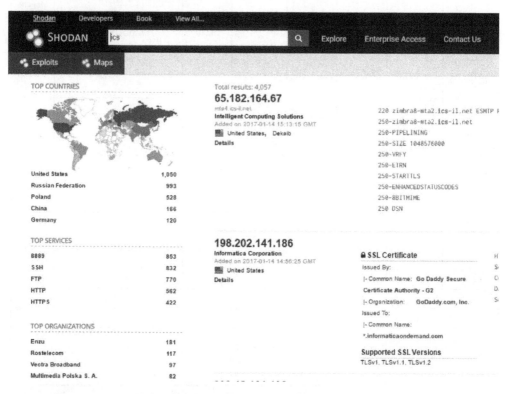

图 3-2　Shodan 搜索引擎的 ICS 数据（屏幕截图来自 2016 年 8 月的 Shodan）

　　就 ICS 组件的漏洞而言，在 11882 台主机上发现了 13033 个漏洞，这相当于在所有主机中检测到外部可用组件的 6.3%。根据通用漏洞评价体系（Common Vulnerability Scoring System，CVSS）基础评级，这些漏洞被列为高风险，如图 3-3 所示。

　　纵观 ICS 的组件漏洞和不安全协议，外部可用的易受攻击 ICS 主机总数为 172982 台，占比超过 92%。在大多数情况下（约为 93%），主机包含中等风险漏洞；而在约 7% 的情况下，主机包含严重的漏洞。

　　当然，相对于与重大风险相关的实际 ICS 系统数量而言，这些结果可能被低估了。此外，中等风险也可能造成重大损害。例如，西门子 S7 协议安全漏洞（估计具有中等风险）可能导致西门子 PLCs 未经授权的回流，从而阻碍相应的工艺流程。

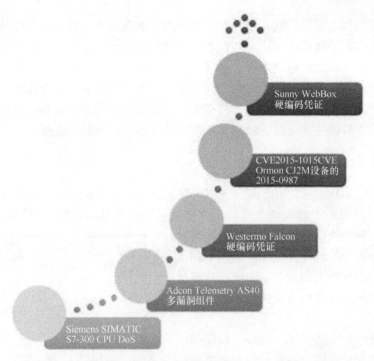

图 3-3 ICS 组件漏洞及其在线可用性（Karspersky，2016）

ICS 系统的网络安全将极大地影响环境和人口的物理安全。对于中小型企业和不具备应对网络安全问题能力的消费者来说，这种风险显著增加。即使大型企业和政府能够理解与 ICS 系统相关的风险，想要与之抗衡也并非易事，因为 ICS 组件就像黑匣子一样，很难对其进行修改。因此，为了避免 ICS 组件带来的风险，以及轻视网络安全的想法，需要从根本上改变技术观念。

3.5 汽车工业领域的安全研究

汽车工业与社会进步密切相关，是工业领域的重要组成部分，本节将着眼于汽车行业技术的发展进程，探索新型的数字化方法。这里将针对吉普（Jeep）（Miller 和 Valasek，2015）和特斯拉（Tesla）（Mahaffey，2015）进行深入的分析。

事实证实，分析中所提到的关于技术观念和传统系统演化的一些元素较容易导致关键的漏洞。特斯拉具有强大的安全架构，因为特斯拉在设计汽车时就已经具有了连接事物和数字化的计划，为全新的产品采用了全新的方法和技术理念。吉普正在调整现有架构用以适应与数字功能相关的新市场需求。当然，架构在调整过程中很有可能成为新的被攻击对象。

通过这些例子可以看到，由于犯罪分子和恶意攻击者可以利用新的技术发展以及市场应用作为发起攻击的机会和载体，而物联网则相当于为工业领域开辟了更为广阔的攻击面，由此，也就增加了被攻击的种类和数量。同时，还需要考虑工业领域受到攻击对人们安全的重要影响，以及重塑网络安全成本的概念问题。

因此，为汽车工业等行业制订具有实践价值的安全保障方案是十分重要和必要的，而经验和数据共享是加速最佳安全方案设计和出台的重要基础。

3.5.1 吉普·切诺基

Miller 和 Valasek 在 2015 年对吉普·切诺基（Jeep Cherokee）进行了全面的分析。吉普以及市场上的其他车型，都在努力从数字化和物联网创新中获得竞争优势。通常，新功能，特别是那些与提高驾驶员安全保障有关的功能，是在原始汽车项目和体系结构的基础上创建的。因此，在某种程度上，这属于前文所分析的技术过程的一部分。

在分析中，Miller 和 Valasek 试图通过信息系统实现对车辆的控制，使车辆之间能够连接起来。首先，确定了信息系统的体系结构，特别是基于 CAN 总线的网络系统的体系结构，如图 3-4 所示。

从攻击者的角度，吉普的网络体系架构值得关注的是，"信息娱乐"系统（无线电）与 CAN 总线相连，CAN 总线是连接车辆所有控制单元 EUC 的网络的核心。1983

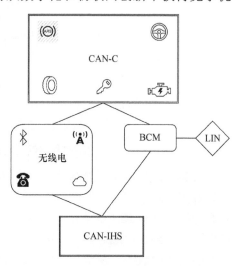

图 3-4　吉普的网络体系架构

年，Robert Bosh 开始开发 CAN 架构，并于 1986 年由美国汽车工程师学会（Society Automotive Engineers，SAE）发布。这里必须强调的是，以上给出的系统架构和用于实现该架构的芯片在许多汽车上几乎都是相同的。

因此，可以将以下的分析扩展到当前汽车市场的典型车型研究中。

可以看到吉普·切诺基有两个 CAN 总线。

（1）CAN-C。一种高速总线，连接着关键系统，如刹车、发动机、安全气囊、转向控制和传动控制。

（2）CAN-HIS。一种低速总线，它连接着舒适性系统，如无线电以及气候控制等。

Miller 和 Valasek 在研究中明确了攻击面的识别方法、所有节点如何从外部访问；以及内部系统可以通过何种漏洞进行攻击等，结果见表 3-8。

表 3-8 吉普的网络信息娱乐连接（Miller 和 Valasek，2015）

接入点	ECCU	总线
RKE	RFHM	CAN C
TPMS	RFHM	CNA C
Bluetooth	Radio	CAN C，CAN IHS
FM/AM/XM	Radio	CAN C，CAN IHS
蜂窝	Radio	CAN C，CAN IHS
Internet / Apps	Radio	CAN C，CAN IHS

在装备吉普·切诺基的车载系统中，Uconnect 系统是信息娱乐、Wi-Fi 连接、导航、应用程序和蜂窝通信的唯一来源，包含微控制器和软件组件，可以使用受控区域网络、CAN-IHS 和 CAN-C 总线与其他模块通信。

攻击者可以强行输入 Wi-Fi 连接的 WPA2 密码，并扫描 Wi-Fi 上启动的服务。特别是，端口 6667 是通过 IP 访问 D-Bus 的，可以通过进程间通信（Inter Process Communication，IPC）和远程过程调用（Remote Procedure Call，RPC）进行访问。利用该漏洞，可以获得 Uconnect 头部单元的控制和对车辆所有 EUC 的访问，这也是不采用 D-Bus 管理攻击的原因。

攻击者甚至能够改变头部的图像，而用自己的图像取而代之，如图 3-5 所示。

图 3-5 攻击者的图像[①]

通过这种方法，攻击者首先控制无线电系统，然后控制全球定位系统（GPS），最后通过 CAN 总线发送命令来控制系统中的所有单元和组件。Charlie Miller 和 Charlie Valasek 的远程攻击可以针对约 140 万辆 FCA 款车型。

3.5.2 特斯拉 S 型

2015 年，以特斯拉 S 型为对象进行了类似于受到 Charlie Miller 和 Chris Valasek 攻击的性能测试（Mahaffey，2015）。特斯拉具有全新的信息系统，可以通过设计直接连接到互联网上。事实上，攻击特斯拉 S 型信息系统，正如 Mahaffey 所指出的，"相比于简单的嵌入式系统黑客攻击，更类似于高级企业面临的威胁，因为攻击者需要横向进入多个系统。"软件开发团队创建了强大的安全体系架构，将汽车设计成数字互联系统，就像 ICT 系统设计师所做的那样。

[①] 图片来源：Charlie Miller，Chris Valasek，"Remote Exploitation of an Unaltered Passenger Vehicle"，June 2015。

特斯拉网络架构通过局域网连接两个名为 CID 和 ID 的信息娱乐系统，而局域网又通过网关连接到 CAN 总线。同样地，CAN 总线连接着车辆的关键控制设备系统，如图 3-6 所示。

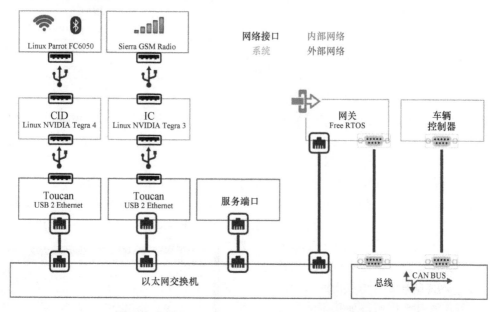

图 3-6　特斯拉的网络连接图（Mahaffey，2015）

为了准确找到攻击载体，这里将攻击分为若干执行阶段。

（1）攻击面探测（如物理连接）。

（2）对攻击面识别的渗透测试：浏览器、蓝牙、USB、存储卡、Wi-Fi 以及未知连接器等。

特别是，未知连接器可以是采用非标准连接器的以太网接口，如图 3-7 所示。使用非标准的以太网连接器，可以访问信息娱乐系统中公开的服务，有时也可以实现对信息娱乐系统的内部服务。

图 3-7　非标准以太网连接器
（Mahaffey，2015）

研究中发现的漏洞情况如下：

（1）Vulnerability #1，基于 Webkit 的浏览器。

（2）Vulnerability #2，不安全的 DNS 代理。

（3）Vulnerability #3，不安全的 HTTP 服务。

（4）Vulnerability #4，CID 和 IC 在没有任何访问控制的情况下运行 X11。

（5）Vulnerability #5，开放下载 http 地址。

（6）Vulnerability #6，影子文件包含密码，很弱的密码账户 IC。

为了获得 CID 和 IC 系统的根状态，攻击者将更新攻击过程，并有可能从特斯拉的互联网服务器下载相关固件。如果固件包含了漏洞#6 中提到的密码文件，那么，该文件就等于被破解了，因此，攻击者便获得了 IC 系统的根状态角色。在对固件文件进行进一步分析表明，攻击者将使用令牌方案访问 CID，成为 CID 主函数（main）和 IC 信息娱乐系统的根用户。

此时，攻击者便具有访问 X11 服务的权限，如在开车时干扰仪表显示等。成为"根用户"的攻击者能够捕获 CID 与 CAN 的系统通信，但由于不具有关于原始 CAN 框架的先验知识，只能允许 CID 请求特定的允许操作（Vehicle API, VAPI）的网关。这是一种典型的分离方法，可以发现在该网络领域的两个区域之间存在不同的安全级别，这样可以使得整个系统更具弹性。

无论如何，CID 是否能够发出 "合法"的操作命令对于汽车本身及其司机/乘客的安全而言似乎并不重要，尽管这些"合法"的操作命令也包括"关闭电源"，也就是停车，虽然这看起来也很危险，但对实验中的司机来说是非常安全的，因为实验中并不会采用危险的指令进行测试。

图 3-8 给出了如何访问 IC 和 CID 系统，以及可能引起何种损害。无论如何，网关都是保证车辆和乘客的容错性和恢复性的关键因素。

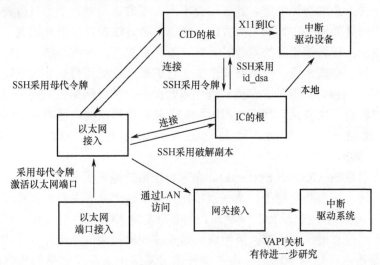

图 3-8　侧面攻击特斯拉 S 型的攻击链（Mahaffey，2015）

特斯拉目前正致力于解决 Mahaffey 发现的所有漏洞，从这种角度来看，就没有什么关键问题而言了。事实上，特斯拉的软件团队已经设计了良好的安全系统架构，并进行了全面的测试，可以作为其他汽车制造商从事安全研究的框架模板。Mahaffey 的分析结果中同时还提到以下一些重要因素。

（1）车内空气的更新过程。

（2）信息娱乐系统与车辆系统的隔离。

3.6　人工智能

随着攻击面的不断扩大，攻击的种类和数量不断增加。为了保护数字化系统，需要具备分析大量数据的知识和技术，攻击向量的高水平和动态性也要求系统具有整体性和适应性，也就是需要系统能够根据攻击迅速准确地做出反应，甚至能够自动预测攻击并采取相应的处理手段。

目前应用于网络安全领域的算法并不能自动学习和适应不断变化的攻击向量，这也是网络安全战役的局限所在。

从这个角度看，人工智能（Artificial Intelligence，AI）代表了一个非常有前途的研究领域，因为它能够快速分析大量非结构化数据，具有自适应性和预测性。在对人工智能方法及其应用领域进行分类之前，可以了解几个基于人工智能的网络安全的新型应用案例（Patil，2016）。

（1）**神经网络（Neural Nets）**。神经网络起始于 1958 年 Roseblatt 发明的感知器，这是一种人造的神经细胞。通过结合不同类型的感知器，就可以得到一个能够学习和解决问题的网络，如同人类大脑一样。这种方法在解决模式识别、分类和选择应对网络攻击行为等相关的问题时非常有效。事实上，神经网络是执行大规模并行学习和决策的有效手段。在网络安全中，它们对于检测而言是非常重要的，特别是对于 DoS、蠕虫、垃圾邮件和僵尸程序等，此外，神经网络也适用于恶意软件的分类和修辞调查。比较具有代表性的应用实例是在误用检测中使用神经网络，也就是通过比较当前和通常的活动与攻击者预期行为来识别网络攻击的能力（Cannady，1998）。

（2）**专家系统（Expert Systems）**。专家系统可能是人工智能中最著名和使用最为广泛的工具。该系统是用于在某些领域找到答案的"具有关联查找性能的智能系统"。专家系统通常由表示特定领域知识的心理对象和用于生成答案并且从知识库中生成进一步信息的推理引擎共同组成。该系统在模拟和创建计算方面非常有用。例如，专家系统可以用于诊断、金融和计算机网络，是获取信息的重要基础。因此，基本信息的不完整就意味着这种系统是弱系统，无法产生答案。在网络安全领域，利用专家系统进行安全体系结构设计，为资源的优化利用提供线索。此外，专家系统也可用于识别攻击并提供解决攻击的方法（Rani 和 Goel，2015）。

（3）**智能代理（Intelligent Agents）**。智能代理是一种软件解决方案，它可以在感知其所控制的环境和/或基于已知或已学习的知识，执行智能操作行为，类似经济学领域中的理性行为，如图 3-9 所示。在网络安全领域，智能代理以协作的方式成功地防御了分布式 DoS（Distributed Denial of Service，DDoS）攻击。此外，混合模型，包括神经网络和智能代理，已被广泛应用于入侵检测领域，事实表明，这是非常有价值而且可以进一步发展的理论体系。

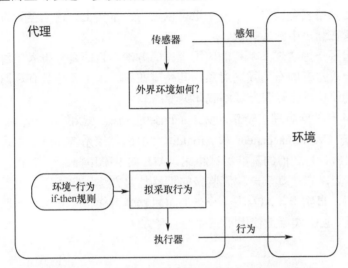

图 3-9　维基百科给出的智能代理范例（2016 年 8 月）

（4）**机器学习（Machine Learning）**。学习是人类具有的与创造或扩展知识体系的所有过程有关的智能行为。机器学习是一门人工智能的科学，该领域的主要研究对象是人工智能，特别是如何在经验学习中改善具体算法的性能。为了便于进行讨论和估计学科的进展，有必要对机器学习给出定义，即使这种定义是不完全的和不充分的。顾名思义，机器学习是研究如何使用机器来模拟人类学习活动的一门学科。稍为严格的提法是"机器学习是一门研究机器获取新知识和新技能，并识别现有知识的学问"。机器学习的应用领域包括垃圾邮件过滤、检测入侵者，以及检测试图破坏数据的内部人员。实现机器学习有三个基本模型：

① 监督学习：给出了输入/（期望的）输出的机械学习过程中的对错指示，目标是学习将输入映射到输出的规则。

② 无监督学习：也称为归纳性学习，在这种情况下，寻找输入数据的结构是算法的目标，在数据中获取隐藏的模式和关联是十分必要的，通过特定算法来减少误差，达到分类的目的。

③ 强化学习：通过与环境的试探性交互来确定和优化动作的选择，以实现所谓的序列决策任务。在这种任务中，学习机制通过选择并执行动作，导致系统状态的变化，并有可能得到某种强化信号，从而实现与环境的交互。

（5）**搜索方法（Search Methods）**。搜索方法是一种解决基于目标问题的技术，是人工智能领域的核心问题之一。在人工智能研究中，有几种搜索方法在许多应用领域都有着广泛的应用。例如，谷歌就是一种普遍使用的基于人工智能的搜索方法，其求解问题与找到符合要求的候选对象有关。另外，还有许多搜索方法基本上与在图中查找路径有关。在网络安全的决策中，类似于游戏中采用的 $\alpha\beta$ 搜索或 minax 搜索在网络安全的决策过程中也可以使用。事实上，这类搜索方法有助于减少两个挑战者在竞争中的选择量。

这里列出了一些实现人工智能应用程序的方法，目的是分析人工智能如何成为面对网络安全攻击者的有力候选对象。其关键在于，人工智能具有利用大量非结构化数据并自动快速进化以跟上威胁载体突变的能力。

2016 年 4 月，麻省理工学院（Massachusetts Institute of Technology，MIT）发布了 AI2 系统（Veeramachaneni 和 Arnaldo，2016），该系统通过专家设置能够预测 85%的网络攻击。与之前的基准测试相比，AI2 的准确率提高了 3 倍，误报率降低了 5%。大体上，它是基于一种无监督的机器学习方法，向用户专家反馈其发现并从中进行学习。事实上，AI2 在一个无监督机器学习模型上叠加了有监督的机器学习模型，因此，AI2 实际上使用了三种无监督方法。

3.7 本章小结

在物联网应用发展的引领下，网络安全的发展历程不断提醒着技术领域的从业者要冷静而慎重，在未来几年还需要认真考虑一些关键因素。

本章通过强调主要目标、基本威胁、攻击者概要、攻击原因以及攻击策略，给出了攻击威胁场景的分析。第一组分析结果表明，金融市场是更容易受到成功的攻击，而公共管理则是总体上受到攻击数量最多的领域。研究表明，攻击的主要动机是经济利益和间谍活动。最后，分析了一些增长趋势显著的攻击载体，如网络、恶意软件、黑客攻击和社交等。

此外，本章还从代价成本角度分析了有关攻击的统计数据，分析表明，受监管最为严格的行业，如医疗、金融以及教育等，是数据泄露的主要行业。这一分析结果同样适用于攻击数量、恶意攻击和犯罪攻击。此外，这些攻击多以数据信息泄露作为主要代价。结合这两种分析方法，不难得出这样的结论：金融和医疗行业应该优先考虑网络安全管理，使数据泄露最小化，并不断改进 MTTI 和 MTTC，以实现数据泄露成本的最小化。虽然只是发生了德国钢铁厂、Stuxnet 等著名的攻击事件，但是制造业、农业、矿业、交通运输、能源等行业似乎也受到了网络安全问题的相对影响。这些行业的共同之处在于它们与互联网的连接相对较多，并且关于它们的控制系统的知识十分有限，也被称为"模糊"。此外，对这些行业控制系统的攻击还可能影响人身安全和环境安全。

现在，如果把分析的重点放在物联网最具发展前景的领域，不难发现，就价值和实现而言，大多数的着力点恰恰是在这些工业部门，它们将必须适应数字化的发展并为此做出巨大的改变。

SCADA 和 ICS 是很好的实例。物联网的价值源自 SCADA/ICS 管理的 OT 过程，但研究已经表明，对这些系统的攻击正在增加，而且这些攻击大部分来自互联网，因为 SCADA/ICS 早在设计之初就采用了半隔离方式。此外，在凭证管理、策略、系统设计、密码学和信息公开方面仍存在明显的技术文化缺乏。这些系统会通过经典的 IT 系统，如浏览器和桌面漏洞受到攻击，这些系统与 SCADA/ICS 共同作为互联网业务的组成部分，越来越紧密地联系在一起。这便容易受到横向攻击。

特斯拉和吉普的渗透测试对比很好地解释了向全面数字化和联网系统迁移的困难。这类攻击是通过信息娱乐系统横向执行的，本章给出了特斯拉相对于吉普是如何具有全新的容错性架构，即如何实现了技术的网络迁移。

最后，本章还得到了以下有价值的结论。

（1）物联网/数字化在为智能应用提供途径的同时也为攻击打开了大门，这主要是针对在组织管理、体系架构和技术文化方面发展较慢的行业。

（2）即使有些行业已经适应应对网络安全问题，但由于业务交互和协作的新模型，仍需要改进其风险管理模型。对于那些将价值转移到技术边缘并开放共享信息的组织来说，这才是一个真正的挑战。

（3）物联网数字化也意味着人与环境的安全是网络安全风险管理的一部分。

（4）显然，共享跨行业信息是提高业务容错性的基本步骤，因此出现了许多信息共享和最佳开放的技术项目。

各行业的组织机构应根据其战略部署与轨迹，优先改善关于网络安全的技术文化。那些正在接受变革、将价值从核心转移到边缘并接受数据开放的组织机构或企业公司，必须处理好其技术文化的定位。技术是实现过程优化和新业务支持模型的基本因素，为此，让所有参与者做好应对进化的准备是当务之急，包括认可新过程以及适应新技术。另外，必须重视以下优先级模型。

（1）**文化**。那些被高德纳（Gartner）称为"领导革命"的组织机构，必须在过程和技术上投入更多的精力，用以获取新模型的价值。但是，相比过程和技术更重要的是人类本身工作的基本必要性，以便使其成为持续进化的一部分。各行业组织机构必须看到来自物联网数字化的巨大影响，随之而来的网络安全问题并非如同在工业领域中直接使用 ICS/SCADA 的做法，实际上应该优先考虑文化方面的问题。

（2）**技术**。各行业的组织机构本质上更封闭，更专注于保护其有形或无形的资产，用高德纳公司的话讲就是"扩大帝国版图"，这说明相关涉业者应该更加专注于技术发展，使自己处于保护的边缘地带。事实上，这类机构或公司很难改变其发展进程，从而降低了技术文化演进的整体需求。

（3）**进程**。那些对外部环境采取更开放态度的组织，就像高德纳所说的"共享财富"一样，应该优先考虑进程，这是因为物联网的出现使其与合作伙伴协作方式的本质发生了变化。当然，技术也是基本要素，因为技术可以改变进程。

以本章的分析作为基础，未来的发展还有许多期许。在这个快速发展的环境中，技术成为重要的基础与演进的保证，因为只有技术才能支持新的业务模型和实现新的运行方法。人工智能系统是技术演进的重要阶段，其自主进化、并行计算以及分析不断增长的非结构化数据的能力，使得 AI 不论是现在还是将来都将起到不可替代的作用。已有相关项目的开展证明了人们正在积极思考应对网络安全威胁并已踏入全新的研究领域。例如，Allsecurity 开发的基于符号执行引擎和定向模糊测试的项目，即基于云计算的错误检查系统；Spark Cognition 公司基于认知算法查找和删除恶意文件而开发的深度装甲（Deep Armor）项目；利用自身学习算法实现防御自动化的暗黑痕迹（Darktrace）项目；通过复制抗体而自动识别和消除网络威胁的反毒技术（Antigena）项目；等等。所以，面向人工智能的新型网络安全技术研究与发展必然成为未来相关领域的研究重点。

参 考 文 献

Business Intelligence, 2015, November. The Internet of Things Report.

Cannady, J., 1998. Artificial Neural Networks for Misuse Detection. School of Computer and Information Sciences Nova Southeastern University.

D'Angelo, G., Palmieri, F., Ficco, M., Rampone, S., 2015. An uncertainty-managing batch relevance-based approach to network anomaly detection. Appl. Soft Comput. J. 36 (17), 408–418.

Dell Inc., 2016. Dell Security, Annual Threat Report.

Evans, D., 2011, April. The Internet of Things, How the Next Evolution of the Internet is Changing Everything.

Hewlett Packard Enterprise, 2015b. Securing the Internet. December, 2015.

Hewlett Packard Enterprise, 2015a. Internet of Things Research study. December 2015.

Internet of Things Institute, 2016, April. Top 10 Reasons People Aren't Embracing the IoY, Yet.

Kaspersky Lab, 2016. Industrial Control Systems and Their Online Availability.

Langner, R., 2011. Stuxnet: dissecting a cyberwarfare weapon. IEEE Secur. Priv. 9 (3), 49–51.

Lee, Y., Kim, D., 2015. Threats analysis, requirements and considerations for secure internet of things. Int. J. Smart Home 9 (12).

Lovelock, J., 2016. The Internet of Things is Shifting Hackers' Targets. March 11, 2016

Mahaffey, K., 2015. Hacking a Tesla Models: What We Found and What We Learned. August 7, 2015.

McKinsey Global Institute, 2015, June. The Internet of Things: Mapping the Value Beyond the Hyep.

Miller, C., Valasek, C., 2015, June. Remote Exploitation of an Unaltered Passenger Vehicle.

OWASP, 2017. The Open Web Application Security Project. www.owasp.org.

Palmieri, F., 2013. Scalable service discovery in ubiquitous and pervasive computing architectures: a percolation–driven approach. Futur. Gener. Comput. Syst. 29 (3), 693–703.

Palmieri, F., 2017. Bayesian resource discovery in infrastructure-less networks. Inform. Sci., 376, 95–109.

Palmieri, F., Ricciardi, S., Fiore, U., 2011. Evaluating network-based DoS attacks under the energy consumption perspective: new security issues in the coming green ICT area. In: Proceedings—2011 International Conference on Broadband and Wireless Computing, Communication and Applications, BWCCA 2011, pp. 374–379.

Patil, P., 2016. Artificial intelligence cyber security. Int. J. Res. Comput. Appl. Robot. 4 (5), 1–5.

Perkins, E., Byrnes, F.C., 2015, July. Cybersecurity Scenario 2020 Phase 2: Guardians for Big Change.

Ponemon Institute LLC, 2016, June. The Cost of Data Breach Study: Global Analysis.

Rani, C., Goel, S., 2015. CSAAES: an expert system for cyber security attack awareness. In: 2015 International Conference on Computing, Communication & Automation (ICCCA).

Recorded Future, 2016. Threat Intelligence Report.

Veeramachaneni, K., Arnaldo, I., 2016. Ai2: training a big data machine to defend. In: IEEE 2nd International Conference on Big Data Security on Cloud (BigDataSecurity), IEEE International Conference on High Performance and Smart Computing (HPSC), and IEEE International Conference on Intelligent Data and Security (IDS).

Verizon Report DBIR, 2016. 2016 Data Breach Investigation Report.

Zetter, K., 2015, August. A Cyberattack has Caused Confirmed Physical Damage for the Second Time Ever. Wired.

补充阅读建议

Merlo, A., Migliardi, M., Gobbo, N., et al., 2014. A denial of service attack to UMTS networks using SIM-less devices. IEEE Trans. Dependable Secure Comput. 11 (3), 280–291, Art. no. 2315198.

第4章　物联网与传感器网络的安全研究

4.1　引　言

如今，全球超过 70 亿用户通过互联网收发电子邮件、浏览网页、访问电子商务服务、玩游戏以及在社交媒体上分享体验。互联网的广泛传播已经成为一种新兴趋势的推动力，这种全球通信基础设施的使用使机器和智能对象能够在现实世界中进行通信、合作和决策。这个必然会记入人类技术发展史册中的范例被称为"物联网"，它的应用发展与无线通信领域的技术进步密不可分，如射频识别（Radio Frequency Identify，RFID）、近场通信（Near Field Communication，NFC）、可穿戴传感器、无线传感器网络（Wireless Sensor Network，WSN）、执行器，以及机器对机器（Machine-to-Machine，M2M）设备等。20 世纪 90 年代末，企业家 Kevin Ashton 首次使用了"物联网"这个术语，作为麻省理工学院（Massachusetts Institute of Technology，MIT）自动识别中心的创始人之一，Ashton 采用这一术语描述通过 RFID 标签将物品连接到互联网的过程（Madakam 等，2015）。国际电信联盟-电信标准化局（International Telecommunication Union-Telecommunication Standardization Bureau，ITU-T）在建议中给出了物联网的全面定义。ITU-T 将物联网描述为信息社会的全球基础设施，通过基于现有和不断发展的信息和通信技术以物理或虚拟链路使实物相互连接，从而使更智能先进的服务成为可能（ITU-T，2012）。

时至今日，尽管 ITU-T 给出了完备的定义和全面的发展建议，但是科学界、标准化机构和企业在"物联网"的真正含义上仍存在一定的分歧。造成这种分歧的原因是物联网将三种不同的视角模型结合在单一的范式中，即面向事物、面向互联网和面向语义，如图 4-1 所示。

面向事物的观点表明每个事物都可以使用普适技术进行目标监测。面向互联网的观点强调事物之间通过网络进行交互的能力，使其具有"智能"性。面向语义的观点与多个可用传感器收集的大量异构数据有关，需要依赖先进的语义技术准确、合理、高效地对这些数据进

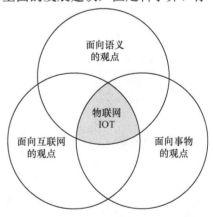

图 4-1　融合三种不同观点的物联网

行处理，以克服互操作性问题。因此，研究人员对物联网有不同的看法，这取决于他们看待技术的视角、目标和预先储备的知识。此外，在多视角范式下物联网已经得到了许多先进技术的支持，但是在应用环境快速变化的今天，仍然面临各种各样的挑战，包括需要具有高计算特性和低能耗的传感器、开发抵御物联网平台攻击的方法，以及保护用户的私密性信息等。

本章旨在为读者提供关于物联网的全面认识，并分析这种网络形态与相关技术的应用可能带来的优势和风险。本章其余部分安排如下：4.2 节将介绍物联网的关键要素和总体体系结构；4.3 节将描述物联网范例的主要应用领域和具有代表性的应用实例；物联网安全和隐私风险将在 4.4 节和 4.5 节深入讨论；4.6 和 4.7 节将分析设备约束和物联网关键技术领域的攻击；4.8 节将给出结论和物联网的未来发展趋势。

4.2　IoT 的要素与结构

本节将介绍实现物联网功能所需的主要元素，并给出物联网的五层架构，用以深入分析各类要素的作用。

4.2.1　IoT 的要素

物联网的功能可以通过以下几个关键元素来解释：识别、感知、通信、计算和服务。

（1）识别。在物联网应用过程中，对象之间（包括物理设备之间）的互连和迭代需要依赖技术的开发与发展，从而通过网络唯一性地标识各种事物。身份识别的目的是为网络中的每个设备提供唯一而清晰明确的身份。为此，许多研究机构致力于开发具有普适性的识别方法，主要可以分为三类。

① 对象标识符用于唯一性地标识物理设备和虚拟设备。电子产品代码（Electronic Product Codes，EPC）、通用产品代码（Universal Product Codes，UPC）、通用唯一标识符（Universally Unique Identifiers，UUID）和通用代码（Ubiquitous Codes，uCode）都属于这一类。

② 通信标识符用于在设备间或网络间通信过程中唯一标识设备的标识符。通信标识符最典型的应用就是 IPv4 和 IPv6 地址。

③ 应用标识符是用于表示应用级别 ID 的方法。在物联网的范围内，应用和服务的标识涉及统一资源定位器（Uniform Resource Locator，URL）和统一资源标识符（Uniform Resource Identifier，URI）。

（2）感知。物联网在很大程度上依赖于前端的感知元件，这也是传感器最本源

69

的功能，通常，感知元件需要完成以下两项任务。

① 从网络中的对象获取和收集环境数据。

② 将上述数据发送到数据库、云或数据仓库。

通过对所采集信息的处理和分析，传感器将据此做出合理决策并执行相应操作。例如，用户可以通过移动应用程序监视和控制大量家庭使用的设备，从而实现对家居进行智能管理，包括舒适感、安全性和能源消耗等。

（3）**通信**。在物联网应用中，传感器或一般的感知节点在信息传输与交互的过程中需要依赖传输媒介，如无线信道。通常，传输媒介可能受到不同程度噪声、损耗等的影响。通信技术的作用是为异构设备连接和信息传输提供可靠、快速和安全的智能服务。物联网应用场景中所采用的通信技术主要包括射频识别、近场通信、Wi-Fi、蓝牙及其低能耗版本（Bluetooth Low Energy，BLE）和 ZigBee。本章将在4.5 节全面介绍和分析这些通信技术的特点，如工作频带、吞吐量、传输范围以及加密/安全机制等。

（4）**计算**。物联网的计算能力取决于处理器、微控制器、片上系统（System on a Chip，SOC）和软件应用程序等处理单元。在市场上，存在许多为物联网的各种应用而专门设计的硬件平台，目前，比较常用的物联网专用硬件平台主要有友善之臂（Friendly Advanced RISC Machine，Friendly ARM）、 Intel Galileo、Arduino和树莓派等。同样，还开发了一些相应的软件套件从而提供更加全面和丰富的物联网功能。在这种情况下，操作系统是最基本的，因为它们在设备的整个生命周期中运行。特别地，实时操作系统（Real Time Operating Systems，RTOS）因其快速的响应能力和良好的可靠性而成为物联网领域中比较热门的候选系统方案。物联网计算中另一个重要支撑是云平台，它将传统物联网中传感设备感知的信息和接受的指令连入互联网中，真正实现网络化，并通过云计算技术实现海量数据存储和运算。

（5）**服务**。大量可以使用物联网的应用将会成倍地增加范式所涵盖的服务。根据基本范式模型的不同，可以将物联网服务划分为四种类别（Gigli 和 Koo，2011；Xiaojiang 等，2010）。

第一类是身份相关性服务，这类服务需要利用身份信息，可用于所有物联网应用领域。事实上，它们的目标是识别现实世界的物体，然后将它们带到虚拟世界。因此，与身份相关的服务依赖身份识别手段，如 RFID、 NFC 等，以及读取设备对象标识的设备。

第二类是信息聚合服务，主要涉及从位于环境中的异构传感器获取数据的过程。原始数据的获取主要依赖于解析和规范化。此外，这些服务主要负责通过网络基础设施向物联网应用程序传输和上报数据。

第三类是协作感知服务，这类服务利用从以前的服务中获得的聚合数据做出决策并执行响应，其有效性依赖物联网基础设施的可靠性/速度和设备的计算能力。

最后一类为泛在性服务，这类服务的目标可以用三个词来概括：任何时间、任何人、任何地点。泛在性服务必须在需要它的"任何时间"，向需要服务的"任何人"，在物联网基础设施的"任何地方"，提供协作感知服务。在物联网应用中，由于要解决的问题数量众多，实现泛在性服务绝非易事，这必然要面临巨大的挑战，特别是考虑到不同技术和协议的存在，必然成为泛在化进程中的障碍。

4.2.2 IoT 的结构

物联网的主要任务是通过互联网将大量的异构对象连接起来。这些异构对象在网络上传输所产生的流量与存储所需要的数据量几乎相同。因此，有效的物联网体系结构需要解决许多方面的问题，如可扩展性、互操作性、QoS、隐私性和安全性。尽管有些项目和研究试图为物联网设计一种通用的架构形态，但是目前为止仍没有广泛认可的参考模型。这里，比较具有参考价值的是 Wu（Wu 等，2010）、Anithaa（Anithaa 等，2016）以及 Chaqfeh（Chaqfeh 和 Mohamed，2012）等提出的树层（Tree-layers）结构、五层结构，中间层（Middleware）结构和基于面向服务架构（Service Oriented Architecture，SOA）体系结构等。图 4-2 给出了物联网五层参考结构，包括对象层、对象抽象层、服务管理层、应用层和业务层。

五层体系结构中的每一层的特征如下。

（1）**对象层**。对象层是物联网五层参考结构的最底层，代表物联网的感觉感官，负责从物理世界中获取和收集数据，有时也被称为"设备层"，实际上该层由物理对象和传感器设备共同组成。这一层中的传感器和执行器用于执行不同的操作，如捕捉温度、风速、振动和重量等环境信息，这需要即插即用机制来配置异构对象并将数据传输到下一层。

（2）**对象抽象层**。对象抽象层旨在通过安全信道传输和处理从对象层收集的数据信息。根据传感器设

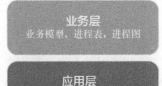

图 4-2 物联网的五层体系结构

备的不同，传输方式可以是有线的也可能是无线的，那么，所采用的技术可以是通用移动通信系统（Universal Mobile Telecommunications System，UMTS）、ZigBee、Wi-Fi 或 3 G、4 G。

（3）**服务管理层**。服务管理层处理之前接收到的数据，并作出决策，从而通过网络提供所需的服务。物联网中的设备可以提供给不同的服务，而服务管理层仅允许提供相同服务的设备之间进行通信。此外，该层还允许物联网开发人员不依赖于

特定硬件平台处理异构对象（Khan 等，2012；Atzori 等，2010）。

（4）**应用层**。应用层赋予物联网提供高质量的智能服务的能力，从而满足用户的实际需求。这个层次体现了物联网与工业技术智能化的融合，是实现智能化的重要途径。智能家居、智能城市和智能汽车只是这一层能够覆盖市场的一小部分。高效的数据处理和智慧的服务保证才是应用层的主要目的。

（5）**业务层**。业务层是物联网五层模型的最高层，可以看作物联网系统活动（包括应用程序和服务）的协调器。该层从应用层接收数据并生成业务模型、进程表和进程图，通过大数据分析为决策过程提供必要支持，并同时对其他四个层的输出进行评价，用于与预期的输出进行比较，最终实现服务质量的提高。业务层的目标是预测未来的操作并制订业务策略。从这个意义上说，业务层是物联网技术能否得见成效的基础。

4.3 IoT 应用领域

物联网以万物互联作为互联网发展的目标，不同规格和计算能力的传感器及不同形式和性能的设备，使得物联网在各种应用领域应用并进行创新，从而构建适用于不同网络需求的应用范式。物联网主要应用领域如图 4-3 所示，主要可以分为以下几个方面：基础设施/建筑、环境领域、工业领域、健康医疗、交通运输和安全保障。

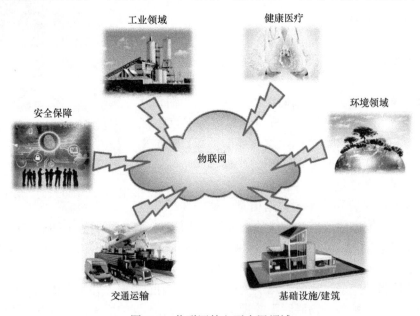

图 4-3 物联网的主要应用领域

（1）**基础设施/建筑领域**。物联网目前已经广泛应用在许多基础设施场景中，如智能家居、智慧楼宇及智能城市等。智能家居是指一种具有环境智能感知和自动控制的家居环境，在舒适性、物理完整性和能耗管理高效性等方面满足用户需求（De Silva 等，2012）。在智能家居中，采用许多不同的子系统和传感器，用以监控资源消耗并检测当前用户需求的满足情况，这就要求实现高度标准化以确保互操作性（Miorandi 等，2012）。例如，Wang 等（Wang 等，2014）通过佩戴在人体上的智能传感器和家庭网络监测老年人的身体状况，并提供了跌倒检测系统。智慧城市可以被看作智慧家庭的延伸，其中"家"的角色涉及实体城市基础设施，如水网、公共照明和道路网等。智慧城市提供的服务范围可以是高速公路交通的监控、停车场的智能管理，如利用 RFID 或其他技术监控可用的停车位等，也可以是空气中粉尘的监控。

（2）**环境领域**。环境领域是物联网技术应用的另一个重要领域。这类应用可以实现自然现象和过程的监测，如降雨量、河流深度以及海洋温度等。物联网可以利用现代化设备的微型化过程和网络的自我管理能力，实现在许多关键领域的特殊场合的应用。这些物联网应用的目的主要是减轻损失。例如，在发生自然灾害时，降低人和事物的风险水平。已有研究提出了一种分布式协同物联网防洪防灾系统（Kitagami 等，2016），该系统提供实时泛洪警报和泛洪影响分析。还有研究给出了物联网感知能力应用的另一种环境场景（Alphonsa 和 Ravi，2016），它提出了一种基于无线传感器网络的地震预警系统。特别地，放置在地球表面的 ZigBee 发射器探测地球运动状况并将警报信号发送到网关。网关配备了 ZigBee 接收器，并将警报信息传输给智能手机终端。发给用户的信息中包含了位置、时间和其他参数信息。显然，为了拯救人类、动物和植被，有效的物联网平台需要更强的实时信息处理能力以及更广域的环境战略点设备部署。

（3）**工业领域**。通常，工业物联网（Industrial Internet of Things，IIoT）指的是使用物联网技术来管理工业制造过程。在这种背景下，物联网一般会采用工业领域多年来普遍采用的机器对机器（Machine-to-Machine，M2M）通信和自动化技术。由传感器获取的数据，如放置在物品上的 RFID 标签，可以使企业快速有效地解决供应链过程中的任何问题，并能节省时间降低经济费用。物联网在食品工业中的应用是近年来比较具有代表的应用范例，食品的生产过程需要严格的工作条件，如温度、湿度环境的控制以及工作程序的精准定时。物联网解决方案在工业领域的另一个应用是面向零售市场。例如，识别技术可以通过跟踪一个产品的整个生命周期，包括在运输过程中的位置和状态信息，用以实现产品溯源并打击假冒伪劣产品。

（4）**健康医疗**。医疗物联网（Internet of Medical Things，IoMT）或医疗保健物联网是近年来得到广泛关注的应用领域之一。在健康医疗领域，物联网在许多情况下都扮演着重要的角色，如临床护理和远程监测等。在第一种情况下，住院的慢性病患者可以通过身体佩戴的传感器实现实时监测。这些传感器通过无线方式将生理信息发送到医疗信息云平台，从而对数据进行分析和存储。医院的相关医护人员可以访问这些数据，以便在有需要时立即采取行动或进行下一步必要的检查。采用物联网驱动的临床护理范式提高了护理质量，降低了医院基础设施的总体成本。远程监控允许人们在家里使用移动医疗设备，并向医疗专业人员发送健康数据信息。具有无线通信功能的传感器，如血压仪、血糖仪或心率监测器等，可以安装在患者的计算机、智能手机或远程健康系统的特定软件上，然后将收集到的数据发送给专家。目前，智能手机终端已经存在许多用于远程健康监控的 App。Prakash 等（2016）提出了一种能够实时远程监控人体生命指征的医疗监测系统，该系统采用物联网技术、全球移动通信系统（Global System for Mobile Communications，GSM）连接和简单邮件传输协议（Simple Message Transfer Protocol，SMTP）服务器，测量患者的脉搏、心率和体温，并在特定情况下发送紧急信号和信息。

（5）**交通运输**。在交通运输领域，物联网成为智能运输系统（Intelligent Transportation Systems，ITS）的重要基础支撑。欧盟（European Union，EU）曾颁布指令，将 ITS 定义为一种将信息和通信技术应用于道路运输领域的智能系统，包括基础设施、车辆和用户、交通管理和移动管理，以及与其他运输方式的接口（EPC，2010）。在这种背景下，云技术和物联网技术广泛应用于车辆对车辆（Vehicle to Vehicle，V2V）和车辆对基础设施（Vehicle-to-Infrastructure，V2I）的通信。V2V和 V2I 通信使得数据可以在车辆和路边基础设施之间进行无线传输，从而帮助汽车嵌入式系统，如巡航控制、泊车助理、碰撞检测和车载摄像机等，更有效地向驾驶员提供警报信息，从而对车辆进行必要的物理手动控制。从 2009 年到 2012 年，谷歌已经在真实车辆上测试了所提出的自动驾驶技术，并在高速公路上完成了超过300000 mile 的测试。后来，测试场景从高速公路转为城市街道。最后，在 2014 年底，谷歌公开了经过验证的物联网自动驾驶真实原型（Google，2016）。

（6）**安全保障**。物联网的相关技术在具体应用过程中需要保护关键基础设施，如能源生产基础设施、体育场、港口、银行或其他公共环境等。因此，安全保障成为物联网发展的重要应用领域。传感器监测可以提供有关人员目标位置及其疑似行为的信息，或是检测空气中是否存在危险物质。RFID 或其他识别技术可以检测一个人是否被授权进入或停留在限制区域内。传感器可以监测工业设备的温度或相关工况参数，从而确保操作人员安全操作环境下。当然，信息来源越多，预警系统就越有效。另外，过度使用此类技术也可能会导致隐私侵犯。相关信息请参阅本章第 4 节的分析。

4.4 安全、保密与隐私

美国国家情报委员会（The National Intelligence Council，2008）将把物联网技

术列入 "颠覆性民用技术：到 2025 年对美国利益有潜在影响的六项技术"研究报告中。这里，"颠覆性技术"指的是一种可能导致美国政治、军事、经济或社会凝聚力等国力某一要素显著退化或改善的技术，当然，这种退化或改善可能是暂时的。个人、企业或政府并没有准备好迎接和面对这样一种未来，即互联网节点成为食品包装、家具甚至纸质文档这样的日常用品。物联网对象将受到与当前互联网接入设备所需要面对的同样的安全问题的影响，这是因为不论是物联网对象还是现有互联网接入设备的基础技术是基本相同的。但事实上，物联网对象的安全风险是远高于当前互联网设备的，这主要是因为：

（1）物联网对象的分布更为广泛，而且目前仍然呈现上升态势；

（2）传统的互联网设备指控制逻辑空间，而物联网对象不仅在逻辑空间起作用，同时还控制着物理空间。

此外，安全风险对于个人隐私而言影响比较大，而且还有可能受社会控制和政治操纵。2008 年 11 月，美国国家情报委员会对未来网络和互联网做出结论性的声明，"物联网将发展并为开发新服务带来重要的可能，但与此同时，它也会对个人隐私和安全保护带来风险和挑战"。2014 年 1 月，《福布斯》杂志上发表的一篇文章（Steinberg，2014）列出了许多已经可以"在家中监视人"的互联网设备，包括电视、厨房电器、照相机以及恒温器。最后，物联网安全的一个重要方面（也有可能是主要方面）是，在这个领域中，安全问题将直接影响整个系统的安全性。在所有的物联网对象中，个人安全与系统安全密不可分。例如，对起搏器、汽车或核反应堆的指令干扰，不论是有意还是无意的，以及智能插头的短路都可能对人类生命的威胁。有研究表明，汽车的 X-By-Wire 系统（汽车中的计算机电子线控设备，如刹车、发动机锁、喇叭和仪表盘等）非常容易受到接入网络的攻击（Abramowitz 和 Stegun，2015）。例如，当网络过载或被网络攻击中断时，驾驶人将无法控制车辆或使用刹车。因此，许多人担心物联网发展过于迅速，没有充分考虑到可能需要的安全问题和监管应对方案。对安全问题持有同类观点的现象非常普遍：根据 2014 年第四季度进行的商业内幕情报调查得知，39%的受访者声称安全是物联网应用过程中最紧迫的问题（Insider，2015）。2015 年 9 月 23 日，英国国家微电子研究所主导的物联网安全基金会（Internet of Things Security Foundation，IoTSF）成立，并获得了 30 多家全球著名厂商和机构的支持，包括英国电信（British Telecom，BT）、沃达丰（Vodafone）和东京电子（Tokyo Electron）（IOTS，2015b）。IoTSF 的使命是通过推广知识和实践实例来确保物联网安全，该组织认为，"物联网的经济影响将以数万亿美元计量，联网设备的数量将以数十亿计量，因此联盟组织的协作带来的优势是显著的、颠覆性的"。之后，为了明确职能划分与义务责任说明，IoTSF 出版了《物联网安全建立原则》指南（IOTS，2015a），详细论述了设计物联网设备、系统和网络时需要考虑的问题。其中，重点分析了在物联网设计阶段对安全性的投资策略如何节省时间、精力和潜在的安全问题。通过这种方式，开发人员可以生产高安全性、高价值、高质量和高可用性的产品，从而使这些产品成为安全、可靠、可扩展、可管理的具有革命性意义的物联网的一部分。

研究涉及的部分疑问主要有以下几方面。

（1）数据需要保密吗？如果采集或获取的是敏感数据，肯定需要保密。事实上，这些数据在任何时候都要得到充分的保护，而且用户有必要知道正在处理哪些私人数据。

（2）数据是可信的吗？是的。物联网中的数据在传输过程中受到保护，一面被篡改或修改，这种篡改和修改可能是恶意攻击者发起的，也可能只是配置不当或设备对数据处理不当所引起的。

（3）数据的安全和/或及时接收是否重要？是的，因拥塞等原因导致数据传输产生延迟，则会对所提供的服务产生影响。

（4）是否有必要限制对设备的访问或控制？是的，防止未经授权的访问或控制对于设备安全而言是至关重要的。如果攻击者获得了对设备的控制授权，他/她可能会访问敏感数据，或在网络的其他位置造成问题。

（5）是否有必要更新设备上的软件？是的，如果设备运行过时的软件，那么就可能存在未修补的安全漏洞。这些漏洞可能会让攻击者控制设备及其数据。

从技术角度来看，为了保证物联网技术的安全应用，必须满足以下安全要求。

（1）**机密性**。确保传输的消息内容不会被泄露给未经授权的实体。传感器节点可以传输高敏感度的数据，如密钥分发等，所以在 WSN 中建立安全信道是非常重要的。

（2）**完整性**。确保消息在其"生命周期"中不会被未经授权的参与者损坏或修改，这也意味着如果发生未经授权的修改，则必须能检测到。

（3）**可用性**。确保 WSN 提供的必要功能或服务始终能够执行，即使在发生攻击/故障的情况下也是如此。

（4）**身份验证**。允许接收方验证数据确实是由所声明的发送方发送的。

（5）**数据新鲜性**。确保数据是最新的，没有重播旧消息。当设计中使用的共享密钥策略并需要随着时间改变时，这个需求尤其重要。

（6）**自组织性**。允许每个 WSN 节点根据不同的情况进行自组织和自修复，这样 WSN 网络就可以根据需要调整拓扑和部署策略。

（7）**时间同步**。允许公共时间基准。WSN 中的大多数服务都需要时间同步，WSN 的安全机制也应该同步。

（8）**安全定位**。允许网络中每个传感器精确和自动定位。这对于故障识别或沉洞攻击识别等场合非常有用。

（9）**审计**。确保对发生在 WSN 上的事实进行调查的可能性，这只有在每个节点提供审计功能时才有可能，在最简单审计功能就是提供日志。

（10）**保密性**。要求网络产生的新信息对离开网络区域的节点保密，也要求网络产生的旧信息对新加入网络的节点保密。

（11）**不可抵赖性**。指在通信过程中，传感器不能拒绝接收来自另一方的信息或转发信息给另一方。

4.5　关键技术

物联网感知节点的作用是将由本地嵌入式处理特性收集和处理的信息/命令通信到指定的目的地。如 4.3 节所述，采用的实例虽然完全不同，但是它们有一个共同点，即任何节点需要采集和处理的数据只有几千字节，当然，这不包括超宽带图像处理或视频数据服务。因此，为了克服这类情况，通信技术也在不断发展。目前已有的相关技术可以分为以下两大类。

（1）**有线方式**。这类通信方式主要使用物理电缆连接网络的所有节点。特别是，有线方式还可以分成两个子类别：一个是已有布线，使用现有的电缆进行通信，如电力、同轴线和电话布线等；另一个是结构化布线，这需要安装新的电缆，如以太网等。

（2）**无线方式**。这类通信方式不需要物理通信电缆的协议，如 ZigBee、Thread 和 Z-Wave 等。

下面将简要介绍物联网通信过程中的典型协议。

（1）HomePNA（家用电话线，属于有线方式已有布线类）（HomePNA，2013）。HomePNA 是家庭电话线联网络联盟（Home Phoneline Networking Alliance，HomePNA）的简称，定义了家庭网络中计算机互联标准，利用现有电话线路进行网络连接，本质上是基于频分多路复用（Frequency-Division Multiplexing，FDM）的，即在同一线路（电话线或同轴电缆）的不同频率上进行语音和数据传输，而不会互相干扰。标准电话线支持语音、高速数字用户线路（Digital Subscriber Line，DSL）和固定电话。HomePNA 设置将包括配备有 HomePNA 卡或外部适配器的计算机、电缆和相关软件。

（2）X10（属于有线方式已有布线类）。X10 是 1975 年面向从控制器到执行器的单向系统开发的协议，以 50Hz 或 60Hz 为载波，再以 120KHz 的脉冲为调变波（Modulating Wave，MW），从而发展出来的数位控制技术，并制定出一套控制规则，是以电力线为连接介质对电子设备进行远程控制的通信协议。随后该协议进行了更新，以 X10-Pro 的名字命名，并补充了从执行器到控件的信息传输。所传输的信息分组由 4 位组成，表示一个内部代码，后面是一个或多个 4 位码组来表示单元代码，并始终关闭 4 个命令位。为了建立友好的用户特性，内部代码采用字母"A"到"P"表示，而单元代码用数字"1"到"16"表示。每个设备都配置一个唯一的地址，共有 256 个可能，用于对专门发送给它或通过广播发送的指令进行正确响应。

（3）电力线（属于有线方式已有布线类）。电力线是指利用电力线传输数据和媒体信号的一种通信方式。该技术是把载有信息的高频加载于电流，然后用电线传输给接收信息的适配器，再把高频从电流中分离出来并传送到计算机或电话，以实现信息传递。电力线的全称是电力线通信（Power Line Communication，PLC），也称为电力线载波、电力线数字用户线（Power-line Digital Subscriber Line，PDSL）、市电通信、电力线电信，或电力线网络（Power Line Networking，PLN）。由于能将低功率信息信号叠加到电力波上，因此可以将电力线转换为数据线。数据传输在 3kHz 以上，用以确保电力波（50Hz 或 60Hz）不会干扰数据信号（Semiconductor，2011）。这两种电流的分离需要通过对所用频率进行滤波来实现。系统所有组件采用并行连接方式，并采用适当的设备通过电网进行通信。然而，该系统受到传输的低速率和干扰的不可避免性影响而存在性能瓶颈。此外，信号连接质量问题仍然在很大程度上依赖国内电力系统的水平。连接电缆之间的布线和断路器如果连接不当，将会对系统性能产生负面影响，严重时甚至可能导致连接中断。

（4）以太网（属于有线方式结构化布线类）。以太网起源于 1980 年施乐 Xerox 研究中心的先锋技术项目，1983 年正式通过标准化流程，成为 IEEE802.3 标准（IEEE，2013）。它是一种计算机局域网技术，事实上，不同的计算机网络技术在电缆类型（从同轴线到光纤）以及最高传输速度（从 3Mb/s 到 100 G/s）等方面均有所不同。最初的 10BASE5 以太网使用同轴电缆作为共享介质，而现阶段的以太网则使用双绞线和光纤链路作为传输介质。以太网上所有的计算机都连接到同一条传输线上，通过带有冲突检测的载波侦听多址接入（Carrier Sense Multiple Access with Collision Detection，CSMA/CD）协议进行通信。CSMA/CD 规定了多台计算机共享一个通道的方法。这项技术最早出现在 1960 年代由夏威夷大学开发的 ALOHAnet，它使用无线电波为载体。这个方法要比令牌环网或者主控制网简单。数据流被分成更短的片段，称为帧。每个帧包含信源地址、目标地址，以及错误检查数据，以便能够检测、丢弃和重新传输损坏的帧。

（5）ZigBee（属于无线方式）（Alliance，2014）。ZigBee 是无线个域网（Wireless Personal Area Network，WPAN）中最常用的双向通信标准之一。根据国际标准规定，ZigBee 技术是一种短距离、低功耗的无线通信技术。这一名称（又称紫蜂协议）来源于蜜蜂的八字舞，由于蜜蜂（bee）是靠飞翔和"嗡嗡"（zig）地抖动翅膀的"舞蹈"来与同伴传递花粉所在方位信息，也就是说蜜蜂依靠这样的方式构成了群体中的通信网络。其特点是近距离、低复杂度、自组织、低功耗、低数据速率。主要适合用于自动控制和远程控制领域，可以嵌入各种设备。ZigBee 的底层技术基于 IEEE 802.15.4。通常，ZigBee 设备有以下三种。

（1）**ZigBee 协调器（ZigBee Coordinator，ZC）**。ZigBee 协调器是启动和配置网络的一种设备。协调器可以保持间接寻址用的绑定表格，支持关联，同时还能设计信任中心和执行其他活动。一个 ZigBee 网络只允许有一个 ZigBee 协调器。

（2）**ZigBee 路由器（ZigBee Router，ZR）**。ZigBee 路由器是一种支持关联的设备，能够将消息转发到其他设备。ZigBee 网格或树型网络可以有多个 ZigBee 路由器。ZigBee 星型网络不支持 ZigBee 路由器。

（3）**ZigBee 终端设备（ZigBee End Device，ZED）**。ZigBee 终端设备可以执行它的相关功能，并使用 ZigBee 网络到达其他需要与其通信的设备。它的存储器容量要求最少。

需要特别注意的是，网络的特定架构会戏剧性地影响设备所需的资源。NWK支持的网络拓扑有星型、树型和网格型。在这几种网络拓扑中，星型网络对资源的要求最低。

（1）Z-Wave（属于无线方式）（Alliance，2016）。Z-Wave 是由丹麦公司 Zensys所一手主导的无线组网规格，Z-Wave 联盟（Z-wave Alliance）虽然没有 ZigBee 联盟强大，但是 Z-Wave 联盟的成员均是已经在智能家居领域有现行产品的厂商，该联盟已经具有 160 多家国际知名公司，范围基本覆盖全球各个国家和地区。Z-Wave是一种新兴的基于射频的、低成本、低功耗、高可靠、适于网络的短距离无线通信技术。工作频带为 908.42MHz（美国）—868.42MHz（欧洲），采用 FSK（BFSK/GFSK）调制方式，数据传输速率为 9.6 kb/s（目前为 40kb/s），信号的有效覆盖范围在室内是 30m，室外可超过 100m，适合于窄宽带应用场合。随着通信距离的增大，设备的复杂度、功耗以及系统成本都在增加，相对于现有的各种无线通信技术，Z-Wave 技术将是最低功耗和最低成本的技术，有力地推动着低速率无线个人区域网。

（2）6LoWPAN（属于无线方式）（IETF，2007）。IETF 6LoWPAN 工作组的任务是定义在如何利用 IEEE 802.15.4 链路支持基于 IP 的通信的同时，遵守开放标准以及保证与其他 IP 设备的互操作性。随着 IPv4 地址的耗尽，IPv6 是大势所趋。物联网技术的发展，将进一步推动 IPv6 的部署与应用。IETF 6LoWPAN 技术具有无线低功耗、自组织网络的特点，是物联网感知层、无线传感器网络的重要技术，ZigBee 新一代智能电网标准中 SEP2.0 已经采用 6LoWPAN 技术，随着美国智能电网的部署，6LoWPAN 将成为事实标准，全面替代 ZigBee 标准。

（3）线程（属于无线方式）（Thread-group，2016）。线程是一种基于 IP 的 IPv6

网络协议，本质上是一种封闭式文档，主要针对家庭自动化环境。该协议于 2014 年发布，基于 IEEE802.15、IPv6 和 6LoWPAN 等不同标准，为物联网提供了一种基于 IP 的容错性解决方案。线程支持使用 IEEE802.15.4 无线电收发器的网状网络，能够处理多达 250 个节点，具有高级别的身份验证和加密能力。

（4）蓝牙（无线）（Bluetooth-SIG，2016b）。蓝牙是一种短程通信技术，在许多消费产品市场上已经变得非常重要。它是可穿戴产品的关键技术。特别是称为蓝牙低能量（Bluetooth Low Energy，BLE）（蓝牙- SIG，2016a）或智能蓝牙的新版本的协议，已成为物联网应用的参考点之一。这个版本提供了与前一个版本相似的传输范围，但是大大减少了能量消耗（物联网环境中的关键特性）。

（5）Wi-Fi（属于无线方式）（IEEE，2016）。Wi-Fi 也称为"行动热点"，是一个创建于 IEEE 802.11 标准的无线局域网技术。Wi-Fi 联盟成立于 1999 年，当时的名称为无线以太网兼容性联盟（Wireless Ethernet Compatibility Alliance，WECA）。在 2002 年 10 月，正式改名为 Wi-Fi Alliance。如今，对于许多开发人员来说，Wi-Fi 通常是最为普遍性的选择，尤其是考虑到 Wi-Fi 在家庭环境中的普及程度。最常用的 Wi-Fi 标准是 IEEE802.11n，可以提供每秒数百兆的流量。在物联网领域中，Wi-Fi 可以作为独立或集成的模块用于传输距离较远、传输速率要求较高、所需可扩展性较强等场合。

（6）蜂窝（属于无线方式）。这种技术是基于传感器的低带宽数据项目的理想解决方案，目前，相关项目将使用 Internet 发送非常少的长距离数据。蜂窝物联网认为，5G 的来临会大大促进物联网的发展，一些涉及网络延迟可能造成安全事故的领域，一旦 5G 投入商用将会迅速带动该领域的发展，如无人驾驶等。5G 与物联网没有必然联系，5G 能够带动一些行业的发展这是技术发展的必然趋势。但是，对于许多应用来说，成本和功耗过高，因此传感器需要一个恒定的电源，或者必须能够定期充电。

（7）NFC（属于无线方式）。近场通信（Near Field Communication，NFC）是一种新兴的技术，使用了 NFC 技术的设备（如手机）可以在彼此靠近的情况下进行数据交换，是由非接触式射频识别及互连互通技术整合演变而来，通过在单一芯片上集成感应式读卡器、感应式卡片和点对点通信的功能。这种短距高频的无线电技术，在 13.56MHz 频率运行于 20cm 距离内。其传输速度有 106kb/s、212kb/s 和 424kb/s 三种。将数据以某确定速度发送到另一台设备，另一台设备称为目标设备（从设备），不必产生射频场，而使用负载调制技术，以相同的速度将数据传回发起设备。在主动模式下，发起设备和目标设备都要产生自己的射频场，以进行通信。

其他重要的协议还有 Beacon、MQTT、WeMo、Sigfox、Neul 和 LoRaWAN。这些技术的对比如表 4-1 所列。

表 4-1 物联网协议的对比

	以太网	HomePNA	电力线	蓝牙	ZigBee	Z-Wave	线程	Wi-Fi	蜂窝	NFC
类型	有线方式			无线方式						
	结构化布线	已有布线								
频率	600MHz	4~10MHz	N/A	2.4GHz	2.4GHz	900MHz	2.4GHz	2.4~5GHz	900~2100MHz	13.56MHz
最大距离	100m	100m~1km	300m	50~150m	10~100m	30m	N/A	1000m	200km	10cm
最大数据率	100Gb/s	320Mb/s	+1Gb/s	1Mb/s	250kb/s	100kb/s	N/A	100Gb/s	10Mb/s	420kb/s
最佳应用	构建，改造	固定设备移动设备		移动设备						
成本	高	低	低	低	低	低	低	低	低	低

4.6　设备约束

无线传感器网（Wireless Sensor Networks，WSN）因其低成本和灵活的特性成为智能家居等诸多领域中应用最广泛的网络形态。传统通信网络比较关注信道吞吐量的最大化，而传感器网络则更关注系统生存期的延长和系统鲁棒性的提高。该网络中的传感器节点能量有限、尺寸较小，因此其处理能力有限、存储容量极低、通信带宽有限。这些特性也制约了传感器的应用和功能的拓展。此外，在采用安全机制时也必须考虑到这些约束条件，也就是说，所采用的标准安全机制必须适应这些限制。目前，该技术领域主要面对的技术挑战包括以下几个方面。

（1）无人值守。在大多数情况下，传感器网络一旦被部署到偏远地区，就会出现无人值守的现象，因此传感器必须能够自主识别连接情况和分布状态，积累数据并等待请求。在这些情况下，如果发生任何更改，传感器节点则负责进行重新配置。此外，在无人值守的环境中，物理攻击的可能性非常高，因此保证传感器节点的安全并不是一项简单任务。

（2）不可靠通信。无线传感器网络中的通信通常是面向无连接的通信，其特点是消息的广播与转发，这意味着通信数据包可能存在错误/丢包/碰撞，此时，数据分组可能需要重新传输。

（3）动态变化。无线传感器网络必须适应拓扑和环境的变化。例如，当网络中出现新的节点或旧节点发生故障时，WSN 需要能够自适应地调整路由算法。

（4）时间同步。时间同步对于多节点协作式网络体系而言至关重要，而 WSN 恰是这类网络形态的典型代表。时间同步对于基本通信性能和安全保障机制也非常关键，此外，它还提供了检测移动、位置和近离度等信息的能力。对此，传统通信网络也具有很多解决方案，但传统的同步技术却不适合传感器网络，因为传统网络无须考虑网络的划分和消息延迟（Youn，2013）。

（5）**内存约束。**传感器节点的内存非常有限，通常包括用于存储应用程序代码的闪存和用于存储应用程序和数据的 RAM。当前商用或研究用传感器节点的 RAM 一般为 0.5Kb 和 128Mb，前者用于 FemtoNode 传感器，后者一般为 RecoNode 传感器（Wikipedia，2016）。专用数据存储通常只能通过外部插槽使用。

（6）**能量约束。**能量约束是无线传感器网络的重要约束条件，通常非常苛刻。传感器多是基于电池供电的小型设备，因此任何操作都必须考虑电池的有限容量。通信，即数据收发，是传感器最重要的耗能操作。研究表明，在 WSN 中传输 1bit 信息所消耗的能量相当于执行数千条指令所消耗的能量（Hill 等，2000；Akyildiz 等，2002；Pottie 和 Kaiser，2000）。能量限制对传感器的安全性也有直接的影响，事实上，强大的安全级别需要依赖复杂的加密技术，计算成本高昂，功耗代价巨大。

4.7 攻击研究

WSN 的攻击可以分为被动攻击和主动攻击两类。被动攻击不会中断当前通信，但攻击者会侦听和分析交换的数据。这种攻击易于实施，却不易被检测。主动攻击的目的是破坏和摧毁网络功能，删除或篡改网络传输的信息和数据。攻击者可以重播旧消息、注入新消息，或篡改消息，从而改变标准的网络操作。根据 Internet 模型，攻击还可以进行进一步的划分。如果考虑到网络互联，那么可以在每个层同化关联一个或多个攻击，WSN 中常见的攻击以及相应的应对机制如表 4-2 所列。

表 4-2　WSN 常见攻击及应对策略

层次	攻击类型	应对措施
物理层	干扰、窃听、篡改	低传动功率、定向天线、频道预览、隐藏节点
链路层	冲突、耗尽	纠错码、减少 MAC 输入控制、限制传输时隙
网络层	选择性转发、沉洞攻击、女巫攻击、路由环路攻击、虫洞攻击、Hello 泛洪攻击、确认欺骗	多经路由、看门狗、信息流监测、CPU 监控、唯一共享密钥、信任证书、沉洞防御、同步时钟、四方握手、身份认证协议、备份路由
传输层	泛洪攻击、去同步攻击	Client-Puzzles、分组认证
应用层	数据损坏、拒绝服务	应用层防火墙、杀毒软件、间谍软件、日志记录、数据包包过滤器

4.7.1 物理层攻击

无线传感器网络的传输介质是自由空间，信息通过广播方式发送，开放共享的信道使得信号容易到达终端或被截获。因此，攻击者可以物理地破坏或非法控制 WSN 的传感器节点。本节将介绍干扰、窃听和篡改等物理层攻击。

（1）干扰。干扰定义为故意将电磁能量引导至通信系统以干扰或阻止传输的行为（Adamy，2004）。干扰攻击中使用较多的信号主要是数字欧姆噪声和脉冲噪声。干扰攻击的对象主要是无线电信道，实际上是攻击者发送无用的信号来破坏信息或使信息丢失。这种类型的攻击可以从远程位置发起作用于目标网络，而且用于实现攻击的设备也不难配置。干扰攻击可以看作拒绝服务 DoS 攻击的一种特殊情况，这种攻击可以是临时的、间歇性的或永久性的。已有研究（Mpitziopoulos 等，2009；Uke 等，2013）介绍了一些干扰方式，如点干扰、扫频干扰、阻塞干扰和欺骗干扰等，并根据不同方式对干扰类型进行了分类，如常数干扰机、欺骗干扰机、随机干扰机和反应干扰机等。抵御无线传感器网络的典型干扰攻击可以采用的方法主要有低功率传输、定向天线跳频扩频、频道预览等（Vadlamani 等，2016）。

（2）窃听。窃听攻击允许恶意行为执行者拦截并读取信息，并向网络注入虚假消息。这种攻击利用了射频信道和无线通信的广播特性。攻击者可以很容易地通过对发射信道频率进行适当调谐的射频接收机截获广播信号。为此，无线传感器网络多采用访问控制、减少感知数据细节、分布式处理、访问限制和强加密技术（Mohammadi 和 Jadidoleslamy，2011）等抵御窃听攻击，从而在一定程度上解决信息的安全传输。

（3）篡改。篡改是攻击者通过访问传感器物理层实现的。通过这种方式，攻击者可以获得相关信息，如加密、解密密钥或其他敏感数据。为避免攻击者的直接访问，节点可以隐藏在既定的战略位置中。因此，传感器在部署时可以避免过度暴露的环境。此外，为了防止节点的物理损伤，传感器可以采用耐磨材料制成。

4.7.2 链路层攻击

链路层协议用于管理 WSN 中邻居节点间的连接，攻击可以中断、破坏或扰乱节点之间的通信。本节将给出一些针对 WSN 的链接层攻击。

（1）碰撞攻击。与此级别相关的攻击旨在干扰通信信道并复制或修改数据帧。碰撞攻击是利用干扰信号实施的。攻击者侦听无线传感器网络的发射频率，并在该频率上发射自己的信号，引起碰撞，从而使接收机无法接收或收到错误信息。单个字节的碰撞会在循环冗余码校验（Cyclic Redundancy Check，CRC）中产生错误并使接收到的消息失效。当接收者通过 CRC 读取错误消息时，就可以识别碰撞攻击。在链路层应对碰撞攻击可以采用干扰对抗或者纠错码的防御方法。需要说明的是，尽管采用纠错码的方法更为普遍，但是不能忽略通信开销和额外处理代价对 WSN 的影响（Fatema 和 Brad，2014）。

（2）**耗尽攻击**。与冲突相类似，这种攻击发起者利用传输错误发生后需要请求重传的机制，不断转发无法通过校验的错误信息从而耗尽了信道资源和能量资源。通常，攻击者会迫使传感器节点不断重新传输不必要的数据。为了防御耗尽攻击，可以采用降低 MAC 的准入控制率，也可以限制每个节点访问信道的时间间隔（Bartariya 和 Rastogi，2016）。

4.7.3 网络层攻击

网络攻击的目标是控制网络上的流量，如创建非最优路径、引入明显的延迟等，用以生成路由环路或阻塞网络。攻击者可以通过伪装或采用其他方式阻止信息从源节点到达目的节点。WSN 中主要的网络层攻击包括以下几种。

（1）**沉洞攻击**。攻击者的目标是尽可能地引诱一个区域中的流量通过一个恶意节点或已遭受入侵的节点，进而制造一个以恶意节点为中心的"接受洞"，一旦数据都经过该恶意节点，节点就可以对正常数据进行篡改，并能够引发很多其他类型的攻击。因此，无线传感器网络对沉洞攻击特别敏感。通常，沉洞攻击可以由笔记本计算机或个人数字助理（Personal Digital Assistant，PDA）利用非认证和功率无线电发射机发起。在探测沉洞攻击时，可以利用网络信息流来发现可疑的节点并细化感兴趣的区域。另一种策略是监视传感器节点，观察节点的 CPU 使用情况。将此参数与预定义的阈值进行比较从而识别恶意节点。针对日益复杂的 WSN 应用，有研究者提出了关于沉洞攻击的新机制与策略（Soni 等，2013）。

（2）**路由环路攻击**。在路由环路攻击中，攻击者试图在源节点和网络目标节点之间建立一个无限循环的路径。由于 WSN 定义每条信息都包含到达基站所需的跳数，因此这种类型的攻击很容易被发现。这种攻击往往需要共谋才能发起。路由环路攻击具有与沉洞攻击相同的特性，因此可以采用类似的防御对策。

（3）**选择性转发攻击**。恶意性节点可以概率性地转发或者丢弃特定消息，使数据包不能到达目的地，导致网络陷入混乱状态。当攻击者确定自身在数据流传输路径上的时候，该攻击通常是最有效的。该种攻击的一个简单做法是恶意节点拒绝转发经由它的任何数据包，类似一个黑洞，所谓的"黑洞攻击"就是选择性转发的一种简单形式。为此，可以采用多路径路由来抵御选择性转发攻击保护网络。此外，也可以采用看门狗（Baburajan 和 Prajapati，2014）监视和控制网络上相邻节点之间的通信，从而避免选择性转发攻击。

（4）**女巫攻击**。位于某个位置的单个恶意节点不断地声明其有多重身份（如多个位置等），使得他在其他节点面前具有多个不同的身份。女巫攻击能够明显地降低路由方案对于诸如分布式存储、分散和多路径路由、拓扑结构保持的容错能力。对于基于位置信息的路由算法很有威胁。已有研究采用对称密钥管理技术（Karlof 和 Wagner，2003）提出了针对女巫攻击的防御方案，即节点和基站之间提供唯一的共享密钥。女巫攻击可以与一组可信的认证机构进行对抗，为每个节点提供唯一的节点 Id（Saha 等，2010）。此安全方案设计方便，针对性强，但是安全措施仅采用对称密钥，整个网络易受到攻击。另外，把安全性作为主要设计目标，而忽略了能耗问题。

（5）**虫洞攻击**。虫洞由多个位于网络不同位置的攻击者共同发起。恶意节点通过声明低延迟链路骗取网络的部分消息并开凿隧道，以一种不同的方式来重传收到的消息，虫洞攻击可以引发其他类似于沉洞攻击等，也可能与选择性地转发或者女巫攻击结合起来。对于 WSN 路由协议来说，虫洞是非常危险的。使用同步时钟检测可以在一定程度上检测虫洞攻击（Patel 和 Aggarwal，2013），也可以采用四方握手机制识别虚假链接隧道从而识别虫洞攻击。

（6）**Hello 泛洪攻击**。攻击者使用能量足够大的信号来广播路由或其他信息，使得网络中的每一个节点都认为攻击者是其直接邻居，并试图将其报文转发给攻击节点。这将导致随后的网络陷入混乱之中。路由协议中的"HELLO"用于在网络上发现节点，因此，泛洪攻击包括转发大量这种特定消息，以淹没网络，从而避免交换其他类型的消息。这种攻击的解决方案是通过身份验证协议对邻居节点进行身份验证，并检查每个节点的通信是不是双向的（Sharma 和 Ghose，2010）。

（7）**确认欺骗攻击**。传感器网络路由算法依赖潜在的或者明确的链路层确认。在确认欺骗攻击中，恶意节点窃听发往邻居的分组，并将节点的真实状态隐藏到邻居节点中欺骗链路层，使得发送者相信一条差的链路是好的或一个已禁用或没有能力的节点是启用的。随后，在该链路上传输的报文将丢失，恶意节点也可以发起选择性转发攻击。身份验证、链路层加密和全局共享密钥技术（Singh 和 Verma，2011）可以用于防御无线传感器网络中的确认欺骗攻击。预防策略多依赖于使用替代路由来转发消息。

4.7.4 传输层攻击

传输层用于确保 WSN 服务的效率，如端到端连接的设置、业务流量的控制以及转发消息传递的可靠性等。传输层最常见的攻击是泛洪攻击和去同步攻击。

（1）**泛洪攻击**。泛洪攻击利用的是 TCP 的三次握手机制，攻击端利用伪造的 IP 地址向被攻击端发出请求，而被攻击端发出的响应报文将永远发送不到目的地，被攻击端在等待关闭这个连接的过程中就会消耗资源。如果有成千上万的这种连接，主机资源将被耗尽，从而达到攻击的目的。受害者将等待 ACK 报文响应，这样就不会向其他合法节点提供导致拒绝服务的连接。在 WSN 中可以通过限制/减少连接来减轻泛洪攻击的影响（Aura 等，2000）。

（2）去同步攻击。去同步攻击的发起者通过转发虚假的序列号或控制标志，用以取消网络传感器节点之间的同步，从而引起数据重传。在 WSN 中，可以通过在每个转发数据包中增加身份验证来减轻去同步攻击的影响（Zhao，2012）。

4.7.5 应用层攻击

应用层与网络应用功能密切相关，包含了大量的用户数据。该层主要依赖一些典型的网络协议，如超文本传输协议（Hyper Text Transfer Protocol，HTTP）、文件传输协议（File Transfer Protocol，FTP）等，考虑到传输协议自身的脆弱性，这些协议很容易成为应用层攻击的目标。通常，面向应用层的攻击方法是耗尽节点能量，浪费有限带宽。数据损坏和拒绝服务是应用层最常见的攻击类型。

（1）**数据损坏**。恶意代码，如病毒、间谍软件、蠕虫和特洛伊木马等，最有可能攻击一个应用层。恶意代码可能会破坏传感器收集的数据，在这种情况下，基站将接收到破坏后的数据，从而执行错误的操作。这种攻击还会降低服务效率甚至破坏服务，从而窃取机密信息。

（2）**拒绝服务**。拒绝服务（Denial of Service，DoS）是指故意攻击网络协议或直接通过野蛮手段耗尽被攻击对象的资源，目的是让目标传感器或网络无法提供正常的服务或资源访问，使目标系统服务系统停止响应甚至崩溃，而在此攻击中并不包括侵入目标服务器或目标网络设备。这些服务资源包括网络带宽、文件系统空间容量、开放的进程或者允许的连接等。这种攻击会导致资源的匮乏，无论所采用传感器或基站的处理速度多快、内存容量多大、网络带宽速度多快都无法避免这种攻击带来的后果（Mohd 等，2014）。

随着传感器网络应用的领域和部署的环境不同，攻击的种类可能同时存在不同的层次，甚至进行演变和升级，成为影响更为恶劣的攻击形态。但总体来讲，应用层防火墙、数据分组过滤器、日志记录、杀毒软件以及间谍检测软件等都可以成为检测和防御这些攻击的重要参考策略。

4.8 本章小结

在过去的十余年中，物联网技术在现代社会中扮演了越来越重要的角色。据权威报告（Bughin 等，2015）预测，到 2025 年，物联网技术的潜在经济影响将达到每年 2.7 万亿～6.2 万亿美元。一方面，物联网的使用和广泛普及确实带来了好处，全面提升服务质量，从而极大地提高了人类生活质量；另一方面，开放共享与互联互通为隐私保护和信息安全提出了挑战，引起了多方关注。本章针对物联网体系结构、关键要素、主要应用领域和支撑技术进行了深入的分析。在所涉及的技术中，将注意力集中在无线传感器网络技术方面，并详细分析了其特性、设备约束和局限性。最后，对 WSN 的攻击以及可能采取的应对措施进行讨论。相信在不久的将来，物联网和可穿戴技术将开始在全球范围内产生全面而重大的影响，并将引领一场人类日常生活的重要变革。物联网应用和技术的进步将改变当前人们对世界的认知，从而向"智慧世界"大踏步前进。

致　谢

本章的研究部分受到意大利那不勒斯大学与戴尔先进通信技术研究中心联合项目"帕耳忒诺珀 Parthenope"的支持与资助。

本章缩略语表

6LoWPAN：IPv6 over Low Power Wireless Personal Area Networks，基于 IPv6 的低功率无线个人区域网络

ACK：Acknowledgment，确认

ARM：Advanced RISC Machine，先进的 RISC 机器

BLE：Bluetooth Low Energy，低能量蓝牙

CPU：Central Processing Unit，中央处理单元

CRC：Cyclic Redundancy Check，循环冗余码校验

CSMA/CD：Carrier Sense Multiple Access with Collision Detection，带有冲突检测的载波感知多址接入

DoS：Denial of Service，拒绝服务

DSL：Digital Subscriber Line，数字用户线

EPC：Electronic Product Codes，电子产品代码

EU：European Union，欧盟

FDM：Frequency-Division Multiplexing，频分多路复用

FTP：File Transfer Protocol，文件传输协议

GSM：Global System for Mobile Communications，全球移动通信系统

HTTP：Hyper Text Transfer Protocol，超文本传输协议

ICT：Information and Communication Technologies，信息与通信技术

IoMT：Internet of Medical Things，医疗物联网

IoT：Internet of Things，物联网

IoTSF：Internet of Things Security Foundation，物联网安全基金会

ITS：Intelligent Transport System，智能交通系统

ITU-T：International Telecommunication Union-Telecommunication Standardization Bureau，国际电信联盟-电信标准化局

LoRaWAN：Long Range Wide Area Network，远程广域网

M2M：Machine-to-Machine，机器对机器

MAC：Media Access Control，媒体访问控制

MIT：Massachusetts Institute of Technology，麻省理工学院

MQTT：Message Queuing Telemetry Transport，消息队列遥测传输

NFC：Near Field Communication，近场通信

PDA：Personal Digital Assistant，个人数字助理

PDSL：Power-line Digital Subscriber Line，电力线数字用户线

PLN：Power Line Networking，电力线网络

QoS：Quality of Service，服务质量

RAM：Random-Access Memory，随机存取存储器

RFID：Radio Frequency Identify，无线射频识别

RTOS：Real Time Operating Systems，实时操作系统

SMTP：Simple Message Transfer Protocol，简单邮件传输协议

SOA：Service Oriented Architecture，面向服务的体系结构

TCP：Transmission Control Protocol，传输控制协议

UMTS：Universal Mobile Telecommunications System，通用移动通信系统

UPC：Universal Product Codes，通用产品代码

URI：Uniform Resource Locator，统一资源标识符

UUID：Universally Unique Identifiers，通用唯一标识符

V2I：Vehicle-to-Infrastructure，车辆到基础设施

V2V：Vehicle to Vehicle，车辆到车辆

WPAN：Wireless Personal Area Network，无线个域网

WSN：Wireless Sensor Network，无线传感器网络

ZC：ZigBee Coordinator，无线个域网协调器

ZED：ZigBee End Device，无线个域网终端设备

ZR：ZigBee Router，无线个域网路由器

本章术语表

大数据：在实时约束条件下，用于支持具有异构特征的泛在数据的采集、存储、管理、分析和可视化的范例。

关键基础设施：对国家安全、治理、公共卫生与安全、经济和公信力都至关重要的系统和资产，无论是物理实体还是虚拟架构的。关键基础设施主要包括电力和天然气生产、供水、金融服务、公共卫生和交通设施。

拒绝服务：网络攻击的一种，攻击者通过使设备或网络资源对其用户不可用。这种攻击向目标机器发送大量的请求信息，用以达到目标资源饱和的目的。

物联网：包含嵌入式技术的物理对象网络，用于与内部状态或外部环境进行通信、感知和交互。

互操作性：互操作性指的是系统与其他系统，或与其他系统的部分组件，进行交互的能力，在此过程中当前系统无须付出特别大的代价。

近场通信：近场通信是一组通信协议，使相距不超过 4cm 的两台设备，通常是智能手机，实现双向通信。

射频识别：射频识别是一种利用电磁场识别和跟踪附着在物体、动物或人身上的射频标签的技术。

安全性：用于衡量目标对环境，特别是对人类生活，不会造成灾难性影响的程度。

可扩展性：在计算机科学中，可扩展性是能够重新平衡和/或重新分配可用资源以满足工作负载增加的系统的特性。

保密性：保密性是指没有对系统状态进行未经授权的访问或处理。

智能城市：在城市中，传统的网络和服务通过使用数字和电信技术达到更高的效率。智慧城市的目标是为市民提供更好的公共服务、更好的资源利用，并减少对环境的影响。

智能家居：智能家居采用了先进的自动化系统，为居民提供全面、复杂的监测和控制建筑的功能。

无线传感器网络：自组织传感器节点以随机或确定的方式部署在指定空间所构成的无线网络，用于监测和记录物理/环境条件，并收集感兴趣区域内的目标数据。

Z-Wave：该无线标准主要面向家庭自动化，允许创建低功耗无线网状网络，具有低通信延迟，吞吐量可达 100kb/s。

ZigBee：基于 IEEE802.15.4 低功耗区域网络规范的无线技术。它通常与机器对机器通信和物联网联系在一起，在未经许可的无线电频段中工作，包括 2.4GHz、900MHz 和 868MHz。

参 考 文 献

Abramowitz, M., Stegun, I.A., 2015. Cyber-Physical Attacks, A Growing Invisible Threat, first ed. Butter-worth-Heinemann, London.

Adamy, D., 2004. EW 102: A Second Course in Electronic Warfare. Artech House, Norwood, MA.

Akyildiz, I., Su, W., Sankarasubramaniam, Y., Cayirci, E., 2002. Wireless sensor networks: a survey. Comput. Netw. 38 (4), 393–422.

Alliance, Z., 2014. ZigBee Specifications. http://www.zigbee.org/download/standards-zigbee-specification/. (Online; Accessed 05 October 2016).

Alliance, Z.W., 2016. About Z-Wave. http://z-wavealliance.org/about_z-wave_technology. (Online; Accessed 05 October 2016).

Alphonsa, A., Ravi, G., 2016. Earthquake early warning system by IoT using wireless sensor networks. In: International Conference on Wireless Communications, Signal Processing and Networking (WiSPNET). IEEE, New York, pp. 1201–1205.

Anithaa, S., Arunaa, S., Dheepthika, M., Kalaivani, S., Nagammai, M., Aasha, M., Sivakumari, S., 2016. The Internet of Things—a survey. World Sci. News 41, 150.

Atzori, L., Iera, A., Morabito, G., 2010. The Internet of Things: a survey. Comput. Netw. 54 (15), 2787–2805.

Aura, T., Nikander, P., Leiwo, J., 2000. Dos-resistant authentication with client puzzles. In: International Workshop on Security Protocols. Springer-Verlag, Berlin, Heidelberg, pp. 170–177.

Baburajan, J., Prajapati, J., 2014. A review paper on watchdog mechanism in wireless sensor network to eliminate false malicious node detection. Int. J. Res. Eng. Technol. 3 (1), 381–384.

Bartariya, S., Rastogi, A., 2016. Security in wireless sensor networks: attacks and solutions, International Journal of Advanced Research in Computer and Communication Engineering 5 (3).

Bluetooth-SIG, 2016a. Bluetooth Low Energy. https://www.bluetooth.com/what-is-bluetooth-technology/bluetooth-technology-basics/low-energy. (Online; Accessed 05 October 2016).

Bluetooth-SIG, 2016b. What is Bluetooth Technology. https://www.bluetooth.com/what-is-bluetooth-technology/bluetooth. (Online; Accessed 05 October 2016),

Bughin, J., Chui, M., Manyika, J., 2015. An executive's guide to the Internet of Things. McKinsey Quarterly, McKinsey&Company.

Chaqfeh, M.A., Mohamed, N., 2012. Challenges in middleware solutions for the Internet of Things. In: 2012 International Conference on Collaboration Technologies and Systems (CTS). IEEE, New York, pp. 21–26.

De Silva, L.C., Morikawa, C., Petra, I.M., 2012. State of the art of smart homes. Eng. Appl. Artif. Intel. 25 (7), 1313–1321.

EPC, 2010. Directive 2010/40/EU of the European Parliament and of the Council of 7 July 2010.

Fatema, N., Brad, R., 2014. Attacks and Counterattacks on Wireless Sensor Networks. arXiv preprint arXiv:1401.4443

Gigli, M., Koo, S., 2011. Internet of Things: services and applications categorization. Adv. Internet Things 1 (02), 27.

Google, 2016. Google Self-Driving Car Project.

Hill, J., Szewczyk, R., Woo, A., Hollar, S., Culler, D.E., Pister, K.S.J., 2000. System architecture directions for networked sensors. In: Architectural Support for Programming Languages and Operating Systems, pp. 93–104. citeseer.ist.psu.edu/382595.html.

HomePNA, 2013. Home Phoneline Networking Alliance. http://www.homepna.org/. (Online; Accessed 05 October 2016).

IEEE, 2013. IEEE 802.3 'Standard for Ethernet' Marks 30 Years of Innovation and Global Market Growth. http://standards.ieee.org/news/2013/802.3_30anniv.html. (Online; Accessed 05 October 2016).

IEEE, 2016. 802.11. http://www.ieee802.org/11/. (Online; Accessed 05 October 2016).

IETF, 2007. 6LoPAN. https://datatracker.ietf.org/wg/6lowpan/documents/. (Online; Accessed 05 October 2016).

Insider, B., 2015. We Asked Executives About the Internet of Things and Their Answers Reveal That Security Remains a Huge Concern. http://uk.businessinsider.com/internet-of-things-survey-and-statistics-2015-1.

(Online; Accessed 05 October 2016).

IOTS, 2015a. Establishing Principles for Internet of Things Security. https://iotsecurityfoundation.org/establishing-principles-for-internet-of-things-security/. (Online; Accessed 05 October 2016).

IOTS, 2015b. IoT Security Foundation. ttps://iotsecurityfoundation.org/. (Online; Accessed 05 October 2016).

ITU-T, 2012. Recommendation y.2060: Overview of the Internet of Things.

Karlof, C., Wagner, D., 2003. Secure routing in wireless sensor networks: attacks and countermeasures. Ad Hoc Netw. 1 (2), 293–315.

Khan, R., Khan, S.U., Zaheer, R., Khan, S., 2012. Future internet: the Internet of Things architecture, possible applications and key challenges. In: 2012 10th International Conference on Frontiers of Information Technology (FIT). IEEE, New York, pp. 257–260.

Kitagami, S., Thanh, V.T., Bac, D.H., Urano, Y., Miyanishi, Y., Shiratori, N., 2016. Proposal of a distributed cooperative IoT system for flood disaster prevention and its field trial evaluation. Int. J. Internet Things 5 (1), 9–16.

LWN, 2016. Z-Wave Protocol Specification Now Public. https://lwn.net/Articles/699241. (Online; Accessed 05 October 2016).

Madakam, S., Ramaswamy, R., Tripathi, S., 2015. Internet of Things (IoT): a literature review. J. Comput. Commun. 3 (05), 164.

Miorandi, D., Sicari, S., De Pellegrini, F., Chlamtac, I., 2012. Internet of Things: vision, applications and research challenges. Ad Hoc Netw. 10 (7), 1497–1516.

Mohammadi, S., Jadidoleslamy, H., 2011. A comparison of physical attacks on wireless sensor networks. Int. J. Peer Peer Netw. 2 (2), 24–42.

Mohd, N., Annapurna, S., Bhadauria, H., 2014. Taxonomy on security attacks on self configurable networks. World Appl. Sci. J. 31 (3), 390–398.

Mpitziopoulos, A., Gavalas, D., Konstantopoulos, C., Pantziou, G., 2009. A survey on jamming attacks and countermeasures in WSNS. IEEE Commun. Surv. Tut. 11 (4), 42–56.

Patel, M.M., Aggarwal, A., 2013. Security attacks in wireless sensor networks: a survey. In: 2013 International Conference on Intelligent Systems and Signal Processing (ISSP). IEEE, New York, pp. 329–333.

Pottie, G.J., Kaiser, W.J., 2000. Wireless integrated network sensors. Commun. ACM. 43 (5), 51–58.

Prakash, R., Girish, S.V., Ganesh, A.B., 2016. Real-time remote monitoring of human vital signs using Internet of Things (IoT) and GSM connectivity. In: Proceedings of the International Conference on Soft Computing Systems. Springer, New Delhi, pp. 47–56.

Saha, H.N., Bhattacharyya, D., Banerjee, P., 2010. Semi-centralized multi-authenticated RSSI based solution to Sybil attack. Int. J. Comput. Sci. Emerg. Technol. I (4), 338–341.

Semiconductor, C., 2011. What is Power Line Communication? http://www.eetimes.com/document.asp?doc_id=1279014&. (Online; Accessed 05 October 2016).

Sharma, K., Ghose, M., 2010. Wireless sensor networks: an overview on its security threats. . In: IJCA, Special Issue on "Mobile Ad-hoc Networks" MANETs, pp. 42–45.

Singh, S., Verma, H.K., 2011. Security for wireless sensor network. Int. J. Comput. Sci. Eng. 3 (6), 2393–2399.

Soni, V., Modi, P., Chaudhri, V., 2013. Detecting sinkhole attack in wireless sensor network. Int. J. Appl. Innov. Eng. Manag. 2 (2), 29–32.

Steinberg, N., 2014. These Devices may be Spying on You (Even in Your Own Home). http://www.forbes.com/sites/josephsteinberg/2014/01/27/these-devices-may-be-spying-on-you-even-in-your-own-home. (Online; Accessed 05 October 2016).

The National Intelligence Council, 2008. Disruptive Civil Technologies: Six Technologies with Potential Impacts on US Interests out to 2025. https://fas.org/irp/nic/disruptive.pdf. (Online; Accessed 05 October 2016).

Thread-group, 2016. What is Thread. https://www.threadgroup.org/what-Is-thread. (Online; Accessed 05 October 2016).

Uke, S., Mahajan, A., Thool, R., 2013. UML modeling of physical and data link layer security attacks in WSN. Int. J. Comput. Appl. 70 (11).

Vadlamani, S., Eksioglu, B., Medal, H., Nandi, A., 2016. Jamming attacks on wireless networks: a taxonomic survey. Int. J. Prod. Econ. 172, 76–94.

Wang, J., Zhang, Z., Li, B., Lee, S., Sherratt, R.S., 2014. An enhanced fall detection system for elderly person monitoring using consumer home networks. IEEE Trans. Consum. Electron. 60 (1), 23–29.

Wikipedia, 2016. List of Wireless Sensor Nodes. https://en.wikipedia.org/wiki/List_of_wireless_sensor_nodes. (Online; Accessed 05 October 2016).

Wu, M., Lu, T.J., Ling, F.Y., Sun, J., Du, H.Y., 2010. Research on the architecture of Internet of Things. In: 2010 3rd International Conference on Advanced Computer Theory and Engineering (ICACTE), vol. 5, p. V5-484.

Xiaojiang, X., Jianli, W., Mingdong, L., 2010. Services and key technologies of the internet of things. ZTE Commun. 2, 011.

Youn, S., 2013. A comparison of clock synchronization in wireless sensor networks. Int. J. Distrib. Sens. Netw. 9. http://dblp.uni-trier.de/db/journals/ijdsn/ijdsn2013.html#Youn13.

Zhao, X., 2012. The security problem in wireless sensor networks. In: 2012 IEEE 2nd International Conference on Cloud Computing and Intelligence Systems, vol. 3. IEEE, New York, pp. 1079–1082.

第 5 章 传感器网络智能接入控制模型

5.1 引 言

目前，许多研究开展的源动力都在于如何将我们的社会和城市建设得更好，通过让信息和通信技术（Information and Communication Technology，ICT）从各个方面地融入人类的日常活动中，从而提高居民的生活质量并优化城市的管理过程。有研究者（Nam 和 Pardo，2011）提出了信息密集型的智慧城市的演进脉络与发展思路，并特意指出信息密集型是因为，只有采集到足够的数据并对这些数据进行适当的处理，才有可能做出正确的决策。因此，智慧城市所涉及的主要技术是由部署在所监测区域、对象或城市中的传感器网络所支持，用以测量能够决定某项技术正确有效执行的关键参数，如空气污染、垃圾收集或道路交通管理等。为了实现这个目标，有文献（Al-Fuqaha 等，2015）指出，在物联网的研究和发展领域中，智慧城市占据了极其重要的位置。然而，智慧城市的发展并不需要部署新设计的传感器网络来支持发展中所涉及的应用，而是完全可以通过扩展已部署传感器网络的新功能、增加传感器网络更多的功能终端，或者同时兼顾二者的方式来实现，用以增强功能空间的扩展。因此，当前所面临的问题是如何能够无缝地集成多个传感器网络。

为了能够将这些引人注目的技术创新更好地应用到日常生活中，需要提前考虑安全和隐私的问题（Martinez-Balleste 等，2013）。事实上，用于实现智慧城市或物联网的传感器网络可能采集公民的敏感或私密数据，如人们的行为和习惯；在采集过程中也有可能收集对恶意攻击者有价值的数据信息，以便其更加快速有针对性地篡改网络或实施恐怖袭击。访问控制在保护信息系统不被误用这方面起到了至关重要的作用；因此，需要制定有效的访问控制机制，以确保只有授权用户才能访问感知数据。然而，当多个现有网络系统融合时，每个网络系统都由指定的组织进行管理，并且具有既定的访问控制模型，这些访问控制模型可能相同，多数条件却是不同的，那么，强制变更而实施某个访问控制策略恐怕难以实现。但是，融合和集成现有模型并保证各个模型之间可以进行互操作对于整体应用而言却不可避免。在实际应用中，给定的传感器网络很可能会同时被多个组织使用，以便为相关应用提供合理正确的感知数据。此外，一个应用也有可能同时需要由不同组织部署在城市不同部分的多个传感器网络数据。因此，有必要在异构企业之间以可互操作方式设计访问控制策略。

本章将通过在基本传感器网络体系结构的基础上配置创新性技术进行研究，用以解决在实际应用领域中遇到的关键问题，在研究中将引入灵活的基于本体的访问控制方法，用以为不同本体实现自适应配置，并在应用的访问控制模型中引入公民意见（Citizen Consent，CC）参数（Esposito 等，2016），这种方法是目前在灵活访问控制研究领域中比较具有代表性的创新，主要适用于传感器网络的研究与应用。

本章其余部分的结构安排如下：5.2 节将介绍在传感器网络环境中的访问控制模型及相关理论基础；5.3 节将重点介绍目前相关研究领域中存在的问题；5.4 节将给出所提出的自适应访问控制模型，以及匹配不同本体的语义方法；接下来将在5.5 节给出所提出方法的原型，用以证明所提出的方法在面向服务的传感器网络中的可用性；在 5.6 节将对本章的研究进行总结，在给出所得研究结论的同时讨论未来相关领域的研究思路和研究计划。

5.2　研究背景与相关工作

如 5.1 节所述，传感器网络可以应用于多种关键而重要的场景中，因此，往往要求传感器网络中所有的组成部分都具有高度的安全性。安全的传感器网络能够保持数据的私密性和机密性，保护其资源和信息不被恶意性占用和篡改，并同时保护自己免受攻击者的攻击。安全性是一个复杂而抽象的概念，由多种不同相互影响关联的属性组合而成。在这些属性中，我们可以发现，从实现角度而言要求较高的是"真实"和"授权"。其中，"真实"属性是指需要对请求某些服务和/或访问某些资源（如存储在网络的某些节点上的数据）的用户身份进行验证。传感器网络需要通过身份验证，用以避免未经授权的用户调用由传感器网络提供的功能和/或访问由传感器或网络中的其他节点承载的数据。"授权"属性是根据验证要素，如待授权方在给定组织中的角色或适当的形式化安全策略，授予给定身份验证的用户访问特定数据甚至使用特定功能的权限。

传感器网络主要采用"身份验证"和"访问控制"这两种技术来获得网络属性。用户"身份验证"是指通过用户提供的相关信息来确认该用户身份是否与其自身所描述的身份相一致的过程。在给定环境中，实体的身份表示信息是由唯一的标识符和/或与用户相关的一组属性组成的（Torres 等，2013）。身份需要通过适当的服务来管理，以便能返回格式正确的身份声明，在认证开始创建到撤销的这一段时间内得到有效管理，保护身份免受有恶意窃取或相应的攻击，以及验证身份声明的真实性。因此，ICT 基础设施通常配备专门的子系统来实现身份的管理，这些子系统通常被定义为身份管理器（Identity Manager，IdM）。身份管理与 "访问控制"

密切相关，因此在一些学术论文和应用实践中，二者可以互换使用。访问控制规范了给定实体可以授权访问传感器网络中的指定资源，以便实现差异化授权。近年来，有研究者提出了几种不同的访问控制模型，并且其中多数已经在传感器网络的背景下得到了实际应用（Maw 等，2014）。

图 5-1 给出了访问控制模型的大致分类，这些类别主要是根据可能受到的攻击来源进行划分的，其中的这些攻击可能危及整个传感器网络并需要访问控制模型采取相应的处理。在传感器网络中，比较典型的攻击可能是攻击者利用网络漏洞发起的。例如，拒绝服务攻击旨在使某个节点过载从而影响其可用性（Wood 和 Stankovic，2002）。这类攻击被称为外部攻击，以便将它们与另一类攻击区分开来，即通过恶意控制网内节点（Zhang 等，2008）或伪装成网内节点（Wang 和 Bhargava，2004）执行不符合正确标准运行规范的行为，或者通过窃听网内节点之间通信信道窃取关键数据或注入虚假数据的行为（Dai 等，2013）。从发起攻击的位置和攻击者的角度不同来看，这类攻击可以称为内部攻击（Ahmed 等，2012）。

处理这两类攻击的解决方案存在一定的相互补充性：针对外部攻击的解决

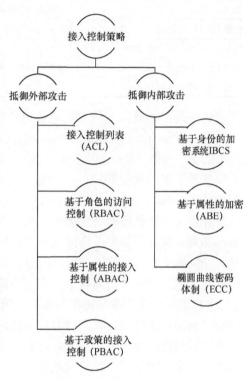

图 5-1　访问控制方案的分类

方案旨在通过验证请求实体的安全声明来实现访问控制，从而避免为外部攻击节点提供访问系统或接触数据的机会；而针对内部攻击的解决方案相对比较复杂，因为发现攻击的节点已经获得了侦听信道或访问系统（至少是部分系统）的权限，因此，一般要采用基于加密原语的方法应对。这两类解决方案的对比如表 5-1 所列，在对比中主要采用了比较典型的访问控制列表（Access Control Lists，ACL）、基于角色的访问控制（Role-Based Access Control，RBAC）、基于属性的访问控制（Attribute-Based Access Control，ABAC）、基于策略的访问控制（Policy-Based Access Control，PBAC）、基于身份的密码体制（Identity-Based Crypto Systems，IBCS）、基于属性的加密（Attribute-Based Encryption，ABE），以及椭圆曲线密码体制（Elliptic Curve Cryptography，ECC），通过对比可以看出每种解决方案的优势和不足。

表 5-1 主要访问控制方案的对比

方 案	优 势	不 足
访问控制列表 ACL	实现简单	可扩展性和表达性受限
基于角色的访问控制 RBAC	可以将权利分类	粗粒度方案
基于属性的访问控制 ABAC	采用细粒度机制	异质性问题，组织的复杂性
基于策略的访问控制 PBAC	标准访问规则	模型复杂
基于身份的密码体制 IBCS	类似于 ACL	受密钥托管问题影响
基于属性的加密 ABE	细粒度机制，类似 ABAC	传感器太复杂
椭圆曲线密码体制 ECC	传感器的高效性	实施模型复杂

访问控制中最基本的方法是访问控制列表 ACL，最早由美国国家计算机安全中心提出（National Computer Security Center，1987），有时在文献中也被称为基于身份的访问控制（Identity- Based Access Control，IBAC），主要由附加到受保护的系统资源的权限列表组成。在传感器网络中，网络中的每个对象或数据都与 ACL 相关（Benenson 等，2005），ACL 指明哪些实体能够对相应的对象或数据进行访问，并给出能够执行的响应操作。当某个实体想要访问特定的对象（系统或数据）时，必须先将其标识发送给有意接收其标识的对象的节点或者网络的控制端，如基站。控制端接收到相关请求后，需要访问和查询被请求对象的 ACL，如果 ACL 表明满足请求，则授权访问对象并执行所请求的操作，否则直接拒绝。由此可见，基于 ACL 的访问控制非常简单易实现，但是，ACL 存在一定的问题，特别是涉及需要管理的用户量较大、权限种类较多的时候。有研究者针对这种情况下 ACL 的复杂性与低效性，提出了一种较好的解决方案，即通过个体在组织中控制资源时所扮演的角色来决定是否有权对系统进行访问，这种解决方案被称为基于角色的访问控制 RBAC（Ferraiolo 等，2007）。与 ACL 的以资源为中心的处理方法不同，RBAC 利用的是将共享相同权限的个体分组到履行特定角色的同一类别的个体集合的方法，以访问申请个体为中心进行访问控制与管理。RBAC 已广泛应用于多种传感器网络中（Panja 等，2008），这是因为在规模较大且功能更为丰富的传感器网络中，RBAC 相比在每个节点处都需要定义所有可能向传感器网络请求资源实体的 ACL 方法显然更加有效。在这些访问控制模型中，网络需要根据实际功能和部署预先定义一系列的角色分组，当实体请求访问资源时，必须声明其所属与资源相关的角色分组。如果声明的角色得到了验证，并且请求的操作与此角色相关联，那么该请求将获得批准，否则将拒绝该实体访问资源。RBAC 模型比 ACL 更具可扩展性，这是因为 RBAC 不必新增或变化的实体重新建立 ACL 访问列表并重复对资源访问权限进行分配，而只需要给出与角色分组相关的权限即可，在必要时也可以将实体与一个或多个角色分组相关联从而使实体获得更高的访问权限。尽管如此，RBAC 仍然存在一些不足，如粗粒度访问特征和无法实现跨域访问等。针对粗粒度特征，有

研究者提出了比 RBAC 精细度更高的访问控制方法（Priebe 等，2004），即基于属性的访问控制 ABAC 模型。在这种模型中，基于请求者所具有的属性、所处的环境和/或资源本身来决定实体对某些资源访问的授权程度。使用 ABAC 的好处是不需要关于请求实体的先验知识。例如，请求何种资源的访问权限，而这恰恰是 ACL 中列表生成的必要基础，只要提供的属性参数与请求者的属性参数匹配，那么 ABAC 就允许实体进行访问。

当然，ABAC 也存在自身的问题。例如，在大规模网络环境中组织单元之间存在不同的属性参数和访问控制机制时，参数匹配便不易实现。然而，由于其在管理属性、执行访问控制和交换声明属性方面的复杂度较高，因此，在传感器网络的环境中的实际应用比较有限。为了在整个运行机构或系统中以协调和轻量级的方式访问控制，实现比 ABAC 更具一致性的访问控制模型，Zhi 等（2009）提出了基于策略的访问控制 PBAC，在基于属性的 ABAC 基础上进行标准化，并通过精确的可扩展访问控制标记语言（eXtensible Access Control Markup Language，XACML）和标准策略定义访问规则（Moses，2005），从而允许机构或组织的不同部门甚至不同的实体联合进行策略协商（Biestalli 等，2010）。近年来，PBAC 逐渐开始应用于多种传感器网络实例中，旨在通过支持动态加载，在不关闭节点的情况下使用自适应的启用和禁用策略来实现灵活的自适应访问控制（Zhu 等，2009；Manifavas，2014）。

第二类访问控制方法基于特定加密算法，并且采用适当的加密原语。加密是利用适当的数学编码算法，将消息或数据对象的内容进行转换的过程。加密后的数据呈现出"不可理解"的形态，如果不采用相应的数学解码算法进行恢复就无法得到原始数据。编码过程是通过使用一种特定的算法，并提供加密密钥作为输入来实现的，这里的密钥表示如何通过执行一系列变换和替换来实现编码数据的生成。所采用的编码算法必须足够严谨和强大，目的是避免攻击者通过发现算法和编码数据而确定所使用的加密密钥。在有效的接收端，需要执行另外一种算法来获得原始数据信息，这种算法本质上是编码运算的反过程，用解密密钥（这是解密的关键，因此是保密的）作为输入，执行相反的操作。加密通常在通信系统中用于保证隐私性和机密性，但最近的研究表明，加密也可以用于实现访问控制，其基本思想是仅允许被授权的实体获得加密数据信息所对应的解密能力，如赋予授权用户解密密钥或特权参数等，这相当于传统访问控制机制中的授权过程。在基于加密思想的访问控制研究中，比较具有代表性的是基于身份的加密系统 IBCS（Shamir，1985）。IBCS 所采用的密钥不是典型的经典加密方案中所采用的随机序列，而是与执行编码或双解码操作的密钥相关的字符串，这种字符串可以简单地通过双线性计算用户身份标识来获得（Zhang 等，2004），从而使数据源可以使用所构建的函数获得加密密钥用以对具有特定标识的数据进行编码。这种解决方案是通过加密来实现 ACL 的。Barreto 等（2002）据此提出了基于配对加密（Pairing-Based Cryptography，PBC）

的方法，并进行了有效的实际应用，其中唯一标识用户的任何有效字符串都可以是非对称加密密钥意义上的公钥。密钥管理器用于将私有密钥分配给数据源和使用者，这两个数据源和使用者是彼此分开的。用户的私钥是根据其已知的公共身份计算的，机密信息是从密钥管理器获取的，而获取用户的公钥却并不一定需要使用密钥管理器。由于管理器参与私钥的生成过程，基于身份的加密系统受到密钥托管问题的影响。例如，需要全网所有用户全面信任密钥管理器，并且存在向对手公开密钥的可能性。这个问题使得这类系统的安全性有所降低，从而推动了一系列关于如何解决安全性的问题的相关研究工作的开展。由于存在安全性问题和可扩展性的限制，PCB 尚未在传感器网络中实现具有实践意义的应用。如果用户身份不仅由给定的字符串来表示，而且还具有不同的属性，就可以通过扩展基于身份的密码来实现，具体方法是只有当用户密钥至少存在 k 个属性与密文的属性相匹配时，采用可能解密密文信息，这种方法称为基于属性的加密 ABE（Goal 等，2006），该方法为实现对加密数据的访问控制提供了语义丰富的工具。目前，针对 ABE 的研究成果比较多，根据具体实施的方法不同主要可以分成两种：第一种是采用属性标注加密数据并建立用户密钥与访问策略相关性（Goyal 等，2006）的"密钥-策略 ABE"（Key-Policy ABE，KP-ABE）；第二种是"密文-策略 ABE"（Cipher-text-Policy ABE，CP-ABE），CP-ABE 通过建立用户密钥与属性的相关性并采用访问策略对加密数据进行注释而实现（Bethencourt 等，2007）。KP-ABE 主要存在的问题是数据所有者无法决定谁可以对其数据进行解密，而 CP-ABE 则不存在这样的问题。因此，现有的 ABE 解决方案普遍都是基于 CP-ABE 的。尽管如此，需要注意的是，CP-ABE 类的方法通常在访问策略的形式化方面不具有足够的表现力，而且计算成本普遍较高。Bethencourt 等提出的 CP-ABE 方案就可以看作一个实例，它仅能支持具有逻辑连接的策略，并且所呈现出的密文和密钥的大小将随属性数量而呈现线性增加态势。ABE 是一种高效、简单的 ABAC 实现方法，在传感器网络以及衍生网络中得到了广泛的应用（Tan 等，2011）。最后一种密码访问控制方法是基于椭圆曲线加密 ECC 的（Koblitz 等，2000），这是一种基于有限域上椭圆曲线代数结构的加密方案。ECC 最早只是代数领域有研究内容，慢慢受到相关开发人员的注意并逐渐开始在传感器网络中进行应用（Chatterjee 和 Das，2015；Wang，2006）。考虑到 ECC 相对于其他传统方法减少了所需的计算强度，从而能够更适用于计算能力和能量存储均受限的传感器网络。ECC 作为近年来新出现的加密方法，其相关标准尚未完善，在专利和标准化方面仍存在一些问题有待解决。此外，ECC 在实现安全保证过程的复杂性也不可忽视，尤其是在涉及标准曲线的计算方面（Bos 等，2014）。

本章的后续研究立足于传感器网络的实际应用，将侧重于第一种访问控制方法，而不对基于加密模型和原语的方法进行详细的论述。所给出的研究成果是对已有研究工作的补充，并为后续使用加密方法抵御内部攻击提供技术支持。

5.3 问题描述

传统上，ICT 的基础结构多采用单一且精确的访问控制模型，这类模型已由组织或企业商定和指定。传感器网络也不例外，事实上，这种情况对于由给定组织实现和部署的传统传感器网络可能是有效的途径，从而能够使传感器网络执行某些非常特定和具体的应用。然而，随着现在传感器网络，不论是技术方面还是应用方面，都与传统的传感器网络具有较大的差别，因此，这类传统访问控制模型可能不适合现在和将来的应用，图 5-2 给出了传感器网络由多个组织共同使用以支持和作为不同应用程序的一部分，或者几个传统传感器网络通过将数据从一个网络传送到其他网络代理节点进行联合和集成，以便应对创新的应用的出现。例如，智慧城市概念的提出其实就是未来传感器网络的应用实例（Jin 等，2014），传感器网络将在收集污染态势、公民习惯、交通状态等多种信息方面可发挥至关重要的作用。

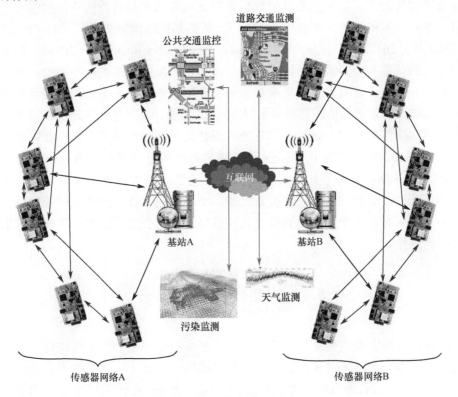

图 5-2 智慧城市中传感器网络的应用

智慧城市不能凭空而建，更合理更现实的方法是将已有的传感器网络集成起来，在需要时部署新的传感器网络，并与现有的无线传感器网络无缝地联合。从这种角度来看，传感器感知到的数据要满足多种多样的应用需求，包括垃圾管理、环境监控、汽车道路维护、交通优化以及城市升级改造等。在这种完全不同于传统的应用背景下，安全与访问控制往往需要从隐私等方面进行考虑（Martinez-Balleste 等，2013），从技术和设备方面共同入手，降低各种攻击的成功概率。从这个角度来看，安全性和访问控制就显得尤为重要。但是，目前还无法在整个集成后的传感器网络中使用唯一特定的访问模型。这是由于传感器网络中没有中央管理单元的结构，分布式的组网特征决定了管理功能分散在负责部分网络的"权威系统"之中，其中每个"权威系统"都具有特定的访问控制模型。在由多个子网构成的典型城域传感器网络中，可能存在大量传统网络的保留部分，这些部分以实现某种形式的 RBAC 为最终功能，与"智慧城市"概念和公共城市基础构造相关的大多数原型设计已经就基本的基于角色的访问控制规则达成了共识（Steuer 等，2016；Kawada 等，2013；Chifor 等，2016）。然而，在"智慧城市"原型和支持技术的背景下，目前的相关研究仍没有在最合适和最有效的访问模型上产生共鸣，因此，本章的研究中也利用了一些已经得到应用检验的模型，如 PBAC 模型（Kos 等，2012；Apolinarski 等，2014；Preuveneers 和 Joosen，2016）。在多个传感器网络共存并需要集成的情况下，采用与已有系统模型完全不同的访问模型不论是从合理性还是有效性角度来看，并不是明智的选择，比如原有网络中采用 PBAC 模型，而新加入的网络却要采用 RBAC 模型。不一致化的选择需要重新考虑每个网络功能单元和"权威机构"的内部访问控制规则是否存在相互影响和相互制约。事实上恰恰相反，实际应用迫切需要一种更具灵活性授权解决方案出现，该方案最好能够兼容任何给定访问控制模型。此外，在大规模的生态系统中，如在支持"智慧城市"的生态系统中，不可能只存在单一的访问控制模型，因此，必须同时在多个访问控制模型共存条件下实现安全性能的最优才是符合实际的研究目标。

5.4　智能接入控制方法

　　在传感器网络的"孤岛"生态系统中，多个访问控制模型必须共存。构成整个"智慧城市"不能通过单一标准的模型来实现。实际上，最好的方式是让这些"孤岛"能够根据其各自的安全策略进行协调，使得特定组织可以允许或拒绝远程访问用户所请求的资源访问，而对其自身的访问控制方案和策略的更改最小化。通过解决用于表示异构组织的访问控制策略的术语在语义上的差异，可以实现访问控制模型的互操作性。由于所设想的大规模集成传感器网络所包含的公共和组织具有规模性较大且复杂性较高，由一个或多个专家人工解决上述问题是不可行的，因此在这里自动化的智能工具就成为不可或缺的一部分。为此，需要对每个访问控制模型进行形式化描述，从而使计算机程序可以处理不同模型之间的差异并进行自动智能匹配。在计算机科学中，精确描述域的实体（类）的方法是本体，因此建议通过本体来实现通过指定属性和环境来描述给定的访问控制模型。在以往的研究理论体系中，采用本体概念并不鲜见（Khan 等，2011；Chen，2008；He 等，2011），然而，不同的研究中本体的使用方式却是各不相同。访问控制模型异构性的第一个元素与关联的类有关，如 RBAC 或 PBAC，已有基于本体的访问控制方法需要与某种极其重要的模型相结合，如前文引用文献中的 Choi、He 和 Chen 都结合了 RBAC 模型，而 Khan 所提出的访问模型则是结合了 PBAC 模型。在本章的研究中，不会同其他同类研究一样为系统指定控制模型或结合指定的控制模型，而是保留指定任何可能访问控制模型的自由度，这就是本章所提出的第一级互操作性。此外，每个模型可以使用给定的术语来表示模型元素。例如，可以用"主语"（Subject）表示为城市公共领域的公民或用户。这些术语的本体能够将语法不同但共享相同语义的术语关联起来。对于请求的准予或拒绝的决定，通常意义上来讲，是作为对请求主体所具有属性的策略来实现的。如果将访问控制模型形式化为本体，那么就需要采用访问控制决策逻辑对用户请求进行准予或拒绝判定，这个过程是通过将权限规则形式化为 SPARQL 查询语言来实现的（Prud 和 Seaborne，2008）。SPARQL 是一种查询语言，能够检索和操作以本体的资源描述框架（Resource Description Framework，RDF）格式存储的数据。

给定组织的访问控制模型本体表示可以分为两个不同的部分：第一部分与相关系统的使用环境描述有关；第二部分与一系列与组织相匹配的安全策略和约束有关。具体来讲，域的本体包含有意向传感器网络或网络监视实体请求服务和数据的一组用户规范。这种本体不仅规定了实体，而且还规定了这些实体的属性，同时提供了这些实体的层次结构以及它们之间可能存在的关系。另外，控制本体是运行集成传感器网络的管理系统采用访问控制规则的声明性描述，该描述是基于所采用规则中表达的概念、属性和关系来建构的。这种语义丰富的策略具有较高的抽象级别，在描述访问控制策略方面具有一定的优势，从而促进不同实体之间的安全策略兼容，即采用不同访问控制模型的实体完全可以共享相同的信息模型。这样做的好处是可以更轻松地对不同网络单元的访问策略进行同源性描述。图 5-3 给出了给定公共事业管理机构的域本体示例，也就是典型组织内的主要实体，如员工、公民或管理者等，以及他们之间的关系。通过这样的本体描述，可以得到由一系列组织构成的智慧城市原型，所有组织都源于"市政组织"的通用概念，它们可以是：① 公民前往的特定前台，以便接收信息或文件；② 适当的公共基础设施，如公共交通、道路管理或垃圾收集等；③ 提供公共服务的实体，如城市道路交通状况的实时通知、某些地铁线路的拥堵，或给定公交线路的延迟。每个组织都包括一个合适的行政办公室和若干技术人员，这里所提的 "技术人员"，是由公共基础设施的工人、公共服务部门或组织前台组成。通过使用组织的办公室、服务和基础设施以及与组织员工进行交互，公民才是这个本体的核心参与者。此外，该组织具有一组传感器，这些传感器有助于工作职能、办公室管理、服务升级和基础设施维护，从而能够更好地组织工作或者获得有关其感知质量的数据。这些传感器可以采集与公民有关的数据信息，但这种采集过程却不是必需的。

这种本体必须与适当的控制本体相结合，以便对实现由给定的地方市政当局应用的访问控制策略所需的知识进行建模。图 5-3 给出了两个不同的控制本体，用以说明这两个本体是独立的并且可以互换。不同的是，在图 5-3（a）中，所采用的控制本体是 RBAC 机制，适用于通用传感器网络的智能城市场景。组织所雇用的每个成员都可以与该本体中的特定角色相关联，并且该角色可以在层次结构中加以构建。

基于相关角色，可以访问将传感器生成感知数据分组的特定描述主语。图 5-3 只给出了本体的主要实体，但是每个实体还具有一系列的属性，为了简化图形并考虑版面安排，这里没有给出具体的属性标注。例如，公民和技术人员都具有以下属性：姓名、性别、唯一标识符、地址等。如何考虑 PBAC 访问模型，那么可以将本体修改为图 5-3（b）所示的形式。通过这种本体可以看到，组织已经发布了一系列涉及公民和员工的政策，这些政策是基于特定的环境信息，而环境信息则是与感知数据"何时""何地""如何获取"密切相关。将这种策略引入数据感知过程是为了确定对访问请求的响应，是准予，还是拒绝。当然，从这种角度来看，就和传统的 PBAC 方法一样了。这两个示例只是说明了语义方法的可能使用方式，事实上，任何用户都可以自由地对其域和访问控制模型进行建模。

如前文所述，可以通过查询此类本体，验证访问规则的有效性，这一过程可以通过 SPARQL 谓词表示。具体来说，SPARQL 是一种图形匹配查询语言，用这种语言表示的谓词由以下几个部分组成：① 前缀，用于指示使用术语的名称空间；② 数据集定义子句，用于表示待处理的数据所在的位置；③ result 结果子句，用于指定要返回给用户的输出；④ 模式匹配，如可选、联合、嵌套、过滤等；⑤ 解决方案修饰符，如投影、差异、顺序、极限、偏移等。查询形式主要包括以下三种：

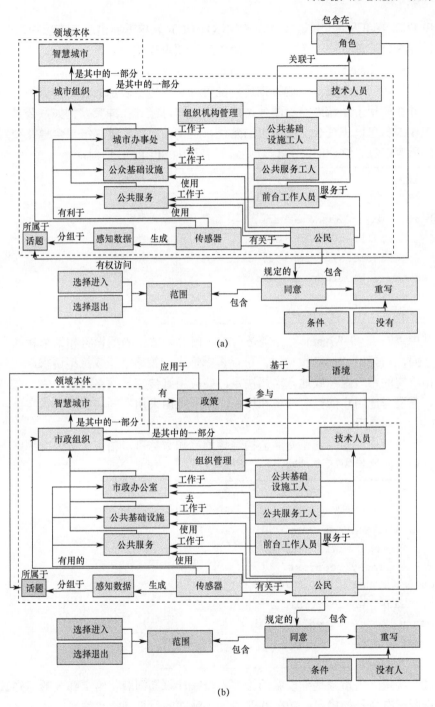

(a)

(b)

图 5-3 分别用 RBAC 和 PBAC 控制本体的应用实例

(a) 控制本体是 RBAC 机制；(b) 控制本体是 RBAC 机制。

① SELECT 表单返回变量链接；② CONSTRUCT 表单返回由适当模板规定的 RDF 图；③ ASK 表单返回一个布尔值，用以表示图形模式的解是否存在。本章将只使用 ASK 表单来表示访问规则。ASK 查询返回的布尔值可以看作权限判定，即决定了是否可以访问请求资源。这种推理特征可以从本体所表示的现有知识中推导出新信息，并在应用于系统之前检测各访问策略之间可能存在冲突。例如，公共基础设施的工作人员可以担任公交车司机的角色，这使他或她能够获得包含道路交通监控结果的所有信息。这样的 RBAC 规则可以表述为 SPARQL 谓词：

```
ASK WHERE
 {
 ?pub_inf_worker HasName?name;
        AssociatedWith?role.
   ?role HasAccessTo ?sensory_data.
   ?sensory_data GroupedIn ?topic;
        HasID ?id.
 }
```

其中"?id"和"?name"分别是请求访问感知数据的标识符和请求者的名称。另一方面，当采用 PBAC 模型时，可以根据适当的策略准予或拒绝请求，这些策略可以由给定的市政组织或地方当局决定，并应用到传感器网络的用户中。在策略定义中，需要考虑用户的当前环境和属性。以下给出采用不同决策的具体实例，并以 SPARQL 谓词表示。

（1）决策一。实时道路交通监控结果的感知数据可以由位于各公交线路上的司机进行检索，这里的环境即为司机的位置。

```
ASK WHERE
 {
 ?bus_driver HasName ?name;
        AssociatedWith ?role;
CharacterizedBy ?context.
  ?context Equal "Bus Route".
  ?role HasAccessTo ?topic.
?sensory_data GroupedIn ?topic;
     HasID ?id.
 }
```

（2）决策二。市政基础设施的管理人员在计算期间获得给定部分的感知数据，用以推断所有执行的操作，如公共交通服务乘客的数量或收集垃圾的数量等，并计算产生的成本，这里的环境是指当前日期在预定计算周期内。

```
ASK WHERE
{
?admin HasName ?name;
        AssociatedWith ?role;
CharacterizedBy ?context.
 ?context Equal "Accounting Period".
 ?role HasAccessTo ?topic.
?sensory_data GroupedIn ?topic;
    HasID ?id.
}
```

（3）决策三。前台工作人员仅可以访问与当前办公室环境中管理的公民信息相关的感知数据，这里的环境在本体论的实体实例中并不明确，但是，在请求访问感知数据的公民与工作人员之间存在 "Goes to" 的关系。

```
ASK WHERE
{
?officer HasName ?name;
        IsParOf ?office.
?sensory_data RelatedTo ?citizen;
    HasID ?id.
 ?citizen GoesTo ?office.
}
```

这里将采用指定的本体来描述访问控制规则，并通过适当分发实现公民授权共享感知数据的建模，如图 5-3 中图形下方的本体结构所示。具体来讲，基于 Coera 的相关研究结果（Coiera 和 Clarke，2004），本书在 Khan（2011）所提出的模型中额外考虑了公民允许共享的数据的语义模型，用于表示控制公民对电子感知信息的访问的具体条件。如果他或她已经启用了 OptIn 属性，那么就意味着允许共享他或她的敏感信息。这种授权许可是绝对的，或者说，这种授权是指在给定的应用环境下公民共享数据的使用将服从高级条件的决策。当然，如果选择 OptOut 拒绝，就意味着公民拒绝共享他或她的私密数据，这个属性依然可能会受到高级别条件的约束。在制定以下基于角色的访问控制规则时，可以考虑图 5-3（a）所示的 RBAC 本体和公民的意愿：如果相关公民选择了 OptIn 共享许可，那么管理人员或工作人员就可以获得包含道路交通监控结果的所有感知数据。这种规则采用 SPARQL 谓词表示。

```
ASK WHERE
{
?officer HasName ?name;
        AssocaitedWith ?role.
```

```
?role HasAccessTo ?topic.
?sensory_data GroupedIn ?topic;
       HasID ?id;
       RelatedTo ?citizen.
 ?citizen Stated ?consent.
 ?consent Encompasses ?x.
 ?x type OptIn.
 }
```

图 5-4 给出了基于本体的访问控制过程，以及通过描述不同市政组织中两个访问控制器之间的交互来协调异构安全策略的可能性。具体来说，管理员必须通过域的实例化和本体的直接控制，加载表示安全策略的参数化 SPARQL 谓词集，从而将访问控制策略加载到网络的子系统中。此外，必须通过使用授权用户属性的详细信息及 RDF 对象对本体进行填充。此时，控制器可以通过验证所接收请求中提取的数据活动 SPARQL 谓词是否完全满足或部分满足要求，从而对请求的准予或拒绝进行判定。如果一个基础架构包含了多个组织，则意味着必须同时存在多个访问控制器。

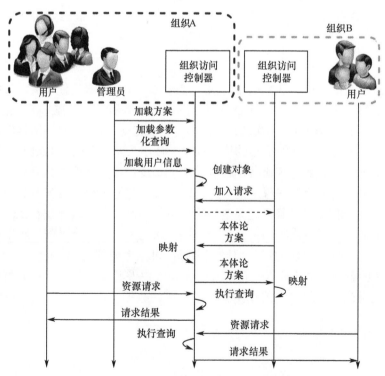

图 5-4 访问控制交互的建立和执行

控制器必须在网络中能够实现自我识别，这对于目前普遍采用的协议和对等对采样服务集而言是不难实现的（Mian 等，2009）。然后，所有控制器必须交换关于加载本体的相关信息，并自动地将接收到访问机制映射到本地系统访问机制中。不同本体的匹配至今仍然是该领域研究中的热点问题（Rahm 和 Bernstein，2001）。本课题的研究根据组成两个不同本体术语的语义相似性提出了一种轻量级的方法。具体来说，受限考虑两个本体 S 和 T，以及两个术语 υ 和 μ，每个本体都具有给定的语义。这两个术语之间的相似性可以通过四个不同的算子进行量化：如果这两个术语具有相同的语义，则它们是等价的（=）；如果第一项比第二项含义更具体，则后者更通用（⊆）；如果第一项的语义比第二个词更宽泛，则前者更通用（⊇）；如果这两个术语语义相悖或不同，则二者不相交（⊥）。在本体的匹配过程中，将第一个本体的术语 υ 与第二个本体的术语 μ 进行比较，如果术语满足以下关系，则术语可以被映射，即

$$\forall \upsilon \in S, \mu \in T : \upsilon \approx \mu \quad (\upsilon = \mu \vee \upsilon \subseteq \mu) \tag{5-1}$$

如果两个项是等价的，或者如果 υ 小于 μ，则这两项间可以映射，这是因为 υ 的所有值都属于 μ 的域。如果 υ 比 μ 更宽泛，则无法实现映射，这是因为 v 的某些值可能不属于 μ 的域。应用此类映射后，可以采用所接收的映射术语对请求原语进行转换，并在组织的本体上进行验证。为此，不论该请求是由控制器内同一组织的用户接收，还是控制器外的远程用户通过与本地请求用户关联后再接收，实际处理过程并没有什么不同。在这两种情况下，控制器从访问请求数据包头的声明中提取相应的参数值写入 SPARQL 查询的指定位置；此外，如果用户属于不同的组织，控制器可以查询用户信息，以便在本地本体中为其创建对应的类。如果至少有一个查询返回了有效结果，那么可以准予访问请求；否则，将拒绝访问请求。

5.5 算法原型

图 5-5 给出了传感器网络中访问控制互操作性的初步解决方案。传感器网络由传感器和基站共同组成，运行 Web 服务（Web Services，WS）等应用程序。这不是为了简化解决方案而给出的设定，而是由物联网的概念所支撑的应用类别。具体来说，每个传感器都可以用于测量特定环境参数，如温度、大气压力、光强和空气污染等，并将感知到的环境参数存储、处理，最终提供给 WS 程序接口（Application Program Interface，API）以便用户和基站能够获得感知数据。图 5-6 给出的便是这种方式下传感器的面向服务架构（Service Oriented Architecture，SOA）应用实例（Ludovici 等，2013；Perera 等，2014）。由图 5-6 还可以看出，

基站同样可执行 WS 应用程序（Kyusakov 等，2013），该应用程序通过访问其提供的接口从传感器收集数据，如图 5-6 中标识的接口"2"。基站能够存储这些数据并对其进行更加复杂的分析，此外，还允许用户通过图中编号为 4 的接口来访问传感器感知数据和获得导出信息。

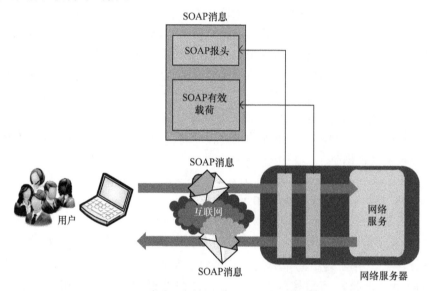

图 5-5　SOAP 和逻辑处理器的体系结构

　　实现本书所提出的解决方案不是为基于 SOA 的传感器网络软件设计全新的架构，而是通过简单、按需的方式改变已有架构的局部并结合本书所提出的算法，这种方式称为软件的"无痛"优化。考虑到 WS 的范式，处理程序在概念上可以实现作用域以外的最优，这是因为它允许通过避免其内部代码的更改，而只需向现有 WS 添加额外的逻辑结构即可，简单易行。具体来说，与 Web 服务相关的标准和任何相关的开发平台都允许开发人员将处理程序添加到给定的 Web 服务中，这种操作具有消息拦截器的功能。通常，处理程序具有两种类型。第一种类型是面向给定的通信协议，用于基于被截获消息协议的信息头进行环境建模。第二种类型称为逻辑方法，既与所采用的协议无关，也与任何特定于协议（如消息头）中包含的信息无法。相反，逻辑处理程序只采用消息的有效负载作为输入。图 5-5 所示实例便使用处理程序（SOAP 和逻辑处理程序）完成拦截输入和输出 SOAP 消息，并实现了附加操作，以便在无须任何架构变化的情况下向现有 WS 中添加横向的同级功能。这种在 WS 环境中设计的模式称为"服务扩展"（Gamma 等，1995）。

　　图 5-6 给出的本书所提出的安全解决方案主要由两个处理程序组成。

　　第一个处理程序是 SOAP 类型的，因为它们是从消息头的内容中获取输入数据，而第二个处理程序是逻辑处理程序。具体来说，访问控制处理程序（Access Control Handler，ACH）负责实现对用户身份进行逻辑验证，并控制对应用 Web 服务器提供功能访问。这种逻辑包括以下行为。

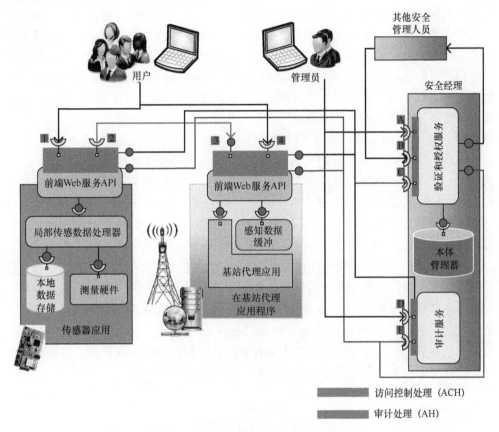

图 5-6　所提出安全解决方案的体系结构

（1）ACH 检查接收消息的头部是否包含标识声明，这里，标识声明表示请求实体的标识和属性。

（2）如果存在标识声明，ACH 将请求适当的外部服务验证其有效性和真实性。

（3）如果通过了第一个测试，ACH 必须通过联系实现访问控制模型的外部服务来决定是否准予或拒绝请求。ACL 将标识声明和请求的描述传递给服务，并接收决策。根据接收到的响应和第一次测试的结果，决定将 SOAP 消息发送给 Web 服务或返回给请求实体。

第二个处理程序称为审计处理程序（Audit Handler，AH），用以实现审计决策和接收请求逻辑记录。由于处理程序可以应用于传感器支持的相关服务，因此审计日志并不会在本地存储，而是传递给负责管理它们的合适的外部服务端。从 ACH

和 AH 的描述可以看出，外部解决方案不仅包含两个处理程序，还包含两个外部 Web 服务。第一个 WS 称为身份验证与授权服务（Authentication and Authorization Service，AAS），用于管理身份并对访问请求进行决策。ACH 还将创建本体，管理访问控制模型的本体表示，并通过 SPARQL 谓词从本体推断数据。通过对本体进行正确有效的填充，可以指明管理员插入的用户标识。作为本体管理器，本研究使用了 Apache Jena[①]，简称 Jena，是一个用于构建语义 Web 和关联数据应用程序的自由和开源的 Java 框架。该框架由不同的 API 组成，用于处理 RDF 数据。本研究使用了 SPARQL 1.1 兼容的引擎 ARQ 查询 RDF 数据。第二个 WS 用于审计日志存储，称为审计服务（Audit Service，AS）。AS 不仅可以管理 AH 的审计日志，还可以管理 AAS 所做的决策，从而实现事后分析以评价所提出方法的有效性。

这两个服务组成了所谓的"可信第三方"，用于保护传感器、基站和用户之间的交互。在本研究所提方案的实现过程中，有两个关键问题需要解决，一个是如何构造 ACH 和 AAS 之间的消息交换，另一个是如何定义 AH 和 AS 之间交换的审计日志并实现日志的 AS 本地存储。针对第一个问题，本研究使用了 Web 服务中普遍采用的形式原型，称为安全声明标记语言（Security Assertion Markup Language，SAML），SAML 是一个基于 XML 的开源标准数据格式，它在当事方之间交换身份验证和授权数据，尤其是在身份提供者和服务提供者之间交换。第二个问题不像第一个问题那样容易解决，因为 Web 服务中并没有审计日志的标准规范。本研究采用了分布式审计服务[②]（Distributed Audit Service，XDAS）规范作为 AS 设计、此类日志的有效存储以及它的相关通用事件集的体系结构参考，从而获得通用便携审计日志格式和一系列标准化定义的审计服务组件接口。

5.6　本章小结

本章深入研究了传感器网络的智能访问控制技术，用以解决在城市范围内集成已有的传感器网络如何实现互操作访问模型的共存问题。研究中，提出了一种本体论方法的来处理共存与融合的问题，这种方法通过不同访问控制模型本体的智能匹配而实现。此外，本章还给出了所提出解决方案的原型，以及如何应用于通用传感器网络中。未来研究将关注处理其他不同网络访问控制融合中可能存在的问题，并在传感器网络中提供安全性和隐私保证，如可扩展密钥管理、无证书签名和/或可互操作的身份管理等。

---

① https://jena.apache.org/。

② http://openxdas.sourceforge.net/。

参 考 文 献

Ahmed, M., Huang, X., Sharma, D., 2012. A taxonomy of internal attacks in wireless sensor network. World Acad. Sci. Eng. Technol. 62, 427–430.

Al-Fuqaha, A., Guizani, M., Mohammadi, M., Aledhari, M., Ayyash, M., 2015. Internet of things: a survey on enabling technologies, protocols, and applications. IEEE Commun. Surv. Tut. 17 (4), 2347–2376.

Apolinarski, W., Iqbal, U., Parreira, J.X., 2014. The GAMBAS middleware and SDK for smart city applications. In: Proceedings of the 2014 IEEE International Conference on Pervasive Computing and Communication Workshops (PERCOM Workshops), pp. 117–122.

Barreto, P., Kim, H., Lynn, B., Scott, M., 2002. Efficient algorithms for pairing-based cryptosystems. In: Proceedings of the 22nd Annual International Cryptology Conference on Advances in Cryptology, Lecture Notes in Computer Science, vol. 2442, pp. 354–369.

Benenson, Z., Gartner, F.C., Kesdogan, D., 2005. An algorithmic framework for robust access control in wireless sensor networks. In: Proceedings of the Second European Workshop on Wireless Sensor Networks, pp. 158–165.

Bethencourt, J., Sahai, A., Waters, B., 2007. Ciphertext-policy attribute-based encryption. In: Proceedings of the IEEE Symposium on Security and Privacy, pp. 321–334.

Bistarelli, S., Martinelli, F., Santini, F., 2010. A formal framework for trust policy negotiation in autonomic systems: abduction with soft constraints. In: Proceedings of the 7th International Conference on Autonomic and Trusted Computing, pp. 268–282.

Bos, J., Halderman, J., Heninger, N., Moore, J., Naehrig, M., Wustrow, E., 2014. Elliptic curve cryptography in practice. In: Proceedings of the 18th International Conference on Financial Cryptography and Data Security (FC 2014), pp. 157–175.

Chatterjee, S., Das, A., 2015. An effective ECC-based user access control scheme with attribute-based encryption for wireless sensor networks. Secur. Commun. Netw. 8 (9), 1752–1771.

Chen, T.Y., 2008. Knowledge sharing in virtual enterprises via an ontology-based access control approach. Comput. Ind. 59 (5), 502–519.

Chifor, B.C., Bica, I., Patriciu, V.V., 2016. Sensing service architecture for smart cities using social network platforms. Soft Comput. 1–10.

Choi, C., Choi, J., Kim, P., 2014. Ontology-based access control model for security policy reasoning in cloud computing. J. Supercomput. 67 (3), 711–722.

Coiera, E., Clarke, R., 2004. e-consent: the design and implementation of consumer consent mechanisms in an electronic environment. J. Am. Med. Inform. Assoc. 11 (2), 129–140.

Dai, H.N., Wang, Q., Li, D., Wong, R.W., 2013. On eavesdropping attacks in wireless sensor networks with directional antennas. Int. J. Distrib. Sens. Netw. 9 (8).

Esposito, C., Castiglione, A., Palmieri, F., 2016. Interoperable access control by means of a semantic approach. In: Proceedings of the 30th International Conference on Advanced Information Networking and Applications Workshops (WAINA), pp. 280–285.

Ferraiolo, D., Kuhn, D., Chandramouli, R., 2007. Role-Based Access Control, second ed. Artech House, Norwood, MA. Artech Print on Demand.

Gamma, E., Helm, R., Johnson, R., Vlissides, J., 1995. Design Patterns: Elements of Reusable Object-Oriented Software. Addison Wesley, Reading, MA.

Goyal, V., Pandey, O., Sahai, A., Waters, B., 2006. Attribute-based encryption for fine-grained access control of encrypted data. In: Proceedings of the 13th ACM Conference on Computer and Communications Security, pp. 89–98.

He, Z., Wu, L., Li, H., Lai, H., Hong, Z., 2011. Semantics-based access control approach for web service. J. Comput. 6 (6), 1152–1161.

Jin, J., Gubbi, J., Marusic, S., Palaniswami, M., 2014. An information framework for creating a smart city through internet of things. IEEE Internet Things J. 1 (2), 112–121.

Kawada, Y., Yano, K., Mizuno, Y., Terada, H., 2013. Data model and data access control method on service platform for smart public infrastructure. In: Proceedings of the International Conference on e-Business (ICE-B), pp. 1–9.

Khan, A., Chen, H., McKillop, I., 2011. A semantic approach to secure electronic patient information exchange in distributed environments. In: Proceedings of the Annual Conference of the Northeast Decision Sciences Institute (NEDSI).

Koblitz, N., Menezes, A., Vanstone, S., 2000. The state of elliptic curve cryptography. In: Towards a Quarter-Century of Public Key Cryptography, pp. 103–123.

Kos, A., et al., 2012. Open and scalable IoT platform and its applications for real time access line monitoring and alarm correlation. In: Proceedings of the 12th International Conference on Next Generation Wired/Wireless Advanced Networking (NEW2AN 12), pp. 27–38.

Kyusakov, R., Eliasson, J., Delsing, J., van Deventer, J., Gustafsson, J., 2013. Integration of wireless sensor and actuator nodes with it infrastructure using service-oriented architecture. IEEE Trans. Ind. Inform. 9 (1), 43–51.

Ludovici, A., Moreno, P., Calveras, A., 2013. Tinycoap: a novel constrained application protocol (COAP) implementation for embedding restful web services in wireless sensor networks based on TINYOS. J. Sens. Actuator Netw. 2, 288–315.

Manifavas, C., Fysarakis, K., Rantos, K., Kagiambakis, K., Papaefstathiou, I., 2014. Policy-based access control for body sensor networks. In: Proceedings of the 8th IFIP WG 11.2 International Workshop on Information Security Theory and Practice: Securing the Internet of Things (WISTP 14), pp. 150–159.

Martinez-Balleste, A., Perez-Martinez, P.A., Solanas, A., 2013. The pursuit of citizens' privacy: a privacy-aware smart city is possible. IEEE Commun. Mag. 51 (6), 136–141.

Maw, H., Xiao, H., Christianson, B., Malcolm, J., 2014. A survey of access control models in wireless sensor networks. J. Sens. Actuator Netw. 3, 150–180.

Mian, A.N., Baldoni, R., Beraldi, R., 2009. A survey of service discovery protocols in multihop mobile ad hoc networks. IEEE Pervasive Comput. 8 (1), 66–74.

Moses, T., 2005. Extensible Access Control Markup Language (XACML)—OASIS Standard. http://docs.oasis-open.org/xacml/2.0/access_control-xacml-2.0-core-spec-os.pdf. (Accessed July 2013).

Nam, T., Pardo, T.A., 2011. Smart city as urban innovation: focusing on management, policy, and context. In: Proceedings of the 5th International Conference on Theory and Practice of Electronic Governance, pp. 185–194.

National Computer Security Center, 1987. A Guide to Understanding Discretionary Access Control in Trusted Systems. NCSC-TG-003, Version 1.

Panja, B., Madria, S., Bhargava, B., 2008. A role-based access in a hierarchical sensor network architecture to provide multilevel security. Comput. Commun. 31 (4), 793–806.

Perera, C., Zaslavsky, A., Liu, C.H., Compton, M., Christen, P., Georgakopoulos, D., 2014. Sensor search techniques for sensing as a service architecture for the internet of things. IEEE Sens. J. 14 (2), 406–420.

Preuveneers, D., Joosen, W., 2016. Security and privacy controls for streaming data in extended intelligent environments. J. Ambient Intell. Smart Environ. 8 (4), 467–483.

Priebe, T., Fernandez, E., Mehlau, J., Pernul, G., 2004. A pattern system for access control. In: Proceedings of the 18th Annual IFIP WG 11.3 Working Conference on Data and Application Security.

Prud'hommeaux, E., Seaborne, A., 2008. Sparql Query Language for rdf. W3C, www.w3.org/TR/rdf-sparql-query/. (Accessed July 2013).

Rahm, E., Bernstein, P., 2001. A survey of approaches to automatic schema matching. VLDB J. 10 (4), 334–350.

Shamir, A., 1985. Identity-based crypto systems and signature schemes. In: Advances in Cryptology, Lecture Notes in Computer Science, vol. 196, 47–53.

Steuer, S., Benabbas, A., Kasrin, N., Nicklas, D., 2016. Challenges and design goals for an architecture of a privacy-preserving smart city lab. Datenbank-Spektrum 16 (2), 147–156.

Tan, Y.L., Goi, B.M., Komiya, R., Tan, S.Y., 2011. A study of attribute-based encryption for body sensor networks. In: Proceedings of the International Conference on Informatics Engineering and Information Science (ICIEIS 11), pp. 238–247.

Torres, J., Nogueira, M., Pujolle, G., 2013. A survey on identity management for the future network. IEEE Commun. Surv. Tut. 15 (2), 787–802.

Wang, W., Bhargava, B., 2004. Visualization of wormholes in sensor networks. In: Proceedings of the 3rd ACM Workshop on Wireless Security (WiSe 04), pp. 51–60.

Wang, H., Sheng, B., Li, Q., 2006. Elliptic curve cryptography-based access control in sensor networks. Int. J. Secur. Netw. 1 (3–4), 127–137.

Wood, A., Stankovic, J., 2002. Denial of service in sensor networks. Computer 35, 54–62.

Zhang, F., Safavi-Naini, R., Susilo, W., 2004. An efficient signature scheme from bilinear pairings and its applications. In: Public Key Cryptography—PKC 04, Lecture Notes in Computer Science, vol. 2947, pp. 277–290.

Zhang, Q., Yu, T., Ning, P., 2008. A framework for identifying compromised nodes in wireless sensor networks. ACM Trans. Inform. Syst. Secur. 11.

Zhi, L., Jing, W., Xiao-su, C., Lian-Xing, J., 2009. Research on policy-based access control model. In: Proceedings of the International Conference on Networks Security, Wireless Communications and Trusted Computing, vol. 2, pp. 164–167.

Zhu, Y., Keoh, S.L., Sloman, M., Lupu, E.C., 2009. A lightweight policy system for body sensor networks. IEEE Trans. Netw. Serv. Manage. 6 (3), 137–148.

第6章　智能传感器与大数据安全及容错

6.1　引　言

数字化正在成为日常生活中不可或缺的一部分。人们所使用的社交媒体网站、数字图片和视频、商业交易、广告应用和游戏等应用程序，都为数据的生成做出了巨大贡献。目前，根据国际文献资料中心（International Documentation Centre，IDC）[①]给出的数据，大约 80%的现有数据是非结构化的。此外，已有文献（Al Nuaimi 等，2015）也曾多次讨论分析了智能手机、计算机、环境传感器、照相机和地理图形定位系统（Geo-graphical Positioning Systems，GPS）是如何在短短的几年间加速了数据生成的。

数据源遍布各地，紧密地围绕在我们周围，并且都与互联网相连。这种数据采集技术的革命性形态称为物联网。高德纳咨询公司在 2015 年首次将物联网介绍给全世界，并将其定义为"包含嵌入式技术的物理对象网络，用于与内部状态或外部环境进行通信、感知或交互"。物联网的快速发展开启了数据在多种应用领域中应用的大门，其能够表征大数据的属性更是这个时代选择的结果。高德纳在 2015 年给出的报告指出，"需要成本效益的大容量、高速度和多样性的信息资产是最具创新性的信息形式，并且这些信息资产可以加以处理来增强洞察力和决策能力"。

Burrus 在 2015 年的研究表明，物联网与大数据的交集所创造的价值在于收集并利用大量数据的结合点。大量采集数据的真正价值源自新知识的获得，这些新知识可以通过执行数据分析而得到，并用于改善公民和企业的福祉。例如，传感器在智能电网、智能建筑和智能工业过程控制等领域中的应用，都为智能化城市发展提供基础；在环境领域，可以通过不断提高资源利用率，从而减少温室气体排放和其他污染。与此同时，水、能源和其他公用事业公司也面临着更大的压力，它们需要提高客户服务质量、增强应变能力，并提供相应的安全保障。

Al Nuaimi 等（2015）认为，有效分析和利用大数据是许多商业和服务领域，

---

① www.idc.com/。

Security and Resilience in Intelligent Data-Centric Systems and Communication Networks. https://doi.org/10.1016/ B978-0-12-811373-8.00006-9。

包括智能城市领域，成功的关键因素。大数据分析代表了最新的技术平台，具有巨大的潜力用以获得更高价值和优化的服务。

另外，为了实现从信息源到应用程序的数据流，需要解决体系架构方面的挑战，并且同时需要满足相关的应用要求，如安全性和容错性。特别是，信息和通信技术（Information and Communication Technologies，ICT）日益复杂，结构日益庞大，超高速连接性以及大量数据的产生，也使得网络受到恶意攻击或意外安全问题的概率与日俱增。

这些问题至关重要，因为公民的安全和保障取决于功能、服务的连续性以及数据的完整性和可用性。保密方法在一定程度上可以保证安全性，保密（Security）和安全（Safety）这两个术语仅在灾难的触发事件中的视角和立足点有所不同。

因此，ICT 体系架构的设计之初就需要考虑安全性和容错性。系统必须能够承受蓄意攻击、意外事故或自然威胁。ICT 体系架构必须能够适应不断变化的条件，能够承受各种原因引起的数据中断并实现中断后的快速恢复。

本章将立足于不同应用领域中智能传感器和大数据的安全性和容错性，对关键技术进行深入的分析，并总结设计技术模型的方法和建议。本章其余部分安排如下：6.2 节将介绍 IoT 体系结构的参考模型，并分析每个 IoT 系统层次的特点与功能；6.3 节侧重于与安全性和容错性方面的大数据驱动管理，以及相关的问题的分析与讨论；6.4 节将介绍应用程序的执行环境，深化最相关的智能应用领域；6.5 节将系统地讨论安全风险，并提供保证系统容错性的方法，即如何利用智能传感器和大数据来提供面向未来需要的智能应用。

6.2　IoT 系统架构

人类社会正在不断地向信息化社会演进，在与人们生产生活密切相关的各种领域，信息不断成为各种应用拓展的重要支撑要素。新型的信息系统，应该可以提供更强的感知能力和更泛在的服务。这类系统具有完全分布式的网络特征，支持万物互联，并可以为应用程序提供大量数据。

安全性可以避免系统受损或泄露隐私，从而保障用户信息。有效的安全保障需要在多个层次进行技术开发、算法设计和安全模型构建。在此过程中，涉及从传感器的物理强化到防火墙安装和配置等多个操作规范。工作条件的动态变化会产生新的漏洞，技术的退化和过时可能会影响安全水平，因此持续监控和评价系统安全性是十分重要和必要的。

系统的容错性可以各种运行问题的扩散和蔓延，是系统在出现各种运行问题时仍然可以继续工作，即便服务水平和质量有所下降。当系统故障或破坏发生时，有必要将损害消除恢复正常，或限制损害的影响并将其控制在可接受的水平。安全性和容错性不能依靠单一的层次实现，而是需要所有层次协调交互，从而保护用户的信息价值，在真正意义上保证安全性和容错性。

安全性和容错性问题必须在物理环境中从系统设计、部署以及数据驱动管理等方面加以解决。

从传感器到应用程序的数据流需要依赖系统的数据驱动管理，其数据所带来的价值循环如图 6-1 所示。传感器是信息的主要来源，但同时也极易出现故障或安全漏洞，这种影响最终会沿着价值循环的方向传递到应用领域。不可忽略的是，在循环中的每个步骤都可能会出现新的威胁和故障以影响系统的可靠性，并最终在应用领域聚集，通过循环结束时执行器向环境传递恶意或不安全的操作，从而引发更大的风险。因此，必须在每个阶段都解决安全性和容错性问题，以便为基于信息的价值提供保护。

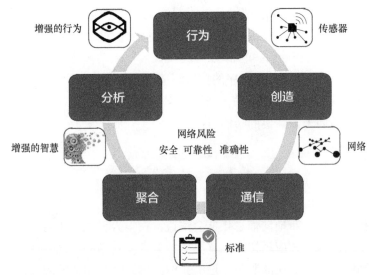

图 6-1　价值循环

图 6-2 给出了利用现有技术和理论管理价值循环各个阶段的典型体系结构。信息和计算分布在不同的层中，可以从云端分析转移到边缘分析。这种分层组织结构多用来控制体系复杂性，并用于隔离不同类型的问题和风险。

以下小节将分析如何在网络结构中的各个层次保护基于信息的价值，从而实现安全性和容错性的保障。

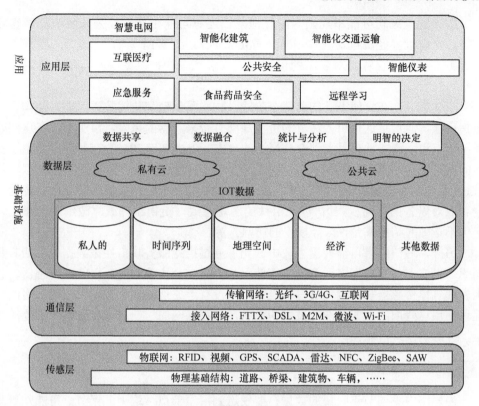

图 6-2　基于技术应用的物联网系统架构

6.2.1　传感器网络

　　在传感器网络低层，具有许多低功耗、轻量级处理能力且泛在化的异构智能传感器，这些传感器在采集网络环境目标信息数据的同时，还可以用来实现边缘分析。从这个角度来看，信息并不是由人类意识产生的，而是由设备创建的有关于人类行为的信息。通过对信息数据的分析，才能最终判定应当采取的行动，这些信息由更高级别上实现的本地和远程应用程序自主或控制。信息价值在这里以全新的方式出现，以更快的速度生成，具有更大的异构性，特别是，网络中的信息总是具有结构化的形态。智能传感器实现了物联网 IoT 的构建模块。它们不仅具备普通传感器的数据采集和处理能力，而且还可以其他传感器或更高级别的设备进行信息共享。无线传感器和执行器通过无线信道链接"实现人或计算机与周围环境之间的互动"来传递信息（OECD，2010）。

　　随着数据的创建和传输，信息受到损害或窃取的概率也会增加（Saif 等，2015）。在广域网络中传输或处理更敏感的数据意味着安全风险更高，数据泄露将可能对个人和企业造成重大损失。

117

数据安全风险可能不局限为隐私泄露，还有可能是对重要公共系统的黑客攻击等。根据世界经济论坛（World Economic Forum，WEF）的说法，"入侵汽车的位置数据系统仅仅算是对隐私的侵犯，而入侵汽车的控制系统则可能是对生命的威胁"[①]。

具体来讲，在价值循环的前两个阶段，物联网创建和传递数据的能力使物联网更具价值，但正是这种引人注目的价值却同时带来了新的风险。事实上，在这些阶段，节点和网络非常容易受到安全漏洞的攻击。Saif 等（2015）在研究中指出了实际的问题：传感器容易被冒充（嵌入恶意软件或恶意代码的假冒产品）；数据泄露（通过黑客攻击从设备中提取敏感数据）；身份欺骗（未经授权的来源使用正确的凭据获取对设备的访问权限）；以及组件的恶意篡改（更换组件或篡改组件信息，以产生不正确的结果或允许未经授权的访问）等。

另外，通信网络可能被黑客攻击，允许通过拒绝服务攻击拦截数据或中断其数据流。事实上，目前许多现有的系统使用的仍是安全协议相对低级的旧传感器，如水表和气体传感器等，因为这些在设计时就没有考虑连接到更普遍可访问网络的情况。使用这些旧的、非标准的技术和设备，在物联网的这一层可能会引入额外的漏洞，并影响系统可靠性。

6.2.2　结构融合

由网络中不同节点收集的数据需要发送到汇聚节点，这个汇聚节点可能是更高级别的传感器，也可能是数据处理中心。汇聚所得到的数据既可以在本地直接应用，也可以通过网关连接到其他网络，如互联网等（Verdone 等，2008）。

在结构融合层中需要解决的主要问题是异构性。这种特性主要是指设备和通信技术、协议和数据的构造差异性。

地铁和公共汽车自动完成乘客计数，自行车计数器实时获取通过的自行车数量，环境传感器网络收集热量和空气质量数据，蓝牙和 Wi-Fi 探测器提供城市人群的相关信息，第三方基于 GPS 的车辆探测数据用于交通监控……

已有研究（Saif 等，2015）认为，缺乏统一规范、普遍接受的标准来管理和支持物联网 IoT 设备是应用发展中的重要问题，这个问题是实现物联网安全部署和深度容错应用所需的互操作性的障碍。

结构融合层使用相关机制，根据统一模型来收集和融合这些类型的数据，从而允许对数据单独或共同存储和处理，以便提取更有价值的信息。

通常，开发人员会选择 Ad Hoc 的方式创建给定 IoT 所需的互操作性。遗憾的是，如果不按照正式应用需求和指标参数进行设计、开发和测试并投入所需的时间

---

① https://www.weforum.org/。

和金钱，那么随时网络环境的日益复杂和应用领域的急剧拓展，本层可能更容易受到攻击。

结构融合层通常用作将信息路由到更高层的网关，其中数据被永久存储并可供应用程序和服务使用。

6.2.3　骨干网组网

智能传感器和智能电表提供的信息需要通过通信骨干网进行传输（OECD，2010）。该骨干网的特点是信息传输的高速性和信息的双向通信。不同的通信应用和通信技术构成了通信骨干网，已有研究（EPRI，2006）对此进行了清晰的分类，并将其表述为通信服务组。

在通信网络技术领域中，开发人员必须选择各种不同的技术中进行选择。通常情况下，会同时结合几种网络技术，从而构成不同的广域网（Wide-Area Networks，WAN）和局域网（Local-Area Networks，LAN），用以提供必要的双向通信技术支持：从传感器到应用，从应用到执行器。

现在有许多技术可以提供宽带和窄带解决方案，从而形成高度分散化的技术市场。网络技术的选择将取决于性能、可靠性、成本、安全性和已有的网络基础设施等因素。开发人员在构建此类基础架构时可能会依赖多种网络技术，因为技术的选择必须符合地理位置和人口密度的差异，以及目标区域中不同网络技术的可用性和竞争力。可能某些区域或领域需要采用宽带方法，而另一些则不需要，这种取舍将取决于数据量和应用程序的实时要求。

6.2.4　大数据存储与服务

在这一层，收集到的数据都有不同的来源，并根据数据类型和应用程序，选择更合适的存储技术并提供给更高级别的数据需求端。数据来源广泛而多样，且一般具有不同的格式。目前，许多新数据的格式是非结构化的。所收集的数据不仅由传感器产生，还有来自用户或管理员的输入，这些输入最容易产生非结构化数据、搜索关键词、术语、帖子、语义标签、社交信息等。

大数据定义为具有大容量，高速度和多样性的数据。感知设备的采样频率可以使数据量非常大。数据速度反映了收集和处理数据所需的速度。因此，可以在物联网应用领域中借鉴和应用大数据管理和处理技术，如硬件结构、软件设计、算法模型和人工智能方法等。

管理和分类这些数据的结构化格式需要使用某种形式的高级数据库系统，如大表、列式数据库、图形数据库、时间序列、文档存储、对象存储和键值存储等。事实上，当前的方法或数据挖掘软件工具无法较好地处理如此大规模和复杂性的数据（Al Nuaimi 等，2015）。技术的开发和选择必须由应用需求驱动，以保证可用性、可靠性、完整性以及一致性等。

6.2.5 智慧应用与服务

应用程序和服务利用数据来提取价值并提高自己的感知能力和有效性。大数据分析被认为是提取可由应用程序直接利用的值的主要推动因素。本章 6.4 节将重点介绍物联网和大数据最相关的应用领域。

6.3 大数据驱动管理与价值环风险

应用程序追求的主要目标是挖掘并利用价值，这是基于良好的数据收集、管理和分析，大数据能够提供给企业的最大优势。然而，所有公司都使用它来收集尽可能多的信息，包括那些目前没有用但期待未来会产生价值的信息。

出于这个原因，这种疯狂收集的海量数据被称为大数据时代的特征标签，也有专家称其为大数据时代的垃圾。有统计表明，ICT 目前收集的数据实际上只有不足 23%有用，在这些有用数据中，只有 3%的数据进行了标记，0.5%的数据用于实际分析（Danowitz 等，2012）。

在大数据时代，有些现象级特征已被认定为大数据的特征。"体积"是指从所有源创建的数据的大小；"速度"是指生成、存储、分析和处理数据的速度，近年来人们开始比较关注实时大数据分析；"多样性"是指生成的数据属于不同的类型。目前，比较普遍的是，大多数数据都是非结构化的，无法简单地实现分类或制表。其他属性有助于增加与数据管理相关的复杂性，如可变性等。可变性是指数据的结构和含义是如何不断发生变化的，尤其是在处理自然语言分析生成数据的应用场合。

大数据的应用可分为两种类型：离线大数据应用和实时大数据应用。Mohamed 和 Al-Jaroodi（2014）讨论了实时大数据应用程序不同于离线应用程序的原因，认为它们更依赖于即时输入、短时间内的快速分析和在非常具体的时间限制内做出决策或响应。在许多情况下，如果实时大数据应用程序无法在该时间限制内做出决定，那么这些数据甚至系统就变得毫无用处。因此，必须及时提供此类决策所需的所有数据，并以快速可靠的方式进行分析。因此，实时大数据应用程序通常需要有更高的技术要求。

Al Nuaimi 等 2015 年在其系列研究成果中提出了一些不同的看法，主要针对大数据在物联网应用领域以及当前创新应用中的定义、使用和优势，还包括可用的大数据工具、实时分析方法、准确性评价、表达方式更新、成本规约和可访问性约束等。

　　然而，由于大数据的复杂性，实际运用中也存在许多风险，比较重要的是与安全性和容错性。还有一些与大数据属性具体相关，如图 6-3 所示。

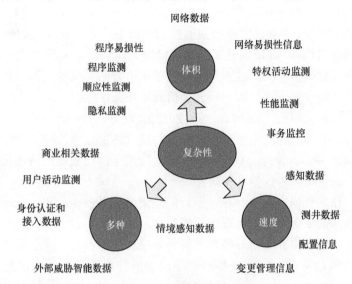

图 6-3　大数据管理的风险

　　在不同利益相关者之间实现数据和信息共享是另外一项极具挑战性的研究内容。每个政府和城市机构或部门通常都有自己的机密信息或公共信息的存储平台。某些数据可能受隐私条件的约束，从而难以在不同实体之间共享。这里，不易解决的是确保大数据的收集和使用与公民隐私的保障之间如何确定清晰有效的界限。

　　在使用大数据相关技术时，安全性和隐私性是物联网应用的主要挑战。从根本上说，这意味着数据库可能包含与政府和居民相关的机密数据和私密信息，因此需要更高水平的安全策略和机制来保护这些数据免遭未经授权的使用和恶意的攻击。此外，跨机构间集成在一起的智能应用也需要较高的安全级别，因为数据将在各种类型的网络上转移，其中一些网络或网络的部分可能是开放的或不安全的（Khan 等，2014；Kim 等，2014），包括 Cassandra 和 Hadoop 在内的多数大数据技术其实都缺乏足够的安全性，此外，环境的日益复杂和数据的日益多样也使得安全性的问题变得愈加复杂。

　　除需要在数据传输过程中保证数据的安全性以外，由于数据被使用在应用程序的不同组件当中，还需要明确地识别和保护数据所代表的组织和个人的隐私权。虽然特定实体可以宣称其应用收集的数据或数据的绝大多数部分归其所有，但实际上这些数据中包含了大量的个人信息。健康和医疗记录、财务和银行记录、零售历史等都提供了数据所有者大量的私密信息。越来越多的人认为，访问此类数据是侵犯个人隐私合法权利的。确保制定严格的隐私政策并正确实施是大数据智能城市应用开发人员和用户所面临的主要挑战。

立足于大数据的安全和隐私问题，有研究提供了数学模型描述了人、物联网和服务器之间易受信息安全威胁的交互（Elmaghraby 和 Losavio，2014），基于该模型可以得出这样的结论："当民主社会中的权利和自由得到遵守并受到保护时，其利益确实会远远超过风险"。特别是在以智能健康为代表的个人特征较为明显的应用领域，许多研究尝试从不同的技术开发和设备制造方面克服安全和隐私的问题，通过应用价值扩展和安全保证机制，研究如何规避在医疗保健系统中使用和集成物联网设备所引发的各类问题（Tarouco 等，2012）。此外，Tarouco 等在其研究中还讨论了数据泄露的影响，并提出了一种创新性的技术解决方案，即安全医疗工作空间（Secure Medical Workspace，SMW）。SMW 是应用于医疗领域的信息系统，使研究人员能够安全地使用临床数据进行研究。

事实上，在大数据方面也存在一系列的政策挑战（Bertot 和 Choi，2013），包括访问和传播、数字资产管理、存档智能存储，以及隐私和安全。因此，要求组织公开其决策标准用以弥补法律与技术之间的断层。公平和正当程序要求个人了解影响他们生活决策的基础，特别是那些由不透明操作标准的系统做出的决定（Tene 和 Polonetsky，2013）。Catteddu（2015）讨论了缺乏对 IT 运行的有效管理所引起的系统劣势和安全威胁，以及法律法规在信息领域安全管理中的重要意义和作用。欧盟成员国的国家法律和条例目前对境外数据转移制订了限制；此外，当数据在欧盟以外或由非欧盟服务供应商处存储和处理时，在确定适用的法律体系（管辖法律）中也存在一定的问题。

与影响应用程序相比，较低级别的数据不确定性和可靠性也会影响数据的安全性和容错性。例如，在不采用集中控制的条件下，通过第三方收集的传感器数据可能是由存在故障、错误校准或超出其使用寿命的传感器所产生的。这种挑战性还可以扩展到分析现有数据的输出（假设存在错误的可能性）并报告给不了解问题实情却需要数据的其他人使用。因此，不断更新数据收集和使用的策略，在应用程序的所有利益相关者之间实现数据的共享，从而确保用户正确理解和应用的策略制订是至关重要的也是具有挑战性的（Bertot 和 Choi，2013）。

6.4　应用领域

Libelium[①]网站提供了排名前 50 位的物联网传感器应用程序，并指出了一些相关领域和相关应用以作为技术或开发人员的参考。本节将重点研究与安全性和容错

性有关应用领域。

6.4.1　智慧城市

ICT 是智慧城市发展的主要推动者，它将特定应用数据转化为有助于城市规划和决策的有用信息和知识。从 ICT 的角度来看，智慧城市的实现正在随着智慧硬件和软件（如物联网）的发展而成为可能（Khan 等，2014b），并且能够使用云计算来管理和处理大规模数据，而不会影响数据的安全性和公民的隐私性。类似智能停车场、监测楼宇振动和材料状况、检测桥梁和历史古迹、城市噪声、电磁场水平、交通拥堵、艺术品和货物存储等功能，都只是众多应用中的一部分。智慧城市的主要目标通常是优化公共服务和资源利用。收集的信息被智能应用程序所应用，用来优化驾驶和步行的路线、智慧路灯会根据天气自适应照明、优化垃圾收集路线，智慧高速公路会根据气候条件和意外事件，如事故或交通堵塞，提供警告信息并提示更改路线。

因此，智慧城市的特点可以表述为"网络中的网络"，是基于高度异构体系的基础设施网络。智慧城市容易因自然或人为原因而导致服务中断，并存在连锁效应的额外风险。很明显，智慧城市需要根据预防、保护和减轻安全或灾难性事件所产生影响的策略和模型来制定相关政策。因此，智慧城市和关键基础设施的容错能力和服务连续性问题之间存在显著的趋同性。但不同之处在于，尽管在管理、疏散和公共卫生等方面存在固有的问题，智慧城市不同于技术设施仍然是人口密集的地区①。

此外，与其他 ICT 系统一样，智慧城市技术和通信环境、网络基础设施和物联网都会为网络攻击带来新的漏洞。事实上，这些环境的高复杂性和异构性可能使其更容易暴露于攻击者的面前，并且需要更加复杂的保护策略。美国著名的软件公司赛门铁克（Symantec，2016）认为，超链接、超复杂性和超信息量的总和就等于超级漏洞。支持智慧城市应用的 ICT 基础设施必须具有很高安全性，以防止网络攻击并确保服务可用性和连续性、数据管理和保护，以及在发生严重事故时的网络恢复容错能力。

城市治理过程中的安全级别与资源管理之间的权衡需要确定：最关键的保护区域、可能受到的威胁类型、攻击者类别以及攻击可能的动机，如财务、犯罪或政治动机等。在大数据方面，关键任务管理数据的信息管理、系统保护以及备份和恢复系统应该得到有效实施。公民的隐私和身份必须受到跨域保护，包括地方税收、医疗保健、教育和公用事业等。

6.4.2　智慧电网

智慧电网代表了更广泛的智能计量环境中最相关的应用实体。目前，主要用来提供智慧电力基础设施。智慧电网技术可以通过信息和通信网络的整合使全球电力

---

① http://www.piattaformaserit.it。

系统更加安全、可靠、高效、灵活并可持续发展。

　　智能设备和智能计量包括传感器和传感器网络。传感器可以在电网沿线的多个地方使用，如变压器和变电站或用户家中。相关研究解释了这些传感器如何在远程监控领域发挥重要的作用并支持需求方的管理（Shargal 和 Houseman，2009），从而实现了实时定价等的新业务流程。传感器和传感器网络遍布整个电网，监控电网设备的运行和健康状况，监控温度，提供断电检测，并检测电能质量扰动。这样，控制中心就可以立即接收到有关电网实际情况的准确信息。因此，相关维护人员可以在电力中断的情况下及时维护电网，而不是依赖基于间断性的检查（OECD，2010）。

　　与传统通信技术相比，无线传感器网络可以通过并行处理的方式来实现低成本、快速部署、高灵活性和智能聚合的需求。为此，无线传感器网络也就需要有更好的安全解决方案防止网络遭受任何恶意行为、数据盗窃或攻击者的攻击。

　　无线传感器网络、执行器、智能电表和电网的其他组件与信息和通信技术 ICT 集成在一起称为能源互联网（Internet of Energy，IoE），简称"能联网"。智能电网中集成的物联网技术需要每分钟存储和处理大量数据。该数据包括终端用户负荷需求、线路故障、网络元器件状态、能耗调度、预测条件、先进计量记录、停电管理记录和企业资产。因此，公用事业公司必须具备有效存储、管理和处理收集到的数据的软硬件能力。相关研究（Witt，2015）解释了智慧电网中收集的大量数据在规模和特征方面与大数据概念的相似之处。

　　IoE 利用智慧电网内的双向能量和信息流来深入了解电力使用情况，并预测未来提高能源效率和降低总体成本的行为。有研究报告指出（Jaradat 等，2015），预计到 2020 年全球将安装超过 8 亿台智能电表。为了实现细粒度监测和调度，需要在短时间内收集电网信息。很多国家对此出台了新的规定，例如意大利规定，所安装的智能电表每 15 min 要提供一个新的数据样本，这就意味着全球一天内约有 770 亿的读数。如此庞大的数据量显然需要采用大数据技术来处理。

　　ICT 基础设施的容错性至关重要，它与那些可提取有用信息的数据紧密相关，从而实现故障检测、故障隔离并最终完成故障解决。此外，信息和通信技术基础设施的安全性成为避免网络攻击或电网和 ICT 基础设施联合攻击造成故障的又一项基本要求。Jaradat 等（2015）阐述了在这种情况下电力系统的可靠性将越来越依赖电力线路和基础设施的在线监测。在智慧电网中执行能量恢复必须考虑到停电的位置。例如，医疗健康和工业系统的电力供给高可靠性显然比商超更为重要。当考虑到大量开关操作的组合随系统分量的增加呈指数增长时，恢复问题就成为一个非常复杂的问题。

6.4.3　智慧楼宇

　　智慧楼宇是与智慧电网紧密相连的领域。智慧楼宇需要依靠一系列的技术来提高能源效率和用户舒适度，以及建筑物的监控和安全性。物联网技术用于监控供暖、照明和通风的楼宇管理系统，可在办公室无人时自动关闭计算机和监视器等设备；还可以用在软件系统以及安全和访问系统中。

当多个品牌、设备和利益相关者将多个数据集汇总分析，并将这些数据集组合在一起形成生态系统时，智能家居就会提供一种特别能引起共鸣的风险实例。例如，车库门开启器不仅提供进入车库的通道，还提供进入主住宅的通道。在某些配置中，打开车库门会同时停用家庭警报。这意味着如果只有车库门开启装置受损，则整个警报系统就会失效。

智能家居技术的主要问题是安全性和数据隐私性，供应商必须解决这些问题从而给用户提供信心并实现产品的推广。然而，不同年龄段的人对待信息共享的看法和态度全然不同，这决定了用户是否会通过向某些应用程序共享其位置、习惯甚至家庭参数，漏洞与安全是用户最大的顾虑。尽管如此，用户仍然会向应用程序提供其认为"不重要"的部分信息进行共享。不论对这种信息共享方式和共享内容多么的不以为然，人们也必须意识到正确的行为和相关的风险。

6.4.4 灾难救援、应急处理与恢复

灾难管理是利用大量 IoT 设备实现目标任务的应用领域。该领域典型的实例是森林火灾探测或地震探测中的早期预警。数据中心的液体检测也是近年来的典型应用。智能传感器及其感知数据也常被应用于以下几个方面：早期探测灾害和应急战略的实施、防止仓库和敏感楼宇遭到破坏和腐蚀、限制区域访问控制和在非授权区域进行人员检测、分布式测量核电站周围辐射水平并适时发起泄露警报、检测工业环境、化学工厂周围和矿井中的气体状况和泄露等。

通常，在这些应用中，分布式基础结构，如 IoT 体系结构，比集中式基础结构更受青睐，这主要是因为分布式结构可以较好地避免单点故障。在紧急情况下，"智能"分布式基础设施完全可以成为一种架构优势，当然，前提是它们具有相应的危机管理机制，这种优势可以通过增加额外的"信息来源"而进一步强化，如公民可以作为"分布式传感器"及时采集并传递信息。正因为目标地区信息的来源是该区域市民通过移动网络互联而产生的，其容错能力就更加重要。即使在紧急情况下，也必须要保证其可用性，以免失去信息获取和通信的渠道。

事实上，如果容错能力较差而产生诸如缺乏必要信息、能量和运输能力等问题，（例如，电力分配不足会影响送电网络的运行，从而导致在危机情景中不能高效地进行人口疏散），这种分布式传感器和网络系统也会存在相应的问题。此外，提高容错能力可能会在一定程度上对隐私性和安全性带来影响，但必须强调的是，保护用户的隐私性和安全性不论在紧急情况发生之前、期间和之后都是必须达成的要求。由此可见，在容错能力和隐私安全性方面取得平衡是具有实际应用意义的技

术研究方向。

6.4.5 智慧交通与物流

传感器和传感器网络在提高运输效率方面发挥着至关重要的作用。例如，传感器技术有助于更好地跟踪货物和车辆，从而有效降低库存量，并减少库存基础设施的能耗和运输需求量（Atkinson 和 Castro，2008）。从传感器收集到的感知数据和高级分析技术可以应用于道路交通监控系统，并为交通信号灯管理提供数据信息，从而对道路部署和交通流量进行智能控制。这些传感器还能够检测车辆信息，如公共汽车是否在附近，以便自适应地按需控制交通信号的持续时间，进而使公共汽车可以按照其特定的时间表运行（Veloso 等，2009）。传感器还能够传输信息以更新公共交通的控制板，实现高速公路收费、检测车辆号牌以及速度控制等应用。采用传感器监测振动、冲程、容器开口或冷链维护等状态，可以有效改善运输条件和运输物品质量。射频识别和其他类型的传感器网络还支持仓库或港口等大型存储地的单个物品搜索。其他智能传感器的应用还包括对存放易燃易爆物品的密闭容器进行告警，以及对医疗药品、珠宝或易碎商品的运输路线进行智能控制。

6.4.6 其他应用领域

环境恶化和全球变暖是人类面临的全球挑战之一。这些挑战包括提高能源的有效利用以及对气候变化进行准确预测。各种实际应用说明物联网可以作为智能环境领域解决方案的主要技术支撑。

评价传感器技术在减少温室气体排放方面的影响研究报告指出，该技术在各个节能减排的研究领域都具有较大潜力，相关应用包括空气污染监测、积雪水平监测、饮用水监测、河流中化学泄露检测、海洋污染程度监测，以及河流洪水监测等。

在零售业领域，供应链控制允许为实现可追溯性而进行供应链和产品全程跟踪。其他在零售业领域的应用还包括公共交通、健身房和主题公园等位置或场所在活动时间的非接触式支付或基于 RFID 的防盗和访问控制系统。Ijaz 等（2016）的研究表明，在这种情况下，未经授权的访问仍然存在敏感信息泄露的风险，从而造成严重的数据保密性和隐私问题。信息泄露也有可能引起数据完整性问题。标签和阅读器的安全性仍然是限制此类服务进一步推广的绊脚石。

智能购物应用利用个人设备提供的信息，根据客户的习惯、偏好和位置向客户提供个性推荐。在电子卫生领域，应用的实例包括跌倒检测、储存疫苗控制、药物和有机元素的冰柜内条件监控、医院内和老年人住房内的患者监护，以及紫外线太阳射线的测量，以提示人们不要在特定时间暴露在紫外线之下。在这种情况下，可穿戴设备和智能家居技术的潜力和优势便得以凸显。

事实上，可穿戴技术已经开始收集人们的习惯和行为数据，并将这些数据传输给第三方。例如，智能手表或腕带可以每天跟踪记录佩戴者的步数和睡眠质量，从而促进活动和身体健康。然而，在这种情况下，所使用的传感器指专门为体育运动和空闲活动而设计的，具有更智能的算法和系统设计，它们既不满足安全性要求，也不具有必要的容错能力。

如今，工业控制系统正在发生变化，其体系结构不断向全分布式网络靠拢，且向物联网领域应用敞开大门。Khan 等（2013）分析了如何处理互连通信基础设施用以访问智能应用和物理空间中的环境信息，提出了支持良好的决策过程并的方法，并指出需要注意到网络连接、安全性和隐私性的各个方面。将云计算应用于检测控制和数据采集（Supervisory Control And Data Acquisition，SCADA）系统会引起安全性和网络问题，因为云中的存储是由多个用户共享的。这使它更容易受到攻击。出于这个原因，本章研究了新的解决方案，从云端分析转移到边缘分析，并打破传统的容错性理念。控制系统可以定义为"可远程维护的物联网"，基于物联网中已有的相关技术，能够减轻故障发生概率以确保正常运行时间和数据安全性。整个控制过程将在网络中心的云中完成。

传感器，尤其是传感器网络，在工业领域中得到了很多具有实践意义的参考应用。它们使工业过程、设备的健康状态和操作资源的控制方面的实时数据共享成为可能，从而提高工业效率和生产率，减少能源的使用和排放。其他工业应用还包括机器自动诊断和资产控制、室内空气质量和温度监测、臭氧监测、室内定位、智慧农业和智慧动物养殖等。

6.5　分析与讨论

研究结果与应用经验表明，当今物联网的前景存在更多的可能性，因为有更多的数据可以创造更多的价值，但大量的数据也会在安全性和可靠性方面给系统带来新的负担。

6.5.1　安全技术分析

物联网生态系统的复杂性可能会导致企业甚至用户认为所有参与者都可以分担安全责任。然而，认为合作伙伴，更不用说客户，应该或将要为维护数据隐私负责和防止违规行为，这种假设本身就是一种风险。企业应该考虑将安全责任视为自己的责任。

低成本和不断增加的灵活性使得传感器很容易便能收集到远多于所需数量的信息。智能传感器技术的数据可用性还利用了从异构设备中广泛收集和聚合的各种类型信息，以支持未来可能需要的应用。在安装过程中，当移动设备的应用程序要求用户提供超过实际需要的信息并要求提供一系列权限时，如此常见的做法，实际上违反了用隐私保护，侵犯了用户权益。

此外，大数据技术使得数据处理能力越来越强，通过与更广泛的信息范围相结合用以提供实时数据处理能力，但是未经授权的数据推导和分析将容易导致用户隐私的泄露。这种结论受到收集、共享或出售数据，或仅仅将数据管理委托给第三方的公司数量众多、种类繁多的影响，此时，用户和公司本身难以理解数据背后的信息或判断应用程序是否被攻击以及是否被破坏。保护用户数据是一个关键问题，随着越来越多的系统存储信息，人们生活的透明度也在提高。在数据层，由于数量巨大，在被窃取的数据总量变得足够多之前，微量的信息窃取可能不太明显从而未被发现。但是，少量的数据丢失仍然会影响系统的安全性和可靠性。

有研究表明（Al Nuaimi 等，2015），安全和隐私策略的实现过程必须被视为硬件/软件体系结构和数据的设计与实现还有数据价值循环的重要组成部分。

特别是，为了确保所有技术和应用程序组件都包含并维护适当的安全和隐私级别，必须定义风险、控制和度量。

在传感器层，已确定以下准则以解决安全问题。

（1）必须加强传感器和传感器网络的安全性，以避免恶意修改、伪造、中间人攻击或嗅探。密码和身份验证是应用中的重要安全机制。存储身份验证机制还可以防止信息的意外泄露和将未经授权的设备附加到基础设施上。

（2）必须提高人们对自身数据和设备管理的意识。安装传感器、执行器、网络和应用程序必须支持标准身份验证和授权策略，从而能够减少窃听、网络诈骗和密码被破译的风险。

（3）必须指定标准，以保证仅有经过认证的设备才可以用来构建物联网基础设施。这减少了风险的引入，如威胁和漏洞。

（4）用户必须就基准达成一致，以提高在不同行业间使用的系统之间的互操作性。

（5）必须提前设置对可以收集信息（传感器或设备）的限制，以同时减轻多种风险。较好的方法是只收集那些能够产生足够价值的数据以规避附加风险。这可以防止泄露或推测私人信息。

（6）必须保证物理安全性。

（7）安全性保障必须嵌入数据加密中。

（8）必须保护基础设施，以保护端点、消息传递和 Web 环境。

（9）应以分布式方式利用雾计算或边缘计算，而不是使用集中式云计算模型。这意味着需要更多的边缘计算和本地化决策。

（10）需要为互操作性定义标准和规范。

（11）最好使用物联网专用设备或附加设备，尽量不采用或少采用在物联网出现前应用的设备与技术。

（12）必须开发先进的移动计算功能，以集成新的物联网信息满足跟踪和捕获要求。

在数据层，主要的安全控制是数据保护，但数据管理体系的建立有助于减少数据聚合带来的风险。

（1）数据所有权的合理定义必须考虑监控，生态系统中的利益相关者具有每条信息的授权权限。

（2）必须确定数据生命周期，以确保数据不能保留到生命周期意外或用于非预期的目的。

（3）数据存储必须是孤立而隔离的，不得在利益相关者之间共享。

（4）必须通过具有明确定义的数据文档和代码来保证物理安全性，以确保数据集的正确使用（Bertot 和 Choi，2013）。

（5）针对个人隐私数据的合理正确使用必须确定隐私法的基本概念，包括"个人身份"的定义（Tene 和 Polonetsky，2013）以及个人信息使用的限制。

（6）安全服务必须得到有效管理或外包给安服务商。通过这种方式，ICT 的开发人员可以专注于系统的功能。

（7）必须利用威胁情报，通过分析恶意软件、安全威胁和漏洞的变化，了解潜在攻击发展的主要趋势。

引入的保护机制必须配备持续和精良的警戒设施，对新的或意外的安全挑战时刻保持警惕对于维护安全至关重要（Bertot 和 Choi，2013），在这种情况下保持警惕意味着：

（1）观察基础设施的变化；

（2）对新技术的引入进行评估；

（3）评估攻击者可用的新技术；

（4）监控新漏洞的发现；

（5）识别和分析新的数据源和数据接收器；

（6）分析所有收集的数据，并最终将异常情况或行为的数据相关联；

（7）定期评估安全指标，如活动/非活动用户账户、账户的密码是否到期，密码到期时间和账户到期日期；

（8）通过关注隐私、数据复用、数据准确性、数据访问、归档和保存，在必要时审查和重新校准信息和数据策略。

6.5.2 容错技术分析

尽管智能物联网应用为其用户提供了许多积极的优势，但由于安全漏洞或不可预测的事故，它将对用户的安全和福祉构成了一些威胁。

物联网在提高灾害安全、容错性和减缓事故影响的实施和效率方面具有巨大潜力。遥感技术改进了应急准备、损失估算和决策支持软件工具。一方面，物联网有可能创造大量的数据，而这些数据可以彻底改变我们对风险的理解方式；另一方面，我们发现应用和服务的容错性依赖 ICT 平台的容错性，这使得它们的开发和交付成为可能。

如此复杂系统的真正危险是所谓的"数据链多米诺骨牌效应"。任何组件都可以通过自传播灾难来破坏整个系统，因此必须防范系统组件出现故障。

没有人能保证在系统永远运行良好不会发生故障和失效。面对几乎确定会出现的故障，系统的容错性决定了风险的解决和恢复正常的速度。从容错性的角度来看，故障的后果不是灾难和瘫痪，而是可以恢复或至少局部恢复，甚至使系统服务质量或性能水平下降但仍继续在安全环境中运行。

就物理世界中的系统设计和部署，以及数据驱动的设计和管理而言，物联网部署的容错性需求都是相关的。

关于系统设计和部署，总结以下几点建议。

（1）外部设备和数据库可能受第三方组织的控制，但是，需要保证它们自己实施容错性策略，因为系统只有最薄弱的环节才能发挥作用。

（2）必须设计和开发松散耦合的体系结构，以便在不影响整个系统的前提下遏制对小型企业的安全威胁。

（3）必须在集线器上加强安全事件监控，以便以故障安全的方式有效关闭受影响的智能组件。

（4）必须安装物理冗余通信系统和使用多个传输通道（光纤和无线）的可靠通信方式。随着系统的发展，需要规划进一步的冗余通信。

（5）确定关键组件并确保关键基础架构的24×7可用性。

（6）使用适当的集成软件和平台。考虑采用最新的集成 IoT 平台。

关于以信息为中心的方法，有以下相关的建议。

（1）必须复制数据存储和数据服务，以提高可靠性、可用性，数据丢失防护、归档和灾难恢复。

（2）必须确定和组织关键利益相关者。必须规定治理、风险和合规性（Governance，Risk and Compliance，GRC）以确保服务连续性，甚至利用有关网络安全的解决方案和方法。

（3）必须保证网络事件与自然灾害事件国家处理步调的一致性。

（4）必须提高用户安全使用 ICT 解决方案的意识。这还将为收集的数据质量和应用程序性能提供资金资助。重要的是，如何利用用户的安全知识、安全实践经验以及完善的程序处理安全问题并从故障中恢复。

（5）智慧城市的管理实体必须建立开放、透明、参与和协作的指导原则，以保持大数据的交换和流动。

（6）必须开发仿真系统，以帮助预测和查看可能的变化，并预判潜在的问题。这将有助于避免或至少减少所涉及的一些风险，并且在许多情况下还有助于降低实施和测试成本（Al Nuaimi 等，2015）。

（7）必须研究基础设施不同层之间的相关性。

（8）必须制定智能的信息管理战略。

（9）必须提供高级数据聚合和处理功能。需要根据数据属性和数据类型（结构化和非结构化）来选择最适合的高级的大数据工具来聚合大型数据集。

（10）必须支持以多种方式处理数据。

（11）构建的平台必须具有灵活性，以应对数据标准的不断发展，但容易使得技术过时较快。

6.6 本章小结

本章主要研究了智能系统与相关应用领域中的安全性和容错性问题，其中基于信息的价值必须在不同的结构框架层和数据管理过程中受到相应的保护。特别是，本章讨论了物联网是如何促进泛在设备的普及和配置安装，以及相应的大数据是如何产生的，其中泛在设备充当着分布式智能传感器和执行器的作用。设备的异构性和大量收集的数据表明，通过提高服务本身的有效性和灵活性（这些服务会变得越来越智能），利用从数据中提取的信息来改善公民的福祉，从而使整个社会的智能化程度越来越高。

近年来，学术界关于大数据与智能系统容错性之间的相互关系方面开展了大量的研究并取得了一定的研究成果。全球智能化演进研究机构关注的是大数据、可持续发展和人道主义行动三者的交叉点。有学者通过支持利用大数据和数据分析的研究来减轻未来发生故障的影响（Henderson 等，2015）。在故障中处理数据并提高计算机系统和网络的容错性以及响应能力，从而促进实时数据的分析，是完成这一目标的手段。社区和政府对大数据和物联网的利用也可以消除极端贫困并提高共享生产力。

然而，这一贡献旨在阐述智能传感器的连接和大数据的收集不足以提供高附加值的智慧服务。事实上，可以通过提高认识和知识来提高用户和应用程序的安全并规避不同程度的安全风险，但同时也受到 ICT 基础架构和（大）数据管理层的安全性和容错性的影响。本章的研究指出，由于数据和技术的复杂性，必须将物联网和大数据提供的所有实际利益与引入的风险和漏洞进行比较。

在这里，希望读者注意，安全性和容错性不容忽视，只有重视智能系统的安全性和容错性，才可能从物联网和大数据的交叉点中获得实际益处。因此，有必要解决 6.5 节中总结的问题，循序符合全球智能化应用发展的路线，提供必要的安全级别和容错性，评价成本或复杂性与大数据分析所承诺的预期价值之间的权衡。

本章缩略语表

BMS：Building Management System，楼宇管理系统

CERT：Computer Emergency Response Teams，计算机应急响应小组

CRE：Customer Relations Executive，客户关系主管

GRC：Governance，Risk and Compliance，治理，风险和合规性

GPS：Geo-graphical Positioning Systems，地理定位系统

ICT：Information and Communication Technology，信息和通信技术

IoE：Internet of Energy，能源互联网

IoT：Internet of Things，物联网

LAN：Local Area Networks，局域网

RFID：Radio-Frequency Identification，射频识别

SCADA：Supervisory Control And Data Acquisition，监控和数据采集

WAN：Wide Area Networks，广域网

WSN：Wireless Sensor Network，无线传感器网络

本章术语表

大数据：大批量、高速度、和/或高质量的信息资源需要低成本、具有创新形式的信息处理过程来增强洞察力、提高决策制定力和实现流程自动化。

可靠性：提供可以合理信任的服务的能力。另一种定义是具有能够避免比可接受程度更频繁和更严重的服务故障的能力。它可以衡量系统的可用性、可靠性、可维护性和维护支持性能，在某些情况下还衡量其他特性，如耐用性、安全性和安全性。

物联网：包含嵌入式技术的物理对象网络，用于与内部状态或外部环境进行通信和感知或交互。

容错力：良好的容错力是允许人员、流程和信息系统适应不断变化的模式的一系列技术。

安全性：采取安全措施保护系统免受未经授权的访问，以及对常规操作的意外或故意干扰。

智能设备：通常通过诸如蓝牙、NFC、Wi-Fi、3G 等不同的无线协议连接到其他设备或网络的电子设备，其可以在某种程度上交互地和自主地操作。

参 考 文 献

Al Nuaimi, E., Al Neyadi, H., Mohamed, N., Al-Jaroodi, J., 2015. Applications of big data to smart cities. J. Internet Serv. Appl. 6 (1), 25. doi:10.1186/s13174-015-0041-5.

Atkinson, R.D., Castro, D.D., 2008. Digital Quality of Life: Understanding the Personal and Social Benefits of the Information Technology Revolution. Information, Technology and Innovation Foundation, Washington, DC. http://library.bsl.org.au/showitem.php?handle=1/1278.

Bertot, J.C., Choi, H., 2013. Big data and e-government: issues, policies, and recommendations. In: Proceedings of the 14th Annual International Conference on Digital Government Research. ACM, New York, NY, USA, pp. 1–10. doi:10.1145/2479724.2479730.

Burrus, D., 2015. The internet of things is far bigger than anyone realizes. Wired. http://www.wired.com/2014/11/the-internet-of-things-bigger/. (Online; Accessed 29 September 2016).

Catteddu, D., 2015. Security & resilience in governmental clouds, making an informed decision, European. ENISA. http://www.enisa.europa.eu/activities/riskmanagement/emerging-and-future-risk/deliverables/security-and resilience-in-governmental-clouds. (Online; Accessed 29 September 2016)

Danowitz, A., Kelley, K., Mao, J., Stevenson, J.P., Horowitz, M., 2012. CPU DB: recording microprocessor history. Queue 10 (4), 10:10–10:27. doi:10.1145/2181796.2181798.

Elmaghraby, A.S., Losavio, M.M., 2014. Cyber security challenges in smart cities: safety, security and privacy. J. Adv. Res. 5 (4), 491–497. Cyber Security.

EPRI, 2006. 2006 Annual Report. Together...Shaping the Future of Electricity. Tech. rep. EPRI. http://mydocs.epri.com/docs/CorporateDocuments/Mission&History/AnnualReport2006.pdf. (Online; Accessed 29 September 2016).

Gartner, 2015. It Glossary. Big Data. Gartner, Inc. http://www.gartner.com/it-glossary/big-data. (Online; Accessed 29 September 2016).

Henderson, L.C., Audrey, K., Rierson, J., 2015. Understanding the intersection of resilience, big data, and the internet of things in the changing insurance marketplace. Federal Alliance for Safe Homes (FLASH). http://flash.org/intersectionofresilience.pdf.

Ijaz, S., Ali Shah, M., Khan, A., Ahmed, M., 2016. Smart cities: a survey on security concerns. Int. J. Adv. Comput. Sci. Appl. 7 (2). doi:10.14569/IJACSA.2016.070277.

Jaradat, M., Jarrah, M., Bousselham, A., Jararweh, Y., Al-Ayyoub, M., 2015. The internet of energy: smart sensor networks and big data management for smart grid. Procedia Comput. Sci. 56, 592–597. doi:10.1016/j.procs.2015.07.250.

Khan, Z., Anjum, A., Kiani, S.L., 2013. Cloud based big data analytics for smart future cities. In: Proceedings of the 2013 IEEE/ACM 6th International Conference on Utility and Cloud Computing, UCC '13. IEEE Computer Society, Washington, DC, USA, pp. 381–386. doi:10.1109/UCC.2013.77.

Khan, M., Uddin, M.F., Gupta, N., 2014a. Seven v's of big data understanding big data to extract value. In: American Society for Engineering Education (ASEE Zone 1), Conference of the IEEE, pp. 1–5.

Khan, Z., Pervez, Z., Ghafoor, A., 2014b. Towards Cloud Based Smart Cities Data Security and Privacy Management. IEEE, New York, pp. 806–811. doi:10.1109/UCC.2014.131.

Kim, G.H., Trimi, S., Chung, J.H., 2014. Big-data applications in the government sector. In: Commun. ACM 57 (3), 78–85.

Mohamed, N., Al-Jaroodi, J., 2014. Real-time big data analytics: applications and challenges. In: 2014 International Conference on High Performance Computing Simulation (HPCS), pp. 305–310.

OECD, 2010. Smart sensor networks for green growth. In: OECD Information Technology Outlook 2010. doi:10.1787/it_outlook-2010-8-en. /content/chapter/it_outlook-2010-8-en.

Saif, I., Peasley, S., Perinkolam, A., 2015. Safeguarding the Internet of Things Being Secure, Vigilant, and Resilient in the Connected Age. Deloitte University Press. https://dupress.deloitte.com/content/dam/dup-us-en/articles/internet-of-things-data-security-and-privacy/DUP1158_DR17_SafeguardingtheInternetofThings.pdf. (Online; Accessed 29 September 2016).

Shargal, M., Houseman, D., 2009. Why Your Smart. Grid Must Start with Communications. Smart Grid News. http://www.smartgridnews.com. (Online; Accessed 29 September 2016).

Symantec, 2016. 2016 Internet Security Threat Report. Tech. rep. Symantec. https://www.symantec.com/. (Online; Accessed 29 September 2016).

Tarouco, L.M.R., Bertholdo, L.M., Granville, L.Z., Arbiza, L.M.R., Carbone, F.J., Marotta, M.A., de Santanna, J.J.C., 2012. Internet of things in healthcare: interoperability and security issues. In: ICC. IEEE, New York, pp. 6121–6125.

Tene, O., Polonetsky, J., 2013. Big data for all: privacy and user control in the age of analytics. Nw. J. Tech. Intell. Prop. 11 (5).

Veloso, M., Bento, C., Pereira, F.C., 2009. Multi-sensor data fusion on intelligent transport systems. In: Multi-Sensor Data Fusion; Intelligent Transport Systems, ITS-CM-09-02.

Verdone, R., Dardari, D., Mazzini, G., Conti, A., 2008. Preface. In: Wireless Sensor and Actuator Networks, first ed. Academic Press, Oxford. doi:10.1016/B978-0-12-372539-4.00011-7. http://www.sciencedirect.com/science/article/pii/B9780123725394000117.

Witt, S., 2015. Data Management and Analytics for Utilities. Smart Grid Update. http://www.smartgridupdate.com. (Online; Accessed 29 September 2016).

第 7 章　WSN 中 QoS 性能增强与负载均衡算法

7.1 引　言

无线电通信、互联网连接和微电子机械系统（Micro Electrical Mechanical Systems，MEMS）技术的创新，使得环境监测成为可能，并在生产生活中占据越来越重要的地位（Min 等，2001）。有了这些创新，就可以设计并制作小型设备，如传感器节点，用以监测、计算、通信并感知特定范围内的环境信息（Haenggi，2005）。

环境监测问题包括测量及分析环境参数，如氧气、温度、湿度和高度等（Ho 等，2005）。环境监测在理解人类行为和创造更好社会应用方面起着至关重要的作用。环境监测通常采用传感器节点来完成，因为传感器节点可以容易地感知到人类无法检测的各种各样的因素（Sharma 和 Jain，2015）。麻省理工技术评论（*MIT Technology Review*）和全球未来学院 Global Future 指出传感器节点技术是"十大最具发展潜力的技术"之一（Werff，2003）。

传感器属于微型设备，能够快速准确地从部署环境中收集热量、氧气、光强等信息（Amrinder 和 Sunil，2013）。传感器的微型特性可以部署到监测区域的任何位置，从而更容易在关键位置采集特定信息。然而每个传感器的能量、存储空间以及数据处理能力有限（Ku 等，2006），从而对应用有一定的约束和限制。考虑到这种局限性，当传感器部署于特定的环境中时，可以将采集到的信息发送到能量更高的锚节点（Almomani 等，2011）进行后续的分析和处理。

传感器网络是成百上千个传感器构成的功能集合（Yu 等，2006），如图 7-1 所示。换言之，WSN 是一种特殊类型的 Ad Hoc 网络，具有能量、存储和处理功能，用于环境监测，并与其他节点通信，这些节点通常具有繁重的数据传输负载，通过收发器在接收器上移动（Jabbar 等，2011）。无线传感器网络的通信协议和应用需求使它呈现出一些其他无线网络所不具有的特征，作为一种特殊的 Ad Hoc 网络，除具有资源有限性等自身的特点外，还具有自组织网络的多跳性等其他特点（Xianyu 和 Chao，2006），主要包括：

（1）不依赖固定的基础设施；

（2）自组织网络；

（3）动态网络拓扑；

（4）多跳或单跳通信；

（5）传感器节点数量众多。

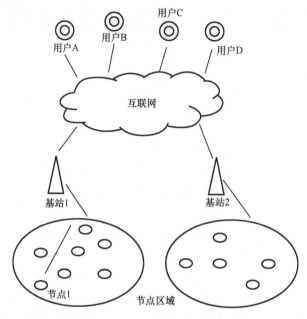

图 7-1　通过互联网访问 WSN

WSN 的应用主要分为两大类，即监测和追踪，如图 7-2 所示，军事安全侦查、工业工厂监测、患者监护均属于 WSN 监测应用的范畴。商业追踪、军事敌人追踪等则属于 WSN 追踪应用范畴（Sharma 和 Ghose，2012；Li 和 Gong，2008）。

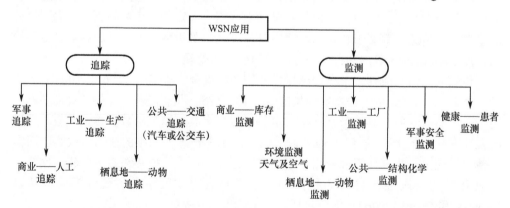

图 7-2　无线传感器网络应用领域

从结构上看，WSN 也可以分为两种形式：一种是结构化形式，另一种是非结构化形式。在结构化 WSN 中，所有传感器在部署时需要依照预设的组织结构实施。相应地，非结构化 WSN 中的传感器采用无组织形态或以 Ad Hoc 方式临时构建。结构化和非结构化 WSN 之间最大的区别体现在安全方面。由于非结构化 WSN 中成百上千的传感器采用随机部署的方式，因此，很难检测出失效节点或其他安全问题（Yick 等，2008）。通常，WSN 包含五层结构，如图 7-3 所示，其中，物理层负责信号检测和频率选择（Ganesan 等，2003）；数据链路层，主要是媒体接入控制（Media Access Control，MAC）子层，负责为传感器和锚节点间寻找可靠的通信链路；网络层负责发现和维护节点间路由并控制网络拓扑；传输层负责传输可靠可信的数据；应用层则负责数据服务和管理（Al-Karaki 和 Kamal，2004）。

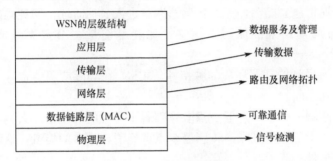

图 7-3　WSN 的层级结构

除层级结构和类型之外，WSN 还具有依赖环境的重要特性。

（1）**地面传感器网络**。地面传感器网络是由成百上千的传感器组成的结构化或非结构化网络形式（Toumpis 和 Tassiulas，2006）。所采用的传感器价格低廉，但由于传感器数量庞大且消耗能量过多，因此，电池电量管理相对困难。

（2）**地下传感器网络**。地下传感器网络的全称为无线地下传感器网络（Wireless Underground Sensor Networks，WUSN），网络中的大部分传感器节点位于地下，如土壤、矿井或洞穴等，以无线信道作为通信介质，是目前全新的研究领域（Akyildiz 和 Stuntebeck，2006）。

（3）**水下无线传感器网络**。水下传感器网络是指将能耗很低、具有较短通信距离的水下传感器节点部署到指定海域中，利用节点的自组织能力自动建立起网络，对水下环境或目标进行监测。由于水下环境复杂，使得水下传感器节点面临诸多挑战，如价格高昂、访问困难、能耗较高、带宽有限以及传播延迟长等问题（Heidemann 等，2005）。

（4）**无线多媒体传感器网络**。无线多媒体传感器网络（Wireless Multimedia Sensor Networks，WMSN）是在传统 WSN 基础上引入音频、视频、图像等多媒体信息感知功能的一种新型传感器网络，其节点一般装备有摄像头、微型麦克风以及其他具有简单环境数据采集功能的传感器，一般部署于无人环境中自主完成指定的任务，是一种能耗敏感的无基础设施网。多媒体传感器节点能耗较高且需要较大的带宽（Akyildiz 等，2007）。

（5）**移动无线传感器网络**。移动无线传感器网络的传感器节点具有移动能力。这些传感器节点与其他传感器节点之间的关键区别在于移动传感器节点可以在网络中重新定位和自组织（Leopold 等，2003）。

部署环境的不同决定了传感器节点功能间的差异，但每种无线传感器网络具有相似的工作周期。无线传感器网络的工作周期包含三个阶段，即初始化、工作阶段和死亡阶段。初始化阶段是安装和配置网络环境的阶段，如协议和算法的初始化。工作阶段即 WSN 处于工作模式，在该阶段中，传感器节点负责感知、监控、跟踪、通信和传递信息。随后，无线传感器网络进入最后阶段，即死亡阶段。造成传感器网络生命周期结束的原因有很多，如耗尽能量、节点失效或恶意攻击等（Dohler，2008）。

根据前文所提到的部署环境的独特性，WSN 在实际应用中也存在局限性，主要表现在以下几方面。

（1）**能量限制**。由于传感器节点多被部署于恶劣的环境中，人为更换电池很难实现。此外，由于工作量过大，传感器节点可能消耗过多的能量。这些原因导致传感器节点具有有限的能量。

（2）**网络寿命**。由于传感器节点能量有限，导致传感器节点的寿命受限，从而影响到整个网络的寿命。

（3）**存储空间**。传感器节点一般为微型设备，存储空间有限。

（4）**应用受限**。有时 WSN 无法同时支持多种类的应用程序，这多是由于带宽、环境、能量、存储空间等限制的共同结果。

（5）**数据处理能力**。传感器节点需要通过有限的能量和有限的存储空间完成多种工作，因此，其处理能力还不够。

（6）**可扩展性**。当 WSN 中包含过多的传感器节点时，传感器节点的控制和管理较难。

这些限制导致无线传感器网络在实际应用仍存在许多问题，其中，最重要的两个问题是 WSN 的安全性问题以及节点和锚节点之间数据传输负载过大的问题。许多研究正是据此而展开的，并得到了一定的效果。其中，解决数据传输问题的比较得到普遍认可的最优方式之一就是实现"负载均衡"（Bajaber 和 Awan，2011）。

7.2　负载均衡

如前文所述，WSN 由大量的具有一定约束的传感器节点组成。由于存在这些限制，WSN 面临许多难题。WSN 的主要目标是通过监测环境信息收集数据，并将收集到的数据发送给锚节点，因此，负载均衡问题成为 WSN 面临的最重要的难题之一（Rowstron 和 Druschel，2001）。负载均衡建立在现有网络结构之上，提供了一种廉价有效透明的方法以扩展网络设备和服务器的带宽、增加吞吐量、加强网络数据处理能力、提高网络的灵活性和可用性。简而言之，负载均衡是一种能够均衡 WSN 中的每个传感器节点或服务器的工作负载的技术（Akkaya 和 Younis，2005）。

由于 WSN 存在众多的约束，因此，负载均衡对 WSN 至关重要。通过负载均衡，WSN 能够实现以下功能。

（1）延长传感器节点电池寿命。

（2）增强传感器节点的数据处理能力。

（3）提高网络的可扩展性。

7.3 WSN 中的负载均衡技术

如前所述，WSN 中的传感器节点资源受限。其中，最受限的资源是能量，因为数据处理和通信过程均需消耗能量。如果传感器节点能量很快便耗尽，则意味着传感器寿命很短。电池充电或更换对于实际 WSN 应用而言几乎无法实现（Swain 等，2010）。负载均衡是一种通过均衡负载以减少传输拥塞，均衡能量消耗从而延长传感器生存期的技术。本节将介绍 WSN 中的一些典型的负载均衡协议及算法（Wajgi 和 Thakur，2012）。

7.3.1 WSN 中的负载均衡协议

Aljawawdeh 和 Almomani（2013）提出了 WSN 中的动态负载均衡协议（Dynamic Load Balancing Protocol，DLBP）。该协议的目的是均衡负载并延长 WSN 中传感器的寿命。在这项研究中，两位研究者使用了三个度量指标，分别为网络成功率\路由开销和网络寿命。仿真结果表明，DLBP 协议可使传感器的寿命延长 20%。

Ming-hao 等（2011）提出了基于负载均衡的多径路由协议。该协议的主要目的是在降低能耗的同时增加无线干扰。该协议将数据包分布在许多传感器上，并且实现了能量消耗最小化。仿真结果表明，该协议降低了网络的总能耗，延长了网络的使用寿命。

Ozdemir（2009）提出了一种基于分层数据聚合的异构无线传感器网络的安全负载均衡（Secure Load Balancing，SLB）协议。该研究的目的是在满足安全约束的前提下，提高数据传输的准确性和带宽利用率。研究者从数据精度、传感器节点平均数据速率、数据聚合效率等方面对该协议进行了仿真。性能分析和仿真结果表明，SLB 协议提高了数据传输的准确性和带宽利用率。此外，SLB 协议最大限度地降低了能耗并延长了 WSN 的使用寿命。相关研究结果表明，SLB 协议可以通过簇间中继在 WSN 上实现（Ozdemir，2007）。该研究者试图通过降低准确度来确保安全的数据聚合。仿真结果表明，SLB 协议能够较好地实现这一目标。

MelZoug 和 BoukRAM（2011）提出了一种基于簇的负载均衡通信协议。该协议是主要针对同构无线传感器网络中的能量受限问题。其目标是降低并平衡能量消耗。两位研究者从能量消耗、网络寿命、接收数据消息和可扩展性四个方面对所提协议进行了分析。仿真结果表明该协议延长了传感器节点的寿命。

Saraswat 和 Kumar（2013）进行了一项研究，设计负载均衡和能量感知路由（Load Balanced and Energy Aware Routing，LEAR）协议。该协议旨在延长大规模 WSN 的网络寿命。由 LEAR 协议管理的传感器节点选择较低的数据流量路由路径，同时实现能量消耗最小化。理论分析表明 LEAR 协议提升了大规模 WSN 的网络寿命。

Kavitha 和 Pushpalatha（2015）提出了一种基于 Ad Hoc 按需距离向量（Ad Hoc On-demand Distance Vector Routing，AODV）的自适应安全负载均衡多径协议。该协议的目的是增加网络的吞吐量，同时延长传感器节点的寿命。研究人员从数据包分发方案，身份验证和负载均衡三个方面对该协议进行了分析。仿真结果表明该协议在提高了网络吞吐量的同时，延长了传感器节点的寿命。

Shancang 等（2014）提出了一种自适应的安全负载均衡多径路由协议（Adaptive and Secure Load Balancing Multipath Routing，SM-AODV）。该协议包含四个特性：应用程序独立性、安全数据传输、自适应拥塞控制和速率调整、可扩展性。该协议的目标是提高网络的性能。仿真结果表明，SM-AODV 协议在数据包传输率，平均延迟和吞吐量三个方面提高了网络性能。然而，该协议仍然存在一些不足，如端到端延迟、分组交付率和数据丢失率占比较高。此外，SM-AODV 协议的网络的安全性不高。为解决上述问题，Lata 等（2015）提出一种安全的自适应负载均衡的路由协议（Secure Adaptive Load-Balancing Routing，SALR）。数学分析和仿真结果表明 SALR 协议在延迟、分组交付率、数据丢失率以及安全性方面要优于 SM-AODV 协议。

Wu 等（2008）提出了一种新颖负载均衡和寿命最大化（Balanced and Lifetime Maximization，BLM）路由协议，以实现 WSN 网络寿命的最大化。研究人员同时部署了多个锚节点以均衡传感器节点之间的能量消耗。本研究的仿真实验中采用了两个性能指标：网络寿命和在特定数量的事件下锚节点接收的数据包的数量。仿真分析结果表明 BLM 协议能够延长网络寿命。

Siavoshi 等（2014）提出了一种负载均衡且能量高效的簇内通信聚类协议。在该协议中，通过虚拟圆的方式，将网络划分成不同的区域以减轻能量消耗。仿真结果表明该协议的网络寿命比 LEACH 协议提高了 73%，比 TCAC 协议提高了 52%，比 DSBCA 协议提高了 21%。

Yuvaraju 等（2014）提出了一种多径协议，称为传输功率可调的安全节能负载均衡多路径路由协议（transmitting-power based Secure Energy Load，tSEL）。相较于单径路由，该协议利用多径路由获得了更好的负载均衡，同时提供了安全性。tSEL 协议选择了多径不相交的路径，有效地分配了路径之间的负载。仿真结果表明，网络寿命有所增加。

Nam（2013）提出了一种负载均衡路由协议（Load Balancing Routing Protocol，LBRP）以均衡工作负载流量并 WSN 的网络寿命。该协议中，每个节点通过多个路径分配工作负载。多径路由可使能耗降低。因此，网络寿命将会增长。仿真结果表明 LBRP 协议实现了上述目标。

Hongseok 等（2010）提出了一种基于梯度的负载均衡路由协议（Gradient-based routing protocol for Load BALancing，GLOBAL）。每个路由协议必须用多个锚节点分配工作负载，以延长无线传感器网络的寿命。在现有的路由协议的基础上，传感器节点建立其梯度关系。但是在这种情况下，无法避免过载路径的出现。因此，GLOBAL 协议提出了一种新颖的基于梯度的模型。该模型中的最小负载路径有效地防止了最大过载节点。仿真结果表明，与现有的路由协议（如 SPR 和 CPL）相比，GLOBAL 增加了网络寿命。

Talooki 等（2009）对动态源路由（Dynamic Source Routing，DSR）协议进行了改良，提出了负载均衡动态源路由（Load Balanced Dynamic Source Routing，LBDSR）协议。在 DSR 中，流量和能量消耗是均衡的，这意味着来自所有节点的延迟、阻塞和对全局信息的依赖将导致能量消耗量增加。仿真过程中使用流量负载平衡，能耗平衡，平均端到端延迟以及路由的可靠性作为性能指标。仿真结果表明，LBDSR 将流量和能耗平衡提高 15%，平均端到端延迟降低 10%，降低了节点故障率。

Chen 等（2006）提出了一种聚集负载均衡树协议（Gathering-Load Balanced Tree Protocol，LBTP）。许多现有的协议具有广播树，但并不具备数据收集的功能。因此，LBTP 协议的主要目标是有效地收集数据，减小能耗，从而延长网络寿命。仿真结果表明 LBTP 协议适用于数据收集。

为抵御 WSN 中的拒绝服务攻击，有研究提出了鲁棒分析 WSN 路由（Robust Analyzed Effective routing for WSN Deployment，RAEED）协议。与 RAEED 协议相关的研究表明该协议能够很好地抵御 DoS 攻击（Saghar，2010），然而，RAEED 协议能耗过大。因此，为解决这一问题，Khan 等（2006）提出了一种基于负载均衡的 RAEED 协议（Robust Analyzed Effective routing for WSN Deployment with Load Balancing，RAEED-LB）。相较于 RAEED 协议，RAEED-LB 协议将网络寿命从 10%增加到了 35%。

7.3.2 WSN 中的负载均衡算法

Chung 等（2011）设计了一种名为平衡低延迟收敛树（Balanced Low-Latency Converge-Cast Tree，BLLCT）的负载均衡算法。BLLCT 实现自下而上的负载均衡。在该算法中，节点根据特定属性选择候选父节点。该算法虽然复杂性低，但能耗量大。

Laszlo 等（2011）提出了一种新颖的负载均衡调度算法。该算法的主要目的是为分组转发提供最优调度。利用数学方法，该算法实现了其主要目标。

Na 等（2007）对负载均衡算法进行了研究，提出了一种基于网关的能量感知多层次聚类树（Energy-Aware Multilevel Clustering Tree with Gateway，EAMCT-G）算法。EAMCT-G 算法的主要目标是在簇头选举时，将节点的剩余能量设置为优先级，并为簇内的成员选择网关。该算法降低了能耗，并延长了网络寿命。然而，仿真实验结果表明 EMGCT-G 算法在传感器节点的寿命方面存在缺陷。如果剩余能量最大的传感器节点成为簇头，那么与簇头节点处于同一跳中的所有节点将加入该簇。这将增加数据负载和能量消耗，导致传感器节点的寿命变短。为解决上述问题，Zhang 等（2011）提出了一种用于数据收集的负载均衡聚类算法（Load Balancing Cluster Algorithm for Data Gathering，LCA-DG）。LCA-DG 算法尝试平衡每个簇头的负载并避免了 EAMCT-G 中簇头的过载的问题。LCA-DG 使用两个因素来改进簇成员的策略：簇头与簇成员之间的距离和剩余能量。仿真结果表明，该算法延长了网络寿命，且适用于大规模无线传感器网络。

Dai 和 Han（2003）设计了一种以节点为中心的负载均衡算法。该算法通过建立负载均衡树来延长传感器节点的寿命。在仿真实验中，研究人员通过对比一些指标，发现该算法的路由树比其他算法更有效。

Israr 和 Awan（2007）提出了一种用于负载均衡的多跳聚类算法。该算法试图找到一种负载均衡和能量高效的解决方案。仿真结果表明，该算法能够均衡负载，降低能耗。

Levendovszky 等（2011）提出了一种新颖的负载均衡算法。算法的主要目的是均衡负载从而降低能耗并减小丢包率。数学分析及仿真结果表明该算法在节约能量的同时，也降低了网络的丢包率。

Gupta 和 Younis（2003）提出了一种负载均衡聚类算法。该算法的目的是使系统的稳定性最大化，能量消耗最小化，从而延长传感器节点的使用寿命。仿真实验对网络划分、传感器节点平均寿命、数据包平均时延、网络吞吐量、每个数据包平均能耗、平均消耗功率以及每簇负载标准偏差等指标对所提算法进行了分析，结果表明所提算法能够提高传感器节点的使用寿命。

Karger 和 Ruhl（2003）提出了一种动态的负载均衡算法，通过将数据从较高负载移动到较低负载节点分析工作负载的分布。总之，研究人员发现该算法实现了节点利用率最大化。

Zhang 等（2009）设计了一个基于剪枝机制的无线传感器网络负载均衡算法。在 WSN 中，靠近锚节点的节点比其他节点承载更多的负载。这类过载节点的能耗较大，成为大多数学者的研究热点。因此，Zhang 等设计了一种算法，以找到解决这一热点问题并均衡能量的方法。该算法利用节点位置，剩余能量和簇节点数来解决热点问题并均衡工作量。性能评估结果表明，该算法实现了上述目的，并延长了网络寿命。

Low 等（2007）提出了一种用于 WSN 簇头的负载均衡聚类算法。为增强整个网络的可扩展性，所提出的算法考虑到了工作负载流量。为了均衡节点的工作负载，所提算法选择节点作为网关，这些网关起到簇头的作用。仿真结果表明，所提算法提高了系统的可扩展性，均衡了工作负载。

Deng 和 Hu（2010）提出了一种负载均衡组聚类（Load Balancing Group Clustering，LBGC）算法，用以平衡异构无线传感器网络中基于 SEP、LEACH、DEEC 和 SGCH 协议的能耗。所提出的 LBGC 算法采用多跳集群的形成方法均衡能耗。仿真结果表明，LBGC 均衡了网络能耗，有效地提高了网络寿命。

Touray 等（2012）提出了一种基于偏差随机算法的无线传感器网络负载均衡（Biased Random Algorithm for Load Balancing，BRALB）。该算法采用基于能量偏差随机游走的方式对环境进行监测。BRALB 算法的主要目的是减少能量消耗以延长网络的寿命。研究人员利用概率理论，分析每个节点的能源消耗。分析结果表明，BRALB 算法降低了网络的能耗，延长了网络的寿命。

Kim 等（2008）提出了一种负载均衡调度算法。该算法的目的是实现分组丢包率最小化并均衡负载。该算法采用最优的分组转发调度算法来实现这一目标。分析结果表明，该算法最大限度地降低了丢包率，且均衡了负载。

Mathapati 和 Salotagi（2016）提出了一种负载均衡和 RSA（Rivest-Shamir-Adleman）安全算法。该算法试图以安全的方式找到更好的均衡负载的解决方案。仿真结果表明，该算法在吞吐量、端到端延迟和分组交付率等方面比现有算法具有更好的负载均衡和安全性能。

研究人员试图通过负载均衡协议和算法找到工作负载约束的解决方案。但是对于约束条件过多的无线传感器网络，如前面提到的，研究人员必须提出一个解决方案提供高质量的服务，并使用户满意。

7.4　服务质量保证参数 QoS

随着技术的快速发展，传感器网络正以不同姿态和方式改变着人们的生活。在过去的十余年中，传统的传感器网络已经向由大量智能传感终端组成的智能无线网络发展。在这项新技术中，衍生出了许多新概念和评价参数。但是，网络中有一个概念永远不会改变，那就是满足用户需求的服务质量（Martínez 等，2007）。

服务质量是指网络在将数据包从源传输到目的地时必须满足的服务特性（Crawley 等，1998）。一般来说，QoS 有两个层面的含义：网络层面和应用层面（或称为用户层面）。从网络层面来看，网络需要提供最佳服务以最大化资源利用率并满足用户需求。从应用或用户的角度来看，用户并不关心究竟采用了何种协议和算法，只关心服务质量是否令人满意（Chen 和 Varshney，2004）。

在无线传感器网络中，由于独特的分布式特性，QoS 面临着许多不同于传统网络的挑战（Yuanli 等，2006；Bhuyan 等，2010；Chen 和 Varshney，2004），主要包括以下几方面。

（1）**能量受限**。电池功率是传感器中最重要的限制，因为它对传感器的寿命有影响。

（2）**资源受限**。每个传感器都有有限的资源，如带宽、内存、处理功率和缓冲区大小。这些限制会影响服务质量。

（3）**地理部署**。传感器可以部署在地理上具有挑战性的地方，如水下或地下等，如果传感器还可以移动，那么将会对 QoS 带来更大的问题。

（4）**动态拓扑**。由于节点故障、链路故障和节点移动性，WSN 必须具有动态拓扑结构。这种动态特性会导致 QoS 问题。

（5）**可扩展性**。WSN 中传感器数量的增加或减少会影响服务质量。

（6）**各种类型的服务**。由于广泛使用，WSN 可以提供太多的服务。QoS 不应该受到这些不同类型的服务的影响。

（7）**不平衡混合业务**。包含大量传感器的数据业务可以具有高流量或混合流量。因此，QoS 方法必须知道数据流量。

（8）**物理环境**。与地理区域一样，环境会损坏传感器，如雨、浪和风。这些损坏会对网络造成损害。

（9）**数据冗余**。WSN 具有影响服务质量的数据冗余属性。

（10）**数据重要性**。所有数据不同之处在于它们包含各种信息。因此，当数据从源传输到目的地时，必须得到优先处理。

（11）**安全性**。在任何网络类型中，安全是最重要的。因此，安全性将直接影响服务质量。

换句话说，QoS 直接关系到任何网络的性能，不仅是对无线传感器网络 WSN 而言。根据前面提到的挑战，可以采用一些参数用于检查 WSN 的性能（Mbowe 和 Oreku，2014）。

7.5 WSN 性能分析

网络性能是所有网络中最重要的问题，因为，网络的高性能率意味着可以提供更高的服务质量。研究人员使用多种参数来量化评价网络性能。对于 WSN 来说，最主要的性能参数有以下几个（Gamal 等，2004；Chipara 等，2006；Mbowe 和 Oreku，2014）。

（1）**延迟**。延迟是指数据包从源节点传输到目标节点的所需要的传递时间。延迟可分为网络延迟、处理延迟、传播延迟和端到端延迟。

（2）**吞吐量**。吞吐量是指对网络单位时间内成功地传送数据的数量（以比特、字节、分组等测量）。

（3）**平均抖动**。抖动是指在分组到达时间内的时差，即分组延迟之间的差异。

（4）**网络寿命**。丢包率低于阈值的持续时间。

（5）**分组丢失或损坏率**。源节点到目的节点传输过程中丢失或损坏数据包的比例。

（6）**分组交付**。分组交付是指传递到目的节点的分组数据包。

（7）**数据包生成速率**。传感器节点单位时间内生成的数据包数量。

（8）**能耗**。网络中所有传感器或相关设备的消耗能量。

考虑到性能参数和 QoS 因素，研究人员可以使用性能分析为具资源受限的 WSN 寻求更适合实际应用需求的解决方案（Alazzawi 和 Elkateeb，2008）。

7.6 WSN 的安全问题

安全性可以被定义为用于保护网络免受威胁的性能。简而言之，安全性意味着"以正确的方式保护正确的事物"（Anderson，2008）。对于无线传感器网络来说，网络的安全性是一个非常重要的概念，因为无线传感器网络具有广阔的应用领域，包括军事、医疗和公共安全等。在军事领域，WSN 可以用于情报监测；在医学领域，WSN 可以用来加快患者与医生间的数据传输；此外，WSN 还可以应用于公共安全领域，如防盗警报等（Nigam 等，2014）。

由于 WSN 局限于特定的约束和要求，WSN 很容易受到安全攻击，因此针对 WSN 不同的应用场景需要专门设计不同的防御机制，传统的防御机制往往难以满足多样的 WSN 应用领域（Oreku，2013）。

7.6.1 WSN 的攻击漏洞

WSN 在结构与性能方面具有不同于其他网络的特点，主要包括以下几方面。

（1）**资源受限**。所有安全应用程序都需要依赖资源来实现，如能量、存储空间和处理能力等。然而，在 WSN 中，这些资源是非常有限的。

（2）**物理环境恶劣**。由于 WSN 往往在特定区域使用，因此，传感器多部署在环境极其恶劣的区域，如战场上的敌方区域。另外，自然灾害，如地震、飓风等会对传感器节点的性能产生较大的影响。这些应用场景为 WSN 提供了很少的物理保护（Li 和 Fu，2015）。

（3）**信道不可靠**。WSN 一般采用无线信道通信，这种公共开放通信资源意味着任何能够使用具有相同频带的无线通信设备都将轻松捕获信号并可能破坏网络。利用这些开放信道通信，可能发生数据冲突或延迟。因此，开放式沟通渠道是 WSN 典型的安全漏洞（Xing 等，2006；Li 和 Fu，2015）。

7.6.2 WSN 的安全需求

无线传感器网络在进行具体的应用过程中，需要进行数据采集、传输融合、处理以及任务的协同控制等。为了抵御各种安全攻击和威胁，保证任务执行的机密性、数据产生的可靠性、数据融合的正确性以及数据传输的安全性等，其安全需求主要表现为以下几个方面。

（1）**机密性**。机密性（Confidentiality）是指使未被授权者不能获取消息的内容。由于共享的无线传输介质，攻击者可能窃听传感器节点之间的交换消息。为了阻止攻击者获取消息的内容，在传输之前，应采用有效的密码系统对消息进行加密。机密性在军事应用、公共信息的隐私保护、网络密钥传输与管理等过程中都是很重要的。

（2）**完整性**。完整性（Integrity）是指在消息的传输过程中，信息不能被篡改。机密性保证了信息不被泄露，但无法保证信息是否被修改，而完整性保证信息在整个从产生到应用的过程中没有被修改添加等，同时接收者能够发现接收消息的改变。通过对数据包采用消息认证等机制，可以保护数据包的完整性，同时由于使用一种安全密钥，未被认证的节点将不可能改变在网络中传输合法的消息内容。

（3）**可用性**。可用性（Availability）对于 WSN 而言不同于传统网络安全可用，无线传感器网络安全的可用性有两个含义：一是网络与节点的可用性；二是信息的可用性。由于无线传感器网络的特殊性，使节点的资源有较大限制，传统的加密算法等不适应无线传感器网络，攻击者通过攻击传感器节点，消耗其能量，使之失去功能，从而可引起整个网络的瘫痪。信息的不可用与传统的网络信息一样，通过攻击者的篡改等，使采集传输的信息失去了原有的使用价值。

（4）**数据新鲜性**。数据新鲜性（Freshness）是考虑到无线传感器网络数据流是随时间变化的，只保证数据的机密性和认证是不够的，还必须确保每个消息都是最新的数据，即"新鲜"的数据，采用这种方法保证了攻击者不可能中转以前的数据。最新数据可分为两种类型：一种是弱新数据；另一种是强新数据。弱新数据提供局部消息是有序的，携带实时的消息；强新数据提供一个完整的需求应答次序，可作为评价数据的时延。前者用于传感器的测量；后者则用于网络内的时钟同步。

（5）**访问控制**。访问控制（Access Control）是指未被授权的节点不能够承担网络的路由或向网络发起新的业务。通过数据包里的认证代码，没有认证的节点不可能向网络中发送合法的消息。访问控制决定了谁能够访问系统，能访问系统的何种资源以及如何使用这些资源。适当的访问控制能够阻止未经允许的用户有意或无意地获取数据。访问控制的手段包括用户识别代码、口令、登录控制、资源授权（如用户配置文件、资源配置文件和控制列表）、授权核查、日志和审计等。

（6）**认证问题**。传感器网络的认证（Authentication）包括点到点认证和组播广播认证。在点到点认证过程中，网络节点在接收到另外一个节点发送过来的消息时，能够确认这个数据包确实是从该节点发送出来的，而不是其他节点发送的。组播广播认证解决的是单一节点向一组节点或所有节点发送统一告示的认证安全问题。组播广播认证的发送者是一个，而接收者是很多个，所以认证方法和点到点通信认证方式完全不同。

（7）**自治性**。自治性（Self-organization）也称为自组织性。事实上，无线传感器网络是一个典型的自组织网络，每个节点都是独立的，可以发送、接收数据，也实现数据转发。新节点的加入将自动融为网络的一部分，旧节点的退出也将自动在网络中消失。由于网络没有固定的架构进行网络的管理，如密钥的管理，使网络显得很脆弱，给攻击者有可乘之机。

（8）**时钟同步性**。无线传感器网络的很多应用依赖节点的时钟同步（Time Synchronization），为了节省能量，传感器节点有时暂时停止发射，因此，需要一个可靠的时钟同步机制。

（9）**安全定位**。无线传感器网络的成功应用往往需要自动准确的节点定位信息，并能有效地发现错误的定位信息。攻击者或入侵者可能伪造或篡改定位信息。因此，需要一个安全的定位（Secure Localization）机制来保证无线传感器网络中定位信息的准确与可靠。这些应用如重要位置的监控、重要物体的监控及重要人员的监控等。

（10）**安全管理**。安全管理（Security Management）包括安全引导和安全维护两个部分。安全引导是指一个网络系统从分散的、独立的、没有安全通道保护的个体集合，按照预定的协议机制，逐步形成完整的、具有安全信道保护的、连通的安全网络过程。在互联网中安全引导过程包括通信双方的身份认证、安全通信加密或认证密钥的协商等，安全协议是网络安全的基础和核心部分。对于无线传感器网络，安全引导过程可以说是最重要、最复杂，而且也是最具挑战性的内容，因为无线传感器网络面临资源受限的约束，使得传统的安全引导方法不能直接应用于无线传感器网络中。安全维护主要研究通信中的密钥更新以及网络变更引起的安全变更。

7.6.3 WSN 的攻击与防御技术

由于资源受限，且通常部署在敌方区域或者难以进入的恶劣环境中，因此，传感器网络比传统网络更容易受到攻击。用户需要对不同的攻击引起的安全问题采取相应的抵御措施，为此，本节将首先从多个角度对攻击与威胁进行分类。

根据无线传感器网络的协议层次，通常为开放系统互联模型（Open System Interconnection，OSI），可将无线传感器网络的攻击分为应用层攻击、传输层攻击、网络层攻击、数据链路层攻击和物理层攻击。物理层的攻击主要包括通过物理层的信号干扰、节点的物理破坏、入侵节点及外部设备冒充基站等，使节点采集或传输的信号受到干扰，形成非正确的传输信号，同时可以在物理层进行信号监听等；链路层的攻击主要有链路层的接入碰撞，争用有限的信道资源，使节点能量损耗的拒绝睡眠攻击等；网络层的攻击类型比较多，主要有网络层的拒绝转发或篡改、拒绝服务攻击、女巫攻击、流量分析、污水池攻击、泛洪攻击、蠕虫攻击等，所以，网络层的安全防范也是研究的重点；传输层的攻击主要表现在该层次的泛洪攻击；应用层的攻击有冒充与克隆。

此外，也可以按攻击发生的范围分为内部攻击和外部攻击。外部攻击者不能获取到网络中与加密相关的信息，他们的攻击主要指各类来自非网络成员的攻击行为，包括物理破坏、入侵节点及外部设备冒充基站等；内部攻击者可能获取到部分私密信息和一些其他节点的信任，这类攻击主要指来自网络成员中被俘获节点或基站的攻击行为。因此内部攻击更难侦测和防范。外部攻击指攻击者未经由内部认证就获得内部节点的详细信息进行的破坏，传统的加密技术可以抵抗外部攻击。内部攻击是指攻击者以俘获和破解正常节点的方式在已经获取了内部消息后发动的攻击，我们将发起内部攻击的节点称为自私节点（妥协节点），因此，在 WSN 中内部攻击很难防御和检测（Humphries 和 Carlisle，2002；Al-Sakib 等，2006）。

从对信息的破坏性上看，攻击类型可以分为被动攻击和主动攻击。被动攻击中攻击者不对数据信息做任何修改，截取/窃听是指在未经用户同一和认可的情况下攻击者获得了信息或相关数据，通常包括窃听、流量分析、破解弱加密的数据流等攻击方式。而主动攻击会导致某些数据流的篡改和虚假数据流的产生，这类攻击可分为篡改、伪造消息数据和终端（拒绝服务）(Karlof 和 Wagner，2003)。

1. WSN 中的攻击类型

如前所述，网络攻击可分为主动攻击和被动攻击两种类型，监听、流量分析和伪装敌手属于被动攻击，而 DoS 攻击、分布式 DoS (Distributed DoS，DDoS)攻击以及路由攻击则属于主动攻击，如图 7-4 所示，可以将主动攻击可分为五类：DoS 或 DDoS 攻击、路由攻击、数字签名攻击、未经授权的信息攻击、其他主动攻击。

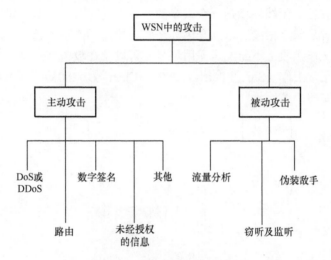

图 7-4　主动攻击和被动攻击

以下将对上述攻击进行详细的介绍与分析。

1）DoS 或 DDoS 攻击

DoS 是拒绝服务攻击，而 DDoS 是分布式拒绝服务攻击。DoS 与 DDoS 都是攻击目标服务器、网络服务的一种方式。DoS 攻击和 DDoS 攻击的攻击方式非常简单，但效果却十分明显，具有较大的危害性。研究表明，DoS 攻击通过各种手段消耗网络带宽和系统资源，或者攻击系统缺陷，使正常系统的正常服务陷于瘫痪状态，不能对正常用户进行服务，从而实现拒绝正常的用户访问服务。研究人员不断尝试创建新的防御机制，以尽量减少 DoS 或 DDoS 攻击的影响（Blackert 等，2003；Walters 和 Liang，2006；Raymond 和 Midkiff，2008；Sari，2005）。

相比之下，DoS 是一种一对一的关系，而 DDoS 是 DoS 攻击基础之上产生的一种新的攻击方式，利用控制成百上千的节点或终端，组成一个 DDoS 攻击群，同一时刻对目标发起攻击（Vijay 和 Nikhil，2015），攻击范围更广。

在无线传感器网络中，DoS 攻击和 DDoS 攻击可按协议层次分为不同的种类，如表 7-1 所列。拥塞攻击和物理破坏通常发生在物理层。

表 7-1 按层分类的 DoS 攻击

WSN 的层级	攻　击
物理层	拥塞攻击、物理破坏
数据链路层	碰撞攻击、耗尽攻击、非公平竞争
网络层	丢弃和贪婪破坏、汇聚节点攻击、方向误导攻击、黑洞攻击、蓝精灵攻击
传输层	泛洪攻击、失步攻击
应用层	大规模刺激发送、基于路径的 DoS 攻击、网络编程攻击

（1）**拥塞攻击**。无线环境是一个共享的开放空间，若两个节点发射的信号在一个频段上，或者是频点很接近，则会因为彼此干扰而不能正常通信。攻击节点通过在传感器网络工作频段上不断发送无用信号，可以使在攻击节点通信半径内的传感器节点都不能正常工作（Shi 和 Perrig，2004；Chen 等，2003），这种攻击方式被称为拥塞攻击，如图 7-5 所示。

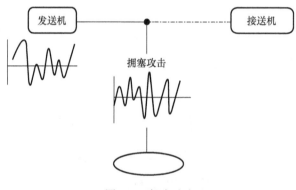

图 7-5 拥塞攻击

（2）**物理破坏**。无线传感器网络的传感器节点通常部署在恶劣的环境中，如水下或洞穴或战区等，所以保证每个节点都是物理安全是不可能的。物理破坏攻击的主要目的是破坏传输信息或传输行为的完整性（Becher 等，2006；Wang 和 Bhargava，2004）。

数据链路层的 DoS 或 DDoS 攻击包括包含碰撞攻击、耗尽攻击和非公平竞争。

（1）**碰撞攻击**。在无线传感器网络中，在数据包传输过程时哪怕有一个字节发生了冲突，那么整个数据包都会被丢弃。这种冲突在链路层协议中称为碰撞。由于碰撞攻击消耗的能量较少，因此难以检测（Wood 和 Stankovic，2002）。

（2）**耗尽攻击**。耗尽攻击就是利用协议漏洞，通过持续通信的方式使节点的能量资源耗尽，如利用链路层的错包重传机制，使节点不断重复发送上一包数据，最终耗尽节点资源（Sahu 和 Pandey，2014）。

（3）**非公平竞争**。如果网络数据包在通信机制中存在优先级控制，恶意节点或者被俘节点可能被用来不断在网络上发送高优先级的数据包占据信道，从而导致其他节点在通信过程处于劣势（Alquraishee 和 Kar，2014；Wood 和 Stankovic，2002）。

丢弃和贪婪破坏、汇聚节点攻击、方向误导攻击、黑洞攻击和蓝精灵攻击属于网络层的 DoS 或 DDoS 攻击（Sangwan，2016；Padmavathi 和 Shanmugapriya，2009）。

（1）**丢弃和贪婪破坏**。恶意节点作为网络的一部分，会被当作正常的路由节点来使用。恶意节点在冒充数据转发节点的过程中，可能随机丢掉其中的一些数据包，即丢弃破坏；另外，也可能将自己的数据包以很高的优先级发送，从而破坏网络通信秩序。

（2）**汇聚节点攻击**。一般的传感器网络中，节点并不是完全对等的。基站节点、汇聚节点或者基于簇头管理的簇头节点，一般都会承担比其他普通节点更多的责任，其在网络中的地位相对来说也会比较中重要。敌方人员可能利用路由信息判断出这些节点的物理位置或者逻辑位置进行攻击，给网络造成比较大的威胁。

（3）**方向误导攻击**。恶意节点在接收到一个数据包后，除了丢弃该数据包，还可能通过修改源地址和目的地址，选择一条错误的路径发送出去，从而导致网络的路由混乱，如图 7-6 所示。

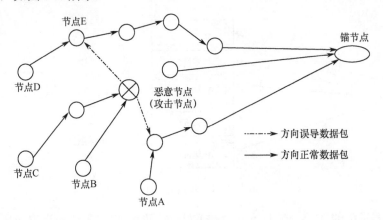

图 7-6　方向误导攻击

（4）**黑洞攻击**。黑洞攻击是 DoS 或 DDoS 攻击中最简单的一种形式，即采用路由选择方式时，在路由发现阶段恶意节点向接收到的路由请求包中加入虚假可用信道信息，骗取其他节点同其建立路由连接，然后丢掉需要转发的数据包，造成数据包丢失的恶意攻击，如图 7-7 所示（Culpepper 和 Tseng，2004；Al-Shurman 等，2004）。

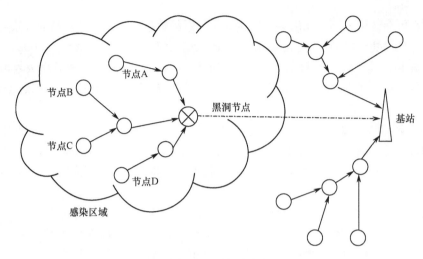

图 7-7　黑洞攻击

（5）**蓝精灵攻击**。蓝精灵攻击又称为放大攻击。如图 7-8 所示，攻击者攻击网络层的互联网协议（Internet Protocol，IP）和互联网控制报文协议（Internet Control Message Protocol，ICMP），并发送大量的 ICMP Echo 请求数据包，从而创建繁忙的网络流量（Charles，2005）。

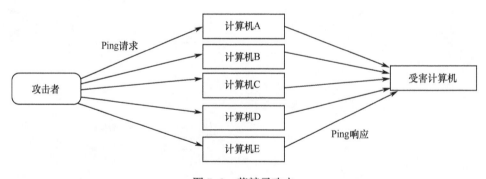

图 7-8　蓝精灵攻击

传输层常见的 DoS 或 DDoS 攻击攻击方式为泛洪攻击和失步攻击（Benenson等，2008；Wood 和 Stankovic，2002）。

（1）**泛洪攻击**。泛洪攻击即能量消耗的攻击。能量消耗攻击是 WSN 所特有的，主要针对 WSN 的能量和带宽受限特性发起的攻击。在这种情况下，攻击者的目标是通过向目的节点重复发送新的通信请求迫使传感器节点进行高能耗操作，通过消耗电池的能量来降低网络的寿命。

（2）**失步攻击**。失步攻击即通信可靠性的攻击，传输层通信的可靠性是指对数据的可靠传输。在通信可靠性攻击中，敌方可以不断发送伪造信息给进行通信的节点，这些信息是标有序号和控制标记的，通信节点收到伪造信息后要求重传丢失的信息。如果敌方可以维持较低的时序，它就可以阻止通信两端交换有用的信息，使得它们无止尽头地回复同步协议中消耗能量，从而造成网络的不可用。

应用层中的攻击为大规模刺激发送、基于路径的 DoS 攻击和网络编程攻击（Mpitziopoulos 等，2009；Kaushal 和 Sahni，2015）：

（1）**大规模刺激发送**。这种攻击类型中，应用程序控制刺激，并持续发送运动检测警报，从而导致大量网络流量。

（2）**基于路径的 DoS 攻击**。攻击者直接将所有数据包发送到基站，占用网络带宽、消耗网络的能量和处理能力。

（3）**网络编程攻击**。攻击者使用错误程序对节点进行重新编程，从而影响整个网络。

2）路由攻击

（1）**欺骗、篡改及重放路由信息**。攻击者可直接攻击路由信息，如图 7-9 所示。攻击者可以发送大量欺骗路由报文、篡改或重放路由信息，使网络中的节点能量失去平衡。这种攻击方式，也可能通过在网络内形成环路路由，扩展或缩短服务路径，生成错误消息，增加端到端延迟等方式，耗尽网络能量资源，从而致使整个网络服务的中断（Jaydip，2009；Karlof 和 Wagner，2003）。

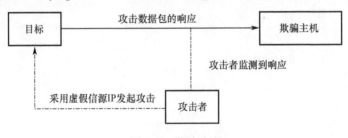

图 7-9　欺骗攻击

（2）**选择性转发**。该类型的网络攻击发生于网络层中，主要包括消息选择性转发和传感器节点选择性转发两种类型。攻击者选择性地向特定传感器节点发送信息的行为称为消息选择性转发；攻击者将信息发送给选定传感器节点的行为称为传感器节点选择性转发。在选择性转发攻击中，恶意节点通常表现得和正常节点一样，但它会选择性地丢弃有价值的数据包，导致基站不能及时收到完整准确的消息，从而导致网络功能的失效甚至崩溃，如图 7-10 所示（Ganesan 等，2002；Karlof 和 Wagner，2003）。

（3）**女巫攻击**。女巫攻击是发生在网络层或应用层的攻击。如图 7-11 所示，攻击节点伪装成具有多个身份标识 ID 的节点，当通过该节点的一条路由遭到破坏时，网络会选择另一条自认为完全不同的路由，但实际上又通过了该攻击节点。女巫攻击的目的是通过发送不正确的信息来占用邻居节点的内存。因此，该攻击对地理路由协议构成严重威胁（Arora 和 Gupta，2014；Braginsky 和 Estrin，2002）。

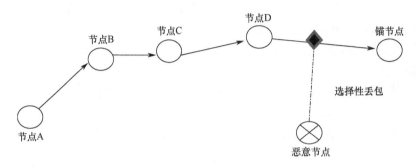

图 7-10　选择性转发攻击

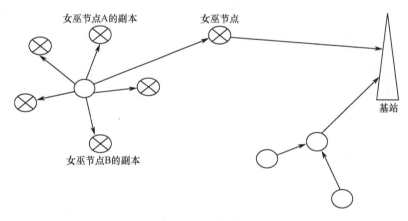

图 7-11　女巫攻击

（4）**虫洞攻击**。虫洞攻击主要发生在网络层或链路层，是无线传感器网络中至关重要的攻击方式之一。在该攻击中，攻击者需要两个或更多敌手，以创建更好的通信资源和更好的通信通道，称为隧道。虫洞攻击可以将不同分区里的节点距离拉近，使彼此成为邻居节点，破坏无线传感器网络的正常分区。其最简单的实现形式是位于两个多跳节点之间，通过攻击节点强大的收发能力实现两个节点的报文中继，使客观上是多跳的路由节点误以为彼此单跳，虫洞攻击的具体进程如图 7-12 所示（Perrig 等，2004）。

（5）**同步泛洪攻击**。该攻击利用 Hello 信息包向目标节点请求通信，如图 7-13 所示，恶意节点通过发送具有高无线传输能力和处理能力的 Hello 消息，使接收节点误以为该恶意节点是为其邻居节点。当接收方节点将消息转发给恶意节点时，消息将丢失并，从而破坏整个网络（Lazos 等，2005）。

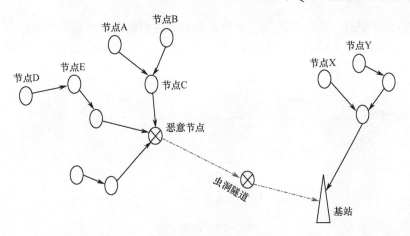

图 7-12　虫洞攻击

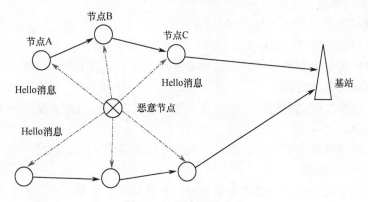

图 7-13　同步泛洪攻击

3) 数字签名攻击

数字签名攻击主要包括通过已知消息、选择消息和密钥三种方式（Min，2004；Sari，2015）。

（1）**已知消息**。攻击者获知由受害者签名的一组消息，并且可以访问该组消息列表的签名，如图 7-14 所示。

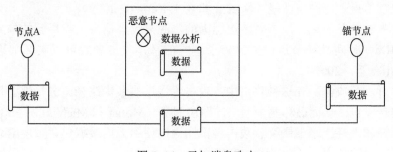

图 7-14　已知消息攻击

155

（2）**选择消息**。攻击者从其想要受害者签名的消息列表中选择特定的消息。

（3）**密钥**。在如图 7-15 所示的密钥攻击中，攻击者仅知道真实签名者的公开验证算法或公共密钥。

图 7-15　密钥攻击

4）未经授权的信息攻击

未经授权的信息攻击（Luo 等，2000；Sari，2015）主要包括未经授权的信息公开、未经授权的信息修改以及未经授权的信息访问三种形式。

（1）**未经授权的信息公开**。在这种类型的攻击中，攻击者在没有获得授权的情况下试图获取数据的内容。

（2）**未经授权的信息修改**。攻击者修改，篡改，重新排序或延迟消息以实现未经授权的效果。

（3）**未经授权的信息访问**。攻击者未经授权访问用户的资源或系统。

5）其他攻击类型

（1）**恶意节点**。恶意节点攻击是无线传感器网络中最常见的攻击方式。在这个攻击中，攻击者将错误信息插入系统（Pathan 等，2006）。

（2）**节点捕获与破坏**。在此攻击中，攻击者可以捕获节点并在其该节点中存储恶意信息（Pathan 等，2006）。

（3）**节点故障**。攻击者使用故障节点生成不必要的数据包，这些不必要的数据包会损坏整个网络（Naeem 和 Kok-Keong，2009）。

（4）**节点复制**。这种类型的攻击非常简单，攻击者复制现有网络中的节点。通过这些复制节点破坏网络性能（Naeem 和 Kok-Keong，2009）。

（5）**被动信息收集**。攻击者使用强大的资源来收集信息。收集到的信息包含特定内容 IDs、时间戳和节点位置。有了这些信息，攻击者就可以破坏节点和网络（Undercoffer 等，2002）。

（6）**拜占庭攻击**。在这种攻击中，攻击者通过非最优路径、选择性丢包和路由环路创建转发包，从而破坏整个网络的路由服务（Molva 和 Michiardi，2002）。

（7）**资源消耗或睡眠剥夺**。攻击者试图通过使用无用数据包并过度请求路由发现来消耗节点的功率（Conti 等，2003）。

（8）**数据包丢弃**。攻击者直接丢掉数据包而破坏通信（Lawson，2005）。

（9）**急速攻击**。在这种攻击中，攻击者利用副本抑制机制来提高路由过程的速度，从而提高端口拒绝率（Graf，2005）。

（10）**中间人攻击**。中间人攻击（Man in the Middle，MitM）是指攻击者将恶意节点插入两个节点之间的对话中以拦截通信。通过这个恶意节点，攻击者可以访问节点间的通信并了解节点的所有信息，如图 7-16 所示（Gasser 等，1989）。

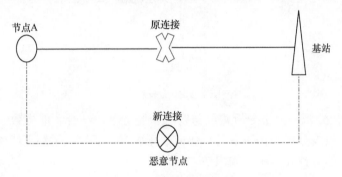

图 7-16　中间人攻击

（11）**伪装攻击**。在伪装攻击中，攻击者通过盗取登录口令获取访问网络信息的权限。在得到登录口令后，攻击者可与接收方建立新的连接，如图 7-17 所示（Zhang 和 Lee，2000；Sari，2015）。

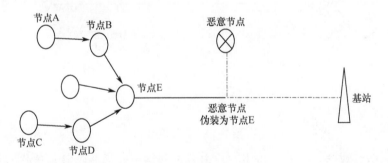

图 7-17　伪装攻击

（12）**行为否认攻击**。这种攻击是针对问责制的攻击行为。攻击者生成不正确的日志信息，用以更改所执行操作的真实信息（Kong 等，2001）。

（13）**伪随机数攻击**。攻击者使用公钥机制生成伪随机数以破坏通信中的加密过程（Kaufman 等，2002）。

以上是图 7-4 所示的主动攻击，相应地，被动攻击主要分为三种类型（Gruteser 等，2003；Chan 和 Perrig，2006）。

（14）**窃听和监听或嗅探**。这是最常见和最简单的被动攻击类型。如图 7-18 所示，如果数据未经加密，则攻击者可以容易地窃听到数据的内容。因此，这些类型的攻击仅与数据相关。

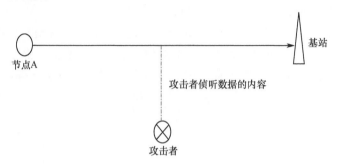

图 7-18　伪装攻击

（15）**流量分析**。流量分析需要与窃听和监听攻击结合才能生效。当与其他攻击相结合时，流量分析攻击不仅可以访问数据内容，还可以了解无线传感器网络中的传感器节点的特性和作用，如图 7-19 所示。

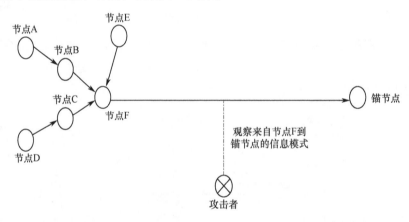

图 7-19　伪装攻击

（16）**伪装攻击**。在此攻击中，攻击者在网络中安插并隐藏其传感器节点。这些隐藏的节点表现为普通节点，并攻击网络流量以获得有用的信息。

2．WSN 中的防御机制

正如前文所述，无线传感器网络容易受到多种类型的攻击。防御机制可用于恢复、抵御和检测安全攻击。在无线传感器网络中，防御机制能抵御多种类型的安全攻击，然而有些攻击需要特定的防御机制。

（1）**虫洞攻击的防御机制**。Kaissi 等（2005）提出一种用于防御虫洞攻击的主动路由协议防御机制，称为 Dawwen 协议。该路由协议基于分层树结构，其中基站为分层树的根，传感器节点为分层树的叶。Dawwen 协议具有两个比较明显的优势：一是传感器节点的地理位置信息对检测虫洞攻击不是必要的；二是检测虫洞攻击不需要时间戳。

Hu 和 Evans（2004）提出了一种对抗虫洞攻击的机制，称为定向天线机制。此机制能够检测恶意节点并阻止它们建立虫洞隧道。

Wang 等（2004）提出了另一种保护网络免受虫洞攻击的方法，称为可视化方法。在该方法中，使用多维度缩放来计算所有传感器节点和邻居节点之间的估计距离。通过这些计算，可以轻松找到并消除虫洞隧道。

Sebastian（2011）提出了一种安全协议以保护网络免受虫洞攻击，称为针对虫洞攻击（Secure Routing protocol against a Wormhole Attack，SeRWA）的安全路由协议。SeRWA 协议创建了具有误报性的安全路由。但是该研究者通过移动代理的方式使得安全路由的误报率实现了最小化。通过移动代理系统，SeRWA 协议有效地抵御了虫洞攻击。另外，Madria 和 Yin（2009）提出了 SeRWA 的另一种实现形式，尽管名称相同，但是 Madria 和 Yin 所提出的 SeRWA 协议使用对称密钥密码术来保护网络免受虫洞的侵害。

Farooq 等（2014）提出了一种基于医学应用环境的虫洞攻击防御机制。这种防御机制检测并消除了创建虫洞隧道的恶意节点。

（2）**女巫攻击的防御机制**。Douceur（2002）使用身份证书来防止女巫攻击。在这种方法中，每个节点都具有唯一的信息，服务器使用此唯一信息创建唯一的身份证书。在创建证书并设置每个节点后，节点会检查服务器的信息以查看它是否匹配。此过程需要交换一些消息，因此它会增加网络流量，但会保护网络免受女巫攻击。

Newsome 等（2004）提出了一种检测网络中女巫节点的检测机制。该检测机制采用无线电资源测试来检测女巫节点。使用这种机制，能够很容易找到并消除女巫节点，从而网络可以正常工作。

Eschenauer 和 Gligor（2002）提出了另一种抵御女巫攻击的方法。通过采用随机密钥预分配技术，为每个传感器借贷分配一组随机密钥。在密钥建立阶段，每个传感器节点可以与其邻居节点共享公共密钥。这种技术可以最大限度地减少女巫攻击。

（3）**选择性转发攻击的防御机制**。Ganesan 等（2011）提出的多路径路由技术可用于防御选择性转发攻击。在该技术中，节点动态地在一组可能的候选跳中选择其下一跳节点。降低了选择性转发攻击对数据传输控制的可能性。

（4）**沉洞攻击的防御机制**。Zorzi 和 Rao（2003）提出了一种地理路由协议。这种类型的协议构建了一种基于需求的拓扑结构，并且仅使用本地化的交互和信息。根据分析，该协议减少了沉洞攻击的威胁。

（5）**拥塞攻击的防御机制**。Wood 等（2003）提出了两种抵御拥塞攻击的方法。第一种方法是一种映射协议来检测拥塞区域并节省通信开销。在某些分析中，该协议很容易找到拥塞区域。第二种方法是采用跳频扩频（Frequency Hopping

Spread Spectrum，FHSS）的方式。FHSS 将伪随机序列应用于发射机和接收机。这些序列快速且连续地改变发射信号，致使攻击者无法捕捉频率信息。

Cagalj 等（2007）提出了一种使用虫洞来避免拥塞攻击的防御机制。因此，虫洞的帮助可以防止干扰攻击。

（6）**欺骗、篡改攻击的防御机制**。Ye 等（2005）提出了一种保护 WSN 免受欺骗攻击的防御机制，称为统计路由滤波（SEF）。SEF 机制用于查找和删除后添加的数据。理论和仿真分析结果表明，SEF 机制减少了欺骗攻击对网络安全性能的影响。

Slijepcevic 等（2002）提出了一种用于防止信息欺骗的安全机制。如果网络的某些部分遭受了欺骗攻击，则此安全机制仍可确保网络的其他部分免受欺骗攻击的影响，因为此安全方案可单独保护各种敏感度级别。该特性可最大限度地提高针网络抵御对欺骗攻击的安全百分比。

Yin 等（2003）研究了安全路由的直径（Secure Routing on the Diameter，SRD）机制，以检测欺骗攻击。该机制是基于令牌的机制，防止从源节点发送到目的节点数据传输过程中的欺骗攻击。

（7）**同步泛洪攻击的防御机制**。Hamid 等（2006a）提出了一种名为概率秘密共享的安全协议。该协议利用双向验证技术和多路径，多基站路由方式，实现了对同步泛洪攻击的抵御。

（8）**黑洞攻击的防御机制**。针对黑洞攻击，Karakehayov（2005）提出了一种奖励路由算法，称为 REWARD 路由。REWARD 利用地理路由和无线信道探测行为来观察邻居节点的传输过程以检测和消除黑洞攻击。分析结果表明，REWARD 算法实现了保护网络免受黑洞攻击。

（9）**数字签名攻击的防御机制**。Freier 等（2011）提出了一种基于 RSA 的签名算法。与握手过程相似，该算法的实现需要两方工作。双方验证彼此的证书并在通信过程中协商公钥密码。随后，客户端设置通信和服务器响应通信。Hankerson 等（2004）则提出了一种使用基于 ECC 的签名公钥密码术的椭圆曲线数字签名算法（Elliptic Curve Digital Signature Algorithm，ECDSA）。该算法还使用像基于 RSA 的签名之类的握手过程。分析结果表明，当传输公钥密码时，ECDSA 和基于 RSA 的签名在客户端消耗几乎相同的能量。但在服务器端，ECDSA 和基于 RSA 的算法之间存在差异。综合来说，ECDSA 比基于 RSA 的签名算法的开销小。

（10）**节点捕获的防御机制**。Chan 等（2003）分析了节点捕获的漏洞。他们的分析结果确定环中密钥重叠的增加量将增加节点捕获的可能性，提出了一种"q 组合随机密钥预分配方案"（q-Composite Random Key Predistribution Scheme，q-CRKPS）解决这一问题。该方案在建立通信之前至少需要共享 q 个公共密钥。这 q 个公共密钥在两个邻居节点之间建立安全通信。

（11）**碰撞、耗尽以及非公平竞争攻击的防御机制。**Jaydip（2009）通过检测并找出防御碰撞、耗尽以及非公平竞争攻击的解决方案，使用纠错码来防止碰撞攻击。该纠错码可以检测恶意节点并防止碰撞，但仍然不足以保护网络 100%免受碰撞攻击。另外，该方法消耗太多的处理和通信功率。对于耗尽攻击，该研究者研究了 MAC 访问控制技术。此技术检查所有请求，并忽略旨在通过耗尽攻击造成损害的可疑请求。对于非公平竞争攻击，该研究者对短帧进行了研究，采用短帧来减少时间量，使得攻击者无法轻易捕获通信通道。因此，这种短帧技术可以最大限度地减少非公平竞争攻击的可能性。

Liu 等（1997）提出了一种采用纠错码来保护网络免受碰撞攻击。这种防御机制能够发现碰撞并消除攻击，但是其通信开销较大，并且需要消耗额外的处理能力。

Znaidi 等（2008）提出了针对耗尽攻击的防御机制。利用这种防御机制，网络忽略了极端请求，因为防御机制限制了 MAC 访问控制率。该研究者针对耗尽攻击提出了一种不同的解决方案，即限制 MAC 信道的使用。通过该方案，网络中的每个传感器节点占用 MAC 信道来传输数据分组不宜过长。采用这种限制可以最大限度地减少耗尽攻击对网络的影响。

（12）**泛洪攻击防御机制。**Aura 等（2001）提出了一种检测泛洪攻击的机制，其主要思想为，客户通过解决泛洪模型和参数对比来给出其对连接的验证。使用此技术，攻击者无法快速创建新连接。

（13）**节点复制攻击的防御机制。**Parno 等（2005）提出了两种算法来抵御节点复制攻击，其中一种算法将位置信息随机分配给每个节点，第二种算法检测复制节点并将其消除。Parno 提出的两种算法可以较好地解决单点失效问题。

Lemos 等（2010）提出了针对节点复制攻击的协作 IDS 方案。在该方案中，令一些节点进行任务监视，称为监督节点。这些监督节点基于检测节点复制攻击的规则来监视整个网络行为。

（14）**流量分析攻击的防御机制。**Deng 等（2004）提出了一种保护网络免受流量分析攻击的机制。该机制包含了四种策略。首先，通过将父路由树部署于传感器节点，传感器的节点可以轻松地将数据包发送到多个父节点。其次，部署了受控随机游走。再次，部署了随机虚假路径以混淆攻击者。最后，创建多个通信随机区域。这四种策略可以有效阻止流量分析。

（15）**窃听攻击的防御机制。**Xi 等（2006）和 Özturk 等（2004）提出了一种贪婪随机游走（Greedy Random Walk，GROW）协议来保护网络免受窃听攻击。在该协议中，锚节点和传感器节点分别创建 N 跳或 M 跳随机游走路径。当传输的数据包到达跳数时，它会直接转发到锚节点创建的跳数。该协议可以使窃听攻击的影响最小化。

（16）**多个攻击的防御机制**。Perrig 等（2002）提出了两种方案，分别为传感器网络加密协议（Sensor Network Encryption Protocol，SNEP）和微时间高效流容错身份验证（Micro Time Efficient Streaming Loss-tolerant Authentication，μTESLA）协议。这两个协议可防止信息欺骗和重放攻击，并提供数据机密性，新鲜性和广播身份验证。另外，Perrig 还提出了另一种防止被动攻击的协议，称为通过信息协商的传感器协议（Sensor Protocols for Information via Negotiation，SPIN）。SPIN 协议可以随机改变数据流量模式，因此攻击者很难窃听通信内容。

Karlof 等（2004）提出了一种链路层加密机制 TinySec。TinySec 使用有效的对称密钥加密协议来保护网络免受信息欺骗和重放攻击。TinySec 专注于提供消息身份验证，机密性和完整性。

Hu 等（2003）提出了一种称为 TIK 的对称密钥加密算法，用于防御虫洞和欺骗攻击。该算法需要准确的时间同步，并在所有节点之间创建安全通信。

Zhu 等（2003）提出了一种称为本地化加密和认证协议（Localized Encryption and Authentication Protocol，LEAP）。LEAP 是基于对称密钥算法的密钥管理协议。LEAP 根据安全要求为每个数据包使用四种不同类型的对称密钥机制。LEAP 是 WSN 安全性中一种普遍采用协议，但它仍然存在一个缺点，即无法注入错误数据或解密前期消息。

Lai 等（2002）提出了一种广播会话密钥（Broadcast Session Key，BROSK）协商协议。BROSK 是一种密钥管理协议，它使用会话密钥保护网络。BROSK 协议与所有节点共享主密钥以建立会话密钥并进行协商。BROSK 还有其他优势，它是一种可扩展且节能的协议。

Deng 等（2002）提出了一种入侵容忍路由协议（Intrusion Tolerant Routing Protocol，INSENS）。该协议使用基于路由的方法来检测 DoS 攻击。INSENS 构建路由表并部署到每个节点，绕过恶意节点。因此，恶意节点无法攻击网络。该协议同时检测并最小化 DoS 攻击的损害。

Brutch 和 Ko（2003）提出了一种防御机制，该防御机制采用三种架构保护网络免受各种攻击。在第一个架构中，每个节点都有自己的入侵检测系统来直接检测攻击。第二个架构负责检测对传感器节点的本地攻击的抵御。第三个架构主要负责路由攻击的抵御。

Albers 等（2002）研究了局部入侵检测系统（Local Intrusion Detection System，LIDS）。在 LIDS 中，网络必须与另一个网络协作。网络间交换安全日期并相互警告入侵。通过这些交换，每个节点的监测范围得到了延伸。该系统可以轻松检测并消除各种攻击。

Karp 和 Kung（2000）提出了一种贪婪周边无状态路由（Greedy Perimeter Stateless Routing，GPSR）安全机制，用于保护网络免受污水池攻击和虫洞攻击。

此机制检测广播探测请求以有效地查找和消除攻击。

Shiva 等 (2012) 提出了一种用于防御选择性转发,沉洞攻击和篡改攻击的协议,称为能量有效节点不相交多径路由协议 (Energy Efficient Node Disjoint Multipath Routing Protocol, EENDMRP)。当数据开始传输时,EENDMRP 利用数字签名加密系统有效地到达其目的地点。该协议有效地最小化了选择性转发、沉洞攻击和篡改攻击对网络的影响。

El-Bendary 等 (2011) 提出了安全定向扩散路由 (Secure Directed Diffusion Routing, SDDR) 协议。该协议使用µTESLA 算法来保护网络免受黑洞和欺骗攻击。

Hamid 等 (2006) 研究了多径和多基站路由机制,以防止同步泛洪攻击和重放攻击。此机制使用密钥和单向散列密钥链来分配多个密钥协议。通过该过程,路由机制有效地保护网络。

Wei 等 (2009) 将 RSA 公钥加密,高级加密标准 (Advanced Encryption Standard, AES) 和数字签名算法融入 AODV 协议中,提出了安全 AODV (Secure AODV, SAODV) 协议。SAODV 协议保护网络免受各种攻击,如窃听、DoS 和同步泛洪攻击。分析的结果表明,SAODV 协议有效地保护网络的安全性能,其能耗等性能与 AODV 协议相似。

Xin-sheng 等 (2013) 提出了负载均衡安全路由协议 (Load-Balanced Secure Routing Protocol, LSRP) 保护网络免受各种攻击并平衡负载。该协议使用单向散列密钥链和对称密钥技术保护网络的安全性。

Babu 等 (2013) 提出了防御的传输和网络层中的 DoS 和 DDoS 攻击的安全机制。该机制基于地址注册协议。此机制分析并检查网络流量以检测无用流量。然而,由于 DoS 和 DDoS 的传输层和网络层中存在若干攻击,因此这种机制有时效率不高。

Stetsko 等 (2010) 提出了一种基于邻居节点的入侵检测系统。检测系统基于协作树协议 (Collaboration Tree Protocol, CTP)。该系统用于检测同步泛洪攻击,选择性转发攻击和干扰攻击。但是,该系统存在两个主要问题,即通信开销和检测误报发生率较大。

Kline 等 (2011) 提出了一种针对 DoS 攻击的防御系统,称为"盾牌"(Shield) 系统。"盾牌系统"控制和检测整个网络流量,据此来识别恶意节点并完成全网监测。如果存在恶意节点,"盾牌系统"将直接识别并阻止恶意节点,从而阻止 DoS 攻击。另外,Ranjan 等 (2009) 修改了"盾牌系统"方案,提出了针对 DDoS 攻击的防御系统。该系统不仅可以屏蔽恶意节点,还可以识别和屏蔽可疑的分配机制与 DDoS 调度程序。

Chaudhary 和 Thanvi (2015) 提出了一种 Ad-hoc 按需距离矢量 AODV 协议。AODV 协议分析和检测整个网络中的恶意节点或 DoS 攻击。检测后,AODV 协议

智能数据系统与通信网络中的安全保证与容错恢复

将抵御方案应用于嫌疑节点或区域并消除攻击。

Kaushal 和 Sahni（2016）提出了针对 DoS 攻击的安全方案（Security Scheme Against a DoS，SSAD）。此机制更适用基于簇的 WSN，并使用可信管理来检测和消除簇内节点中的 DoS 攻击。

参 考 文 献

Akkaya, K., Younis, M., 2005. A survey on routing protocols for wireless sensor networks. Ad Hoc Netw. 3 (3), 325–349.

Akyildiz, I.F., Stuntebeck, E.P., 2006. Wireless underground sensor networks: research challenges. Ad Hoc Netw. 4, 669–686.

Akyildiz, I.F., Melodia, T., Chowdhury, K.R., 2007. A survey on wireless multimedia sensor networks. Comput. Netw. 51, 921–960.

Al-Karaki, J.N., Kamal, A.E., 2004. Routing techniques in wireless sensor networks: a survey. IEEE Wirel. Commun. 11 (6), 12–19.

Al-Sakib, K.P., Hyung-Woo, L., Choong Seon, H., 2006. Security in wireless sensor networks: issues and challenges. In: The 8th International Conference Advanced Communication Technology, ICACT'06, pp. 1043–1048.

Al-Shurman, M., Yoo, S., Park, S., 2004. Black hole attack in mobile ad hoc networks. In: In the 42nd Annual Southeast Regional Conference. ACM, Huntsville, AB, pp. 536–548. doi:10.1145/986537.986560.

Alazzawi, L., Elkateeb, A., 2008. Performance evaluation of the WSN routing protocols scalability. J. Comput. Syst. Netw. Commun. 9, 1–9.

Albers, P., Camp, O., Percher, J.M., Jouga, B., Puttini, R., 2002. Security in ad hoc networks: a general intrusion detection architecture enhancing trust based approaches. In: First International Workshop on Wireless Information Systems, pp. 1–12.

Aljawawdeh, H., Almomani, I., 2013. Dynamic load balancing protocol (DLBP) for wireless sensor networks. In: IEEE Jordan Conference on Applied Electrical Engineering and Computing Technologies (AEECT).

Almomani, I., Saadeh, M., Jawawdeh, H.A., Al-Akhras, M., 2011. Energy awareness tree-based routing protocol for wireless sensor networks. In: The 10th WSEAS International Conference on Applied Computer and Applied Computational Science (ACACOS '11), pp. 26–30.

Alquraishee, A.G.A., Kar, J., 2014. A survey on security mechanisms and attacks in wireless sensor networks. Contemp. Eng. Sci. 7 (3), 135–147.

Amrinder, K., Sunil, S., 2013. Simulation of low energy adaptive clustering hierarchy protocol for wireless sensor network. Int. J. Adv. Res. Comput. Sci. Softw. Eng. 3 (7).

Anderson, R.J., 2008. Security Engineering: A Guide to Building Dependable Distributed Systems, second ed. John Wiley & Sons, New York. ISBN 978-0-470-06852-6.

Arora, P., Gupta, A., 2014. A survey on wireless sensor network security. Int. J. Comput. Sci. Inform. Technol. Res. 2 (2), 67–76.

Aura, T., Nikander, P., Leiwo, J., 2001. DOS-resistant authentication with client puzzles. In: Revised Papers From the 8th International Workshop on Security Protocols. Springer-Verlag, Cambridge, UK, pp. 170–177.

Babu, C.M., Lanjewar, A.U., Manisha, C.N., 2013. Network intrusion detection system on wireless mobile ad hoc networks. Int. J. Adv. Res. Comput. Commun. Eng. 2 (3), 1495–1500.

Bajaber, F., Awan, I., 2011. Adaptive decentralized re-clustering protocol for wireless sensor networks. J. Comput. Syst. Sci. 77 (2), 282–292.

Becher, A., Benenson, Z., Dornseif, M., 2006. Tampering with motes: real-world physical attacks on wireless sensor networks. Security Pervasive Comput. 3934, 114–118.

Benenson, Z., Cholewinski, P.M., Freiling, F.C., 2008. Vulnerabilities and attacks in wireless sensor networks. In: Wireless Sensor Network Security. IOS Press, Amsterdam, pp. 22–44.

Bhuyan, B., Kumar, H., Sarma, D., Sarma, N., Kar, A., Mall, R., 2010. Quality of service (QoS) provisions in wireless sensor networks and related challenges. Wirel. Sens. Netw. 2, 861–868.

Blackert, W.J., Gregg, D.M., Castner, A.K., Kyle, E.M., Hom, R.L., Jokerst, R.M., 2003. Analyzing interaction between distributed denial of service attacks and mitigation technologies In: Proceeding DARPA Information Survivability Conference and Exposition, vol. 1 (22), 26–36.

Braginsky, D., Estrin, D., 2002. Rumor routing algorithm for sensor networks. In: Inproceedings of the 1st ACM International Workshop on Wireless Sensor Networks and Applications. ACM Press, New York, USA, pp. 22–31.

Brutch, P., Ko, C., 2003. Challenges in intrusion detection for wireless ad-hoc networks. In: Inproceedings of the Symposium on Applications and the Internet Workshops, pp. 1–6.

Cagalj, M., Capkun, S., Hubaux, J.P., 2007. Wormhole-based anti-jamming techniques in sensor networks. IEEE Trans. Mobile Comput. 6 (1), 1–15.

Carman, D.W., Krus, P.S., Matt, B.J., 2000. Constraints and approaches for distributed sensor network security. Technical Report 00-010. NAI Labs, Network Associates Inc., Glenwood, MD.

Chan, H., Perrig, A., 2006. Security and privacy in sensor network. In: IEEE Communications Surveys & Tutorials, IEEE Computer Magazine, pp. 103–105.

Chan, H., Perrig, A., Song, D., 2003. Random key pre-distribution schemes for sensor networks. In: Proceedings of the IEEE Symposium on Security and Privacy, pp. 197–203.

Charles, C.T., 2005. Security review of the light-weight access point protocol. In: IETF CAPWAP Working Group, pp. 1–27.

Chaudhary, S., Thanvi, P., 2015. Performance analysis of modified AODV protocol in context of denial of service (DOS) attack in wireless sensor networks. Int. J. Eng. Res. Gen. Sci. 3 (3), 1–6.

Chen, D., Varshney, P.K., 2004. Qos support in wireless sensor network: a survey. In: Proceedings of the International Conference on Wireless Networks (ICWN'04), Las Vegas, Nevada, USA, vol. 1, pp. 304–316.

Chen, D., Deng, J., Varshney, P.K., 2003. Protecting wireless networks against a denial of service attack based on virtual jamming. In: Proceedings of the Ninth Annual International Conference on Mobile Computing and Networking. ACM, New York, USA, pp. 548–561.

Chen, T.-S., Tsai, H.-W., Chu, C.-P., 2006. Gathering-load-balanced tree protocol for wireless sensor networks. In: Proceedings of the IEEE International Conference on Sensor Networks, Ubiquitous, and Trustworthy Computing (SUTC'06), pp. 32–35.

Chipara, O., He, Z., Xing, G., Chen, Q., Wang, X., 2006. Real-time power-aware routing in sensor networks. In: Proceedings of the 14th IEEE International Workshop on Quality of Service, pp. 83–92.

Chung, T.-P., Lin, T.-S., Zheng, X.-Y., Yen, P.-L., Jiang, J.-A., 2011. A load balancing algorithm based on probabilistic multi-tree for wireless sensor networks. In: Fifth International Conference on Sensing Technology (ICST). IEEE, New York, pp. 527–532.

Conti, M., Gregori, E., Maselli, G., 2003. Towards reliable forwarding for ad hoc networks. In: Personal Wireless Communications, 8th International Conference, Venice, Italy. Springer, Berlin, Heidelberg, pp. 790–804. doi: 10.1007/978-3-540-39867-7_71.

Crawley, E., Nair, R., Rajagopalan, B., Sandick, H., 1998. A Framework for QoS-Based Routing in the Internet, pp. 138–144.

Culpepper, B.J., Tseng, H.C., 2004. Sinkhole intrusion indicators in DSR MANETs. In: Proceedings First International Conference on Broad Band Networks, pp. 681–688.

Dai, H., Han, R., 2003. A node-centric load balancing algorithm for wireless sensor networks. In: Global Telecommunications Conference, GLOBECOM'03. IEEE, vol. 1. IEEE, New York.

Deng, Y., Hu, Y., 2010. A Load Balanced Clustering Algorithm for Heterogeneous Wireless Sensor Networks. ISBN 978-1-4244-7159-1, pp. 1–4.

Deng, J., Han, R., Mishra, S., 2002. INSENS: Intrusion-tolerant routing in wireless sensor networks. Technical Report CU-CS-939-02. Department of Computer Science, University of Colorado at Boulder.

Deng, J., Han, R., Mishra, S., 2004. Countermeasures against traffic analysis in wireless sensor networks. Technical Report CU-CS-987-04. University of Colorado at Boulder, pp. 1–13.

Dohler, M., 2008. Wireless sensor networks: the biggest cross-community design exercise to-date. Recent Pat. Comput. Sci., 1 (1), pp. 9–25.

Douceur, J.R., 2002. The Sybil attack. In: 1st International Workshop on Peer-to-Peer Systems (IPTPS '02), pp. 1–6.

El-Bendary, N., Soliman, O.S., Ghali, N.I., Hassanien, A.E., Palade, V., Liu, H., 2011. A secure directed diffusion routing protocol for wireless sensor networks. In: Proceedings of the 2nd International Conference on Next Generation Information Technology (ICNIT '11), pp. 149–152.

Eschenauer, L., Gligor, V.D., 2002. A key-management scheme for distributed sensor networks. In: Inproceedings of the 9th ACM Conference on Computer and Networking, pp. 41–47.

Farooq, N., Zahoor, I., Mandal, S., Gulzar, T., 2014. Systematic analysis of dos attacks in wireless sensor networks with wormhole injection. Int. J. Inform. Comput. Technol. 4 (2), 173–182.

Freier, A., Karlton, P., Kocher, P., 2011. The Secure Sockets Layer (SSL) Protocol Version 3.0. 1–67.

Gamal, A.E., Mammen, J., Prabhakar, B., Shah, D., 2004. Throughput-delay trade-off in wireless networks. In: Proceedings of the 23rd Annual Joint Conference of IEEE Computer and Communications Societies, vol. 1, pp. 464–475.

Ganesan, D., Govindan, R., Shenker, S., Estrin, D., 2001. Highly-resilient, energy-efficient multipath routing in wireless sensor networks. Mobile Comput. Commun. Rev. 4 (5), 1–13.

Ganesan, D., Krishnamachari, B., Woo, A., Culler, D., Estrin, D., Wicker, S., 2002. An Empirical Study of Epidemic Algorithms in Large Scale Multihop Wireless Networks, pp. 1–15.

Ganesan, P., Venugopalan, R., Pedddabachagari, P., Dean, A., Mueller, F., Sichitiu, M., 2003. Analyzing and modeling encryption overhead for sensor network nodes. In: The 2nd ACM International Conference on Wireless Sensor Networks and Applications (WSNA'03) Washington, vol. 9, pp. 3–5.

Gasser, M., Goldstein, A., Kaufman, C., Lampson, B., 1989. The digital distributed system security architecture. In: Inproceedings of the National Computer Security Conference, pp. 305–319.

Graf, K., 2005. Addressing Challenges in Application Security. Watchfire White Paper, pp. 1–26. Retrieved from http://www.watchfire.com.

Gruteser, M., Schelle, G., Jain, A., Han, R., Grunwald, D., 2003. Privacy-aware location sensor networks. In: Inproceedings of the 9th USENIX Workshop on Hot Topics in Operating Systems, (HotOSIX), pp. 163–167.

Gupta, G., Younis, M., 2003. Performance evaluation of load-balanced clustering of wireless sensor networks. In: 10th International Conference on Telecommunications, pp. 1–7.

Haenggi, M., 2005. Opportunities and challenges in wireless sensor network. In: Handbook of Sensor Networks Compact wireless and Wired Sensing Systems. CRC Press, Boca Raton, FL, pp. 21–34.

Hamid, M.A., Rashid, M.M., Choong, S.H., 2006a, Defense against lap-top class attacker in wireless sensor network. In: Proceedings of the 8th International Conference Advanced Communication Technology (ICACT '06), pp. 314–318.

Hamid, M.A., Rashid, M.O., Hong, C.S., 2006b. Routing security in sensor network: hello flood attack and defense. In: IEEE ICNEWS, pp. 77–81.

Hankerson, D., Menezes, A., Vanstone, S., 2004. Guide to Elliptic Curve Cryptography. Springer-Verlag, New York. ISBN 0-387-95273-X.

Heidemann, J., Li, Y., Syed, A., Wills, J., Ye, W., 2005. Underwater sensor networking: research challenges and potential applications. In: Proceedings of the Technical Report ISI-TR-2005-603, USC/Information Sciences Institute.

Hill, J., Szewczyk, R., Woo, A., Hollar, Z., Culler, D.E., Pister, K., 2000. System architecture directions for networked sensors. In: Architectural Support for Programming Languages and Operating Systems, pp. 93–104.

Ho, C.K., Robinson, A., Miller, D.R., Davis, M.J., 2005. Overview of sensors and needs for environmental monitoring. Sensors 5 (1), 4–37.

Hongseok, Y., Moonjoo, S., Dongkyun, K., Kyu, H.K., 2010. Global: a gradient-based routing protocol for load-balancing in large-scale wireless sensor networks with multiple sinks. In: International Symposium Computers and Communications (ISCC), pp. 556–562.

Hu, L., Evans, D., 2004. Using directional antennas to prevent wormhole attacks. In: In proceedings of the 11th Annual Network and Distributed System Security Symposium, pp. 1–11.

Hu, Y.C., Perrig, A., Johnson, D.B., 2003. Packet leashes: a defense against wormhole attacks in wireless networks. In: Twenty-Second Annual Joint Conference of the IEEE Computer and Communications Societies. IEEE INFOCOM, vol. 3, pp. 1976–1986.

Humphries, J.W., Carlisle, M.C., 2002. Introduction to cryptography. ACM J. Educ. Resour. Comput. 2 (3), 2–7.

Israr, N. and I. Awan 2007. Multihop clustering algorithm for load balancing in wireless sensor networks. Int. J. Simul. 8 (3), 13–25.

Jabbar, S., Butt, A.E., Sahar, N., Minhas, A.A., 2011. Threshold based load balancing protocol for energy efficient routing in WSN. In: 2011 13th International Conference on Advanced Communication Technology (ICACT), pp. 196–201.

Jaydip, S., 2009. A survey on wireless sensor network security. Int. J. Commun. Netw. Inf. Security 1 (2), 55–78.

Kaissi, R.E., Kayssi, A., Chehab, A., Dawy, Z., 2005. DAWWSEN: a defense mechanism against wormhole attack in wireless sensor network. In: Proceedings of the Second International Conference on Innovations in Information Technology (IIT'05), pp. 1–10.

Karakehayov, Z., 2005. Using reward to detect team black-hole attacks in wireless sensor networks. In: Workshop on Real-World Wireless Sensor Networks (REALWSN'05), Stockholm, Sweden, pp. 1–5.

Karger, D., Ruhl, M., 2003. New algorithms for load balancing in peer-to-peer systems. Tech. Rep. MIT-LCS-TR-911, MIT LCS.

Karlof, C., Wagner, D., 2003. Secure routing in wireless sensor networks: attacks and countermeasures. Ad Hoc Netw. 1, (2–3), 299–302. Special Issue on Sensor Network Applications and Protocols.

Karlof, C., Sastry, N., Wagner, D., 2004. TinySec: a link layer security architecture for wireless sensor networks. In: Proceedings of the 2nd International Conference on Embedded Networked Sensor systems, Baltimore, MD, USA, pp. 162–175.

Karp, B., Kung, H.T., 2000. GPSR: greedy perimeter stateless routing for wireless networks. In: Proceedings of the 6th Annual International Conference on Mobile Computing and Networking, pp. 243–254.

Kaufman, C., Perlman, R., Speciner, M., 2002. Network Security Private Communication in a Public World. Prentice Hall PTR, Upper Saddle River, NJ, pp. 752–761 .

Kaushal, K., Sahni, V., 2015. Dos attacks on different layers of WSN: a review. Int. J. Comput. Appl. 130 (17), 8–11.

Kaushal, K., Sahni, V., 2016. Early detection of ddos attack in wsn. Int. J. Comput. Appl. 134 (13), 14–18.

Kavitha, H.L., Pushpalatha, K.N., 2015. Secure authentication technique for wireless sensor networks with load-balancing routing protocol. Int. J. Innov. Res. Comput. Commun. Eng. 3 (6), 5164–5169.

Khan, N.A., Saghar, K., Ahmad, R., Kiani, A.K., 2016. Achieving energy efficiency through load balancing: a comparison through formal verification of two WSN routing protocols. In: 13th International Bhurban Conference on Applied Sciences & Technology (IBCAST), pp. 350–354.

Kim, N., Heo, J., Kim, H.S., Kwon, W.H., 2008. Reconfiguration of cluster head for load balancing in wireless sensor networks. Comput. Commun. 153–159.

Kline, E., Afanasyev, A., Reiher, P., 2011. Shield: DOS filtering using traffic deflecting. In: 19th IEEE International Conference on Network Protocols, pp. 37–42.

Kong, J., Zerfos, P., Luo, H., Lu, S., Zhang, L., 2001. Providing robust and ubiquitous security support for mobile ad hoc networks. In: 9th International Conference on Network Protocols (ICNP), pp. 251–260.

Kun, S., Pai, P., Peng, N., 2006. Secure distributed cluster formation in wireless sensor networks. In: Proceedings of the 22nd Annual Computer Security Applications Conference (ACSAC'06), pp. 131–140.

Lai, B., Kim, S., Verbauwhede, I., 2002. Scalable session key construction protocols for wireless sensor networks. In: In IEEE Workshop on Large Scale Real Time and Embedded Systems, pp. 1–6.

Laszlo, E., Tornai, K., Treplan, G., Levendovszky, J., 2011. Novel load balancing scheduling algorithm for wireless sensor networks. In: The Fourth International Conference on Communication Theory, Reliability, and Quality of Service, pp. 112–117.

Lata, B.T., Sumukha, T.V., Suhas, H., Tejaswi, V., Shaila, K., Venugopal, K.R., Dinesh, A., Patnaik, L.M., 2015. SALR: secure adaptive load-balancing routing in service oriented wireless sensor networks. In: Signal Processing, Informatics, Communication and Energy Systems (SPICES).

Lawson, L., 2005. Session hijacking packet analysis. SecurityDocs.com Report, pp. 1–8.

Lazos, L., Poovendran, R., Meadows, C., Syverson, P., Chang, L.W., 2005. Preventing wormhole attacks on wireless ad hoc networks: a graph theoretic approach. In IEEE Wireless Communications and Networking Conference, pp. 1193–1199. doi:10.1109/WCNC.2005.1424678.

Lemos, M.V.S., Leal, L.B., Filho, R.H., 2010. A new collaborative approach for intrusion detection system on wireless sensor networks. In: Novel Algorithms Techniques Telecommunication, Network, pp. 239–244. doi:10.1007/978-90-481-3662-9_41.

Leopold, M., Dydensborg, M.B., Bonnet, P., 2003. Bluetooth and sensor networks: a reality check. In: Proceedings of the Sensys'03, Los Angeles, CA, pp. 65–72.

Levendovszky, J., Tornai, K., Treplan, G., Olah, A., 2011. Novel load balancing algorithms ensuring uniform

167

packet loss probabilities for WSN. In: Vehicular Technology Conference 73rd, pp. 88–93.

Li, Y., Fu, Z., 2015. The research of security threat and corresponding defense strategy for WSN. In: Seventh International Conference on Measuring Technology and Mechatronics Automation, pp. 1274–1277.

Li, Z., Gong, G., 2008. A Survey on Security in Wireless Sensor Networks. Department of Electrical and Computer Engineering, University of Waterloo, Canada.

Liu, H., Ma, H., Zarki, M.E., Gupta, S., 1997. Error control schemes for networks: an overview. Mobile Netw. Appl. 2 (2), 167–182.

Low, C.P., Fang, C., Mee, J., Hang, Y.H., 2007. Load Balanced Clustering Algorithm for Wireless Sensor Networks. In: IEEE International Conference on Communications, 2007. ICC '07. IEEE Communications Society.

Luo, H., Kong, J., Zerfos, P., Lu, S., Zhang, L., 2000. Self securing ad-hoc wireless networks. In: IEEE Symposium on Computers and Communications (ISCC'02), pp. 1–17.

Mathapati, M.I., Salotagi, S., 2016. Load balancing and providing security using RSA in wireless sensor networks. Int. J. Adv. Res. Ideas Innov. Technol. 2 (2), 1–7.

Martínez, J.-F., García, A.-B., Corredor, I., López, L., Hernández, V., Dasilva, A., 2007. Qos in wireless sensor networks: survey and approach. In: Proceedings of the 2007 Euro American Conference on Telematics and Information Systems, p. 20.

Madria, S., Yin, J., 2009. SERWA: a secure routing protocol against wormhole attacks in sensor networks. Ad Hoc Netw. 7 (6), 1051–1063.

Mbowe, J.E., Oreku, G.S., 2014. Quality of service in wireless sensor networks. Wirel. Sens. Netw. 6, 19–26.

Merzoug, M.A., Boukerram, A., 2011. Cluster-based communication protocol for load-balancing in wireless sensor networks. Int. J. Adv. Comput. Sci. Appl. 3 (6), 105–112.

Min, S., 2004. A Study on the Security of NTRU Sign Digital Signature Scheme. Master Thesis in Information and Communications University, Korea.

Min, R., Bhardwaj, M., Cho, S.H., Shih, E., Sinha, A., Wang, A., Chandrakasan, A., 2001. Low-power wireless sensor networks. In: Proceedings of 14th International Conference on VLSI Design (VLSI DESIGN 2001), pp. 205–210.

Ming-hao, T., Ren-lai, Y., Shu-jiang, L., Xiang-dong, W., 2011. Multipath routing protocol with load balancing in WSN considering interference. In: 6th IEEE Conference on Industrial Electronics and Applications, pp. 1062–1067.

Molva, R., Michiardi, P., 2002. Security in ad hoc networks. In: Personal Wireless Communications, 8th International Conference, Venice, Italy. Springer, Berlin, Heidelberg, pp. 756–776. doi: 10.1007/978-3-540-39867-7_69.

Mpitziopoulos, A., Gavalas, D., Konstantopoulos, C., Pantziou, G., 2009. A survey on jamming attacks and countermeasures in WSNS. IEEE Commun. Surv. Tut. 11 (4).

Na, A., Xinfang, Y., Yufang, Z., Lei, D., 2007. A virtual backbone network algorithm based on the multilevel cluster tree with gateway for wireless sensor networks. In: Proceedings The IET International Communication Conference on Wireless Mobile and Sensor Networks. Shanghai, China, pp. 462–465.

Naeem, T., Kok-Keong, L., 2009. Common security issues and challenges in wireless sensor networks ieee 802.11 wireless mesh networks. Int. J. Digital Content Technol. Appl. 3 (1), 89–90.

Nam, J., 2013. Load balancing routing protocol for considering energy efficiency in wireless sensor network. Adv. Sci. Technol. Lett. 44, 28–31.

Newsome, J., Shi, E., Song, D., Perrig, A., 2004. The Sybil attack in sensor networks: analysis and defenses. In: Proceedings of the Third International Symposium on Information Processing in Sensor Networks. ACM, New York, USA, pp. 259–268.

Nigam, V., Jain, S., Burse, K., 2014. Profile based scheme against DDoS attack in WSN. In: Fourth International Conference on Communication Systems and Network Technologies, pp. 112–116.

Oreku, G.S., 2013. Reliability in WSN for security: mathematical approach. In: Computer International Conference on Applications Technology, pp. 82–86.

Özdemir, S., 2007. Secure load balancing for wireless sensor networks via inter cluster relaying. In: Information Security and Cryptology Conference with International Participation, pp. 249–253.

Ozdemir, S., 2009. Secure load balancing via hierarchical data aggregation in heterogeneous sensor networks. J. Inform. Sci. Eng. 25, 1691–1705.

Ozturk, C., Zhang, Y., Trappe, W., 2004. Source-location privacy in energy-constrained sensor network routing. In: Proceedings of the 2nd ACM Workshop on Security of Ad Hoc and Sensor Networks. ACM, New York, NY, USA.

Padmavathi, G., Shanmugapriya, D., 2009. A survey of attacks, security mechanisms and challenges in wireless sensor networks. Int. J. Comput. Sci. 4 (1), 1–9.

Parno, B., Perrig, A., Gligor, V., 2005. Distributed detection of node replication attacks in sensor networks. In: Proceedings of IEEE Symposium on Security and Privacy, pp. 1–15.

Pathan, A.S.K., Hyung-Woo, L., Hong, C.S., 2006. Security in wireless sensor networks: issues and challenges. In: Advanced Communication Technology, pp. 1–6.

Perrig, A., Szewczyk, R., Wen, V., Culler, D., Tygar, J.D., 2002. SPINS: security protocols for sensor networks. Wirel. Netw. 8 (5), 521–534.

Perrig, A., Stankovic, J., Wagner, D., 2004. Security in wireless sensor networks. Commun. ACM 47 (6), 53–57.

Ranjan, S., Swaminathan, R., Uysal, M., Nucci, A., Knightly, E., 2009. DDoS-shield: DDoS resilient scheduling to counter application layer attacks. IEEE/ACM Trans. Netw. 17 (1), 26–39.

Raymond, D.R., Midkiff, S.F., 2008. Denial-of-service in wireless sensor networks: Attacks and defenses. IEEE Pervasive Comput. 7 (1), 74–81.

Rowstron, A., Druschel, P., 2001. Pastry: scalable, distributed object location and routing for large-scale peer-to-peer systems. In: Proceeding in Middleware.

Saghar, K., 2010. Formal modelling and analysis of denial of services attacks in wireless sensor networks. PhD dissertation, Northumbria University, Newcastle upon Tyne.

Sahu, S.S., Pandey, M., 2014. Distributed denial of service attacks: a review. Int. J. Mod. Educ. Comput. Sci. 1, 65–71.

Sangwan, A., 2016. Evaluation of threats and issues in wireless sensor networks. Int. J. Adv. Res. Comput. Sci. Manag. Stud. 4 (2), 6–13.

Saraswat, L., Kumar, S., 2013. Comparative study of load balancing techniques for optimization of network lifetime in wireless sensor networks. Int. J. Comput. Electron. Res. 2 (2), 189–193.

Sari, A., 2015. Security issues in mobile wireless ad hoc networks: a comparative survey of methods and techniques to provide security in wireless ad hoc networks, In: New Threats and Countermeasures in Digital Crime and Cyber Terrorism, Advances in Digital Crime, Forensics, and Cyber Terrorism (ADCFCT) Book Series (Chapter 5).

Sebastian, T.J., 2011. Secure route discovery against wormhole attacks in sensor networks using mobile agents. In: Inproceedings of the 3rd International Conference on Trends in Information Sciences and Computing (TISC '11), pp. 110–115.

Shancang, L., Shanshan, Z., Xinheng, W., Kewang, Z., Ling, L., 2014. Adaptive and secure load-balancing routing protocol for service-oriented wireless sensor networks. IEEE Syst. J. 8 (3), 858–867.

Sharma, K., Ghose, M.K., 2010. Wireless sensor networks: an overview on its security threats. Int. J. Comput. Appl. (Special Issue Mobile Ad-hoc Networks) (1), 42–45.

Sharma, R., Jain, G., 2015. Adaptive clustering using round robin technique in WSN. Int. J. Comput. Sci. Commun. 6 (2), 32–35.

Shi, E., Perrig, A., 2004. Designing secure sensor networks. Wirel. Commun. Mag. 11 (6), 38–43.

Shiva, M.G., D'Souza, R.J., Varaprasad, G., 2012. Digital signature-based secure node disjoint multipath routing protocol for wireless sensor networks source. IEEE Sens. J. 12 (10), 2941–2949.

Siavoshi, S., Kavian, Y.S., Sharif, H., 2014. Load-balanced energy efficient clustering protocol for wireless sensor networks. IET Wirel. Sens. Syst. 6 (3), 67–73. Special Issue: Selected Papers from the 9th International Symposium on Communications Systems, Networks and Digital Signal Processing.

Slijepcevic, S., Potkonjak, M., Tsiatsis, V., Zimbeck, S., Srivastava, M.B., 2002. On communication security in wireless ad-hoc sensor networks. 11th IEEE International Workshops on Enabling Technologies: Infrastructure for Collaborative Enterprises, vol. 10 (12), pp. 139–144.

Stetsko, A., Folkman, L., Matyáš, V., 2010. Neighbor-based intrusion detection for wireless sensor networks. In: Proceedings of the 6th International Conference on Wireless and Mobile Communications (ICWMC). IEEE Xplore Press, Valencia, pp. 420–425.

Swain, A.R., Hansdah, R.C., Chouhan, V.K., 2010. An energy aware routing protocol with sleep scheduling for wireless sensor networks. In: Advanced Information Networking and Applications (AINA), 24th IEEE

International Conference, Perth, WA, pp. 933–940.

Talooki, V.N., Rodriguez, J., Sadeghi, R., 2009. A load balanced aware routing protocol for wireless ad hoc networks. In: International Conference on Telecommunications, ICT '09, pp. 25–30.

Toumpis, S., Tassiulas, T., 2006. Optimal deployment of large wireless sensor networks. IEEE Trans. Inform. Theory 52, 2935–2953.

Touray, B., Shim, J., Johnson, P., 2012. Biased random algorithm for load balancing in wireless sensor networks (BRALB). In: 15th International Power Electronics and Motion Control Conference, pp. 1–5.

Undercoffer, J., Avancha, S., Joshi, A., Pinkston, J., 2002. Security for sensor networks. In: Inproceedings of the CADIP Research Symposium. University of Maryland, Baltimore County, USA, pp. 1–11.

Vijay, U.E., Nikhil, S., 2015. Study of various kinds of attacks and prevention measures in WSN. Int. J. Adv. Res. Trends Eng. Technol 2 (10), 1223–1235.

Wajgi, D., Thakur, N.V., 2012a. Load balancing algorithms in wireless sensor network: A survey. Int. J. Comput. Netw. Wirel. Commun.

Wajgi, D., Thakur, V.N., 2012b. Load balancing based approach to improve lifetime of wireless sensor network. Int. J. Wirel. Mobile Netw. 4 (4), 155–167.

Walters, J.P., Liang, Z., 2006. Wireless Sensor Network Security: A Survey, Security in Distributed, Grid, and Pervasive Computing. Auerbach Publications, CRC Press, Boca Raton, FL, pp. 1–5.

Wang, W., Bhargava, B., 2004. Visualization of wormholes in sensor networks. In: Inproceedings of the ACM Workshop on Wireless Security. ACM Press, New York, USA, pp. 51–60.

Wang, X., Gu, W., Schosek, K., Chellappan, S., Xuan, D., 2004. Sensor network configuration under physical attacks. Technical report (OSU-CISRC-7/04-TR45). Department of Computer Science and Engineering, Ohio State University.

Wei, L., Ming, C., Mingming, L., 2009. Information security routing protocol in the WSN. In: Fifth International Conference on Information Assurance and Security, pp. 651–656.

Werff, T.J.V.D., 2003. Global future report in technology review. Available at http://www.globalfuture.com/mit-trends2003.html.

Wood, A.D., Stankovic, J.A., 2002. Denial of service in sensor networks. IEEE Comput. 35 (10), 54–62.

Wood, A.D., Stankovic, J.A., Son, S.H., 2003. JAM: a jammed-area mapping service for sensor networks. In: 24th IEEE Real-Time Systems Symposium, pp. 286–297.

Wu, C., Yuan, R., Zhou, R., 2008. A novel load balanced and lifetime maximization routing protocol in wireless sensor networks. In: Vehicular Technology Conference, 2008. VTC, IEEE.

Xi, Y., Schwiebert, L., Shi, W., 2006. Preserving privacy in monitoring-based wireless sensor networks. In: Inproceedings of the 2nd International Workshop on Security in Systems and Networks (SSN '06). IEEE Computer society, pp. 1–8.

Xiangyu, J., Chao, W., 2006. The security routing research for WSN in the application of intelligent transport system. In: International Conference on Mechatronics and Automation, Luoyang, China, pp. 2319–2323.

Xin-sheng, W., Yong-zhao, Z., Liang-min, W., 2013. Load-balanced secure routing protocol for wireless sensor networks. Int. J. Distrib. Sens. Netw., 1–13.

Xing, K., Srinivasan, S.S.R., Rivera, M., Li, J., Cheng, X., 2006. Attacks and countermeasures in sensor networks: a survey. In: Network Security. Springer, New York, pp. 1–28.

Ye, F., Luo, H., Lu, S., Zhang, L., 2005. Statistical en-route filtering of injected false data in sensor networks. IEEE J. Selected Areas Commun. 23 (4), 839–850.

Yick, J., Mukherjee, B., Ghosal, D., 2008. Wireless sensor network survey. Comput. Netw. 52, 2292–2330.

Yin, C., Huang, S., Su, P., Gao, C., 2003. Secure routing for large scale wireless sensor networks. In: Proceedings of the International Conference on Communication Technology, pp. 1282–1286.

Yu, Y., Prasanna, V.K., Krishnamachari, B., 2006. Information Processing and Routing in Wireless Sensor Networks. World Scientific Publishing Co. Pte. Ltd, Singapore, pp. 1–21. ISBN 978-981-4476-70-6..

Yuanli, W., Xianghui, L., Jianping, Y., 2006. Requirements of quality of service in wireless sensor network. In: International Conference on Networking, International Conference on Systems and International Conference on Mobile Communications and Learning Technologies (ICNICONSMCL'06), pp. 256–269.

Yuvaraju, M., Sheela, K., Rani, S., 2014. Secure energy efficient load balancing multipath routing protocol with power management for wireless sensor networks. In: International Conference on Control, Instrumentation, Communication and Computational Technologies (ICCICCT), pp. 331–335.

Zhang, Y., Lee, W., 2000. Intrusion detection in wireless ad-hoc networks. In: The 6th Annual International Conference on Mobile Computing and Networking, pp. 275–283.

Zhang, Y., Zheng, Z., Jin, Y., Wang, X., 2009. Load balanced algorithm in wireless sensor networks based on pruning mechanism. In: International Conference on Communication Software and Networks, pp. 57–61.

Zhang, H., Li, L., Yan, X., Li, X., 2011. A load balancing clustering algorithm of WSN for data gathering. In: 2011 2nd International Conference on Artificial Intelligence, Management Science and Electronic Commerce (AIMSEC), pp. 915–918.

Zhu, S., Setia, S., Jajodia, S., 2003. Leap: efficient security mechanism for large-scale distributed sensor networks. In: Inproceedings of the 10th ACM Conference on Computer and Communications Security. ACM Press, New York, USA, pp. 62–72.

Znaidi, W., Minier, M., Babau, J.P., 2008. An ontology for attacks in wireless sensor networks. Research Report RR-6704. INRIA, pp. 1–13.

Zorzi, M., Rao, R.R., 2003. Geographic random forwarding (GERAF) for ad hoc and sensor networks: multihop performance. IEEE Trans. Mobile Comput. 2 (4), 337–348.

扩 展 阅 读

Balen, J., Zagar, D., Martinovic, G., 2011. Quality of service in wireless sensor networks: a survey and related patents. Recent Pat. Comput. Sci. 4, 188–202.

Ganzc, A., Ganz, Z., Wongthavarawat, K., 2004. Multimedia Wireless Networks: Technologies, Standards, and QoS. Prentice Hall, Upper Saddle River, NJ, pp. 267–279.

Ranjan, N., Krishna, G., 2013. Wireless sensor network: quality of services parameters and analysis. In: Conference on Advances in Communication and Control Systems, pp. 332–337.

Zhang, L., Chen, F., 2014. A round-robin scheduling algorithm of relay nodes in WSN based on self-adaptive weighted learning for environment monitoring. J. Comput. 9 (4), 830–835.

第8章 攻击建模与检测中的机器学习技术

8.1 引 言

本章的研究将关注仿生学技术如何成功地应用于网络安全领域，研究的目的在于满足当前保护信息和通信技术系统（Information and Communication Technology，ICT）以及计算机网络免受网络犯罪、网络恐怖主义和网络攻击的需求。此外，本章还将深入分析攻击模型以及检测领域中机器学习的热点技术，包括最优化技术、群智能技术以及行为模拟技术等，并讨论仿生学技术在安全领域的应用与实现。本章后续章节安排如下：在 8.2 节将分析当前网络所面临的安全挑战；8.3 节将介绍仿生学技术在网络安全领域的新发展与实现。

（1）仿生优化技术，主要用于 SQL 注入（SQL Injection）攻击和 HTTP 请求中异常的遗传算法。

（2）模拟生物行为的技术及实现，如相关性方法和分类器集合。

（3）群体智慧（也称为"集智"）与分布式计算的实现。

本章最后将给出研究结论以及相应的参考文献。

8.2 网络空间安全

纵观人类社会的发展史，技术的创新和发展是一把双刃剑。通信网络和软件应用程序的快速发展亦是如此，随着信息技术的迅猛发展和互联网的普及，特别是以微信、Fbook 和 LINE 为代表的新一代即时通信软件的推广和普及应用，使得信息传播的速度、广度和实时性都史无前例，互联网应用正在深入到国家与社会的各个方面，同时也伴随着大量的不良信息以及恶意的网络行为，成为所谓的网络犯罪和网络攻击的来源或目标。更重要的是，目前即使对于大规模的机构（如大型工业公司，银行，公共管理部门）来说，要打击和消除网络攻击也是非常困难的。当然，对于安全资源有限的小型机构（如中小型企业等）或公民来说，更是难上加难。那么，"如何确保有效的安全呢？"一般在研究与实践过程中通常采用以下思路：分析和了解上下文语义和局势、寻找漏洞、分析威胁并管理风险；使用传感器和具备监控能力的设备进行态势观测、收集数据，在数据处理和分析的基础上分析数据；同时检测威胁和攻击或确定在给定时刻是否发生攻击。最后，根据已有数据和信息支持，执行合理的反应并采取适当的补救。当然，可根据情况、能力限制和法律要求，采取不同的应对措施。用于对收集到的数据进行分析的方式种类众多。本章将主要研究面向应用层攻击检测的仿生学技术。在决策过程中，基于检测观察数据中的某些模式有两种可实行的方式。假设所有传感器、探头、监控设备都已安装并可运行。那么，利用收集到的数据可以做些什么呢？第一种方法是学习异常情况（如网络攻击或恐怖分子攻击）并检测这些模式。第二种方法是学习正常和安全状态的模式，并检测不符合正常和典型模式的异常情况。这两种方法不仅适用于计算机网络，而且适用于一般的安全性应用场景，如反恐、银行交易分析和城市安全等领域。如果知道恐怖分子的作案手法和模式，一旦采用有效的监测，就会更容易终止他们的行为。然而，恐怖分子作案手法和模式样式多变，并且以突破安全防护的技术和个人为重要目的。执法机构以及行动指挥官员不应寻找有偏见的模式形态，如查找"白色货车"，而应当关注背景分析，寻找异常情况并跳出固定的思维模式。从网络化系统层面来讲，当前的网络安全解决方案可分为"基于签名检测"和"基于异常检测"两种方式。通常，基于签名的解决方案广泛应用于个人计算机和入侵检测系统中。对于确定性攻击，很容易开发出能够明确识别特定攻击的模式。基于签名的解决方案的缺点在于，由于不具备未来尚未发生的攻击的签名，即攻击模式不确定，因此无法有效发现或减缓新的网络攻击和所谓的"零日漏洞攻击"，即安全补丁与瑕疵曝光的同一日内，相关的恶意程序就出现，并对漏洞进行攻击。实际上，网络黑客和网络恐怖分子采用的攻击方式、工具、手段多种多样。例如，在 OSI 通信模型中的最高层——应用层中发起攻击，类似 SQL 注入攻击或 XSS（跨站点脚本），由于其多样性、复杂性和混淆技术的可用性而一直在发生变化，因此，基于签名的方法效率不高，这时就需要采用基于异常的解决方案。当然，基于异常的方法的典型缺点是，这种解决方案可能会产生大量的错误警报。换言之，并非所有检测到的异常都是恐怖主义或网络攻击的迹象，在做出决策时需要了解实际应用场景，例如，某些服务的网络流量快速增长不一定是分布式拒绝服务攻击（Distributed Denial of Service，DDoS）的标志，也可能是重要体育赛事或音乐会门票开始销售的正常现象。物种的进化是建立在捕食者和被捕食者之间不断战斗的基础上的，在这种战斗中，被捕食者学会避免和保护自身免受捕食者的侵害（无论是在生物学上还是在行为学上），而捕食者为了捕获猎物，必须提高其自身的技能、行为或生物特征。在本章中，将重点讨论仿生学技术在网络安全的数据分析、处理、攻击检测和决策方面的应用，深入分析如何实现仿生学技术优化、群体智慧（也称为"集智"）以及仿生行为，从而提高计算机网络的网络安全性。

8.3 基于仿生学的安全技术及应用

我们生活在一个由信息理论主宰的信息世界，也生活在一个受物理定律约束的自然世界中。这两个世界在宏观和微观层面上呈现出许多相似之处。例如，粒子和数据具有类似的统计特性，即不确定性和熵，可以使用特定的工具和方法测量。这使得各种优化技术不断出现，如模拟退火技术、随机攀爬技术和粒子滤波技术等。物理世界的宏观关联（生物之间的相互作用，复杂的哺乳动物大脑的多模态感知或物种进化）也激发了各种大规模基于遗传和进化的优化或群体/蚁群优化技术。此外，计算机网络与生物有机体之间的也存在许多相似之处，特别是涉及通信系统的通信和安全时（Sharp，2001），甚至"病毒"这个术语也是从生命科学中借用来强调其行为的相似之处。受生物学启发的网络防御和保护的解决方案还有很多（Mazurczyk 和 Rzeszutko，2015；Rzeszutko 和 Mazurczyk，2015），如人工神经网络、群体优化方法、蚁群、集体智慧、人工免疫系统和遗传算法等方法。在本节中，将分析应用于网络安全领域的不同仿生学技术。在分析过程中，参考了过去所完成的与网络安全相关的项目。

8.3.1 应用层的仿生学优化技术及实现

本节将重点介绍仿生学技术的两种实现方式。

（1）用于检测 SQL 注入攻击的遗传算法。

（2）用于检测 HTTP 请求中异常的遗传算法。

公共 Web 网络服务的日益普及是所谓的"网络黑客"活动的主要驱动力之一。美国著名软件公司赛门铁克的报告中指出，与往年相比，每天被阻止的网络攻击数量增加了 23%（Symantec，2014 年）。针对应用层的网络攻击很难抵御。白帽（White Hat，WH）安全报告显示，跨站点脚本（XSS）是当前 Web 应用中最普遍和最危险的漏洞之一（WhiteHat，2014）。在跨站脚本攻击中，攻击者尝试注入恶意脚本代码到受信任的网站上执行恶意操作，此类安全漏洞可能导致敏感数据泄露或对网站及用户构成威胁。报告显示，修补此安全漏洞平均可能需要 180 天。因此，拥有有效和高效的工具应对跨站点脚本攻击非常重要。在针对 Web 服务器的所有攻击中，SQL 注入攻击（SQL Injection Attack，SQLIA）仍然是排在开放式 Web 应用程序安全项目（Open Web Application Security Project，OWASP）列表上的最重要的网络威胁之一（OWASP，2013）。SQLIA 是黑客对数据库进行攻击时最常采用的手段之一。随着 B/S 模式（浏览器/服务器模式）应用开发技术的不断进展，使用这种模式编写应用程序的程序员也越来越多。但是，由于程序员的水平及经验参差不齐，相当大一部分程序员在编写代码的时候，没有对用户输入数据的合法性进行判断，从而使得应用程序存在一定的安全隐患。用户可以提交一段数据库查询代码，根据程序返回的结果，获得某些他想得知的数据，这就是所谓的SQLIA，即 SQL 注入攻击。SQLIA 属于代码注入攻击类别，其中用户输入的部分被视为 SQL 代码。若在数据库端执行此类代码，可能会更改、删除或暴露数据库内的敏感信息。SQL 注入攻击相对容易执行，难以检测或阻止。为了执行注入攻击，攻击者发送一个文本，该文本利用了目标解释器的语义，因此几乎任何数据源都可以成为注入攻击向量。由此可见，注入攻击不仅难以防御，还可能导致严重后果，如数据丢失、损坏、缺乏问责制或拒绝访问等。

1. 用于检测 SQL 注入攻击的遗传算法

在过去的几十年中，各种模拟生物进化或生物社会行为的进化算法（Evolutionary Algorithm，EA）已经成功地应用于求解大规模优化问题的近似最优解，其中比较常用的算法是遗传算法、粒子群算法、蚁群算法、萤火虫算法或混合蛙跳算法等。Bankovic 等（2007）提出了一种基于遗传算法（Genetic Algorithm，GA）的防火墙历史数据学习 if-then 规则的实现方法。首先使用主成分分析（Principal Component Analysis，PCA）技术提取描述 TCP/IP 连接的相关特征；然后，在典型GA 框架内，将该语句按染色体规则编码。Bin Ahmad 等（2014）采用了遗传算法来增强模糊分类器检测内部威胁的有效性。在研究团队最近完成的研究项目 SECOR中，Chora's 等（2012）提出了新的异常检测方法，并设计了一种基于遗传算法 GA的 SQL 注入攻击检测方法，用于确定异常查询。所提出的解决方案利用遗传算法实现物种社会行为变体，其中群体中的个体搜索在 SQL 数据库生成的日志文件中的行。在所设计的模型中，每个个体都传递一个通用规则，通常为正则表达式，该语句用于描述日志的访问行。所提出的算法的执行步骤主要包括以下几方面。

（1）**初始化**。将日志文件的各行分配给每个个体。为避免重复，将每个新选择的个体与先前选择的个体进行比较。

（2）**适应阶段**。每个个体搜索日志文件中的固定行数，行数一般需要预先设定并可以调整，用以获得该阶段的合理处理时间。

（3）**适应度评价**。评价每个个体的适应度，适应度是用来衡量种群中个体优劣的指标值，即满足符号条件的程度。

（4）**交叉**。使用字符串对齐算法将两个随机选择的个体交叉。如果新产生的个体规则过于具体或过于笼统，则会将其删除以保持较低的误报和漏报。

在本课题的研究工作中，采用了 Neddleman-Wunsch 算法（Needleman-Wunsch，1970）的优化版本，最初的目的是找到 DNA 序列之间的最佳匹配。为了找到这两个序列以及任意文本字符串之间的对应关系，可以通过插入空白位置来修改序列。对于序列和字符串中出现的缺口或不匹配都将进行"惩罚"，反之则进行

"奖励"，这种惩罚和奖励可以通过设置相应的奖惩变量进行量化表示。对于Needleman-Wunsch 算法，最重要的是找到两个序列之间的最佳对齐，即奖励最高的情况。从异常检测的角度来看，插入间隙的部分也很重要，因为它们是网络攻击的注入点，也可以理解为入侵点。正则表达式是对字符串操作的一种逻辑公式，就是用事先定义好的一些特定字符及这些特定字符的组合，组成一个"规则字符串"，这个"规则字符串"用来表达对字符串的一种过滤逻辑，运用启发式算法，其正则表达式描述如下。

（1）当字符序列仅包含字母时，编码为[a-zA-Z]+。

（2）当字符序列仅包含数字时，编码为[0-9]+。

（3）还可以使用上述两种形式对序列进行编码，如[a-zA-Z0-9]+。

（4）当编码的字符序列包含特殊字符时，例如空格和括号等，则直接在正则表达式中给出。

适应度函数（Fitness Function）的选取直接影响到遗传算法的收敛速度以及能否找到最优解，因为遗传算法在进化搜索中基本不利用外部信息，仅以适应度函数为依据，利用种群每个个体的适应度来进行搜索。因为适应度函数的复杂度是遗传算法复杂度的主要组成部分，所以适应度函数的设计应尽可能简单，使计算的时间复杂度最小。因此，在选取适应度函数评估每个个体时，我们考虑了特定正则表达式的有效性（触发的次数）、这种规则的特异性级别和整个群体的总体有效性。本章采用下列成本函数计算适应度，即

$$E(i) = \alpha \sum_{j \in (I-i)} E_{\mathrm{f}}(j) + \beta E_{\mathrm{f}}(i) + \gamma E_{\mathrm{s}}(i) \qquad (8\text{--}1)$$

式中：α、β 和 γ 为归一化常量，用于平衡各系数的占比；E_{f} 为正则表达式，即规则触发次数；E_{s} 为特异性水平，特异性水平表明匹配数和间隙数之间的平衡，此参数使算法能够惩罚那些试图为显著不同的查询（如 SELECT 和 INSERT）找到一般规则的个体。对于 SQL 注入攻击检测，所提方法的结果与基于标准签名的解决方案如表 8-1 所列的 SNORT、Apache SCALP、PHP-IDS 和 ICD 获得的结果相当。Apache SCALP 是 Apache 服务器访问日志文件的分析器。它能够检测针对Web 应用程序的多种类型的攻击。该检测为基于属于基于签名的检测类型。签名具有 PHP ID 项目所采用的正则表达式形式。SNORT 是部署的 IDS 系统，使用一组用于检测 Web 应用程序攻击的规则。然而，大多数规则通常旨在检测特定类型的攻击，这类攻击通常利用特定的基于 Web 的应用程序漏洞发起。PHP 入侵检测系统 PHP-IDS 是基于 PHP 的 Web 应用程序的简单易用，是结构良好、检测速度快且相对先进的安全层。所采用的 IDS 不会过滤或隔离任何恶意输入，而只是识别攻击者何时发起攻击，并按照预定方案做出反应。PHP-IDS 作为基于经过批准且经过严格测试的过滤规则，任何攻击都将获得数值影响等级，这样就可以容易地决定在黑

客攻击之后该采取什么样的行动。这可能包括简单的日志记录、向开发团队发送紧急邮件、向攻击者显示警告消息，甚至直接结束用户会话。理想化字符分布（Idealized Character Distribution，ICD）方法基于字符分布模型，用于描述向 Web 应用程序生成的真实流量。理想化字符分布 ICD 是在训练阶段从发送到 Web 应用程序的完全正常请求获得的。ICD 即为所有字符分布的平均值。在检测阶段，可以计算查询的字符分布取自其 ICD 实际样本的概率。为此，实验中使用卡方检验，表 8-1 所列为各类 SQL 注入攻击检测方法的性能对比，然后将前面所论述的方法结合在一起，进一步提高注入攻击检测的整体效率，见表 8-2。

表 8-1　不同工具的有效性对比

	所提方案	SNORT	ICD	SCALP	PHP-IDS
TP	87.8%	66.3%	97.9%	50.9%	93.5%
TN	97.7%	80.5%	94.5%	96.1%	98.1%
加权平均值	96.2%	78.3%	95.0%	89.0%	98.1%

表 8-2　不同分类器的有效性对比

	NaiveBayes	PART	Ridor	J48	REPTree	AdaBoost
E1	96.73%	96.84%	96.38%	96.87%	96.83%	96.03%
E2	97.54%	97.06%	96.99%	97.02%	97.12%	96.07%
E3	96.91%	99.00%	98.93%	99.10%	98.97%	98.80%
E4	98.35%	99.03%	99.02%	99.12%	98.99%	98.89%
E5	98.83%	99.24%	99.27%	99.24%	99.26%	99.30%
E6	99.08%	99.51%	99.40%	99.54%	99.37%	99.67%

　　表 8-3 列出了不同实验配置的方法与工具集的组合。为了保证评价的全面和有效，实验中采用了不同的场景配置，用以反映与上述注入攻击检测工具相关的部署情况。例如，PHP-IDS 需要更改 HTTP 服务器配置才能运行。此外，只有在 HTTP 服务器支持 PHP 技术时才能部署 PHP-IDS。对于 Apache SCALP 工具，默认能够分析 HTTP-GET 请求。因此，为了提高检测效率，需要对服务器相关配置进行必要的修改。

表 8-3　对比实验设置（E1，…，E6）的传感器配置（以 X 标识）

	所提方案	SNORT	ICD	SCALP	PHP-IDS
E1			×	×	
E2			×	×	
E3	×		×	×	
E4	×		×	×	
E5		×	×	×	
E6	×	×	×	×	×

为了实现评估的目的，这里使用 10 倍的方法。从所提出的 PHP-IDS、SCALP、ICD 和 SNORT 方法中获得信息，用于构建攻击检测的分类器。实验采用 WEKA 工具包。由表 8-1 可知，PHP-IDS 算法略微优于其他方法，但需要注意的是，PHP-IDS 并不能适用于所有情况/配置。当对真实查询进行建模时，所提出方法的性能几乎与 PHP-IDS 一样好。然而，对于具有攻击特征的查询，所提方法与具有最优攻击检测性能的 ICD 相比，相差大约 10%。

表 8-3 给出了从 E1 到 E6 的实验不同配置下的有效性对比。需要注意的是，对于采用所有检测器时，实验 E6 的效率最高。有效性为 99.67%，与 PHP-IDS 相比，提高了 1.5%。实验 E1 和 E3 对服务器配置没有影响。在这些场景中使用的所有检测器（ICD，SCALP 和所提方法）对 Web 服务器都是透明的，因为它们处理由 HTTP 和 DB 系统服务生成的日志文件。注意到当采用所提出的算法时，有效性增加超过了 2%。在未采用所提方法的参与下，性能稍差，但它仍然优于每个探测器的个体效果，例如 ICD 为 95%。对比实验 E3 和 E4 可以发现，PHP-IDS 的有效性没有增加，仍为 99.1%。因此，当遇到无法部署 PHP-IDS 的情况时，采用本研究所提出的算法、ICD 和 SCALP 都可以是较好的选择。

2. HTTP 请求异常检测算法

超文本传输协议（Hypertext Transfer Protocol，HTTP）是应用层通信中最常用的协议之一。目前，ICT 解决方案的重要部分依赖于 Web 服务器或 Web 服务，而 HTTP 协议是实现分布式网络中计算机之间通信的可靠手段。HTTP 即请求响应明文协议，从根本上说，该请求是一种可以在由统一资源定位符（Uniform Resource Locator，URL）地址唯一标识的资源上调用或执行的方法。对资源执行创建、读取、更新和删除（Create，Read，Update，and Delete，CRUD）操作的方法有多种类型，其中一些方法伴随有请求有效负载，如 POST 和 PUT。使用 HTTP 进行传输的不同协议表现出不同的有效负载结构。例如，通过普通 HTML 表单发送的结构就不同于 GWT-RPC 或 SOAP 调用结构。所提出的算法利用 HTTP 协议的请求–响应特性，并采用如图 8-1 所示的预分类方法。

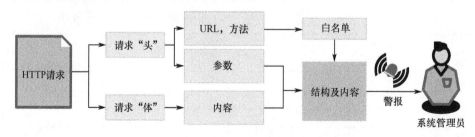

图 8-1　用于检测异常 HTTP 请求信息流

因此，为了从连续的调用中提取结构，这里不再对整个数据分组进行分析，而是重点关注请求有效负载。具体过程如下。

（1）当 HTTP 请求被发送到所提出的异常检测系统时，将分成三个数据流。这意味着可以提取关于 HTTP 方法及其调用对象、URL 参数（如果存在）和请求的有效负载的信息。

（2）然后，利用对象 URL 地址的数量有限这一特点构建一个白名单。该白名单的构建基于这样一种假设：调用现有对象的未知方法或调用未知对象的方法都可能被认为是异常行为。

（3）最后，从白名单、URL 中包含的数据和有效负载中获取反馈，以验证请求结构和内容。

因此，本课题所提出的算法在部署 Web 应用程序的服务器端运行，是一种附加的网络安全措施，用于拦截客户端 Web 浏览器生成的 HTTP 数据流。通过代理服务器，可以在不影响 Web 服务质量的前提下，拆分 HTTP 数据流，以便实现并行处理。在本研究中，对 HTTP 请求的内容进行了分析和分类，总体思路如图 8-2 所示。

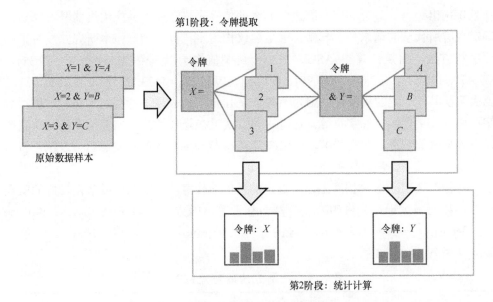

图 8-2　原始数据分组中的结构提取过程

这里采用令牌表示有效负载的结构。HTTP 请求的令牌被定义为发送到同一资源的所有请求的通用的字节序列。可以为一个请求标识多个令牌。令牌用于识别请求序列的那些区域的分隔符，其可能与发送请求的客户端提供的数据相关。因此，它能够用于识别注入恶意代码的可能点。如何生成令牌并不是本章的重点。一旦具有了令牌，就可以使用遗传算法实现序列的对齐，以进一步完成数据处理并给出相应决策。为了构建 HTTP 请求模型，需要识别令牌的正确子集及其顺序。在本研究中，一个令牌就表示一项。将代表令牌在序列中的位置的值分配给每个令牌和对象，实际通常采用较长的令牌而不是较短的令牌。研究所构建数学模型的极限是由分析序列确定的。该问题可以归类为以下优化约束问题，即

$$\max_x C(x)\sum_{i=0}^{n} v_i x_i$$
$$\text{s.t.}\sum_{i=0}^{n} w_i x_i \leqslant W, x_i \in \{0,1\}$$

(8-2)

为解决上述优化问题，本章提出了一种基于遗传算法的单点交叉二进制染色体编码方案。所提出算法中的染色体表示一个候选解，具有位串形态，其中，"1" 表示使用给定的令牌构建请求的结构，而 "0" 表示拒绝给定的令牌。采用遗传算法对种群进行随机初始化。染色体长度由提取过程中识别的令牌数量决定。首先，测量每条染色体的适应度，并根据适应度对个体进行排序。随后，从群体中随机选取两条染色体，所选染色体经过交叉处理。如果超过最大迭代次数，则终止该过程，并选择具有最优适应度的个体，否则返回前一个步骤。此外，在所构建的系统中，一旦识别出令牌，就会利用令牌之间的统计特性来描述序列并应用机器学习算法来确定令牌所代表的请求是否异常。这里建议构造字符直方图，但本研究并没有采用逐字符方法，而是计算了 ASCII 表中十进制值属于以下范围的字符数：[0,31]、[32,47]、[48,57]、[58,64]、[65,90]、[91,96]、[97,122]、[123,127]和[128,255]。这看上去可能具有一定的启发性，因为不同 ASCII 范围代表了不同类型的符号，例如数字、引号、字母或特殊字符等。通过这种方式，在降低了特征向量长度的同时获得了令人满意的结果。在实验中，应用统计 χ^2 检验和多种集成分类器两种方法，将给定的请求分类为正常或异常。

在基准 CSIC10 数据库上，所提出的基于遗传算法的机制可以获得较好的安全特性，相比于优于最先进的方法，例如基于签名的方法（如 PHP-IDS 或 Apache ModSecurity 方法）仍表现出明显的优势（Torrano-Gimnez 等，2010）。结果见表 8-4 所列和图 8-3 所示。

表 8-4 不同方法的有效性对比

	真阳性/%	假阳性/%
PHP-IDS	20.4	1.25
Apache ModSecurity	26.3	0.34
全数据分组上的 χ^2 检验（无提取结构）	33.2	0.1
所提方法的 χ^2 检验	91.1	0.7
所提出基于随机森林分类器的方法	91.9	0.7

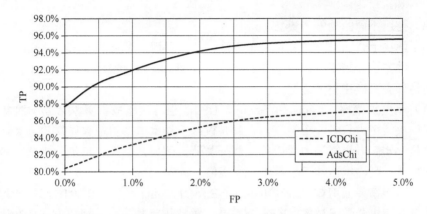

图 8-3   接收端操作特性曲线的准确性对比（AdsChi 表示本章所提出的方法；
ICDChi 表示全数据分组的χ^2计算方法）

8.3.2 仿生行为技术的研究与实现

第二种仿生学技术主要包括模仿生物体采用的防御技术机制。移动目标（Moving Target，MT）策略即为该类技术的代表，旨在通过系统多样性提供安全性保证。MT 策略是通过改变各种系统属性和系统配置来实现的。例如，Lucas 等（2014）采用遗传算法解决了统一性和确定性配置的问题，包括计算集群和数据库场。Lucas 将单个计算机的配置建模为染色体，并使用进化方法识别新的可能配置。其他 MT 策略还包括动态 IP 地址转换或欺骗网络扫描技术（Kewley 等，2001）。

8.3.3 分类器集成

分类器集成本质上就是集成学习，通过构建并结合多个学习器来完成学习任务。一般结构是：先产生一组"个体学习器"，再用某种策略将它们结合起来。结合策略主要有平均法、投票法和学习法等。

参照前面所提及研究工作中的仿生学技术（Kozik 和 Choras，2015），本节将采用几种适应集成学习理念的典型技术进行分析，通过调整单类分类器的集合来提高攻击检测的有效性。生成分类器集成中最具特色的挑战就是多样性问题。虽然多样性问题尚未有正式明确的定义，但是可以直观地将其视为分类器结果的相关性和相似性。例如，如果分类器池产生的输出相似，那么这些分类器池的多样性就比较差，因此，分类性能也不会特别好。根据 Wozniak（2014）的研究结果，下列方法可以在一定程度上提高多样性。

（1）使用不同的数据分区来训练分类器。

（2）利用给定分类器的局部特征化。

（3）使用不同的功能子集。

为了解决上述的第一种和第二种方法，这里采用了 boosting 和 bagging 技术。对于第三种方法，采用了随机选择的特征子空间。在本研究所提的方法中，选择了以下两种分类器构建整体结构。

（1）单层决策树（Decision Stump，DS），也称决策树桩算法，是一种简单的决策树，决策树中只有一个树桩，也就是仅基于样本单个特征来做决策分类。单层决策树是 AdaBoost 算法中最流行的弱分类器。例如，如果在单类分类器问题中考虑后续特征，则该机器学习技术将产生阈值。

（2）错误率降低剪枝算法（Reduces Error Pruning Tree，REPTree），一种使用修剪决策树的机器学习技术。REP 方法是一种比较简单的后剪枝的方法，在该方法中，可用的数据被分成两个样例集合：一个训练集用来形成学习到的决策树，一个分离的验证集用来评估这个决策树在后续数据上的精度，确切地说是用来评估修剪这个决策树的影响。REP 树算法在每次迭代中生成多个回归树。然后，选择多元回归树中最好的一个，并据此回归树通过测量熵来调整方差和信息增益。该算法使用反向拟合方法修剪树。本节的实验是在公开可用的基准数据库上进行的，实验结果表明，采用弱分类器的集合可以比使用单个分类器的经典方法能够获得更好的结果，如表 8-5 所列。

表 8-5　不同复合算法的性能对比

	真阳性/%	假阳性/%
DS Bagging	99.3	4.6
Boosting	93.5	0.1
RS	94.4	0.3
RepTree Bagging	98.0	1.7
Boosting	94.0	0.4
RS	95.6	0.4

最近，另一种受到自然界启发的策略是使用异构的多模态信息源，并将它们关联起来用以实现决策优化。哺乳动物的大脑表现出对物理世界的多模态感知特性，在机器学习算法的原型化过程中可以被采用。例如，生物体使用不同的异构信息源（触摸和嗅觉），以减少单一信息源的不确定性，从而更好地识别对象、威胁，或更准确地估计相对于环境的位置。同样的现象也适用于模式匹配、对象检测或识别、数据挖掘以及机器学习等。

事实上，没有一种模式识别算法可以适用于所有的问题。每个分类器都有自己的能力范围。研究人员之所以关注相关方法和分类器集成，是因为组合分类器：① 可以提高识别的整体有效性；② 可以更容易地在分布式系统中部署；③ 允许克服许多机器学习方法的初始化问题，如 k-means 算法、树学习算法以及 GMM 算法等。

因此，本节还探讨了数据异构性和多模态的优点，以便检测应用层中的网络攻击。与生物体使用不同感官来识别和避免威胁的方式相类似，我们也可以使用不同的传感器来检测针对 Web 应用程序的各种攻击。例如，在 TCP/IP 协议栈的不同层中部署传感器和防火墙，此外，也可以在同一层部署不同的检测技术，例如，将基于异常的攻击检测与基于签名的检测相结合。实验结果如表 8-3 所列，结果说明所提出的技术可显著提高检测效率。

8.3.4 群体智慧与分布式计算的实现

第三类仿生学方法包括模仿蜜蜂、蚂蚁和萤火虫等群体性昆虫的协作策略技术。本节将介绍这类群体智慧仿生学技术的实现方式。然而，不同于前面的论述结构，本节的分析并非基于算法，而是从概念层面到部署层面实现的思路进行描述。McKinnon 等（2013）提出了一种调整蚁群结构用以识别潜在网络安全攻击的智能仪表系统。Chhikara 和 Patel（2013）将蚁群优化与网络安全扫描程序相结合，以更有效的方式识别网络中的漏洞。这种仿生学技术已经应用于联邦网络保护系统的设计和开发（Choraś 等，2012），并取得了良好的实际应用效果。网络攻击被认为是对军事网络和公共管理计算机系统的重要威胁，因此，在 SOPAS 项目中开发的联邦网络保护系统（Federated Networks Protection System，FNPS），其目标是保护经常连接到系统联盟的公共管理和军事网络。

在采用网络联合和群体智慧相结合的概念时，可以实现安全的协同效应。在本研究所给出的方法中，使用联邦网络和系统的功能来共享和交换有关网络中事件、检测到的攻击以及建议的对策信息。同样在研究所采用的案例中，群体智慧的概念指的是一组不同的独立系统，这些系统不是集中管理的，而是通过合作的方式，分享信息并提高其整体安全性。当然，就像在自然界中一样，实现这种方法的一个重要因素是信任。网络系统的信任必须由管理员和决策者按照一定的程序进行管理。联邦网络保护系统的一般体系结构如图 8-4 所示，主要由若干互连的域组成，它们通过信息交换以提高其安全级别和整个联邦的安全性。根据它们的服务目标，例如，WWW、FTP 或 SQL 服务器，或根据它们的逻辑接近度（两个彼此紧密协作的网络），在域中可以部署不同的子网。在每个域中，还要部署决策模块，如图 8-4 中所标记的 MD。每个 MD 负责获取和处理来自域内分布的传感器的网络事件。

如果在一个域中检测到攻击或攻击的特征，则将相关信息传播到其他合作域，以便实施适当的对策。联合中的所有决策模块也可以相互交换与安全相关的信息。关于网络事件的信息，例如，一个域中发生的攻击，可能会被发送到不同的决策模块，以便在攻击发生在另一个域之前阻止攻击者。为增强通信的容错性并支持数据复制，域和决策模块之间的通信采用点对点（Peer to Peer，P2P）协议。此外，为了便于决策，提出了一种用于大规模联合入侵检测系统的网络事件关联的语义方法。实验结果表明，所提出的系统可以关联来自不同层和域的多种网络事件，包括流量观察和应用程序日志分析，用以检测对公共管理 Web 的注入攻击。作为攻击检测的结果，决策模块创建反应规则并将其发送到另一个域中的 MD。因此，可以防止针对其他网络的相同注入攻击。值得注意的是，决策模块是其各自域中的中心单元，但在其他域中则被视为高级协作传感器。当然，根据内部策略和相关法律要求，即使是针对相同的攻击或事件，每个域的决策和反应都可能是不同的。

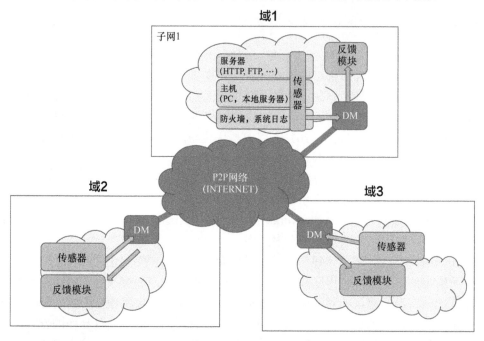

图 8-4　多域群体智慧网络保护系统概念图

8.4　本章小结

　　本章总结了网络安全攻击及智能检测领域的研究成果，这些研究受到了自然界的启发，提出了与网络安全解决方案相关的技术框架。介绍了如何将这些技术应用于网络攻击检测、异常检测和计算机网络保护中。特别是，研究并提出了基于进化的仿生学优化技术、群体智慧和模拟物种社会行为的技术的实用解决方案。所提出的遗传算法改进了 SQL 注入攻击检测和 HTTP 请求中的异常检测。类似地，所提出的分类器和相关技术的融合考虑到了改进的网络保护，从而提高网络安全性能。此外，群体智慧的概念已在联邦网络保护系统中成功实施，再次证明了本章所框架的理论价值与实践应用意义。基于已有的相对成熟的理论研究成果，我们相信，仿生学技术必将进一步在网络安全领域得到更多的应用。

参 考 文 献

Bankovic, Z., Stepanovic, D., Bojanic, S., Nieto-Taladriz, O., 2007. Improving network security using genetic algorithm approach. Comput. Electr. Eng. 33 (5–6), 438–451.

Bin Ahmad, M., Akram, A., Asif, M., Ur-Rehman, S., 2014. Using genetic algorithm to minimize false alarms in insider threats detection of information misuse in windows environment. Math. Prob. Eng. 2014.

Chhikara, P., Patel, A.K., 2013. Enhancing network security using ant colony optimization. Global J. Comput. Sci. Technol. Netw. Web Security 13 (4).

Choraś, M., Kozik, R., Puchalski, D., Houbowicz, W., 2012. Correlation approach for SQL injection attacks detection. Adv. Intell. Soft Comput. 189, 177–186.

Choraś, M., Kozik, R., Renk, R., Houbowicz, W., 2012. Information exchange mechanism between federated domains: P2P approach. Adv. Intell. Soft Comput. 189, 187–196.

Kewley, D., Fink, R., Lowry, J., Dean, M., 2001. Dynamic approaches to thwart adversary intelligence gathering. In: Proceedings of the DARPA Information Survivability Conference & Exposition II (DISCEX '01), vol. 1, pp. 176–185.

Kozik, R., Choraś, M., 2015. Adapting an ensemble of one-class classifiers for web-layer anomaly detection systems. In: Proceedings of 3GPCIC, Cracow, pp. 724–729.

Lucas, B., Fulp, E.W., John, D.J., Canas, D., 2014. An initial framework for evolving computer configurations as a moving target defense. In: Proceedings of the 9th Annual Cyber and Information Security Research Conference (CISRC).

Mazurczyk, W., Rzeszutko, E., 2015. Security—a perpetual war: lessons from nature. IEEE IT Prof. 17 (1), 16–22.

McKinnon, A.D., Thompson, S.R., Doroshchuk, R.A., Fink, G.A., Fulp, E.W., 2013. Bio-inspired cyber security for smart grid deployments. In: Innovative Smart Grid Technologies (ISGT), 2013 IEEE PES, pp. 1–6.

Needleman, S.B., Wunsch, C.D., 1970. A general method applicable to the search for similarities in the amino acid sequence of two proteins. J. Mol. Biol. 48, 443–453.

OWASP, 2013. OWASP Top 10 (2013). https://www.owasp.org/index.php/Top_10_2013-Top_10.

Rzeszutko, E., Mazurczyk, W., 2015. Insights from nature for cybersecurity. Biosecur. Bioterror. 13 (2), 82–87.

Sharp, A.T., 2001. A novel telecommunications-based approach to mathematical modeling of HIV infection. Dissertations and Student Research in Computer Electronics and Engineering, University of Nebraska.

Symantec, 2014. Internet Security Threat Report (2014). http://www.symantec.com/security_response/publications/threatreport.jsp.

Torrano-Gimnez, C., Prez-Villegas, A., Alvarez, G., 2010. The HTTP dataset CSIC 2010. http://www.isi.csic.es/dataset/.

WhiteHat, 2014. WhiteHat Website Security Statistics Report. https://www.whitehatsec.com/resource/stats.html.

Wozniak, M., 2014. Hybrid classifiers. In: Studies in Computational Intelligence. Springer, Berlin, Heidelberg.

第 9 章　区域网络中的分布式认知

9.1　引　言

我们生活在一个机器智能变得更加"普及"的时代。机器智能就像病毒一样传播，几乎没有人意识到，现在它出现在人类生活的每一个角落，以各种形式嵌入我们每天使用的工具中。金融、交通、医疗和司法，甚至娱乐休闲活动都不同程度应用了机器智能。当前的社会正处于数字化变革的重要阶段。在日益互联的技术中，"新数字世界"的规模和影响是巨大的，它最重要的特征就是每时每刻都在创造海量的数据。据估计，每天约有 2.5 艾字节（ExaBytes，EB）的数据产生。当今全世界已有的 90%的数据都是在过去的两年中产生的。在数字化的过程中产生了数量惊人的信息，而且这些信息正以指数形式逐年增长。研究估计，到 2020 年，全球数据总量将达到 35000EB。这种现象被称为大数据（Esposito 等，2015）。

然而在大多数情况下，数据以非结构化的形式存在，并且以无数的格式出现，如文本、音频、图像和视频等。此外，越来越多的数据正在成为一种独立于机器本身的产品，并存储在从传统数据库到社交网络等多个地方。此外，由于这样的数据不断产生，它们可以以静态和动态的形式出现。例如，传感器、RFID 跟踪系统、视频监控摄像头和智能计量系统提供的数据会随着时间的推移而迅速变化。

因此，为了管理数量如此庞大的数据，机器必须变得越来越智能，主要是为了从数据中提取"价值"（D'Angelo 和 Rampone，2014）。研究人员在实施先进的分析工具时所做的努力，是为了回应解决数字化现象本质上带来的复杂性的需要。这就要求引入新的方式和方法更加有效地从数据中提取价值，并模仿人的决策（D'Angelo 和 Rampone，2016）。由此产生的情景被称为："认知计算系统（Cognitive Computing Systems，CCS）"（Banavar，2015）。

传统的 IT 系统极大地促进了商业和社会的发展，但如今，它们已经不再适用于应对新的数字化现象。另外，认知系统正在改变着人们与信息系统和技术系统互动的方式，这种改变或许是永久性的。事实上，人们并没有通过编程让系统来执行任务，而是通过真实世界的实例来训练它们。这种方法允许人类扩展其在任何知识领域的技能，并能够非常迅速地做出需要评估大量数据的复杂决策（D'Angelo 等，2015）。

近年来，机器智能的广泛应用和产生的大量数据形成了具有鲜明特色的应用组合，可以帮助人们找到解决日常问题的方法。

认知系统代表了一种新的技术类别，它使用自然语言和机器学习的自动处理，使人和机器以一种更自然的方式进行交互，通过扩展和提高人类认知的技能和能力。人类认知通过感官、经验、注意力、记忆、判断和推理来获取知识和理解环境的心理行为，与环境本身的技术产物相互分享，并受到影响。这就促成了个人认知资源的扩展，以完成一个人无法独自完成的事情。

Fjeld 等（2002）参考经典研究文献（Nardi，1996）认为，"分布式认知将人和事物置于同一水平；它们都是系统中的主体"。

类似的观点认为，个人的成就是建立在人类认知过程、人工产品和各种约束相互影响的过程之上的。

这样的认知过程可以分布在人类和机器之间，称为生理分布式认知（Norman，1991、1993；Perkins，1993），也可以分布在认知主体之间，称为社会分布式认知（Rogers 和 Ellis，1994）。Salomon（1997）强调，分布式认知创造了由个人主体、他或她的同伴、教师，以及所有社会文化认知工具组成的系统。

分布式认知意味着对个体及其在世界上的行为的理解，不仅仅是个人的决定或愿望的产物，而且是受到非人类对象的影响，如图 9-1 所示。

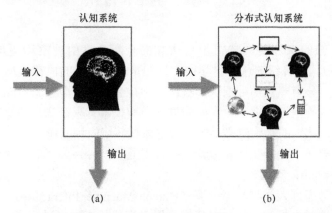

图 9-1 （a）传统的人类认知理论建立在忽视外部世界作用的内部模型之上；

（b）在分布式认知系统中，人类的行为受到非人类行为主体在物质上和时间上的影响

哥伦比亚大学的 David Stark 教授在一节社会学课上向学生们展示了社会技术系统的概念（Baxter 和 Sommerville，2011）。在课堂上，他做了一个简单的演示，让学生通过一定程度的想象并进行观察和思考。Stark 教授走到教室的门口，打开门，然后离开那扇门，门自动关上了。

然后，他问学生发生了什么事。同学们十分困惑，直到有一个学生回答教授说，是教授打开门，但是，门是自己关上的，没有任何人为的干预。

这里需要说明的主要的观点是，所执行的行为不只是人类操纵环境的影响，而是门的机制导致了门的关闭。仅仅需要打开一扇紧闭的门，然后通过它，这是分布式认知的最基本的示例之一。打开门的人不用担心把门关上，因为设计师已经想到门应该是自动关闭的。于是，他在门中安装了一个适当的机制，或者，只是需要一根简单的弹簧。

这个简单的例子也展现了人类行为是如何受到非人类对象（如本例中的关闭机制）的影响，而非人类对象的行为是在执行之前设计的。门在打开后自动关闭，这是之前的设计，但却是现在的行为。

当我们意识到在生活中存在非人类行为体时，就不难注意到它们对我们日常选择的影响，进而可以发现这种社会技术无处不在，例如，在商店、餐馆或家里，它都可以被看作一个能够传播认知的庞大社会技术网络的组成部分。

接下来，本章将概述分布式认知理论，并对一些最常见的应用领域进行分析和讨论。最后，将通过一个具体实例的研究，将理论应用于现代真实环境中，即社会网络安全领域。

9.2　理论与技术背景

分布式认知的快速传播得益于对认知的全新角度的观察和更加科学的定义（Boden，2006）。在传统的认知科学中，认知是一种人类的内在模型，它不考虑外部世界的作用。分布式认知则把认知看作一种社会分布式现象。自此开始，随后的理论通过对传统的理论的批判，开始强调社会和技术背景在认知理论中的作用。最终，普遍认为，认知的正确定义必须强调主体与环境的相互作用。

社会文化和技术背景在认知理论中的作用通过一种称为"活动理论"的方法进行强调（Engestrom，2000）。

事实上，考虑到人类与机器交互（Human-Machine Interaction，HCI），这一领域的专家们强调对人类智力的传统研究暴露了理论的短缺（Lew 等，2007）。分布式认知理论对传统的定义提出了类似的批判，但并不排斥其智慧。因此，从新的角度来看，在现代复杂的协作工作环境中，人类的认知和技术产品通过以不同的方式操纵表征状态来进行合作，用以复杂的实际任务。因此，对即将到来的分布式系统的认知与对其行为的个体的认知具有显著的不同。

分布式认知理论最初是由 Hutchins（1995）提出的，目的是为解决现实工作环境中的问题提供一种更新的、更平衡的方法。此外，该技术创设的意图是希望能够为认知科学建立一个新的总体框架。

Hutchins 等人最初通过研究海军人员在船上工作的方式总结出了分布式认知理

论。在现代社会中，这个任务是由使用不同类型工件的个人团队执行的。Hutchins专注于研究典型的冲浪阶段，在这个阶段，船员们需要调整船只的位置。他在论文中描述了这些人如何使用工具生成和维护具象状态，以及如何通过船只呈现和传播这些状态。他特别研究了两种截然不同的文化传统的航海实践，分析了不同的策略是如何通过不同的表征假设和实施手段来解决相同任务的。Hutchins 研究了管理这些工具所需的认知过程与使用这些工具解决问题所需的认知过程之间的差异。其结果是，任务的解决方式不仅取决于独立个体的认知能力，还取决于所有个体之间的相互作用以及一套复杂的工具。Hutchins 进一步记录了船上工作的社会组织，并说明了学习是如何在个人和组织层面上发生的。因此，船员和工具共同被视为一个具有自我认知能力的系统，能够解决特定的任务。

在另一项研究中（Hutchins 和 Klausen，1996），Hutchins 将他的理论从船舶桥梁转移到航空公司的驾驶舱，他设计了一个图形界面，用于波音 747-400 的自动飞行功能。整个航空驾驶舱被作为一个独立的单元进行分析。重点是相关组件（人类和非人类）的功能，以及它们的认知过程之间的相互作用，而不是个体的思想。他解释了开飞机所需的认知工作有多少是由电路板仪表等机载仪器设备完成的。这些仪器设备连同通信技术，代表了非人类主体，它们影响着人类的判断和选择。这些非人类主体能够利用其他人和工作过去的经验和知识，充分发挥过去经验和知识的优势作用。在这种情况下，驾驶舱的各个部件使得飞行员可以从大量的压力任务中解脱，因为飞行员根本无法独自解决所有的问题。这种人与非人行为体的结合所产生的功能系统就是上面提到的"社会技术"系统。在 Wright 等（2000）的研究中，作者给出了飞行员的工作负载如何因使用了不同的工具设备而出现差异。正如在Hutchins（1995）所指出的，飞行速度需要根据重量来设定具体的值，以便在着陆阶段进行合理的操纵，因而，飞行员必须对目标速度和当前速度进行比较。为了实现这一点，必须协调目标状态和当前状态资源，而协调的方式在很大程度上取决于资源在交互中的表示方式。图 9-2 给出了三个例子，说明如何表示目标状态和当前状态以支持当前活动。在每一种情况下，协调工具进行比较的过程是完全不同的。

（1）根据 Hutchins（1995）的报告，如图 9-2（a）所示的仪器具有可移动指针，称为 bug，可以由飞行员预先设定，以指示当前操作条件的适当目标速度。实际的速度是由另一个指针表示的。对该指针和 bug 的相对位置的感知成为飞行员完成目标速度和当前速度之间的比较以及协调正确操作的指导。

（2）在图 9-2（b）中，当前速度由空速指示仪表示，飞行员将记住在空速指示仪上显示的目标速度。在这种情况下，协调的过程涉及飞行员读取显示器、解释显示器（使用十进制数字的知识）的能力，并与记住的目标速度进行比较，以判定目标速度是高还是低。

（3）图 9-2（c）给出了当前和目标速度值在飞行仪表盘上显示的数值，从而使得飞行员在类似于前面的情况下根据读取和解释的差异做出明确的操作，这两个值无须保存在飞行员的记忆中。此外，飞行设备的计算机系统也会对这两个数值进行比较，并将结果数字显示在屏幕上。

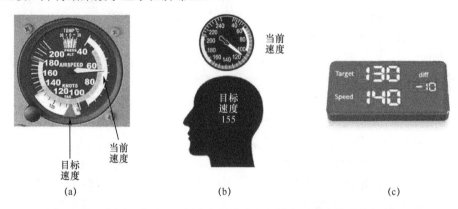

图 9-2　三个例子说明了目标和当前状态如何被表示来支持速度控制活动

此外，Hollan 等（2000）在研究中列出了分布式认知的三个基本标准。

（1）社会交往中的分布式认知。

社会组织被认为是一种认知结构的形式，因为社会组织决定了信息通过群体传播的方式。言下之意是，一个社会群体的模型可以用来描述个人头脑中正在发生的事情。因此，Minsky（1988）的观点为"大脑是如何工作的？"这个古老的问题提供了革命性的答案。Minsky 认为，每个大脑都可以被认为是由数百台不同的机器组成的实体。这些机器之间的相互连接使得大脑成为一个由专门机构组成的大社会。它们活动的协调影响了目标。

分布式认知的概念应用于社会交往中的现象，以及人们与媒体之间的互动，可以用来回答社会交往中典型的问题。例如，"当一个人的大脑被置于一个群体中时，认知过程是如何形成的？"，"群体的认知与群体成员的认知特性有何不同？"，以及"当他们被投入一个群体中时，个体思想如何成为认知属性？"

社会层面的分布式认知已在许多社会环境中得到广泛的研究和应用，如市场学和法学等。

（2）分布式认知是体现形态。

这一观点将分布式认知方法的认知视为一种体现形态，即思想不仅能够创建内部模型的被动引擎（这种内部模型本质上代表了外部世界），而且还是以包含内部资源的复杂方式与外部交互的手段（工件和对象总是围绕在我们身边），这些手段可是注意力、个体认知、记忆等。从这个角度看，所需的"感知工具"不再仅仅是对大脑的刺激，而是成为认知系统本身的一部分，例如，手杖就是盲人感知外部环境的主要工具，工作材料（即感知工具）也成为人们在分布式系统中行为方式的重要组成部分。

（3）分布式认知在文化上的体现。

对认知的研究不能忽视人们生活的文化，因为人们生活和工作在错综复杂的文化环境中。

文化来自过去用来解决典型人类问题方案的积累，而成功帮助个人不从零重新起步。因此，文化为我们提供了物质、精神和社会结构，使我们能够完成不能独自完成的事情。

因此，正如 Hutchins（1995）所指出的，认知不应该与文化分离，事实上，文化是通过超越个体的边界来塑造系统的认知过程。然而，为了接受认知的新文化嵌入，有必要改变个体思维的实际模型，用于构建正确研究分布式认知系统的方法。

分布式认知系统的人类学部分，在保留个体思维模式的同时，需要知道在物质世界和社会世界中，要处理的信息是如何排列的。基于这样的假设，Hutchins 结合对飞行员的采访、飞行员通过飞行中的观察以及研究操作手册，证实了飞行员使用空速指示器刻度盘作为空间锚来识别和记录有意义的空速，他们很少把速度看作一个数字，而是利用显示器的空间结构来感知实际速度与目标速度之间的关系。因此，一种新型数字显示器的实现除要有数字设备的设计方法外，还必须包括分布式认知理论。

因此，利用上述观点，分布式认知理论可以作为一种简单的模型，通过一种超越传统思维模型的方式来描述认知系统，产生有趣的哲学意蕴。

分布式认知理论将认知层次扩展到个体理解的认知过程之外，并在系统层面上向认知过程发展。一个人为了记住某件事用铅笔在纸上记下来，和单纯依靠自己的记忆去记住一件事，这两种方式之间的区别代表了认知系统的外部过程（铅笔、纸）和内部过程（记忆）之间的区别。

因此，在分布式认知方法中，系统是作为一个整体单元进行分析的，而不是通过单个的系统元素分析。例如，Mansour（2009）将分布式认知理论应用于一组个体所构成的系统，将其称为群体智能。该项研究扩展了 Argyris 和 Schon（1978）关于"学习"一词的论断，也就是说，这个词是一个适用于群体内个体的术语，但是当个体相互作用以共享任务时，就有可能将群体本身视为"学习"。结果正如Smith（2008）所指出的那样，由于分布式信息所创建的特定内存的开发，群体记忆信息的能力最强，而单个个体无法拥有该内存。因此，由于信息本身在组成员之间的分布，整体的群体性能得到了提高。

知识在群体成员之间的分布体现了群体层面上的认知能力的增强，而这种增强是无法通过个体意识实现的。

群体认知除强化群体记忆外，还强化了其他技能和能力，如群体决策以及群体解决问题等，这些都构成了群体智能的基础。

然而，群体智能要在群体成员之间传播认知，就需要依赖于有效的传播媒介，进而将认知延伸到工具和有效的表征系统。事实上，随着泛在移动计算的不断发展（Ficco 等，2007），这种形式的扩展认知对人机交互（HCI）和新兴的增强现实技术（Augmented Reality，AR）有着深远影响（Van Krevelen 和 Poelman，2010）。更重要的是，人机之间的界限变得越来越不清晰，功能分离也变得越来越少。

9.3 社交媒体技术——全球脑

万维网（World Wide Web，WWW），也称为 Web 网络，可能是世界上普及互联网的手段，由于对大量广泛传播的应用支持，它成为认知革命的一个重要部分（Wang，2014）。事实上，这些技术使得数以百万计的人之间可以彼此交换任何类型的信息，而且得益于人工智能系统的快速发展，网络正在向一个由高度智能的实体、人类和非人类之间的交互组成的庞大网络形态迈进。因此，网络可以被看作一种能够增强人类认知能力的技术社会系统（Celina 等，2008）。这样的场景可以被看作一个由人类个体和非人类工具共同创造的大而全球脑（Global Brain，GB）。

9.3.1 Web 的演进

自从 Tim Berners-Lee 在 1989 年提出这个想法以来，Web 代表了人类（和非人类）之间基于网络的最大交互系统。在过去的几十年里，Web 已经取得了许多进步（Aghaei 等，2012）。

Web 1.0 是使用互联网的第一步。在第一阶段，互联网用户之间的互联是通过网站、门户网站和 Web 服务平台实现的，用户只能在这些平台上浏览。在 Web 1.0 中，公司和客户之间的互动是非常有限的。独特的接触点是通过传统的方式：邮件、传真、电话和广告，这就决定 Web 1.0 主要支持的是单向的通信流。

Web 2.0 是所有在线应用程序的组合，这些应用程序允许网站和用户之间进行高水平的交互。这样的互动为每个人提供了能够实时获取最自利的内容或者与其他网络用户分享的机会。通过这种方式，交流变成了参与式的、双向的，因为任何人都可以在互联网上的内容传播中做出贡献，从而使每个人都可以访问这些内容。2004 年，Tim O'Reilly 和 Dale Dougherty 在 O'Reilly Media Web 2.0 会议上把 Web 2.0 定义为一个可读写的 Web 网络，由于将互联网作为一个平台进行了功能迁移，因此 Web 2.0 能够彻底改变计算机行业的业务（Fermentas，2004）。Web 2.0 进一步深化和扩展了主要技术及服务，如博客（Blogs）、标签（Tags）、维基（Wikis）百科、混聚（Mash-up）、简易信息聚合（Really Simple Syndication，RSS）、分众分类（Folksonomy）和标签云（Tag Clouds，TC）等。

Web 3.0 将网络变成了一个环境，在这个环境中发布的文档（HTML 页面、文件和图像）变得可以解释，也就是说它们与指定语义上下文的信息相关联。此外，它们的格式适合于提问、解释，通常适合于自动阐述和学习。在这种方式下，Web 有助于知识的建立和共享，通过自动搜索将网络上的内容连接起来，并根据意义进行分析。因此，Web3.0 也称为语义网（Harmelen，2004）。语义网的一个典型应用是通过用自然语言来查询搜索引擎，而不是使用关键字，如 Bing 或 Google（Hakkani-Tür 等，2012）。随着对文档内容的解读，Web 上的研究任务结果远不仅仅是搜索内容的呈现。在语义上下文中，研究本身能够返回与内容所引用的主题领域真正对应的文档。此外，通过使用基于人工智能的技术，语义网能够让机器而不仅仅是人类来阅读 Web。综上所述，借助于语义网、机器推理、分布式数据库和自然语言处理等新技术，Web 3.0 是一个能够与人类交互的智能环境。

Web 4.0 是 Web 3.0 的自然演进，是一种发展中的形成态思想。然而，它可以被看作我们已经拥有应用的另一个版本。Web 4.0 将现实世界和虚拟世界中的所有设备实时连接起来，用以开发一个无处不在的 Web，也称为共生网（Bernal，2010）。语义 Web 还允许自动连接内容，Web 上的应用程序将根据人们正在进行的活动自动连接他们。因此，人们将有一个有效的工具来协作，并通过整合他们的资源和技能来达到共同的目标。Web 4.0 代表了 Web 网络的新时代，在这个时代，机器通过它们的智能和自动学习的能力，能够与人类共生互动，从而对人类的紧急情况作出反应。

Web 5.0 将是一个面向人机情感交互的 Web（Calvo 和 D. Mello，2010）。事实上，网络在情感上是中立的，这意味着网络无法感知用户的情感。在这个新的"情感 Web 网络"中（Karim 等，2012；da Rocha Gracioso 等，2013），人机交互将成为人类的日常习惯。

9.3.2　Web 的全球脑形态

1960 年，James Lovelock 作为团队顾问在加州理工学院关于探测火星上生命的研究项目中工作。假设地球是一个可以自我调节的生物体，生命是用于维护的整个范围的生物之间复杂的互动和地球物理组件。这一假说的灵感来自这样一种观察，即生命本身就扰乱了构成行星的元素的平衡状态，在没有生命的情况下，它将保持在一个固定的状态。为了纪念古希腊语种"地球母亲"的说法，Lovelock 将这种景象命名为"盖亚"（Gaia）（Lovelock，2000）。Gaia 的定义涵盖了整个生物圈，即地球上的一切生物加上大气、海洋和土壤。它是基于假设海洋、大气、地球的地壳和所有其他地球物理组件维护地球的条件适合生命的存在，Gaia 的变化只是因为迎合了生物体、植物和动物的行为。所以，盖亚模型假说意味着生物圈是一个单一的生物体。

例如，一些化学和物理参数，如温度、氧化态、酸度、盐度等，这些是地球上生命存在的基础，具有恒定的值。这种内平衡是由整个植物和动物生命，即所谓的生物群，自主地和无意识地进行的主动反馈的结果（Akagi，2006）。此外，所有这些变量并没有在时间上保持恒定的平衡，而是与生物群本身同步进化。

后来，受盖亚模型启发，Peter Russell 在他的著作《全球脑》（Russell，2006）中，展示了大脑的神经系统和网络之间的相似性。他认为，在人类大脑中，神经细胞的数量与地球上人口的数量是相当的。此外，人类大脑的生长过程与人类进化的方式也存在一些相似之处。

事实上，人类的大脑发育有两个主要阶段。首先，神经元细胞的数量迅速增加，形成整个大脑系统。然后，数十亿个孤立的神经细胞相互连接，实现记忆、注意力、判断、推理等功能，即实现认知。

同样地，根据 Lovelock 的观点，地球就像一个有生命的有机体，最初是由人类社会所组成的，然后，数十亿人类的思想通过网络连接成一个完整的综合网络，就像行星神经系统一样。这是创造集体意识（Loghry，2013）。我们认为自己不再是孤立的个体，而是作为快速整合的全球网络的一部分，即全球大脑的神经细胞，如图 9-3 所示。从 Web 2.0 开始，全球脑开始逐渐形成，它对我们生活的影响之大超出了我们的想象。全球脑模型把地球变成了一个自我意识的有机体，它拥有比单一大脑更优秀的认知能力。Web 能够储存大量的数据，因为这些数据分布在地球上数十亿的电子设备中。它们的联系也为全球大脑提供了联想记忆的能力，得益于人工智能，它们具备了与人类的互动能力。在 Lovelock 的假设下，地球成

图 9-3　地球的全球脑形态

为一种新的社会技术生物，它通过自我调节来保护生命。然而，Russell 警告人类，地球就像一个有机体，希望能生存下来，所以如果我们继续破坏它，人类就会变成地球的行星毒瘤。Sahtouris（1999）认为，"我们是在一个伟大的生命系统中进化而来的自然生物。无论我们做什么对生命有害的事情，系统的其他部分都会试图以任何可能的方式抵消以实现平衡"。

网络作为一个全球大脑是一种愿景，它在许多基于网络和社交媒体技术的应用中得到了内在的体现。事实上，上面所讨论的 Web 技术的重大影响在于连接大量的人类和非人类主体的方式，使他们能够彼此连接、分享各自的知识，这些知识代表个人的认知，通过 Web 技术，可以产生一组知识、构建集体智慧、增强社会认

知，最后形成完整的认知体系（Stahl，2006）。因此，Web 支持大量的个体，以帮助他们解决总体共同的问题。社交互动中的 Web 技术反映了分布式认知理论中隐含了一个重要的概念，即共享知识的传播和分布。

以下是一些基于网络的分布式认知的例子。

1. 维基百科

维基百科 Wikipedia（Karkulahti 和 Kangasharju，2012）是维基媒体基金会（Wikimedia Foundation，Inc.）支持的基于维客 Wiki 的（Raman，2010）服务项目，它的目标是鼓励多语种内容的增长和传播，并免费为世界提供几乎所有的内容。基于"没有人知晓一切，但每个人都知道一些事情"的想法和信念，用户都具有一定的访问权，可以为创建一个特定主题的网页做出自己的贡献，这种贡献通过创建、编辑和链接网页内容，以协作的方式来提供。

维基百科的基本原则是信任用户。因此，用户所做的任何更改都将立即发布。然而，作者/用户不能是专家，然后他们被告知可能的后续验证，这可能会修改或删除输入的内容。事实上，每个条目都要经过网站管理员的定期检查，这些管理员必须按照既定的编辑策略来做决定。行政委员会经常就某些内容的批准进行长时间的讨论。然而，对于每个百科全书条目而言，任何人在任何时候都可以根据自己的见解或其他内容更新或修改这些条目，因此，所有条目都不可能是固定不变的。

在维基百科中创造知识的过程体现了分布式认知的许多方面。事实上，共享知识是群体智能的一个典型特征，它是通过组件间的交互来创建和维护的。

在分配编辑活动时，用户通常会通过相互作用进行交互，而这些想法来自多个视角的讨论。因此，结果不能只分配给一个人。由此可见，结果是一种群体文化，属于群体层次。在这样一个层面上，维基百科可以被看作是致力于知识生存的全球脑的组成部分。

2. 分布式认知中的非人类主体

机器人 Bots（Ferrara 等，2016）是软件机器人 Software Robots 的缩写，是一种软件算法，旨在模仿人类说话、播报新闻、为人类提供帮助和服务。这个定义是通用的，因为在实践中，机器人可以做任何事情，从自动响应消息到创建一个系统，帮助黑客破坏网站或潜入远程计算机。

机器人的历史开始于图灵 Turing（1950）提出的一个测试理论，用来检测计算机是否真的能够模仿人类行为：让一个人与一台计算机进行对话，另外一个人通过分析他们之间的对话从而决定判断出谁是谁。如果交换的数量多到不可能得到答案，则确定机器通过了图灵测试。

第一个试图通过图灵测试的机器人是 1966 年的伊丽莎 ELIZA（Weizenbaum，1966），这是一款伪装成心理治疗师的软件，它根据对话者所写的东西调整答案。在实践中，它以询问对方的问题开始对话，然后通过寻找一组关键词分析对方的回答，并在此基础上给出答案。伊丽莎能够在一个相当有限的区域里进行逼真的对话，这足以通过测试。

人工智能的进步，尤其是像 Messenger 和 WhatsApp 这样的社交媒体应用的广泛传播，是实现具有类人行为的软件算法的主要动力。因此，在今天，以机器人为代表的非人类特征体变得越来越普遍。

最广泛应用的机器人类型是聊天机器人（Liu 等，2015），它来自社交聊天系统。这个软件的主要目的是让用户觉得他在和一个人说话。它们用于各种实际用途的对话系统，如在线帮助、个性化服务、机票预定、酒店定价和天气条件问讯等。

许多聊天机器人只需扫描输入窗口中键入的关键字，并生成与最相关的关键字相关联的响应。然而，一些聊天机器人配备了人工智能和复杂的自然语言处理系统（Tur 和 Mori，2011），从而可以像人类一样回应用户。

聊天机器人的简单易实现性是推动它们广泛分布的另一个动力。事实上，典型的聊天机器人的基础架构并不复杂，如图 9-4 所示。用户通过将机器人添加到他们的联系人中与机器人进行通信。API 支持在人机界面和机器人平台之间交换消息。图 9-4 中的通用聊天机器人平台以 WebHook 为模型，是利用人工智能实现所提供服务的远程平台的 URL。

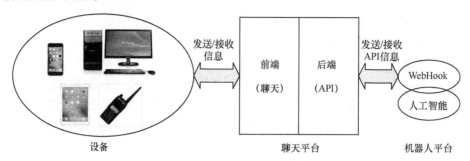

图 9-4　通用聊天机器人平台

就像在普通聊天中一样，用户通过自己的设备将机器人添加到自己的联系人中，并使用聊天界面与机器人进行通信。在后端，聊天平台提供了一些应用程序接口（Application Program Interface，API）库，这些 API 库实现了一种通信协议，用于与智能机器人所在的其他平台交换消息。因此，所需的服务是在专用的外部服务器上实现的，该服务器通过 WebHook-URL 远程连接聊天机器人。

由此可见，这些机器人的开发成本更低，安装也更容易，因为它们被嵌入社交聊天或网站中，这些网站已经可以在各种设备（笔记本计算机、智能手机和平板计算机等）上使用。

许多大公司从机器人的潜力中获益，以扩展其服务范围。例如，Facebook 平台中的 Messenger 为一些公司提供了在应用程序中销售产品和服务的机会。微软提供了 Bots 框架，构建和部署了高质量机器人平台。Motion AI 有限公司（Motion，2016）提供了一个基于 Web 的平台，可以通过图形工具构建机器人及其智能处理机制。也有公司提供机器人商店，例如 Telegram 机器人商店（Telegram，2016）和BotList（BotList，2016）服务。

第一个体验到这些机器人的潜力的是 Slack，这是 Skype 中的新应用。由于 Skype程序是用来协调用户或用户群之间的工作活动的，最近，许多应用机器人被添加到Slack 当中，以便在用户之间实现工作流程的自动化，并获得关于某些主题的信息。

例如，Slackbot 以一种非常友好的方式呈现给用户，就像一个私人助理，询问诸如姓名、照片等相关信息，以便更容易地设置用户的个人档案，而不需要像以前一样填写各种表格。这种机器人还可以很容易地编写程序来回答各种各样的问题，例如，必须记住的工作组使用的网站的密码等。

由外部公司开发的成百上千的其他机器人与 Slack 兼容，可以将应用扩展到任何领域，如接收自己的网站的性能统计数据、启动一个快速问卷调查、决定与同事一起吃什么午餐、同步会议参与者的日程表、提醒未来的特殊事件等。

这些服务的大量存在以及创造新服务的能力不断提升，都为 Slack 的成功做出了贡献。目前，Slack 拥有越来越多的用户，并在创业融资中获得了数千万美元的启动资金。

因此，聊天机器人与人类互动，帮助他们解决日常常见的问题。这样的交互是广泛的，也就是说它可以包括分布在全球范围内的服务和机器人。这种实时的交流产生了对人类的扩展认知，即分布式认知。

另一个展示机器人潜力的应用实例是它们在维基百科中的应用。

据维基百科的研究人员称，这些机器人是群智百科全书成功的关键。事实上，在维基百科中，机器人被广泛用于文章的编辑。

一些机器人可以完成一些简单的任务，如纠正拼写和语法错误。另一些则更加专业，能够执行与人类相似的任务，如在人口普查数据中构建页面，或者使用NASA 的报告创建关于小行星的文章。

然而，机器人最大的用途是对恶意破坏行为的检测（Halfaker 和 Riedl，2012；Khoi-Nguyen Tran；2015）。根据维基媒体基金会的研究人员 Aaron Halfaker的说法，最多产的反破坏机器人是 ClueBot（Smets 等，2008）。

它可以在几秒内检测并修复文中出现的所有不符合要求的词语和内容，此外，它还负责维基百科英语网站上几乎一半的编辑工作。

与人类相比，机器人的效率更高，完成任务的速度是人类的数百倍。因此，这些机器人可以帮助协调人类内部的认知资源和外部工具和资源。这样的互动让机器人这种非人类主体逐渐成为与人类主体对等的存在，并与环境紧密相连，形成全球脑的突破性建构。

9.4　基于信任的分布式技术

为了充分认识分布式认知理论的有效性，在本节中，将简要讨论一种分布式的基于认知的普适计算架构（D'Angelo 等，2015）。具体详情请参阅 D'Angelo 等（2016）。这种体系结构利用了信任模型（Kagal 等，2001），其中网络交互访问权不是静态的，它不仅仅基于身份验证和访问控制，而且还基于用户之间的可信度的动态变化。在这个框架中，用户必须在与其他用户交互之前自动检查其他用户的可信度。

对可信性的评价是通过人工智能技术的辅助来实现的，这种技术与人类的决策过程非常相似。在此基础上，根据分布式认知理论，用户可以将自己的认知扩展到技能之外。此外，用户还可以根据不同的上下文和交互类型，动态地确定彼此的可信度从而进行决策。

通过对所有用户在网络上进行交互时的观察，使整个系统动态地学习行为模式，从而能够评估用户在网络中的可信度。

9.4.1　普适计算

能够提供高计算能力和多种无线通信接口的小型、功能强大的电子设备（如智能手机）的广泛普及，在很大程度上鼓励了基于 Web 的软件技术与应用的传播。这些设备提供了随时随地为任何人使用任何类型的高级服务的可能性。

这种场景，被称为"普适计算"（Pervasive Computing）（Weiser，1999），由于在人们生活和工作的任何环境中可以提供对计算服务的各种利用，因此，普适计算被视为计算机世界的重大变革之一。尽管普适计算为日常生活带来了许多优势，例如可以随时随地为人们提供有用的服务，但它同时也引入了许多与安全和隐私相关的风险。

事实上，通信技术在设备内部是完全集成的，由第三方安装的软件驱动，这些软件能够在用户不知情或不了解的情况下彼此建立通信。

因此，对于用户来说，很难能够知道这些设备何时交换了个人信息，比如身份、偏好和当前位置等。

尽管传统的计算安全是基于用户身份验证和访问控制技术，但在普及计算环境中，网络的访问必须由自主访问控制系统来保证（Ficco 等，2007）。为了实现如此的目标，这些系统必须配备特定的智能。

正如 Kagal 等（2001）所给出的建议，可以利用用户之间的信任增加安全性。在这种方法中，访问权限可能会动态变化，这取决于在网络上进行交互时任何用户都应该得到的信任。信任是通过一个分数来评估的，这个分数是通过特定的规则和策略来计算的。

然而，信任评估是一项艰巨的任务，涉及包括推理、感知和许多其他人类认知的典型能力。

9.4.2 信任模型

本节将描述所提出的信任模型。在该模型中，每个用户在网络上进行交互时，将通过观察彼此的行为来评估其可信度得分。任何用户都可以使用两个基于数据挖掘的过程来评估分数。

首先，用户的行为模式是通过使用基于关联规则的技术来学习的（Agrawal 等，1993），该技术主要应用于历史数据。为了实现这一目标，研究中使用了特征向量，表示用户在任何网络交互中所采用的行为特征的签名。

这些相互作用的集合形成了向量的数据集，为了最终决策，该数据集被用作朴素贝叶斯分类器的输入（Al-Aidaroos 等，2010），其输出结果是关于用户可信度的决策，该决策被定义为概率值。

为了表示用户 i 对用户 j 的过程，特征向量的定义为

$$e_{ij} = \langle \text{EID}_j, \text{TS}, \text{ET}, \text{StDevET}, \text{LT}, \text{TC}, \text{DK}, \text{SE}, \text{HL} \rangle \tag{9-1}$$

式中：EID 为用户标识，每个用户都是通过身份代码唯一标识的，在大多数情况下，EID 可以被解析为对等点的网络地址；TS 为信任得分，两个用户之间的任何交互都以赋值结束，其取值属于集合 {trusted, dubiously, untrusted}，即表示"值得信任""不可靠"或者"不值得信任"；ET 为运行时间，给定一个特定的网络交互环境，存储两个连续事件之间的平均时间值，在交互开始之前，ET 会被更新；StDevET 为 ET 的标准偏差，为了检测通过基于时间的攻击在网络上行动的恶意用户，考虑了 ET 值的离散度，也就是说，恶意用户可以有公平或不公平的行为，这取决于时间；LT 为上一次的时间，给定特定的上下文，考虑交互的日期，旧经验对决策的影响和作用类似于新决策；TC 为交易内容，它确定了交易的类型，例如电子商务、游戏、社交网络信息等；DK 为直接知识，如果网络上的用户在没有中间转发的情况下直接连接，则该变量假定为真值，反之则为假；SE 为源实体，用户之间的交互从体系层次上看类似树状结构，其中一个父节点同时连接多个子节点，例如，如果用户 E1 连接到用户 E2，那么 E2 的 SE 将假定 E1 用户的 EID 值；HL 为层级，表示交互树中的用户所假设的层次级别，一般设定父节点为 0 级，子节点为 1 级，以此类推，子节点上连接的子节点为 2 级。

所考虑的特征向量的目标是通过用户与另一个用户之间的历史交互数据来评价可信度。由于需要同时获取 SE、DK 和 HL 等参数信息，也可以基于从受信任的第三方获得建议用于实现信任决策。上下文（TC）也会参与决策过程。此外，该向量明确了信任的不可传递性。如果用户 A 信任用户 B，而用户 B 信任用户 C，这并不意味着用户 A 会信任用户 C。而且，信任过程同样不具有对称性，即如果用户 A 信任用户 B，这并不意味着用户 B 信任用户 A。最后，用户是唯一标识的。总而言

之，特征向量能够考虑到声誉、建议、过去的经验和上下文，而决策是基于使用这些向量作为人工智能算法的输入后得到的结果。如图 9-5 所示，初步建立了不同的数据集。它们由属于已检查用户（EID）的元组组成，其中一个元组用于任何特定的信任评分（TS）。在这种情况下，则存在三个集合，一个用于任何不同的 TS 类。为了提取向量参数之间的关联性，这里采用了典型 Apriori 算法（Agrawal 和 Srikant，1994）。输出关联表示对于特定 TS 类结合用户实际信息的行为签名。当然，这样的签名取决于执行信任评估的时间，因此，是有可能发生变化的。Apriori 算法同样也适用于请求交互的用户（申请人用户）的输入特性向量。因此，首先对特征向量的参数进行更新，然后提取特征向量的特征签名。最后根据所提取的签名执行信任决策。这是通过使用朴素贝叶斯算法实现的，该算法可以判断输入的签名属于哪个 TS 类。特别地，对于任何 TS 类，输入的申请人用户签名和考虑 TS 类签名之间的相似性都是根据概率来评价的。最后的决策由具有较高概率值的输出来表示。

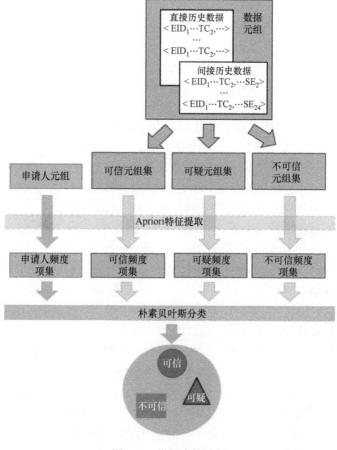

图 9-5　信任决策过程

在信任模型中，所有用户都可以使用第三方用户的历史数据，即所谓的推荐系统。它们可以将自己过去与给定用户交互的结果，或将其他用户接收到的结果，通知其他用户。这种第三方体验将单个用户的认知从个体转向了群体。当一个用户第一次收到另一个用户的连接请求时，由于没有使用该请求的经验，因此无法评估其可信度。利用推荐方的集体知识，通过增强单个用户的知识就可以在一定程度上解决这一问题。

9.4.3 算法设计与分析

D'Angelo 等（2016）的实验结果表明，所提出的信任模型能够识别恶意实体在三种典型攻击中使用的策略：基于计数的攻击、基于时间的攻击和基于上下文的攻击。此外，所提出的信任模型在信任策略出现时就会立即学习这些策略，这是传统的只使用全局 TS 作为信任度量的方法所无法发现的。

通过将分布式认知理论应用于推荐系统，可以解决首次交互式的信任评价问题。事实上，集体知识允许交换过去产生的第三方经验，然后扩展单个用户的决策能力。

图 9-6 给出了受到计数攻击的两个用户之间的性能比较。

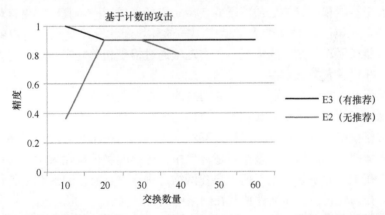

图 9-6　受到计数攻击的两个用户之间的性能比较（E3 采用推荐，E2 不采用推荐）

当恶意用户请求建立连接时，可以通过诚实的行为处理数据交互从而获得良好的声誉，而对不诚实的行为进行其他（本质上，这属于基于计数的攻击）的处理。用户 E2 在没有建议的情况下执行信任评估，因此，无法立即做出决定，因为其不具有足够的数据支持，只有在一些互动之后才能实现数据积累从而做出正确的决定。对于用户 E3 来说，能够在第一次交互时评价此申请连接的可信度，因为该用户的数据集使用了推荐者的历史数据进行扩展。

9.5 本章小结

本章旨在探讨人机交互环境下的分布式认知的概念，分析机器智能如何改变人类处理日常问题和任务的方式，以及如何将个人的认知扩展到个体能力之外。

本章在研究中从传统的人类认知定义出发，不把外部世界视为人类认知过程的一部分，在这样的定义中给出了引入机器智能的结果。理论与应用研究证明了人工智能是如何导致人类和非人类主体之间的合作将不断增加。因此，一项任务的解决方案不仅取决于单个个体的认知能力，而且是个体与个体之间、个体与一套复杂的工具之间相互作用的结果。

特别是，分布式认知理论已经在 Web 框架中进行了全面的研究。人类大脑的神经系统是由许多相互连接的细胞组成的，这些细胞通过互连、共享和协作的方式实现大脑的复杂功能，人类和非人类的主体通过网络相互连接，形成一个全球脑。这个新的大脑具有自己的认知能力，它的表现比单个个体要高出许多倍。它就像一个活着的有机体，为了达到目的而自我调节以适应自己的进化。

在本章的研究中已经展示并且强调了这个新的伟大的大脑所能提供的新潜能。特别是，人工智能和网络的日益广泛的使用，已经形成了一个真实的生存环境，在这个环境中，机器不断地帮助人类适应不同的环境和状况，甚至是用户的语言习惯。这些机器在用户不知情的情况下，自动地通过提供相关内容和信息与人类进行日常交互，并代替人类从事相关的工作。

其结果就是人类认知向群体性、分布式的认知形态延伸。

本章探讨了新技术的引入如何改变 IT 的安全场景。在本章中，提出了一种基于分布式信任模型的普适计算机架构及其实现过程。网络用户之间的互动通过对每一个交互实体的认知，以及从整个普适环境中衍生出的群体认知来实现，这种交互是可信的。在生成的系统中，任何用户在网络上进行交互时，通过观察其他用户，动态地学习行为模式，并能够评估其在网络中的可信度。

最后，可以得出结论，分布式认知所提供的潜力可能会对我们的生活产生影响，这种影响甚至会超出我们的想象，为我们的生活开辟新的场景，从而使人类的生活进入全新的时代。例如，把这种技术的变革映射到自然界的演变中，应该是，地球本身可以被认为是拥有自我认知的更高层次系统的一个组成部分。在这种观点下，人类需要对他们的行为如何影响地球承担更多的责任。正如 Elisabet Sahtouris 所言：“我们是在一个伟大的生命系统中进化而来的自然生物。无论我们做什么对生命有害的事情，系统的其他部分都会试图以任何可能的方式抵消以实现平衡。”

本章缩略语表

HCI（Human Computer Interaction）：人机交互。这是一个研究人们如何与计算机交互的研究领域。

IT（Information Technology）：信息技术。它表示使用任何计算机、存储、网络和其他物理设备、基础设施和流程来创建、处理、存储、保护和交换所有形式的电子数据。

NASA（National Aeronautics and Space Administration）：国家航空和航天局。一个负责美国的太空计划和航空航天研究的政府机构。

RFID（Radio-Frequency IDentification）：射频识别。它是一种通过使用特殊的电子标签（甚至是应答器）来识别和/或自动存储信息的技术。当阅读器靠近标签时，这种标签可对阅读器的特殊便携式设备作出响应，这种阅读器不一定与标签接触。

本章术语表

Biota：这个术语用来描述描述一个特定区域或地区的植物和动物生活的集合。

Bots：机器人，本质上是软件算法，用来模仿人类说话、提供新闻、帮助和服务的方式。

Chatbots：聊天机器人，是用于模拟机器人和人类之间对话的机器人，就像实时聊天一样。

Cognition：它代表心理活动，如记忆、感觉、推理和注意力。

Data Mining：数据挖掘是一组用于从大量数据中提取知识的技术和方法。

Gaia：定义包括了整个生物圈，即地球上的一切生物加上大气、海洋和土壤。

Pervasive Computing：在计算机科学中，普适计算，又称泛在计算，是指无处不在、随时随地都有计算机的环境。

Recommenders：第三方用户可以提供另一个用户的声誉信息。

Slack：它是一个实时消息平台。

Socio-Technical System：用于将技术和社会系统有效地结合而构成整体。

Skype：它是一个实时消息平台。

Trust-model：信任模型，是一种访问权限可以动态改变的方法，取决于在网络上交互时任何用户给予的信任程度。

Value：它是通过数据挖掘技术从大型数据库中提取出的量化隐藏信息。

参 考 文 献

Aghaei, S., Nematbakhsh, M.A., Farsani, H.K., 2012. Evolution of the world wide web: from web 1.0 to web 4.0. Int. J. Web Semantic Technol. 3 (1), 1–10. doi:10.5121/ijwest.2012.3101.

Agrawal, R., Srikant, R., 1994. Fast algorithms for mining association rules in large databases. In: Proceedings of the 20th International Conference on Very Large Data Bases, VLDB '94. Morgan Kaufmann Publishers Inc., San Francisco, CA, USA, pp. 487–499. http://dl.acm.org/citation.cfm?id=645920.672836.

Agrawal, R., Imieliński, T., Swami, A., 1993. Mining association rules between sets of items in large databases. In: Proceedings of the 1993 ACM SIGMOD International Conference on Management of Data, SIGMOD '93. ACM, New York, NY, USA, pp. 207–216. doi:10.1145/170035.170072.

Akagi, T., 2006. Maintenance of environmental homeostasis by biota, selected nonlocally by circulation and fluctuation mechanisms. J. Artif. Life 12 (1), 135–151. doi:10.1162/106454606775186419.

Al-Aidaroos, K.M., Bakar, A.A., Othman, Z., 2010. Naïve Bayes variants in classification learning. In: International Conference on Information Retrieval Knowledge Management, (CAMP), pp. 276–281. doi: 10.1109/INFRKM.2010.5466902.

Argyris, C., Schon, D., 1978. Organizational Learning: A Theory of Action Perspective. Addison Wesley, Reading, MA.

Banavar, G.S., 2015. Watson and the era of cognitive computing. In: Proceedings of the International Conference on Pervasive Computing and Communications (PerCom). IEEE, New York, p. 95, doi: 10.1109/PERCOM.2015.7146514.

Baxter, G., Sommerville, I., 2011. Socio-technical systems: from design methods to systems engineering. Interact. Comput. 23 (1), 4–17. doi:10.1016/j.intcom.2010.07.003.

Bernal, P.A., 2010. Web 2.5: the symbiotic web. Int. Rev. Law Comput. Technol. 24 (1), 25–37. doi: 10.1080/13600860903570145.

Boden, M., 2006. Mind As Machine: A History of Cognitive Science. Oxford University Press, Oxford.

BotList, 2016. https://botlist.co/ (Accessed 21 November 2016).

Calvo, R.A., D'Mello, S., 2010. Affect detection: an interdisciplinary review of models, methods, and their applications. IEEE Trans. Affect. Comput. 1 (1), 18–37. doi:10.1109/T-AFFC.2010.1.

Celina, R., Hofkirchner, W., Fuchs, C., Schafranek, M., 2008. The web as techno-social system. The emergence of web 3.0. Cybern. Syst. 604–609. http://www.hofkirchner.uti.at/icts-wh-profile/pdf39.pdf.

da Rocha Gracioso, A.C.N., Suárez, C.C.B., Bachini, C., Fernández, F.J.R., 2013. Emotion recognition system using open web platform. In: 2013 47th International Carnahan Conference on Security Technology (ICCST), pp. 1–5. doi:10.1109/CCST.2013.6922065.

D'Angelo, G., Rampone, S., 2014. Towards a HPC-oriented parallel implementation of a learning algorithm for bioinformatics applications. BMC Bioinformatics 15 (5), 1–15. doi:10.1186/1471-2105-15-S5-S2.

D'Angelo, G., Rampone, S., 2016. Feature extraction and soft computing methods for aerospace structure defect classification. Measurement 85, 192–209. doi:10.1016/j.measurement.2016.02.027.

D'Angelo, G., Palmieri, F., Ficco, M., Rampone, S., 2015. An uncertainty-managing batch relevance-based approach to network anomaly detection. Appl. Soft Comput. 36, 408–418. doi:10.1016/j.asoc.2015.07.029.

DAngelo, G., Rampone, S., Palmieri, F., 2015. An artificial intelligence-based trust model for pervasive computing. In: Proceedings of the 10th International Conference on P2P, Parallel, Grid, Cloud and Internet Computing (3PGCIC). IEEE, New York, pp. 701–706, doi:10.1109/3PGCIC.2015.94.

D'Angelo, G., Rampone, S., Palmieri, F., 2016. Developing a trust model for pervasive computing based on Apriori association rules learning and Bayesian classification. Soft Comput. 1–19. doi:10.1007/s00500-016-2183-1.

Engestrom, Y., 2000. Activity theory as a framework for analyzing and redesigning work. Ergonomics 43 (7), 960–974. doi:10.1080/001401300409143.

Esposito, C., Palmieri, F., Castiglione, A., 2015. A knowledge-based platform for big data analytics based on publish/subscribe services and stream processing. Knowl.-Based Syst. 79, 3–117. doi:

10.1016/j.knosys.2014.05.003.

Fermentas, I., 2004. Web2.0 conference. http://conferences.oreillynet.com/web2con/ (Accessed 21 November 2016).

Ferrara, E., Varol, O., Davis, C., Menczer, F., Flammini, A., 2016. The rise of social bots. Commun. ACM 59 (7), 96–104. doi:10.1145/2818717.

Ficco, M., D'Arienzo, M., D'Angelo, G., 2007. A Bluetooth infrastructure for automatic services access in ubiquitous or nomadic computing environment. In: Proceedings of the 5th ACM International Workshop on Mobility Management and Wireless Access. ACM, New York, NY, USA, pp. 17–24. doi:10.1145/1298091.1298095.

Fjeld, M., Lauche, K., Bichsel, M., Vo orhorst, F., Krueger, H., Rauterberg, M., 2002. Physical and virtual tools: Activity theory applied to the design of groupware. Comput. Supported Coop. Work 11 (1), 153–180. doi:10.1023/A:1015269228596.

Hakkani-Tür, D., Tur, G., Iyer, R., Heck, L., 2012. Translating natural language utterances to search queries for SLU domain detection using query click logs. In: International Conference on Acoustics, Speech and Signal Processing (ICASSP). IEEE, New York, pp. 4953–4956, https://doi.org/10.1109/ICASSP.2012.6289031.

Halfaker, A., Riedl, J., Los Alamitos, CA, USA, 2012. Bots and cyborgs: Wikipedia's immune system. Computer 45 (3), 79–82. doi:10.1109/MC.2012.82.

Harmelen, F.V., 2004. The semantic web: what why how and when. IEEE Distrib. Syst. Online 5 (3), 1–4. http://ieeexplore.ieee.org/stamp/stamp.jsp?arnumber=1285880.

Hollan, J., Hutchins, E., Kirsh, D., 2000. Distributed cognition: toward a new foundation for human-computer interaction research. ACM Trans. Hum. Comput. Interact. 7 (2), 174–196. doi:10.1145/353485.353487.

Hutchins, E., 1995. How a cockpit remembers its speed. Cogn. Sci. 19 (1), 265–288. doi: 10.1207/s15516709cog1903_1.

Hutchins, E., 1995a. Cognition in the Wild. MIT Press, Cambridge, MA.

Hutchins, E., 1996. The integrated mode management interface (Tech. rep.). Final report for project NCC 92-578, NASA Ames Research Center, University of California at San Diego, La Jolla, CA.

Hutchins, E., Klausen, T., 1996. Distributed cognition in an airline cockpit. In: Engestrom, Y., Middleton, D. (Eds.), Cognition and Communication at Work. Cambridge University Press, Cambridge, pp. 15–34.

Kagal, L., Finin, T., Joshi, A., 2001. Trust-based security in pervasive computing environments. Computer 34 (12), 154–157. doi:10.1109/2.970591.

Karim, M.R., Hossain, M.A., Jeong, B.S., Choi, H.J., 2012. An intelligent and emotional web browsing agent. In: 2012 International Conference on Information Science and Applications, vol. 1, pp. 1–6. doi:10.1109/ICISA.2012.6220978.

Karkulahti, O., Kangasharju, J., 2012. Surveying Wikipedia activity: collaboration, commercialism, and culture. In: The International Conference on Information Networking (ICOIN) 2012, pp. 384–389. doi: 10.1109/ICOIN.2012.6164405.

Khoi-Nguyen Tran, P.C., 2015. Cross-language learning from bots and users to detect vandalism on Wikipedia. IEEE Trans. Knowl. Data Eng. 27 (3), 673–685. doi:10.1109/TKDE.2014.2339844.

Lew, M., Bakker, E.M., Sebe, N., Huang, T.S., 2007. Human-Computer Intelligent Interaction: A Survey. Springer Berlin Heidelberg, Berlin, Heidelberg, pp. 1–5. doi:10.1007/978-3-540-75773-3_1.

Liu, W., Zhang, J., Feng, S., 2015. An ergonomics evaluation to chatbot equipped with knowledge-rich mind. In: 2015 3rd International Symposium on Computational and Business Intelligence (ISCBI), pp. 95–99. doi:10.1109/ISCBI.2015.24.

Loghry, J.B., 2013. The Recreation of Consciousness: Artificial Intelligence and Human Individuation. Ph.D. thesis, AAI3605083.

Lovelock, J., 2000. Gaia: A New Look at Life on Earth. OUP Oxford, Oxford.

Mansour, O., 2009. Group intelligence: a distributed cognition perspective. In: Proceedings of the International Conference on Intelligent Networking and Collaborative Systems. IEEE, New York, pp. 247–250. doi: 10.1109/INCOS.2009.59.

Minsky, M., 1988. The Society of Mind. Simon & Schuster, New York.

Motion, I., 2016. Chatbots made easy. https://www.motion.ai/. (Accessed 21 November 2016)

Nardi, B.A., 1996. Chapter 4: Studying context: a comparison of activity theory, situated action models, and distributed cognition. In: Context and Consciousness: Activity Theory and Human-Computer Interaction. MIT Press, Cambridge, MA, pp. 69–102.

Norman, D.A., 1991. Cognitive artifacts. In: Carroll, J.M. (Ed.), Designing Interaction: Psychology at the Human-Computer Interface. Cambridge University Press, Cambridge, UK, pp. 17–38.

Norman, D.A., 1993. Things That Make Us Smart: Defending Human Attributes in the Age of the Machine. Addison-Wesley, New York.

Perkins, D., 1993. Person-plus: a distributed view of thinking and learning. In: Salomon, G. (Ed.), Distributed Cognitions: Psychological and Educational Considerations. Cambridge University Press, Cambridge, UK, pp. 88–110.

Raman, M., 2010. Wiki technology as a "free" collaborative tool within an organizational setting. EDPACS 42, 1–10. doi:10.1080/07366981.2010.531238.

Rogers, Y., Ellis, J., 1994. Distributed cognition: an alternative framework for analysing and explaining collaborative working. J. Inform. Technol. 9 (2), 119–128. doi:10.1057/jit.1994.12.

Russell, P., 2006. The Global Brain: The Awakening Earth for a New Millennium. Peter Russell.

Sahtouris, E., 1999. EARTHDANCE: Living Systems in Evolution. iUniverse.

Salomon, G., 1997. Distributed cognitions: Psychological and educational considerations. Cambridge University Press, Cambridge.

Smets, K., Goethals, B., Verdonk, B., 2008. Automatic vandalism detection in Wikipedia: towards a machine learning approach. In: Proceedings of the Association for the Advancement of Artificial Intelligence (AAAI) Workshop on Wikipedia and Artificial Intelligence: An Evolving Synergy (WikiAI '08), pp. 43–48, https://www.aaai.org/Papers/Workshops/2008/WS-08-15/WS08-15-008.pdf.

Smith, E., 2008. Social relationships and groups: new insights on embodied and distributed cognition. Cogn. Syst. Res. 9 (1–2), 24–32. doi:10.1016/j.cogsys.2007.06.011.

Stahl, G., 2006. Group Cognition: Computer Support for Building Collaborative Knowledge. MIT Press, Cambridge, MA.

Telegram, 2016. Telegram bot store. https://storebot.me/ (Accessed 21 November 2016).

Tur, G., Mori, R.D., 2011. Spoken Language Understanding: Systems for Extracting Semantic Information from Speech. John Wiley and Sons, New York, NY.

Turing, A.M., 1950. Computing machinery and intelligence. Mind 49 (236), 433–460. doi: 10.1093/mind/LIX.236.433.

van Krevelen, D.W.F., Poelman, R., 2010. A survey of augmented reality technologies, applications and limitations. Int. J. Virtual Real. 9 (2), 1–20.

Wang, Y., 2014. From information revolution to intelligence revolution: big data science vs. intelligence science. In: Proceedings of the 13th International Conference on Cognitive Informatics & Cognitive Computing (ICCI*CC). IEEE, New York, pp. 3–5, doi:10.1109/ICCI-CC.2014.6921432.

Weiser, M., 1999. The computer for the 21st century. SIGMOBILE Mob. Comput. Commun. Rev. 3 (3), 3–11. doi:10.1145/329124.329126.

Weizenbaum, J., 1966. Eliza—a computer program for the study of natural language communication between man and machine. Commun. ACM 9 (1), 36–45. doi:10.1145/357980.357991.

Wright, P.C., Fields, R.E., Harrison, M.D., 2000. Analyzing human-computer interaction as distributed cognition: the resources model. Hum. Comput. Interact. 15 (1), 1–41. doi:10.1207/S15327051HCI1501_01.

第10章 基于新型云的物联网技术

10.1 引　言

物联网被业界认为是互联网发展的未来，通常被定义为物理和虚拟对象、设备或能够收集周围数据并在它们之间或通过 Internet 交换数据的网络形态。为了支持数据收集，设备嵌入了传感器、软件和电子设备；其交换能力是通过将它们连接到局域网或互联网来实现的。

物联网的起源存在许多说法。尽管这个词最早是由麻省理工学院（Massachusetts Institute of Technology，MIT）自动识别中心的联合创始人兼执行董事 Kevin Ashton 于 1999 年提出的，但对于许多类似思科（CISCO）的公司而言，真正的物联网诞生于 2009 年，当时接入互联网的设备比人的数量要多，大约 100 亿，但显然人们的期望值更高。

从数字的急速增长可以看出，在过去的几年里，物联网的受欢迎程度有着意想不到的增长，这主要得益于以下技术的进步。

（1）**更小、更耐用、更强大的传感器。**可以看到新制造的传感器的尺寸大大缩小，因而可以放置在更小的空间，也可以部署在特殊和危险的场景。

（2）**更高的效率。**物联网模式的一个关键所在是设备之间的无线互联。因此，这些设备需要配备自主电源，这就限制了它们的寿命。为了解决这个问题，制造商们的目标是寻求高效的处理器，而软件工程师们则致力于为物联网设计软件和通信技术，在所涉及的技术中，降低能耗成为最主要的要求。为了实现这一点，传感器通常在低功耗模式下工作。在没有数据需要采集或传输的时候，设备处于休眠模式，直到需要生成新的消息。然后，特殊的机制将传感器激活，创建信息并通过启动射频功率放大器来传输相关数据。消息传送完毕后，射频功率放大器和相关设备都被关闭，直到下一个工作周期。

（3）**较低的生产成本。**工业的进步和目前发达的大规模生产的支持使得传感器的制备公司或企业能够降低每个部件的价格。

相关技术的改进可以创造新的市场机遇，更深度的应用和更广域的拓展在可以预见的未来必将出现。由于物联网尚处于非常年轻的阶段，缺乏相关标准对技术、设备和市场进行规范，而新设备的快速发展又反过来阻碍了未来互联网的标准化。

将小型硬件附加到任何电子或机械设备上，可以实现对几乎所有事物的监测。这就是为什么物联网也被定义为"在任何时间、任何地点、与任何事物的任何交互"。

智能建筑，作为人类生活中不可分割的重要组成部分，越来越受欢迎。考虑到庞大的潜在客户的数量，许多公司都在这个领域不断努力。智能冰箱、智能调温器以及智能灯光等元素似乎可以缓解日常生活，增加人们的舒适感。

在医疗保健领域，相关公司不断开发新的技术和产品，目的是利用智能和小型设备来监控人们的健康状况，以便及时发现异常情况并立即通知家属或医院。

10.2　关键技术与协议

自从互联网出现以来，人们已经创建了许多工作组从事与协议和技术标准化的工作。互联网工程工作组（Internet Engineering Task Force，IETF）、万维网联盟（World Wide Web Consortium，W³C）、电子电气工程师协会（Institute of Electrical and Electronics Engineers，IEEE）等都是比较具有代表性的组织团体。

在物联网的最初阶段，RFID 和 NFC 等协议实际上都用作为标准，主要是由于较低的生产成本。然而，在范围覆盖方面的传输限制以及无法通过互联网进行通信阻碍了它们在新的物联网场景（如智能建筑或城市）中的使用。在工业部门，它们仍然被广泛应用于目标跟踪和对象识别。

近年来，各组织都在努力为与物联网直接相关的协议制订标准。尽管可以使用像蓝牙或 Wi-Fi 这样的通用型通信协议，但它们的特性无法较好地满足物联网设备的要求。许多物联网设备的运行都需要依赖使用外部电源，比如电池，那么就要求在降低能耗和成本的同时，能保持相似的通信范围，就像目前的互联网协议一样。例如，低功耗蓝牙（Bluetooth Low Energy，BLE）、Wi-Fi HaLow 或 LoRaWAN 都是专门面向 IoT 应用的通信协议。尽管这些协议的核心非常相似，但在考虑到开发的应用程序类型和实际的应用需求，就可能会出现某一种协议比另一种更加适合的情况。此外，在同一个系统中可以同时使用多个协议。例如，一个将许多信息源组合在一起的通用系统，每一种信源都可能使用特定的传感器设备，那么就可以根据设备的连接性和位置选择使用最适合的协议。

物联网授权协议可以分为两个主要的部分，即基础设施协议和应用程序协议。基础设施协议指的是在底层基础设施中执行的协议，用以在系统层之间创建通信。例如，支持感知层和网络层之间的连接，或者是支持网络层和云层之间的连接。应用程序协议则负责将基础设施与应用程序连接起来。

后续章节中将详细解释这两组中最相关的协议，并通过比较相关特性，得到有实际应用价值的结论。

10.2.1 无线基础设施协议

1. 低功耗蓝牙

低功耗蓝牙或智能蓝牙（Blue Smart，BS）是蓝牙的一种增强型改进，其连接性和电能使用效率都比其前身（即普通的蓝牙技术）更加智能。然而，支持智能蓝牙技术的设备与之前的版本并不兼容。为了解决这个问题，蓝牙技术联盟（Bluetooth Special Interest Group，BSIG）完成了蓝牙核心规范 V4.0 版本的开发，用以支持各种版本之间的兼容。目前采用这个新版本核心协议的设备能够与任何蓝牙设备进行通信。

由物联网所执行的连接模式的转变迫使新的协议必须支持新的行为模式。智能蓝牙包括超低的峰值、平均和空闲模式。一旦完成了两个设备之间的配对，智能蓝牙就会专注于在需要的时候发送少量的数据，并将连接置于低功耗模式下，从而大大减少能量消耗。

根据蓝牙技术联盟 BSIG 所给出的规范，该协议是专门为智能家居、健康、运动和健身等应用开发设计的。这些应用可以利用以下智能蓝牙功能（LitePoint，2012）。

（1）低功耗要求，允许设备运行数月甚至数年。

（2）体积小，成本低。

（3）与大量移动电话、平板计算机和计算机具有兼容性，允许这些设备之间的互操作性。

在技术细节方面，智能蓝牙的操作范围与上一代蓝牙 2.4～2.4835GHz 的 ISM 频段相同。然而，所使用的频道设置却有很大的差异。智能蓝牙使用的是 40 个 2MHz 的频道，而不是传统的 79 个 1MHz 频道。智能蓝牙的比特率和最大传输功率分别设置为 1Mb/s 和 10mW。它的覆盖范围是 100m，大约为传统蓝牙覆盖范围的 10 倍。在延迟方面，智能蓝牙的时间可缩短到 6ms，比传统蓝牙（约 100ms）降低至 1/16（Frank 等，2014），如表 10-1 所列。

表 10-1 传统蓝牙与智能蓝牙的对比

	传统蓝牙	智能蓝牙
频谱范围	2.4～2.4835GHz	2.4～2.4835GHz
信道带宽	1MHz	2MHz
信道数量	79	40
最大比特率	3Mb/s	1Mb/s
最大传输功率	100mW	10mW
平均范围	10m	100m
平均时延	100ms	6ms

2. ZigBee

ZigBee 是一种基于 IEEE 802.15.4 规范的标准，专门针对无线网状网络中的电池寿命较长的设备。自 1999 年问世以来，该协议一直处于发展的状态，其最后一个规范为 2007 年通过的 ZigBee PRO。尽管与蓝牙共享功能，但 ZigBee 的目标是"更简单、更便宜"地实现应用所需要的通信性能。

关于操作频带，ZigBee 使用的是与蓝牙相同的 2.4GHz 频段（Siekkinen 等，2012）。在不同的地方，这个波段设置也会有所不同。例如，中国还可以使用 784MHz 的频段，欧洲可以使用 868MHz 的频段，而美国和澳大利亚则可以使用 915MHz 的频段。

ZigBee 结构的简单也限制了传输速率和通信范围等重要因素。与蓝牙不同的是，ZigBee 数据传输速度的上限为 250kb/s，当然，具体的速度可能取决于具体应用场景。根据功率输出和环境特性，ZigBee 在室内传输的通信范围为 10～20m。

3. 6LoWPAN

基于 IPv6 的超越低功耗无线个域网（IPv6 over Low power Wireless Personal Area Networks，6LoWPAN）是由 IETF 工作组面向互联网领域应用的必要性要求提出的标准，允许任何类型的设备，即使具有最小的有限能量和处理能力，也能参与到物联网中。

6LoWPAN 是 IEEE 802.15.4 和 IP 以简单的、容易理解的方式组合在一起的产物。该协议的主要特性是定义封装和数据头的压缩，从而提供本地局域网 WLAN 和基于 IEEE 802.15.4 的广域网络 WAN 之间的兼容。

由于 6LoWPAN 属于 OSI 模型的网络层，所以它没有特定的传输规范。事实上，这种连接和访问是由网络层下的链路层协议负责提供的。正如前面所提到的，该协议在设计时主要用于在 IEEE 802.15.4 的基础上工作，从而解释低功耗蓝牙的传输特性。

4. Wi-Fi HaLow

Wi-Fi HaLow 是 2016 年 1 月由 Wi-Fi 联盟（Wi-Fi，2016）在计算机电子展（Computer Electronic Show，CES）上展示的一项新技术。这种新的 Wi-Fi 规范直接适用于智能家居、智能城市和工业市场等物联网环境中用以满足物联网技术的需求。Wi-Fi HaLow 扩展了传统 Wi-Fi，特别是 IEEE 802.11ah 规范，使其能够在 900MHz 的频段中运行，从而实现了对包括传感器和可穿戴设备在内的应用所必需的低功耗连接，这些应用几乎不依赖于电池寿命。Wi-Fi HaLow 的覆盖范围几乎是当前 Wi-Fi 的两倍，它不仅能够传输更远的距离，而且还能在恶劣的环境中提供更强大可靠的连接，这要归功于它能够更容易地穿透墙壁或其他障碍物的能力。

支持 HaLow 的设备预计也将支持当前的 2.4GHz 和 5GHz 的 Wi-Fi 频段，从而允许当前设备和新设备之间的互操作性。它们还支持基于 IP 的本地连接到互联网的连接。另一个值得一提的重点是，能够将数千个设备连接到单个访问点，从而创建密集的设备部署。在传输功率方面，根据实际的应用需求，HaLow 预计将可以支持 150kb/s～18Mb/s 的速率，为了支持这样的传输速率，需要不同的通道设置：通常，150kb/s 只需要一个 1MHz 的信道，但是最大传输速率需要 4MHz 宽的信道。

这项新技术可以解决蓝牙技术遇到的问题，Wi-Fi 联盟在 2018 年开始认证 HaLow 产品。

5. LoRaWAN

LoRaWAN（Sornin 等，2015）是由 LoRa（Long Range，LoRa）联盟创建一种低功率远程广域网（LoRa Wide Area Network，LoRaWAN），用于支持无线电池供电设备的通信。它专门服务于物联网的主要需求，如安全通信、移动性和本地化服务。在一个典型的 LoRaWAN 网络中，设备和网关组成了星形拓扑结构，其中只有网关连接到互联网，而设备使用单跳无线通信将数据传输到单个或多个网关。设备和网关之间的传输是双向的，但它也支持在无线软件升级的多播消息传递提供了可能。

LoRaWAN 支持广泛的频率信道和数据速率。此外，对同一网关的不同规范和参数的传输不会相互干扰。每个传输都被封装在单独的虚拟通道中，从而大大增加了网关的容量。数据传输速率介于 0.25～50kb/s。

LoRaWAN 定义了三类终端设备，以满足在各种可能的应用程序中所反映的不同需求。

（1）**双向终端设备（A 类）**。异步传输，其中每条上行消息后面都有两个短的下行窗口，网关可以利用这些窗口向终端设备发送消息。在这些窗口完成之后，终端设备将被设置为空闲，直到下一次上行链路传输。A 类终端设备以最低的功率运行，适用于只需要终端设备到网关通信的应用程序。

（2）**基于预定接收时隙的双向终端设备（B 类）**。除 A 类随机接收窗口外，终端设备通过来自网关的时间同步信标获知终端设备应该在哪个时隙侦听可能的下行通信信道。

（3）**具有最大接收时隙的双向终端设备（C 类）**。终端设备不断地侦听下行链路信息，而这个窗口在传输到网关时关闭。由于其能耗较高，因此，C 类设备通常面向基于 AC 供能的应用。

对所提出的主要基础设施协议进行的总结和比较，如表 10-2 所列。为了表述清晰，通信范围部分给出了这些技术可以传输的距离，事实上，这取决于发射机和接收机是否在视线范围内（Line Of Sight，LOS）。关于频谱的使用，需要说明的是，由于每个大洲的立法和规范不尽相同，因此具体的频谱设定将根据地理位置的不同而有所变化。

表 10-2　IoT 基本通信技术的对比

	BLE	ZigBee	6LoWPAN
频谱范围	2.4～2.4835GHz	2.4～2.4835GHz	868/915/2400MHz
比特率	1Mb/s	20～250kb/s	250kb/s
峰值消耗	<15mA	30～40mA	<15mA
通信范围	10～100m	10～100m	10～200m
	Wi-Fi Halow	LoRaWAN（EU）	
频谱范围	900MHz	868MHz	
比特率	150kb/s～18Mb/s	0.25～50kb/s	
峰值消耗	～50mA	～38mA	
通信范围	1km	2～22km	

10.2.2　应用层协议

1．超文本传输协议

超文本传输协议（Hypertext Transfer Protocol，HTTP）是为分布式、协作的、超媒体信息系统设计的应用层协议。该协议是 Web 上数据通信的基础。

HTTP 是由欧洲核研究组织（European Organization for Nuclear Research，CERN）在 1989 年发起。然而，标准的制订由 IETF 和 Web 联盟（World Wide Web Consortium，W3C）协调并推进，最终在 1997 年发布了一组"请求注解"（Request For Comments，RFC），其中 Fielding 等（1997）首先定义了 HTTP/1.1 版本，并在 1999 年进行了更新（Fielding 等，1999）。多年来，这套标准一直作为本领域的标准在应用中执行。直至 2015 年，HTTP/2.0 标准化完成，更新了相应的协议（Belshe 等，2015）。

HTTP 为客户机-服务器计算模型中的请求-响应协议，在大多数情况下，它使用 TCP 作为可靠性的传输协议。然而，它也可以采用诸如 UDP 之类的不可靠的协议。

尽管它的使用已经扩展到物联网领域，但它并不是专门为了 IoT 而设计的。如果与其他面向 IoT 专门设计的协议相比，HTTP 可能不是最好的选择，因为它的协议开销和通信需求相对较大。然而，不得不承认，HTTP 确实为诸如 CoAP（Constrained Application Protocol）等新开发的协议提供了强大的基础。

2．受限应用协议

由于物联网中的很多设备都是资源受限型的，即只有少量的内存空间和有限的计算能力，所以传统的 HTTP 协议应用在物联网上就显得过于庞大而不适用。受限应用协议（Constrained Application Protocol，CoAP）定义为物联网中与受限节点和受限网络一起使用的专用 Web 传输协议（CoAP，2014）。由于可以从定义中进一步抽象，因此，该协议可以看作专门为物联网和 M2M 应用程序定制的。这个协议是基于 IETF 的 CoRE 工作组提出的一种 REST 架构，可以作为 6LowPNA 协议栈中的应用协议使用，其核心可以参见 Shelby 等（2014）。这个应用层协议在某种程度上可以认为是对低功率设备的 HTTP 的增强。由于采用了 REST 模型架构，因此在这个模型中，资源可以在 URL 下使用，客户端可以使用 GET、PUT、POST 和 DELETE 方法访问这些资源。在 uIPv6 START KIT 无线网络开发套件上，使用 Contiki 嵌入式操作系统，不仅在浏览器端实现了 CoAP 协议而且用自己编写的客户端程序实现了 CoAP 协议，增加了和数据库之间的交互功能，从而实现了在 Web 界面上不仅可以查看实时数据，还可以查看历史数据的功能。此外，CoAP 还支持发布-订阅的功能，这要归功于使用了扩展的 GET 方法。

尽管它与 HTTP 有许多相似之处，但 CoAP 是专门设计用来在 UDP 上运行的。由于 UDP 本身不可靠，CoAP 定义了两种类型的消息，即确认消息和不确认的消息，以定义其自身的可靠性机制。前者要求类似于 TCP 通信中使用的 ACK 确认，而后者则类似于 UDP 一样不需要任何形式的确认。

3. 消息队列遥测传输

消息队列遥测传输（Message Queue Telemetry Transport，MQTT）是在 ISO/IEC PRF 20922（ISO，2016）下标准化的客户-服务器发布-订阅消息传输协议。它是轻量级的、简单的，同时又非常容易实现的协议体制。它的轻量化特性使它非常适合应用于通信能力或资源有限的环境中，如 M2M 或物联网场景等。与 CoAP 不同的是，MQTT 的设计初衷是面向 IP 或其他网络协议的运行，这些协议提供有序的、无损的和双向的通信方式。从这种角度来看，MQTT 类似于 HTTP。然而，前者的设计目的在于减少协议开销。

MQTT 中消息的可靠性有三种服务质量（Quality of Service，QoS）处理级别。

（1）**最多一次**。消息以最佳的方式传递，但消息可能丢失。这种 QoS 处理方法主要适用于消息丢失不相关的场景。

（2）**至少一次**。确保消息的送达，但是可能会发生重复发送。

（3）**只有一次**。消息准确地送达一次，没有重复。这种 QoS 处理方法必须保留给一直可靠运行的系统，如银行系统等。

得益于采用了发布/订阅模型，MQTT 还允许使用应用程序解耦的一对多的消息分发，如表 10-3 所列，给出了先前分析协议的主要特征。

表 10-3　IoT 中主要应用层协议的对比

	HTTP	CoAP	MQTT
主要传输协议	TCP	UDP	TCP
REST	✓	✓	✗
公布/订阅	✗	✓	✓
请求/响应	✓	✓	✗
QoS	✗	✓	✓

10.3 IoT 架构的演进

针对日常问题和情况的小工具以及解决方案的快速增长在为 IoT 开辟新的应用场景的同时，却也正在物联网内部造成混乱。由于企业之间缺乏标准的体系架构和通信标准的协议，因此无法创建异构系统。在这种系统中，来自不同制造商的设备应该可以顺利地交换信息，这就是所谓的"垂直筒仓"问题（Vertical Silos Problem，VSP），从传感器到最终用户应用程序，每个制造商都可以创建自己的私密解决方案。这种垂直性不支持不同公司解决方案之间的互操作性，从而使在同一场景中不同信息源之间的电子设备无法相互通信，即可能不再具备互操作性和共享性。本节将介绍物联网架构自出现以来的发展概况，直到目前的方案强调如何处理所述的垂直筒仓 VSP 问题。

10.3.1 初始模型

在物联网开发的初始阶段缺乏体系结构标准和协议，阻碍了系统的创建，这些系统至少应当满足当前的最低要求，例如可扩展性、互操作性、安全性和可靠性。在最初的几年里，采用了相对准确的术语"内联网"（Intranet of Things）来定义这种情况。此时，设备只提供了基本的物理无线通信协议，例如，蓝牙或 ZigBee，而不支持通过互联网的传输。此外，这些设备和应用程序之间的连接是直接执行的，没有任何中间层来解耦系统。图 10-1 给出了这种体系结构的示意。

从图 10-1 可以看出，这种体系结构只能划分为两个独立的层，即感知层和应用层。虽然可以在同一个系统中使用多个设备，但它们作为单独的元素，在传输过程中不进行通信或相互帮助。也就是说，没有使用这两个层次的组合而形成无线传感器网络的网络层。相反，由感知层生成的数据直接发送到应用程序层，而不需要任何中间解耦，这使得该系统的可扩展性和互操作性无法实现。

图 10-1 最初的两层式
IoT 体系结构框架

然后，现代物联网的架构出现了，它由三层组成，即感知层、网络层和应用层（Wu 等，2010）。网络层将系统的所有传感器和执行器组合在一起而形成无线传感器网络，在这个网络中，设备可以进行相互感知。此外，还添加了网关来收集和转发感知层设备生成的所有原始消息。即使初始系统继续只使用物理无线通信协议的设备，但网关的插入作为更强大的中间元素，允许网络层和应用层之间进行网络通信，如图 10-2 所示。

网络层的引入可以放置更多的网关，如果有必要，可以

图 10-2 三层式 IoT
体系结构框架

处理所有设备连接，从而在一定程度上缓解了可扩展性问题。然而，缓解并不等价于解决。在互操作性和异构性方面，由于协议的开发和消息结构的设计缺乏标准化，从而阻碍了将多个设备组合到同一个系统中的聚合性和兼容性。

在这一点上，研究人员和制造商一致认为，有必要增加一个抽象层来将物理网络与应用程序完全解耦，从而允许创建与设备无关的应用程序。

10.3.2 中间件技术

从 WSN 的角度来看，已经结合了许多工作来提供一个抽象和标准化层，诸如 SENSEI（Tsiatsis 等，2010）和物联网架构（Internet of Things—Architecture，IoT-A）等欧洲联盟相关项目（Bauer 等，2013）通过为不同的应用程序创建和定义体系结构来解决这个问题。然而，当涉及关于上层的总体架构标准时，仍然缺乏一致性。

中间件通常会对系统和硬件的复杂性进行抽象，使应用程序开发人员能够将精力完全集中在要解决的问题和完成的任务上，而不需要分散注意力在系统或硬件级别。中间件在物理层和应用程序层之间提供软件层。正如前面所述，物联网与许多基础设施和应用程序技术相互作用。因此，中间件必须提供几乎完全的兼容性，如图 10-3 所示。

图 10-3 四层式 IoT 体系结构框架

尽管在中间件作为抽象层的必要性方面已经达成一致，在过去的几年里，多种多样的解决方案在面向应用所提出的设计方法得以实现，如基于事件的、面向数据库的、特定于应用程序的或面向服务的（Al-Fuqaha 等，2015；Milić 和 Jelenković，2015），然而，使用单一设计方法可能还不够。事实上，成功的中间件应该是建立在多种设计组合的基础上的。

由于所有生成的数据都必须遍历中间件以进行抽象，因此，将数据库作为此类层的元素似乎是正确的决定。这就是为什么许多当前的中间件解决方案都包括了面向数据库的设计。然而，到数据库的连接可能会因数据是直接公开给终端用户还是单独存储用于提供事件或服务而有所不同。前一种情况只遵循面向数据库的设计，而后者则是数据库和事件或面向服务的设计的组合。

由于部署的简单性和资源利用的轻便性，基于数据库存储事件的中间件越来越受到开发和应用人员的欢迎。考虑到单个传感器消息可以被看作事件，所以存储非常简单。对于事件通信，这种类型的中间件通常使用发布/订阅的模式，在这种模式中，一组订阅者从一组发布者那里获得事件。诸如 MQTT 和 CoAP 都是为这个目的而设计的。

面向服务的中间件基于面向服务的体系结构（Service-Oriented Architectures，SOA），这种体系结构传统上在企业 IT 系统中普遍采用。服务可重用性、可组合性或可发现性等特征也有利于物联网场景的应用。然而，大规模网络、受限设备和移动性等特征使得这种方法具有挑战性。

通过这种方法，连接到中间件的应用程序可以从抽象中受益，并且与底层硬件结构无关。

10.3.3 智能 IoT 系统

到目前为止，物联网应用开始利用设计良好的新架构的优势来解决日常问题或简化生活。此外，出现了许多针对不同场景的监测应用，例如，健康监测系统、建筑能源监测或城市资源监控等。然而，这些系统的本质仅仅是提供信息。

新型物联网或未来的互联网将超越信息的视角。相比之下，公司企业和研究人员的目标则是创建智能和自主的系统。为了达到这个目的，要在之前定义的 IoT 体系结构中不断添加新的功能或技术元素，如图 10-4 所示。

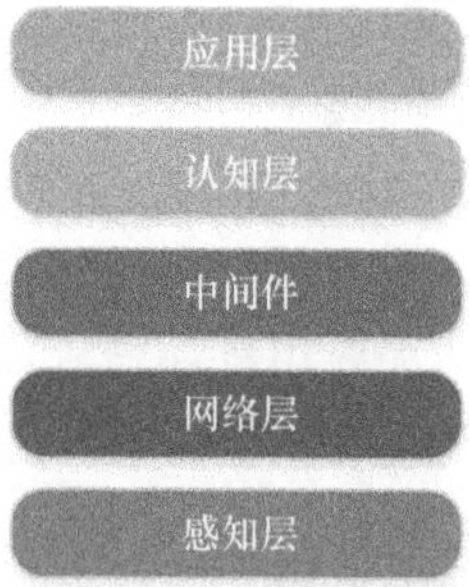

具体来说，在中间件和应用程序之间出现了一个新层，通常称为知识层、上下文感知层或认知层，主要负责请求数据和提取有效信息，用以获取新知识并据此采取行动。

根据应用程序的目的，可以使用许多技术，如基于规则的编程、机器学习以及预测分析等。基于规则的应用程序主要是为了在某些事件发生时修改场景的状态。通常，规则是静态的。然而，规则与机器学习技术的结合可以提供一个更加丰富的系统，在这个系统中，规则根据过去的操作进行修改。预测分析也被用来预测未来的行动，从而通过预先调整系统到理想状态来增加舒适性。

图 10-4　五层式 IoT 体系结构框架

10.4　基于云的 IoT 结构设计

本节将介绍一种处理前一节中提到问题的体系结构，用于提供与可用传感器和协议类型相关的互操作性。此外，可靠性和数据持久性是通过能够根据需要复制服务的云中间件来实现的。本节中所讨论的云允许数据公开，并可以将其作为第三方的服务使用。

图 10-5 给出了在不同层中分解的体系结构。从底部开始，感知层包括网络的

所有传感器和执行器。它负责感知环境，并负责执行从
上面所接收到的必要的操作。

　　网络层由平台的网关构成，这些网关可以根据位置
或功能进行分组。由于这些设备在已建立的连接数量上
受到资源限制，因此有必要研究开发中面向的场景，以
便了解需要部署设备的最优值。在能源使用方面，网关
需要比传感器更多的资源，特别是能量资源。这就是这
些设备通常被放置在建筑物内以使其完全可操作的原
因。此外，接收到的数据可能需要上传到互联网上，这
是将它们安置在可上网的建筑物内的另一个原因。

图 10-5　云物联网架构抽象

　　如前面所述，物联网和 WSN 的主要问题之一是物理层的异构性。由于缺乏对
通信协议和信息结构的一致性标准，因此，有必要赋予系统升级网关软件的可能
性，以便在后续发展中与新设备兼容。

　　即使是"南门"（South Gate），即网关的传感器和网关之间的通信，可能是异
构的，那么北门，即网关和上面的层之间的通信，也可以通过使用适当的通信协议
来维护其同构性。

　　数据聚合和处理层，顾名思义，负责接收原始格式的所有传感消息。然后处理
这些消息，以便将它们的结构修改为标准的结构。由于 JSON（基于 JavaScript 语
言的轻量级数据交换格式，JavaScript Object Notation）实际上是大数据世界中的标
准，而且也被中间件所使用，所以，原始的传感数据往往被转换成 JSON 格式的文
件。这一层可以被看作网络层的一个模块，这就是它位于整个体系结构中间的原
因。稍后再对此进行更深入的解释。

　　关于中间件，通常需要连接外部云平台（Villalba 等，2015），允许使用 HTTP
和 MQTT 等标准协议进行数据上传、存储和检索。由于使用了大数据技术，连接请
求的数量明显增加，在必要的情况下，它还可以提供服务器和数据库复制的功能。

　　最后，应用程序层包含实际的应用程序，其输入为来自中间件的标准数据，这
意味着开发人员不必担心底层的硬件结构和通信协议。

　　这种架构目前一个典型的案例是用于智能建筑模拟器的开发，该模拟器通过避
免不必要的设备状态来减少建筑能耗。例如，在空闲时关掉房间的灯，或者根据环
境的变化或住户的意愿调节房间的温度等。

10.4.1　感知层

　　感知层是由系统的所有传感器和执行器组成的。这一层的主要任务是从监控场
景中收集目标对象的数据。在智能建筑的应用中，传感器通常部署用于监测建筑物

内的相关环境条件，如温度、湿度、亮度、空气质量，以及诸如门、窗户、百叶窗和计算机等设备的工作状态等。此外，在建筑物内还部署了执行器，用以允许对这些元素进行状态修改。例如，如果系统检测到房间里的灯亮着，它可以发送信号关闭它们，以避免不必要的能源浪费。为了实现这种功能，设备和上述层次结构之间的通信应该是双向的。

该系统还可以利用通信双向性与传感器进行交互。由于传感器的体积较小，可以部署于比较特殊或不易到达的位置，因此，需要这个特性来支持无须手动连接访问的软件升级，通常称为"空中（Over The Air，OTA）编程"。

可以看出，有大量的特征可以监控，并通过控制和执行对某些应用带来意想不到的优势，从而为企业提供广阔的市场机会。前面提到的 VSP 垂直筒仓问题就是从这一层开始的。公司通常只专注于单一的场景或问题，而不需要在设计或通信的标准上考虑一致性。然而，在开发更加通用和泛在化的系统，如智能建筑时，需要结合多个传感器以满足上面提到的所有系统要求。因此，感知层的存在十分重要，在这个层中，通过使用不同的协议进行传输和通信，从而解决异构数据采集后所带来的差异。

10.4.2 网络层

网络层用于对网关分组并进行管理，它负责在传感器、执行器和网关之间创建WSN。由于感知层的异构性，网关必须支持丰富协议的兼容性。为了达到这个目的，必须根据所管理的传感器类型赋予网关多个接口。由于这种需要，网关在能源使用方面的要求更高，只依赖于电池供电基本上难以满足要求。相比之下，它们通常需要部署在建筑物内，以便用 AC 电流驱动。

到目前为止，系统设备之间的通信基本都是在本地执行的。然而，一旦网关接收到消息，连接性可能就会发生变化。本地系统可以选择维护一个没有互联网连接的私有网络，在这个网络中，网关在本地连接到上面的层次，用以实现接口和参数的标准化，并存储信息。另一种方法是为网关配备 Wi-Fi 接口，直接将数据上传到互联网。

与传感器软件编程类似，如果需要，网关还可以通过开发新的兼容性进行增强。然而，如果兼容性也需要在每个部署的网关中设置新的物理接口，这就会耗费更多的时间和金钱。

10.4.3 数据聚合层

数据聚合层可以看作是标准化消息层，负责从每个网关接收原始消息，并将其转换为有效的消息格式。这里采用 JSON 作为数据标准，用以满足与上层的兼容性并提供与大数据技术协作的友好性。

该层可以部署到体系结构中的多个位置。具体来说，以下这些位置都是它的有效位置。

（1）具有多个实例分布的网关上。

（2）具有复制功能的中央服务器处。

（3）中间件模块内。

考虑到网关的功能，可以在每个网关上都部署数据聚合层，以避免需要中央服务器从每个网关收集数据，以便稍后对其转换并上传。然而，这个决定也有一些缺点。首先，它要求平台的所有网关都能够连接到互联网，以便上传数据。其次，这些网关的处理和存储能力需要更高。最后，如果需要对数据聚合进行修改以允许支持新的数据结构，则应完全刷新平台的所有网关。

另一种方法是为中间件开发一个模块，以便拥有能够标准化数据并存储数据的独立层。这是一种很好的设计思路，但在本研究考虑的情况下，为了保持外部中间件不变，并没有采用这种设计思路。

最终遵循的设计方法是将这数据聚合层部署到中央服务器中，如果需要的话，可以创建多个副本，以应对需要处理的传入连接。通过这种设计，网关不需要全部连接到互联网上，其处理能力的需要和压力也可以有所缓解，从而减少能量消耗，甚至在必要的时候，可以通过电池电源来进行网关部署。

10.4.4 中间件

正如前面在 10.3.2 节中定义的，中间件是一个抽象层，隐藏了系统和硬件的复杂性。

此外，这个中间件还可以根据实际应用的需求提供额外的特性功能，在本章的实例中，这些特性功能主要包括以下几方面。

（1）采用标准技术的云存储。

（2）面向大数据的强可扩展性。

（3）数据上传和下载的标准通信协议。

（4）用于数据范围控制和共享的公共和私有虚拟对象。

在回顾当前可用的物联网平台之后，本研究最终选择了 ServIoTicy 平台，因为它涵盖了几乎上述的所有需求。ServIoTicy 是巴塞罗那超级计算机中心（Barcelona Supercomputer Center，BSC）（2017）在 COMPOSE 项目（2015）期间开发的一个在线平台。它支持快速和简单的物联网数据流组合，提供多用户数据架构。对于数据上传和下载的通信功能，它允许 REST 和发布/订阅通信。

ServIoTicy 平台传输的内容必须格式化为 JSON 数据对象。这种格式的扩展和作为标准的数据接收使得所有数据均在独立于传输平台的层次实现同构，从而完全隐藏了底层的硬件结构。

10.4.5 应用层

应用层，顾名思义，负责与用户交互或显示所需的数据信息。在物联网世界中，当前开发的应用程序首先专注于监测环境，并充当信息面板，用户可以实时从中读取系统中不同传感器的值，如内部温度、电源使用情况以及外部亮度等。在交互应用程序的过程中，用户除能够看到传感器的信息外，也可以通过发送要执行的操作指令与环境进行交互，例如关上门、降低内部温度，或者打开/关闭开关等。

所提出的体系结构的主要优点之一是开发人员创建特定的应用程序时的自由度。通过使用标准格式和传输协议的中间件，开发人员可以完全将自己的精力集中到案例中，而不需要分心去考虑硬件规范。

中间件和应用程序之间唯一的耦合元素是消息接收模块。正如前面所提到的，由于发布/订阅协议，可以通过 REST 的 API 或订阅请求消息。前者允许同步数据请求，这在需要获得特定值时是必需的。然而，后者则是广泛采用的标准。发布/订阅协议允许应用程序异步消息接收，而不需要经常频繁地查询中间件。事实上，当一个新的传感器消息存储在中间件中时，它将通过先前执行的订阅直接转发给相关的应用程序。

10.5 云端结构设计

本节将介绍一种用于智能楼宇自动化的楼宇管理系统（Building Management System，BMS），在系统设计过程中采用了 10.4 节中分析的体系架构。BMS 的主要目的是通过每次都将建筑的相关参数维持在期望区间来增加用户的舒适度，同时也可以通过避免相关元素被过度使用，从而减少能源消耗。例如，通过预测用户进入房间的时间事先调整室内温度，或者通过检测到房间是空的而自动关闭用户忘记关闭的电灯等。

本章首先将分析数据是如何生成的，以及在建筑物内部需要监测哪些元素。由于在建筑物内大量部署传感器的成本很高，因此，对其中一些传感器进行模拟仿真，可以在资源受限的情况下扩大系统的规模并创造更符合现实的场景。然后，将解释如何将这些数据转换为标准格式，再将其上传到云平台上。再次，将分析这些数据在建筑物管理应用中的使用情况。最后，对该体系结构的性能及其在该案例中的应用优势进行总结。

图 10-6 给出了系统元素的构成，构成的体系结构划分主要依据图 10-5 给出的层次结构。

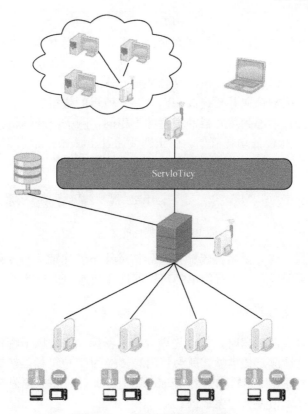

图 10-6　基于云的物联网架构

10.5.1　数据生成

实现建筑物智能化功能的第一步是监测其内部的所有必要元素。对于建筑物而言，重要的元素主要包括灯光、暖通空调系统、计算机、门和窗户等。此外，还需要对环境状况进行监测，以掌握其是否可用的相关信息。例如，如果室外亮度足够高，室内工作时就可以关闭电灯。

前面提到的部分元素可以通过小型传感器进行采集，从而获取必要的数据来推断它们的状态。在照明、暖通空调系统和计算机等元素方面，可以采用电位计来读取上述元素所消耗的能量，从而了解其运行状态。另外，可以采用电磁传感器来确定门窗是打开还是关闭着的。在环境数据的应用案例中，温度、湿度和亮度传感器使得我们可以准确地读取各自的数值。为了模拟系统的其余部分，可以通过创建与物理实体相同的数据包的软件生成其他元素信息。

尽管数据生成可能因传感器的类型不同而有所差异，但包含数据的数据包及相应的报文头是相等的。图 10-7 给出了此类数据包的结构示意。可以看出，数据包，也就是数据分字，仅仅是由目标地址、传感器标识符和包含传感器读数的有效负载组成的。

数据生成速率随监测设备的不同而变化。考虑到通用型建筑物环境条件以及电力供给情况，元素数据采样约每 5 min 执行一次。对于门和窗，采样率保持不变，但是，如果检测到它们状态的变化，也会生成一条消息。

一旦传感器数据被读取并封装成如图 10-7 所示的数据包，就会迅速发送给传感器最接近的网关。考虑到传感器的类型各不相同，网关将选择相应的协议接收消息，如 ZigBee 或 BLE 低功耗蓝牙。由于网关通过 Internet 而使连接得到了增强，原始消息将被直接转发到负责数据聚合和标准化的中央服务器。

目的地址	传感器ID	有效负载

图 10-7　数据包的结构

由此可以看到，该体系结构能够将实际传感器与软件定义的传感器相结合，这使得在其他可能应用场景中进行简单的可扩展性和快速的适应性测试成为可能。

10.5.2　数据转换与存储

当消息到达中央服务器时，将首先读取传感器标识符，以了解有效负载中包含的消息类型。一旦检测到该类型，就会将消息转换为 JSON 标准格式，并在其结构中的"type"域内写入传感器携带的"value"值。此外，每条消息都包含一个时间戳，用于通知该样本值使何时生成的。

然后，使用 REST 的 API 将标准化数据推送到 10.4.4 节中所讨论的云服务中。在这个云平台，每个物理传感器对应一个虚拟传感器。这意味着，每个物理标识符会被分配给一个虚拟标识符。这种映射关系是存储在中央服务器的独立存储区中的，以便能够正确地将消息推送到相应的虚拟传感器处。但是，虚拟标识符以及传感器信息，如模型、传感器类型和位置等，是公开可用的，这要归功于存储这些数据的另一个云数据库。通过这样做，外部实体可以利用平台并查询特定的传感器，而不需要部署它们自己的传感器。

正如在前文 10.4.4 节中所提到的，并不是所有在系统中注册的传感器都是公开的。对某些传感器进行私有化的必要性直接关系到受监测环境下用户的安全和隐私。例如，如果距离和移动传感器都是公开的，那么第三方就可以知道部署此类传感器的房间内是否为空置状态，并利用这些信息进行社交黑客攻击。

为了避免这种情况，可以共享的传感器只能对应于部分环境监测，如温度、湿度和光线。对于其余监测传感器，则需要密码访问并接收更新后的值。

10.5.3　数据消耗

开发的应用程序由两个不同的元素组成。首先，BMS 负责通过对建筑物内不同传感器的订阅直接接收传感器信息。通过使用轻量级发布/订阅客户端，一旦有新消息存储在中间件的数据库中，就会立即被转发到相关的应用程序，从而允许BMS 在必要时执行相应的操作。然而，正如前面所说的那样，由于在真实环境中部署和测试这种场景的代价过高，所以，选择了模拟仿真作为第二个因素，用以获得通过智能功能增强的更贴近于真实环境的测试效果。

整个系统的工作过程可以表述如下。该体系结构为 BMS 提供了真实的和软件生成的传感器数据。一旦这些数据送到对应的应用程序处，模拟元素就会修改它们的状态信息，以便与相应的物理传感器同步。例如，如果某特定位置的传感器提示电灯已经关闭，那么，模拟元素也必须显示为关闭状态。通过使用这个模式，模拟器会在真实的和虚拟的传感器之间保持同步，并与建筑物模拟的元素保持一致。因此，如果模拟器检测到必须执行某个动作，它将自动改变元素的状态，并更新所有必需的软件定义的传感器，以保持同步。

除对建筑物元素的模拟之外，还可以对其中的人员进行模拟，以便能够多次重复测试。人是由一组动作定义的，这些动作可以在建筑物内执行，同时也可以实际执行动作的概率来定义。例如，如果模拟的建筑物对象对应于一间办公室，那么人们在早晨刚刚到达办公室的几个小时中会与环境产生频繁的交互。这些定义的元素组合后存储为用户的属性文件，用于在模拟的过程中为不同的用户进行参数配置。

模拟器的最后一个特性与 BMS 的智能功能相对应。也就是说，系统必须能够监测建筑物每一时刻的状态，根据实际情况执行能够增加舒适度或减少能量消耗的操作。这个实现是通过一个基于规则的系统来开发的，该系统应该能够监控对应于所有可能的激活程序的条件。例如，要判断房间的灯光是否可以直接打开或关闭，取决于房间内是否有人存在?如果有人，这个人在做什么？当前的室内光线状态如何？室外亮度如何？窗户的位置在何处？

对比由智能功能增强的建筑结构的性能实现结果，说明前面所给出设计方法是有可能增加人们生活的舒适性的，即使不存在可以量化一个人的舒适度的度量标准，也可以感性地进行推断，例如，进入温度刚刚满足用户要求的房间，或者夜幕降临时室内灯光逐渐变亮，HVAC 等根据室内温度变化自动调整等，用户的舒适度就会从感性上判断是增加的。此外，还考虑了资源浪费情况下的激活规则，从而可以明显降低建筑的能源消耗。

10.6　本章小结

本章在分析接近真实的应用场景下的物联网智慧行为后，设计了基于新型云的物联网架构，其潜在优势主要包括以下几方面。

（1）在尽可能低的层次上进行硬件抽象，从而使网络层网关完全隐藏下层的协议。

（2）云中间件可以支持数据库和服务器的按需快速复制。

（3）在文件格式和通信协议方面实现了同构转换。

（4）公共数据库和传感器的灵活性使得真正的传感器数据共享成为可能。

对于系统的可扩展性，仿真结果表明，在标准办公楼环境中，传感器的数量不是问题，不会影响系统的性能。可靠性是需要考虑的另一个重要因素。尽管云中间件在很多安全专家看来可能会成为阻碍系统功能的核心攻击点，但不可否认的是云中间件所提供的复制功能确实可以提高可靠性。

通过模拟和仿真方式对平台进行测试，结果表明该平台对于物理部署是可行的。此外，抽象层的引入可以简化应用程序的开发，从而使开发人员能够将精力集中在应用开发上，而不必分心考虑协议和格式的异构性问题。

物联网的未来将直接与面向同构互联网的架构设计以及抽象中间件层的使用相关联，这些层能够将许多解决方案连接起来，从而创建更加复杂的系统。另外，本章将中间件送上了云端，为了完全可以不再围绕 SOAP/XML 来构建标准化的方案，微服务架构带来了新的思路，企业用户能够使用云中间件将业务流程逐步迁移到云集成服务上，最终实现灵活扩展和降本增效。

最后，物联网支出在 2017—2022 年的复合年增长率将达到 13.6%，2022 年总支出预计为 1.2 万亿美元。这意味着什么?意味着越来越多的数字信号连接将进入企业和供应链的各个方面，以及我们的家园将继续变得更加智能。不论物联网和云技术如何渗透到世界的方方面面，有一件事是很清楚的:"不管我们在哪里，也不管我们在做什么，我们都将永远不会失去连接"。

参 考 文 献

Al-Fuqaha, A., Guizani, M., Mohammadi, M., Aledhari, M., Ayyash, M., 2015. Internet of Things: a survey on enabling technologies, protocols, and applications. IEEE Commun. Surv. Tutorials 17 (4), 2347–2376. doi: 10.1109/COMST.2015.2444095.

Bauer, M., Boussard, M., Bui, N., Carrez, F., 2013. Project Deliverable D1.5—Final Architectural Reference Model for IoT, 53–59. http://www.iot-a.eu.

Belshe, M., Peon, R., Thompson, M., 2015, May. Hypertext Transfer Protocol Version 2 (HTTP/2). RFC 7540. Internet Engineering Task Force (IETF). https://tools.ietf.org/html/rfc7540.

Barcelona Supercomputing Center, 2017. http://www.bsc.es.

CoAP, 2014. CoAP RFC 7252 Constrained Application Protocol. http://coap.technology.

COMPOSE, 2015. COMPOSE: Collaborative Open Market to Place Objects at your Service. http://www.compose-project.eu.

Fielding, R., Gettys, J., Mogul, J., Frystyk, H., Berners-Lee, T., 1997, January. Hypertext transfer protocol—http/1.1. RFC 7540. Network Working Group. https://tools.ietf.org/html/rfc2068.

Fielding, R., Gettys, J., Mogul, J., Frystyk, H., Leach, P., Berners-Lee, T., 1999, June. Hypertext transfer protocol—

http/1.1. RFC 7540. Network Working Group. https://tools.ietf.org/html/rfc2616.

Frank, R., Bronzi, W., Castignani, G., Engel, T., 2014, April. Bluetooth low energy: an alternative technology for VANET applications. In: 2014 11th Annual Conference on Wireless On-demand Network Systems and Services (WONS), pp. 104–107.

ISO, 2016. ISO/IEC 20922:2016. Information technology: Message Queuing Telemetry Transport (MQTT) v3.1.1. International Organization for Standardization. https://www.iso.org/standard/69466.html.

LitePoint, 2012. Bluetooth Low Energy Whitepaper. Rev. 1.

Milić, L., Jelenković, L., 2015. A novel versatile architecture for Internet of Things. 2015 38th International Convention on Information and Communication Technology, Electronics and Microelectronics, MIPRO 2015—Proceedings, pp. 1026–1031. doi:10.1109/MIPRO.2015.7160426.

Shelby, Z., Hartke, K., Bormann, C., 2014, June. The Constrained Application Protocol (CoAP). RFC 7252. Internet Engineering Task Force (IETF). https://tools.ietf.org/html/rfc7252.

Siekkinen, M., Hiienkari, M., Nurminen, J.K., Nieminen, J., 2012, April. How low energy is Bluetooth low energy? Comparative measurements with zigbee/802.15.4. In: Wireless Communications and Networking Conference Workshops (WCNCW), 2012 IEEE, pp. 232–237.

Sornin, N., Luis, M., Eirich, T., Kramp, T., Hersent, O., 2015. LoRaWAN Specification. LoRa Alliance. Rev. 1.

Tsiatsis, V., Gluhak, A., Bauge, T., Montagut, F., Bernat, J., Bauer, M., Villalonga, C., Barnaghip, P., Krco, S., 2010. The SENSEI real world internet architecture. In: Towards the Future Internet: Emerging Trends from European Research, pp. 247–256. doi:10.3233/978-1-60750-539-6-247.

Villalba, A., Carrera, D., Pedrinaci, C., Panziera, L., 2015. ServIoTicy and iServe: A Scalable Platform for Mining the IoT. Proc. Comput. Sci. 52, 1022–1027. https://doi.org/10.1016/j.procs.2015.05.097.

Wi-fi, 2016. Wi-Fi alliance introduces low power, long range Wi-Fi HaLow. https://www.wi-fi.org/news-events/newsroom/wi-fi-alliance-introduces-low-power-long-range-wi-fi-halow.

Wu, M., Lu, T.J., Ling, F.Y., Sun, J., Du, H.Y., 2010. Research on the architecture of Internet of Things. ICACTE 2010, 2010 3rd International Conference on Advanced Computer Theory and Engineering, Proceedings, vol. 5, 484–487. doi:10.1109/ICACTE.2010.5579493.

第 11 章　云上安全数据监测：基于 SLA 的安全方法

11.1　引　言

由于云计算范式的广泛传播，越来越多的组织和个人客户依赖云服务开展业务。然而，云服务客户（Cloud Service Customers，CSC）并不能完全控制云基础设施，因此，CSC 不可能管理并且应对入侵和针对云资源和服务的可用性、机密性和完整性等的传统攻击。缺乏对于租用资源的控制，意味着客户不会认可服务的安全性能，这也被认为是云模式深度推广的主要障碍之一（Pearson 和 Benameur，2010；Pearson，2013；Sengupta 等，2011）。

最近，欧洲网络信息安全局（European Network and Information Security Agency，ENISA）提出了安全服务级别协议（Service Level Agreement，SLA）作为云安全问题的解决方案，这一协议也引来了 SPECS（2013）、SLA-Ready（2015）和 SLALOM（2015）等项目的研究与探索。安全 SLA 是规范对客户进行目标服务的条件的契约，包括与安全相关的条款与保证，这些条款和保证指定服务必须保证的安全级别。根据这类协议，云服务供应商（Cloud Service Provider，CSP）会基于用户需求授予安全等级，例如，保护客户免受入侵和提供正确的漏洞评价，并通过专门的服务目标（Service Level Objectives，SLO）进行规范，SLO 可以用于监测相关安全指标。

为了实现这种方法，需要解决的主要问题之一是关于连续安全监测：云客户需要安全指标以定量的方式去标度安全等级，并且需要有效的工具来验证 SLO 的权威性。最近出现的与安全相关的云环境检测工具主要用于监测整个基础设施，而不是针对每个用户或每个服务定义的协议。换句话说，还没有可用的基于 SLA 的云安全监测服务和工具可以提供给用户去监测其 SLA（Petcu，2014）。这样的服务和工具的设计严格依赖对可用的安全机制和控制的精确分析，旨在识别和判断应该与客户协商还是自动执行，以及通过相关监测指标和政策去配置和检测是否违反 SLA 或提高警报。

为了证明使用安全 SLA 是云数据安全的可行性解决方案，这里将采用 SPECS 框架，该框架支持通过基于 SLA 的方法开发安全的云服务。SPECS 项目[①]的目的是

[①] www.specs-project.eu。

采用基于 SLA 的方法，通过创新、推广和开发一个致力于提供"安全即服务"（Security-as-a-Service，SaaS）的平台，从而提高云计算安全方面的最新水平。SPECS 框架可以通过合适的组件进行激活来增加对现有供应商产品的供应，客户也可以就安全机制和控制进行协商，这些过程通过丰富的供应链条自动执行[①]，并且根据签署的安全 SLA 持续地进行监测。

本章将重点关注两类安全问题：拒绝服务检测，以及缓解和漏洞评价。二者涉及完全不同的技术，但都面临关于用户安全需求的问题：如果恶意攻击者想要破坏我的软件和数据，它们是否受到保护？当我使用的硬件/软件栈中存在已知漏洞，我的软件是否受到保护？根据对 SPECS 框架的研究，我们提出了一个基于签名的安全 SLA 自动配置和激活的监测体系结构。这种监测体系结构集成了不同的与安全相关的监测工具，所集成的监测工具可以是专门开发的，也可以是已经可用的开源或商业产品，用以收集与安全 SLA 中指定的安全 SLO 集合有关的测量值。

本章的其余部分安排如下：11.2 节将简要总结安全监测和 IDS 解决方案的最新进展；11.3 节将重点关注基于 SLA 的监测问题；11.4 节将深入分析 SPECS 框架体系结构；11.5 节将阐述采用自动执行和监测来拒绝服务检测、缓解和漏洞评价技术；11.6 节将应用上述技术和工具来构建安全云服务；11.7 节将对本章的研究进行总结，并得到相应结论。

11.2　云安全监测

云安全监测通常涉及动态追踪与虚拟化资源（如虚拟机、存储、网络和设备等）、它们共享的物理资源、在其上运行的应用程序和托管数据相关的服务质量（Quality of Service，QoS）参数。对云及其 SLA 的持续监测，主要是对性能相关性数据的保护，对于云供应商和客户都是至关重要的。特别是对于供应者来说，其目标在于防止违反 SLA 以避免惩罚，并且确保有效地利用资源从而减少高昂的维护成本。

虽然在云环境中存在一些用于性能和 QoS 监测的工具，但开源和与商业安全相关的监测工具的普及程度都相对较低。在讨论安全监测时，应该更关注频发性问题和开放性的争议，例如，不论采用何种监测方案都不可避免地会遇到以下问题：① 监测什么？物理资源？物理基础设施？甚至是虚拟机和相关的软件资产？② 监测代理在哪？在云中，许多选项都可以配置，例如本地监测、在主机 IaaS 上监测、通过 SaaS 或第三方进行监测，那么哪种配置才是最适合已签名的 SLA？③ 应

---

① 供应链由一组组件构成，这些组件用于提供经过协商的服务以及相应的配置。

该监测哪些数据？怎样管理海量数据？④ 应该采用哪些安全指标？

云基础设施和服务的安全监测是基于生成、收集、数据分析以及与安全相关的数据的报告的。为此，所谓的探头（Probes）可以安装在基础设施本身，用于收集关于用户、应用程序、系统活动以及线上业务交换的信息。安全监测是实现威胁检测的基础，并允许识别和执行适当的对策，避免系统受到危害，用以验证设置的安全控制是否正常工作，以及是否能够暴露出所有的缺陷和漏洞，多用来在发生安全事故时提供法律证据。

最近，云监测领域技术得到了较大的关注，并展开了广泛的研究。目前大型云供应商提供了几种监测问题的解决方案（Aceto 等，2013；Fatema 等，2014），对云监测和所采用的监测工具进行了深入的分析。大多数的云监测工具都集中在云操作的特定方面，仅为云监测问题提供部分解决方案。例如，开源工具 Nagios①完成了对服务器、交换机、应用程序和服务的监测和报警，而 Ganglia②作为可扩展的分布式监测系统，可以用于高性能计算系统，如集群、网络等，收集与 CPU、内存、磁盘、网络和进程数据相关的数十项系统指标。

在安全监测方面，现有的商业和开源产品以及研究原型，主要致力于探测和管理已知软件漏洞，追踪用户活动和系统变化，并对恶意行为进行检测。在大型供应商提出的监测解决方案中，亚马孙为其网络服务（Amazon Web Services，AWS）资源监测提供了 CloudWatch 服务③，可以调用这个服务去获得与系统状态相关的信息，例如资源使用情况和应用程序性能。除此之外，亚马孙还建立了漏洞报告流程，以通报服务中可能存在的漏洞，并且定期发表安全公告，来向客户通报与安全和隐私相关的事件。此外，亚马孙建立了执行客户渗透测试程序的政策。谷歌通过在复杂的集成系统中利用商业和来源工具，对其网络基础设施进行安全监测，针对员工的可疑行为进行具体分析，安全管理团队会不断地检查安全公告，识别可能对谷歌服务产生负面影响的安全事件。

许多现有的安全监测工具对系统暴露的漏洞进行分析。在这些产品中，由 Tenable 网络安全公司（Tenable Network Security Inc.）开发的商用产品 Nessus④有望对漏洞进行快速扫描。它支持广泛的网络设备、虚拟化资源、操作系统、数据库和 Web 应用程序的覆盖和分析，也可以作为 AWS AMI 使用。开放漏洞扫描评价系统（Open Vulnerability Scanner Assessment System，OpenVAS）⑤是一个源自 Nessus 产品的开源项目，该产品为漏洞的监测和管理提供了基本框架，其特点是模块化的

---

① Nagios—The Industry Standard In IT Infrastructure Monitoring，http://www.nagios.org/。
② Ganglia Monitoring System，http://ganglia.sourceforge.net/。
③ http://aws.amazon.com/cloudwatch/。
④ http://www.tenable.com/products/nessus-vulnerability-scanner。
⑤ http://www.openvas.org/。

体系结构并定义了适用于内部组件间受保护的 SSL 通信协议。NeXpose[①]是由 Rapid7 公司以包括免费社区版在内的多个不同版本发布的，是一种可以在多个级别（从单个用户到组织）管理漏洞的解决方案。NeXpose 支持在虚拟环境中自动检测、扫描和修复。Metasploit[②]是目前使用较广的开源渗透测试解决方案，也由 Rapid7 提供，可以用来验证 NeXpose 等工具发现的漏洞，并且授权相关的修复操作。

还存在其他提供安全信息和事件管理（Security Information and Event Management，SIEM）的工具。SIEM 技术提供由网络硬件和应用程序生成的安全警报的实时分析。SIEM 产品能够收集、分析和显示来自网络、安全设备、身份信息、访问管理应用程序、漏洞管理、策略工具、操作系统、数据库、应用程序日志以及外部威胁数据的信息。NetIQ 安全管理（NetIQ Security Manager）[③]是一种能为主机提供安全保障的 SIEM 解决方案：支持检测与安全相关的活动、收集日志、管理威胁、对事件响应以及检测系统的变更。

目前已有许多研究关于在云中使用入侵检测系统（Intrusion Detecting System，IDS）去阻止来自外部的拒绝服务和分布式 DoS 的攻击，以及针对云中资源的攻击而开展（Roschke 等，2009；Dhage 等，2011；Arshad 等，2011；Gul 和 Hussain，2011；Modi 等，2012）。Nikola 和 Wang（2014）提出了一种 IDS 工作在监测级别的解决方案，这个方案不需要在虚拟机上安装额外的软件。Mehmood 等（2013）和 Roy 等（2015）对于这些方法进行了深入的分析，并进行了相关的理论与实践验证。还有一些正在进行、但尚未发布的研究工作主要针对相反的问题，如使用云资源对云执行外部 DoS 攻击。

尽管目前有许多可用的工具用于云监测和安全监测，但据相关数据报告可知，在管理 SLA 文档指定的安全需求方面没有做太多工作。尽管允许调整基于用户选择的指标的监测策略，但列出的工具和解决方案，并不直接与他们指定的安全 SLA 或安全 SLO 相关。Petcu（2014）指出，基于 SLA 的云安全监测目前还没有真正可用的服务和工具。最近一些研究项目正是据此而立项展开，包括上面提到的 SPECS 和一些相关的论文。

Ullah 和 Ahmed（2014）提出了一种通过虚拟机（Virtual Machine，VM）实现自动服务部署的安全 SLA 管理解决方案。根据用户协商并同时包含在安全 SLA 中的安全雪球，使所提供的服务具有不同的安全级别。在启动 VM 时，还会在 VM 上安装一个自定义的监测代理对其监测。通过在物理和应用层部署不同的预定义系统配置，可以获得不同的安全级别；此外，对相关的监测系统和监测策略进行预定义。Karjoth 等（2006）介绍了面向服务保证（Service-Oriented Assurance，SOAS）

---

① https://www.rapid7.com/products/nexpose/compare-downloads.jsp。

② https://www.rapid7.com/products/metasploit/index.jsp。

③ https://www.netiq.com/products/sentinel/。

的概念。作为 SLA 协商过程的一部分，SOAS 增加了安全性保证，即保证是关于组件或服务属性的声明。

Smith 等（2007）提出了 WS 一致性协议（Andrieux 等，2007）用以实现细粒度的安全配置机制，该机制允许根据特定的安全需求优化应用程序性能。所提出的优化网格应用程序性能的方法，是通过根据用户提供的 WS 一致性规范优化服务和任务安全设置实现的。Brandic 等（2008）提出了网格工作流中元坐标和从属映射的高级 QoS 方法，其需要满足的谈判先决条件是，支持谈判协议和 SLA 规范的文档语言。先决条件中有一个元素<security>，指定了在开始协商之前希望应用的身份验证和授权机制。

Ficco 等（2012、2013）提出了一种体系结构用以检测云服务入侵，并将重点放在特定的云上的攻击，并考虑在 IDS 服务中使用 SLA 的可能性。面向 SLA 的监测工具最典型的是 CloudComPaaS[①]，此外，还包括 LoM2HiS（Emeakaroha 等，2010）和 CASViD（Emeakaroha 等，2012）或 mOSAIC（Rak 等，2011）。CloudComPaaS 是支持 SLA 的 PaaS，用于管理完整的资源生命周期，并具有用于云计算的 WS 一致性 SLA 规范的扩展功能。监测模块从活动 SLA 执行 QoS 规则的动态评估。监测过程中采用的三个基本操作是：更新 SLA 项状态、检查安全状态，以及执行自管理操作。在监测中注册的 SLA 设置为在给定的一段时间后持续更新，通常定义为监测周期。监测过程对安全保证项的公式进行评价，并将安全保证值设置为"Fulfilled"（完成）或"Violated"（违反）。

云应用 SLA 入侵监测（Cloud Application SLA Violation Detection，CASViD）旨在监测和识别应用层的 SLA 违规行为（Emeakaroha 等，2012），包括资源分配、调度和部署的工具，是一种基于简单网络管理协议（Simple Network Management Protocol，SNMP）的 SLA 监测方法。服务请求通过前端节点的定义接口，该节点一般用于管理节点。VM 配置器通过部署预配置 VM 镜像来设置云环境。服务接口接收请求并将其传递给 SLA 管理框架进行验证，然后将其发送给应用程序部署人员以进行资源分配和部署。CASViD 将监测应用程序，并将信息发送到 SLA 管理框架以检测 SLA 的违反情况。

11.3　基于 SLA 的安全监测

启用基于 SLA 的监测所面临的第一个挑战是在最终用户的安全需求和 SLA 中报告的特定安全 SLO 之间提供映射，该映射应与可度量的安全指标相关。例如，

---

① GRyCAP CloudComPaaS，http://www.grycap.upv.es/compaas/about.html。

考虑与云应用程序相关的高级安全需求的可用性。应用程序实际上是在物理或虚拟资源上运行的，所运行资源可以通过低层次指标（如 CPU、内存、正常运行时间和停机时间）表示，这些指标实际上是可度量的。因此，低级度量标准和终端用户协商高级 SLA 参数之间存在一定差距。

根据 ENISA（Dekker 和 Hogben，2011）可知，安全监测框架的安全参数可以如图 11-1 所示进行划分。对于每个参数，必须定义监控与测试方法，以及触发事件的相关阈值，如事件报告或响应和修复等。就安全需求而言，监控测试相对复杂，原因之一就是对监测数据的访问受限，如图 11-2 所示。

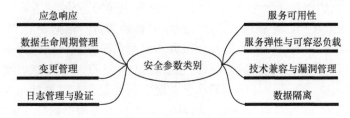

图 11-1　ENISA 安全参数

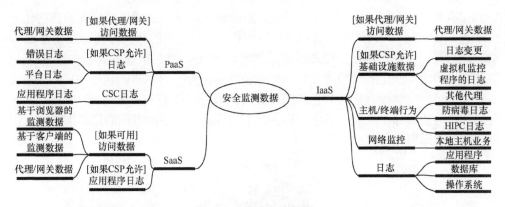

图 11-2　安全监测数据

在 SLA 监测系统的选择和配置过程中，会出现不同的问题。实际上，考虑到 SLA 违规的早期检测和监视工具对整个系统干扰二者之间的平衡，一旦定义了需要监测的安全参数，就有必要确定适当的监测代理和数据收集体系结构。除此之外，获取资源使用情况和当前资源可用性状态信息的速度也是一个重要因素，这影响着系统的整体性能和供应商的利润收益。一方面，快速监测可以向提供资源状态快速更新，但是这会引起较大的开销，从而可能会降低系统的性能；另一方面，低速的监测可能会导致信息丢失，例如，可能会错过 SLA 违规监测，这意味着提供者要支付罚金。因此，为了解决这个问题，需要确定最优监测间隔，从而有效地监测和识别 SLA 违规。

与选择待监测参数相关的另一个关键问题是监测粒度。监测存在三种主要的方式：面向客户的监测、虚拟系统监测，以及物理系统监测。最后一个问题就是收集监测数据的方法。同样，也存在三种类型：使用公共云提供的 API 收集日志、在受监控的基础设施上安装专门的监测代理，或者使用第三方工具从外部收集关于被监测的服务的信息。

待激活的监测系统最优配置应该与 SLA 中包含的安全参数相关，并且影响承载许多用户虚拟资源或多租户客户的基础设施和需要保护的特定用户资源。实际上，前面提到的 SPECS 项目拟通过在 SLA 执行阶段定义监测服务的数量和类型来解决这个问题，以便根据经过协商的特定安全特性和控件激活监测服务。

特别是，正如将在下一节中讨论的，SPECS 提供了一种灵活的体系结构，管理整个 SLA 生命周期，并利用云自动化技术来自动部署，根据安全 SLA 中指定的安全 SLO 配置和激活一组可用的安全服务和监测系统以及代理。为了能够根据安全 SLO 自动启动和配置这种监测系统，需要在这些 SLO 以及一组可衡量的指标之间进行明确的映射。生成这样的映射非常关键，需要安全专家进行深入分析。映射可以通过采用安全 SLA 模板来完成，这里的 SLA 模板是根据新型安全 SLA 模型构建的（Casola 等，2016），其中包括所有可用的安全和监测系统。

在本章中，将假设 SLA 作为解决方案的输入，重点关注监测任务的自动化实现过程。特别地，本研究的目标是建构如图 11-3 所示的解决方案。在协商过程中，用户提交一组与特定安全属性相关的所需 SLO，然后构建并签署安全 SLA。通过部署和激活一组实现相关安全机制和控制的组件，可以自动执行 SLA 中定义的安全需求。类似地，自动部署和配置的监测系统，能够监测与 SLO 中涉及的安全属性相关的指标。在下一节中，将介绍为实现这一目标而设计的体系结构，并提供一些与实际研究相关的细节。

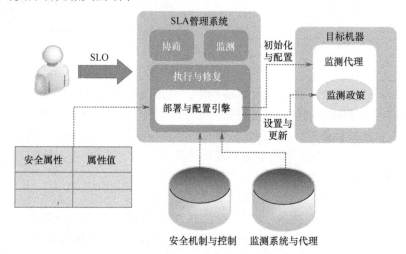

图 11-3　基于 SLA 的安全监测方法

11.4 SPECS 框架和基于 SLA 的监测体系结构

SPECS 项目的主要目标是开发一个用于管理 SLA 全生命周期的框架，旨在构建提供由安全 SLA 声明并授予的安全特性服务的应用程序，即 SPECS 应用程序（Casola 等，2014；Rak 等，2013）。

SPECS 体系结构通过提供技术和工具来满足 CSP 和 CSC 的需求，用以实现以下目标：① 在云 SLA 中支持以用户为中心的安全参数协商，通过在客户和 CSP 之间进行权衡评价，组成云服务并至少保证最低安全水平；② 实时监测协议 SLA 的履行情况，在 SLA 未履行时通知 CSC 和 CSP；③ 执行协定的 SLA，以持续满足指定安全参数的持续"安全质量"（Quality of Security，QoS）。SPECS 执行框架还能够通过建议和/或应用适当的对策，对 QoS 的波动作出实时的"反应和适应"。

在典型的 SPECS 使用场景中，主要涉及三个参与者。

（1）**SPECS 客户**。终端用户，例如安全 SLA 所覆盖云服务的 CSC。

（2）**SPECS 所有者**。SPECS 安全服务的提供者，通过外部 CSP 向云服务提供安全 SLA。

（3）**外部 CSP**。独立的（通常是公共的）CSP，对 SLA 不具备先验知识，提供没有安全保障的资源/服务。

对于这些各方之间的交互，SPECS 客户使用 SPECS 所有者提供的云服务，该服务作为代理，从外部 CSP 获取资源并且通过重新配置和资源丰富扩充来满足客户的安全需求。SPECS 所有者可能得到开发人员在开发新的 SPECS 应用程序和新的安全机制方面的支持，这些应用程序和安全机制可以由最终用户协商，并用于向交付的云服务增加安全特性。

SPECS 框架通过重用一组可用的安全机制，以及利用一组服务（主要指核心服务）来管理 SLA 生命周期，使利用安全 SLA 轻松丰富现有的云服务成为可能。SPECS 应用程序协调了 SPECS 核心服务，如图 11-4 所示，分别用于协商、执行和监测，为 SPECS 客户，即终端用户，提供所需的服务，图 11-4 中标为"目标服务"。核心服务运行在 SPECS 平台之上，提供了与安全 SAL 生命周期的管理相关的所有功能，并且需要支持核心模块之间的通信。除这个由"SLA 平台服务"提供的功能外，SPECS 平台还对开发、部署、运行和管理所有 SPECS 服务和相关组件提供支持，在图中，这些服务称为"启用平台服务"。

与安全相关的 SLO 是根据客户的要求进行协商的（步骤 1）。代表不同的供应链的兼容性方案通过互操作层进行识别，并由 SPECS 的 SLA 平台服务表示，它们还负责验证，例如，验证其基于当前系统配置的实际可行性（步骤 2）。当然，给定一组 SPECS 客户的安全需求，就可以确定多个供应链，每一个供应链都有各自的成本和相关的安全级别。由此，产生的供应链可以进行排序，以帮助 SPECS 客户选择所需的配置。协议条款包含在由 SPECS 客户和 SPECS 所有者签署的安全 SLA 中（步骤 3）执行服务。之后，协定通过实施服务来实现，这些执行服务需要从外部 CSP 获取资源并激活适当的组件，这些组件以服务的方式提供实现已签署的安全 SLA 中所包含的 SLO 所需的安全功能（步骤 4 和步骤 5）。与此同时，激活相应的服务和代理对包括在安全 SLA 在内的特定参数进行监测（步骤 6）。SPECS 监测模块收集监测数据并基于监测政策对数据进行分析：如果需要，可以将数据转发到执行模块，进行执行诊断，用以验证它们是否能够指出输入的或已经发生的违反已签署的 SLA 的行为。最后，根据结果可以采取相应的对策，如重新配置正在交付的服务，或采取与安全机制共同定义的补救行为等。

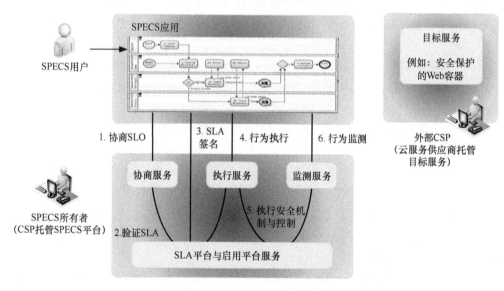

图 11-4　SPECS 架构示意图

　　监测组件的激活包括启动适当的服务和代理，这些服务和代理能够监测安全 SLA 中包含的特定参数，并且可以由框架内简单调用或集成的现有监测工具表示，生成由 SPECS 监测模块收集和处理的监测数据。在收集到的数据上存在某些条件的情况下，监测模块可能生成监测事件，交由执行模块对这些事件进行进一步处理，以验证是否存在违反已签名的 SLA 或存在违反 SLA 的可能。得出的结论是，如果存在，可以采取适当的对策，包括重新配置所交付的服务，或者采取所需的补救行为。

　　SPECS 项目中定义的安全 SLA 格式（De Benedictis 等，2015；Casola 等，2016），基于 WS 一致性标准，可以使用以下概念表示安全特性。

（1）**安全能力**。安全机制能够对目标服务执行的一组安全控制（NIST，2013）。

（2）**安全度量**。用于评价所提供服务的安全级别的度量标准。

（3）**SLO**。在安全指标上表示的条件，表示根据 SLA 必须遵守的安全级别。

由于激活了相关的软件安全机制，SLA 中声明的安全功能作为服务而被强制执行。同样，由于安装和配置了适当的监测系统，SLA 将以安全机制的形式实现，系统将会自动检查 SLO 的报告。稍后本章会明确指出，自动激活和安全机制的配置是如何通过 Chef[①]云自动化技术实现的。所需的资料根据安全 SLA 的内容，将安全机制的部署和配置自动化包含在由开发人员定义的元数据中。鉴于以上所述，SPECS 安全机制的开发主要包括开发合适的 Chef_cookbook（关于这一点的更多细节将在本章后面专门给出），可能通过修改现有的安全软件和定义相关的元数据获得。

如前所述，本章的目标是提出一种基于现有安全相关监测工具的监测解决方案，该解决方案可以根据带有签名的安全 SLA 自动配置和激活，从而对定义的安全保证进行持续监测。这种监视解决方案已经集成并应用到 SPECS 框架中，以便提供完整的安全即服务解决方案，通过该解决方案，云服务可以在特定的安全保证下交付。特别是，所有保证都依赖于带有签名的安全 SLA，并用于以自动的方式配置监测工具、代理和监测策略，以便持续评估和度量所涉及的安全度量。在下一节中，将通过 SPECS 框架详细说明监测体系结构及其自动执行和配置。

11.4.1　SPECS 监测体系架构

图 11-5 给出了所提出监测解决方案的高级体系结构，根据提供的和需要的接口确定主要涉及的组件及其关系，并指定它们在系统中的部署。

由于引用了 SPECS 框架和监测服务，所以必须明确地说明 SPECS 框架中的组件集，这些组件均不同程度涉及到监测任务。特别地，除了 SLA 平台模块的组件之外，还需要由 SPECS 执行模块执行自动配置和部署任务、监测事件的处理，以及诊断和修复活动的组件 SLA 管理。

对于被监测的目标机器，必须确定用于执行实际监测的组件，即监测代理，以及正确激活和配置监测代理所需的其他组件。

特别是在 SPECS 框架中，分别确定了两个用于执行和监测的主要信息分组和 SLA 平台，其相关组件归纳如下。

（1）**部署与配置管理器**。属于 SPECS 执行模块，负责在目标机器上自动安装、执行配置/重新配置安全服务，以及用于自动化部署监测系统管理的组件。这是通过处理 SLA 平台存储的安全 SLA 完成的，执行模块从中提取要激活的安全指标和服务列表。

---

① https://www.chef.io/chef/。

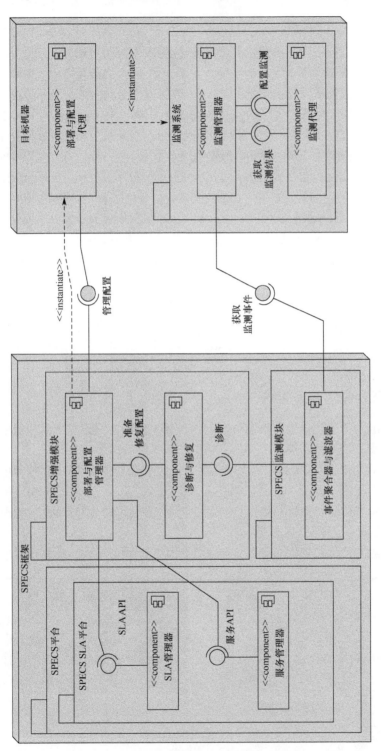

图 11-5　高级监测体系结构

（2）**事件聚合和过滤器**。属于 SPECS 监测模块，用于收集部署监测系统的监测数据并生成监测事件，在发送到执行模块进行诊断之前，执行聚合和过滤操作。

（3）**诊断和修复组件**。属于 SPECS 执行模块，负责分析监测模块生成的监测事件并进行诊断，用以验证它们是否代表与 SLA 相关的警报或违规行为，并据此确定适当的对策或补救措施。

（4）**SLA 管理器组件**。属于 SPECS 的 SLA 平台，提供了与 SLA 有关的基本功能，用以管理与终端用户协商和签署的整个 SLA 生命周期（SLA API）。

（5）**服务管理器组件**。属于 SPECS 的 SLA 平台，提供了服务 API 来查询注册服务，并控制服务激活或终止。

在目标机器端，部署和配置代理（Deployment and Configuration Agent，DCA）将根据其制订的计划执行本地组件的部署和配置"部署和配置管理器"（Deployment and Configuration Manager，DCM），包括属于监测系统分组的组件，即监测管理器（Monitoring Manager，MM）和监测代理（Monitoring Agent，MA）。监测管理器 MM 将监测代理 MA 安装在目标机器上，实际上通过探头收集相关数据，同时兼顾其配置和调谐，负责收集监测结果并将其转化为 SPECS 监测模块可用的形式进行进一步处理。

值得一提的是，正如 Casola 等（2016）所讨论的，部署是针对不同的安全和资源约束对系统进行的优化配置，但是可能存在不同的部署配置。实际上，监测管理器 MM 可以安装在独立的机器上，而不是安装在被监测的目标机器上，以远程控制监测代理 MA。显然，在这种情况下，还必须在这台机器上安装和配置特定的部署和配置代理。这种解决方法将在下一节中讨论，这里，将专门介绍所提供的体系结构，以便进行基于漏洞监测系统的案例研究。最后，应当指出的是，有时可能存在无法直接在目标机器上安装探头的情况；在这些情况下，监测管理器 MM 和代理 MA 都可以部署在外部机器上。

11.4.2　云自动化技术：Chef

正如前面所述，监测解决方案需要在用于监测管理的特定软件组件的目标机器上自动安装、配置和执行。出于这个原因，本研究采用了一种配置管理解决方案，从而能够在 SPECS 框架中集成多个监测工具支持所有需要的自动配置功能。目前有几种配置管理解决方案得到广泛的关注，即 CFEngine[①]、Puppet[②] 和 Chef[③]。本研究中选择 Chef，是因为它的开放性、高扩展性和强大功能。

---

① http://cfengine.com。

② https://puppetlabs.com/。

③ https://www.chef.io/chef/。

Chef 是 IT 自动化平台，可让客户创建、部署、变更和管理基础设施运行时环境和应用。Chef 是平台无关的，可以部署到云端、本地或作为虚机（VM）。Chef 也被称为部署自动化工具和 DevOps 使能者，它是一款可以为不同规模企业提供许多集成选项的产品。Chef 的关键概念是"将基础架构转换为代码"，这意味着开发环境是可版本化的、可测试的和可重复的，就像应用程序的代码一样。客户用 Chef 来创建、管理和部署应用栈、裸服务器以及 VM。Chef 平台主要基于客户/服务器。受管理的系统运行 Chef 客户端，后者再利用 HTTP RESTful API 连接 Chef 服务器。Chef 服务器包含有一个数据库，里面存储有"配方"，"配方"会被打包成独立的"食谱"，代表着运行在客户端的独立组件，如 Java、WebSphere 以及 MySQL 等，还会保留所有受管理机器的详细目录。"食谱"是在目标机器上配置和部署内容的基本单元，这里的目标机器称为节点[①]。

Chef 的"食谱"以及其他配置数据存储在 Chef 服务器中，该服务器是 Chef 体系结构的主要组件，可以安装在本地机器上，也可以作为远程 SaaS 服务调用。Chef 客户机安装在网络节点上。它们定期向 Chef 服务器查询最新的"食谱"，检查节点是否符合这些"食谱"定义的策略。如果节点过时，Chef 客户机将在节点上运行它们以使其更新。最后，Chef 工作站允许与 Chef 服务器通信并执行配置和执行 Chef 组件所需的所有操作。例如，它允许编写新的"烹饪书籍"并将它们上传到服务器。厨师工作站和厨师服务器之间的通信被执行到命令行工具，提供管理节点、"食谱"和"烹饪书籍"、角色和云资源的功能。不同的"配方"提供不同的安全控制和相关的监测系统。

11.5　DoS 检测与漏洞防护的复杂安全系统

如 11.4 节所述，SPECS 提供了可以由客户协商并在 SLA 实现阶段自动执行的安全功能。已开发的监测系统可以用来监测与这些安全功能相关的指标：这些指标将按照上一节所述进行配置和部署，并与 SPECS 监测模块进行通信，以检测警报和违规行为。

其中一些监测系统作为安全功能，从而支持基于 SLA 的监测解决方案的设置。在后续部分，将介绍两种主要的监测功能，正如 11.2 节所讨论的，这两种功能在当前的云监测工具中有很多应用，例如漏洞扫描、安全管理，以及拒绝服务检测和缓解等。对于这两种功能，将从设置的细节入手，包括所覆盖的安全控件的标识和选择协商过程中使用的相关安全指标。此外，本节还将讨论用于实现监测机制

---

① 节点可以是物理服务器、虚拟服务器或容器实例。

的技术，并分析生成的监测体系结构。

11.5.1　DoS 检测与安全措施

本节将介绍由 SPECS 提供的"DoS 检测和缓解"安全功能，用于保护通用托管在云基础设施上的 Web 服务器免受 DoS 攻击。特别是，当需要检测和阻止对承载最终用户 Web 应用程序的 Web 服务器的未经授权和/或异常访问尝试时，该功能将被激活。

按照 SPECS 体系结构规定，DoS 检测和缓解能力可以定义为一组安全控制规程。具体来说，可以采用以下 NIST 安全控制框架中的控件（NIST，2013）。

（1）**安全评估和授权|持续监测（CA-7）**。NIST 开发的持续监测策略用以连续执行监测任务，包括选择适当的度量标准、定义监测频率、建立响应动作以处理与安全相关的信息分析的结果，并定义频率报告安全状态。

（2）**事件响应|事件报告（IR-6）**。要求相关人员在给定的时间段向内部安全事件响应模块以及得到授权的相关模块报告可疑的安全事件。

（3）**系统和通信保护|拒绝服务保护（SC-5）**。信息系统采用适当的安全防护措施，防止或限制拒绝服务攻击的影响。

（4）**系统和信息完整性|恶意代码保护（SI-3）**。主要指 NIST 将：① 在信息系统输入输出端口采用恶意代码保护机制，监测和清除恶意代码；② 根据配置管理政策和程序，每当有新版本发布时，及时更新恶意代码保护机制；③ 配置恶意代码保护机制，对信息系统和外部文件的实时扫描来源，采取必要的行动，例如分组码、隔离码、发送警报等，以响应恶意代码检测，并解决在恶意代码检测过程中接收的误报，以及由此产生的潜在影响，从而提高信息系统的可用性。

（5）**系统和信息完整性|信息系统监测（SI-4）**。监测信息系统，根据定义的监测目标和未授权的本地、网络和远程连接监测攻击和潜在攻击指标。识别信息系统未经授权的使用并正确部署监测工具，收集有关系统的信息。

（6）**系统和信息完整性|软件、固件和信息完整性（SI-7）**。使用完整性验证工具检测对定义的软件、固件和/或信息的未经授权的更改。

上述控件表示通过激活 DoS 检测和缓解功能自动提供的安全特性。它们可以在协商过程中由终端用户请求，并构成 SLA 的安全声明部分（Casola 等，2016）。但是，为了能够对这些安全特性以及整个 SLA 进行有效监测，有必要将一组可度量的指标与上面定义的控件关联起来。为实现 DoS 检测与缓解能力而设定的安全度量指标如下：

（1）**检测延迟**。[包括 IR-6]表示检测到攻击的第一个特征要素和消息事件生成之间的时间间隔；

（2）**误报性**。[包括 CA-7、IR-6、SI-3 和 SI-4]预定义的时间间隔内检测到的误报分组的数量，也称"假阳性"。

（3）**检测到的攻击。**[包括 CA-7、IR-6、SC-5、SI-3、SI-4 和 SI-7]在预定义的时间间隔内检测到的攻击数量。

（4）**攻击报告生成频率。**[包括 IR-6]表示攻击报告的频率。

上述指标可用于设置 SLO，这里，SLO 定义了 SLA 中包含的安全保证。它们的值由属于为该功能实现的安全/监测机制（称为 DoS 保护机制）的适当代理进行采样。正如 11.2 节中所讨论的，在云中有多种实现此功能的选项。这里选择的工具依赖于外部 IDS 工具的集成、配置和激活。特别是，采用了目前得到广泛认可的 OSSEC[①]工具，OSSEC 是一个基于主机的开源 IDS，可以执行日志分析、文件完整性检查、策略监测、rootkit 检测、实时警报和主动响应等功能。后续将给出关于这个工具及其体系结构的技术背景。

1. OSSEC

OSSEC 是一款开源的多平台的入侵检测系统，可以运行于 Windows、Linux、OpenBSD/FreeBSD，以及 MacOS 等操作系统中，包括日志分析、全面检测、rootkit 检测。作为一款主机入侵检测系统，OSSEC 应该安装在一台实施监控的系统中。另外有时候不需要安装完全版本的 OSSEC，如果有多台计算机都安装了 OSSEC，那么就可以采用客户端/服务器模式运行。客户机通过客户端程序将数据发回到服务器端进行分析。在一台计算机上对多个系统进行监控对于企业或者家庭用户来说都是相当经济实用的[②]。

OSSEC 的主要目标是发现系统行为中的异常，这些异常可以由安全问题引起。OSSEC 能够通过执行日志分析来检测系统中的异常活动：针对数据进行收集、分析并关联所有记录运行进程活动的日志，在可疑行为发生时生成警报。

从架构的角度来看，OSSEC 是基于客户机–服务器范式的。管理器（服务器）存储所有配置选项、用于完整性检查的数据库、日志和审计系统条目，并执行主分析逻辑。小型代理通常驻留在要监视的系统（客户机）上，收集所有相关信息并将其转发给经理。但是，对于那些不允许在获取的资源上安装代理的系统，可以配置管理器，以便在无代理模式下运行。

管理器和代理都在后台执行进程。在运行代理的每个主机上，LogCollector 收集生成的日志，代理进程在将日志转发到服务器之前对其进行压缩和加密。此时，Analysisd 进程将处理后的日志发送到一个过滤链：在预分解阶段，首先提取静态变量，如主机名、程序名、时间戳等；在实际的解码阶段，处理关键变量，如联系主机的 IP 地址。过滤是根据特定的规则或模式进行的：如果生成警报，OSSEC 可以提供被动或主动响应。被动响应主要指采用将电子邮件发送给系统管理员进行告知的

[①] http://www.ossec.net/。

[②] 译者增加。

响应形式，而主动响应主要指调用脚本中指定的特定操作，例如隔离恶意 IP 等。

对于过滤过程中发生的每个规则匹配，OSSEC 管理器将触发警报，并根据表 11-1 所列格式生成报告消息。

在下一小节将说明如何使用 OSSEC 来构建 DoS 保护机制，该机制已经与 SPECS 执行服务集成，并且可以基于 SLA 对其配置和激活。

表 11-1   OSSEC 警报域代码与含义

域 代 码	代 码 含 义
crit	与警报相关的严重程度
id	违反规则的标识
component	触发警报日志文件的位置
classification	标识违反的规则所属的组别
description	违反规则的文本描述
message	触发警报的日志字符串或字符串组
acct	引起警报机器的用户标识，如发起攻击的机器的用户名
scr_ip	警报源的 IP 地址
src_port	用于进行攻击的源端口
dst_ip	生成警报的机器目标 IP 地址
dst_port	生成警报的代理的端口
file	检测到变更的文件路径
md5_old	文件修改前的 MD5 散列
md5_new	文件修改后的 MD5 散列
sha1_old	文件修改前的 SHA1 散列
sha1_new	文件修改后的 SHA1 散列
src_city	引起警报的机器地理位置
dst_city	生成警报的机器地理位置

2．DoS 保护机制

为了使 OSSEC 作为一种自动执行的安全机制，本研究开发了一种 OSSEC 适配器。这是一个 REST 接口，允许远程调用和控制服务器及客户端组件。OSSEC 适配器充当与 OSSEC 管理器接口的网关，接收 OSSEC 管理器生成的所有事件。通过这种方式，可以自动创建和配置多个代理，并将它们绑定到管理器。

OSSEC 的配置是为了监测前文所定义的安全指标，客户可以在协商过程中选择和定义这些指标。需要注意的是，列出的指标具有不同的含义和范围。误报性和检测到的攻击是可以从 OSSEC 生成的日志中派生出来的参数，这些日志提供了系统受到攻击的程度以及检测进行的状态信息。这个信息只能用来观察系统行为，而不能在这样的指标设置 SLO。至于检测延迟，客户可能希望在这种度量上设置一个明确的 SLO，但在这种情况下，这个 SLO 的实现并不仅仅取决于监测系统的配置方式，因为每种攻击的性质是具有相关性的。最后，攻击报告生成频率不仅构成一个可测量的属性（如可以检查生成报告的时间戳），还可以用于配置 DoS 保护机制。

对于过滤过程中发生的每个规则匹配，OSSEC 管理器将触发警报，并生成表 11-1 中所列的消息格式。将这样的消息转换为事件组件 Event Hub 所采用的格式，并驻留在 SPECS 监测模块中，专门用于收集来自部署的监测系统的所有事件通知。此组件负责将此类事件通知转发到筛选器和聚合器，用于根据 SLA 警报或违规，对事件进行实际检测和分类。SPECS 监测事件格式如表 11-2 所列。

表 11-2　Event Hub 的事件格式

域　代　码	代　码　含　义
component	标识发出消息的特定 OSSEC 代理
object	标识生成警报的特定日志
labels	标记事件用以实现聚合和滤波，例如，OSSEC-Switch-User（OSSEC-交换机-用户）用于识别与试图变更用户信息相关的事件，适配器将在 OSSEC 管理器收到的每条消息中添加标准 OSSEC 标签
type	标识由"data"字段表示的负载类型用于语法分析，如系统日志或者 OSSEC 日志的 JSON（基于 JavaScript 语言的轻量级数据交换格式）
data	包含由 OSSEC 生成的警报消息负载
timestamp	包含消息时间戳，适配器将报告事件发生的时间

所有的 OSSEC 模块以及用于通信和警报管理模块都集成封装在一起，用于实现自动配置和部署。特别是，在客户端和服务器端，可以使用两种不同的封装形式。BitBucket 的 SPECS Team 存储库中的 DoS 保护机制是公开可用的，有兴趣的读者可以访问 https://bitbucket.org/specs-team/specs-mechanism-monitoringossec 查看，其中包含安装它的 Chef "食谱"和相关配置信息。特别地，"食谱"包括安装 OSSEC 代理程序和 OSSEC 服务器的菜单。通过执行这些菜单，可以在目标机器上配置代理，并将其注册到 OSSEC 服务器，该服务器通常驻留在单独的机器上。

11.5.2　漏洞扫描与管理

与 DoS 检测和缓解能力一样，这里列出了为漏洞扫描和管理能力定义的安全控件。

（1）**漏洞扫描（RA-5）**。以定义的频率扫描信息系统和托管应用程序中的漏洞，并通过漏洞扫描工具识别和报告可能影响系统/应用程序的新漏洞，这些工具能够给出平台、软件缺陷和不适当的配置的组织分析漏洞扫描报告和结果，并能够在给定的时间段内进行修复。

（2）**漏洞扫描|频率更新（RA-5（1））**。以定义的频率更新扫描的信息系统漏洞。

（3）**渗透测试（CA-8）**。在系统上以确定的频率进行渗透测试。

由此可以发现与这些控件相关的指标如下。

（1）**漏洞报告的最大时限**。[涵盖 RA-5 和 CA-8]是报告生成的频率，如 $7 \times 24h$ 要求每周至少生成一次报告。

（2）**漏洞列表最大时限**。[涵盖 RA-5（1）]是漏洞列表更新的频率，如 24h 表示已知漏洞列表每天至少更新一次。

（3）**周期内漏洞数量（对于家庭）**。[覆盖 RA-5]表示在给定周期内每个家庭检测到的漏洞数量，周期取决于度量 n.1。

（4）**周期内漏洞数量（对于粒子）**。[覆盖 RA-5]表示在给定周期内每个粒子检测到的漏洞数量，周期取决于度量 n.1。

（5）**周期内执行的漏洞检测次数**。[覆盖 RA-5]表示在给定周期内执行的漏洞检测次数，该周期取决于指标 n.1。

（6）**可用漏洞检测的数量**。[覆盖 RA-5]表示可用和可执行的漏洞检测数量。

基于 OpenVAS[①]扫描工具和响应的漏洞扫描机制，实现了漏洞扫描和安全管理。这里将介绍 OpenVAS 工具和管理机制的相关技术背景。

1. OpenVAS

OpenVAS 是开放式漏洞评估系统，也可以说它是一个包含着相关工具的网络扫描器。其核心部件是一个服务器，包括一套网络漏洞测试程序，可以检测远程系统和应用程序中的安全问题。

用户需要一种自动测试的方法，并确保正在运行一种最恰当的最新测试。OpenVAS 包括一个中央服务器和一个图形化的前端。这个服务器准许用户运行 几种不同的网络漏洞测试（以 Nessus 攻击脚本语言编写），而且 OpenVAS 可以经常对其进行更新。OpenVAS 所有的代码都符合 GPL 规范。

OpenVAS 是客户端/服务器架构，由工具和服务框架组成。OpenVAS 的体系结构由三个主要组件组成。

（1）**OpenVAS Scanner**。OpenVAS 扫描器，在目标机器上执行最新的网络漏洞测试（Network Vulnerability Tests，NVT），这些测试是通过 OpenVAS NVT 提供或其他服务每天更新下载的。NVT 以一种非常有效的方式进行，可以同时在多个目标上进行。OpenVAS 扫描器采用一种特殊的通信协议，即 OpenVAS 传输协议（OpenVAS Transfer Protocol，OTP），它具有 SSL 支持，从而允许对扫描执行进行控制和管理。

（2）**OpenVAS Manager**。OpenVAS 管理器，通过 OTP 协议管理 OpenVAS 扫描器，并通过基于 XML 的 OpenVAS 管理协议（OpenVAS Management Protocol，OMP）提供可访问的接口。OpenVAS 管理器包含所有管理逻辑，同时可以开发轻量级客户机完成简单的任务，如对扫描结果过滤或排序等。管理器还控制一个基于

---

① http://www.openvas.org/。

SQL 的数据库，该数据库集中存储所有配置数据和所有扫描结果。最后，OpenVAS 管理器负责用户的访问控制和管理。

（3）**OpenVAS Client**。OpenVAS 客户端，一般存在两个不同的 OMP 客户端，即"绿骨安全助手"（Greenbone Security Assistant，GSA）和 OpenVAS 命令界面（OpenVAS Command Line Interface，OpenVAS CLI）。GSA 是一种为 Web 浏览器提供轻量级用户界面的 Web 服务。它使用可扩展样式表语言转换（Extensible Stylesheet Language Transformation，XSLT）将基于 XML 的 OMP 响应转换为 HTML。OpenVAS CLI 提供了一个命令行工具，允许创建批处理流程并操作 OpenVAS 管理器。

2．漏洞扫描机制

为了使 OpenVAS 作为一种可以自动执行的按需可用安全机制，本研究开发了一种 OpenVAS 适配器，采用了 Custom-OpenVAS-Adapter 结构，即"客户–OpenVAS-适配器"，用以监测前面所讨论的安全指标以及安装和配置 OpenVAS 客户机和 OpenVAS 管理器所需的"食谱"。这种公开的"食谱"可以在 https://bitbucket.org/specs-team/specs-monitoring-openvas 上找到，其中还包括安装、配置 OpenVAS 管理器和目标机器上的 OpenVAS 扫描器（必须监测的机器），以及在准备好的 VM 上安装 OpenVAS CLI 和 Custom-OpenVAS-Adapter。这两个文件都以 tar.gz 文件格式提供，保存在"Cookbook"中。后一种方法还可以用于激活适配器组件，对之前安装的每个代理进行扫描。

11.5.3 高精度监测体系：安全机制

图 11–6 给出了图 11–5 所示体系结构的优化版本，由图可以看到属于 DoS 保护和漏洞扫描机制以及 Chef 工具的组件。在图 11–6 中，部署和配置管理器由 Chef 服务器和 Chef 工作站组件实现。特别是，Chef 服务器专门存储与目标节点相关的信息，以及部署和配置代理（由 Chef 客户端代表）必须在其上执行的任务的描述（作为"食谱"和"烹饪书"）。Chef 工作站通过 Knife 接口将 Chef "食谱"（取决于从 SLA 中提取的安全指标）加载到 Chef 上，并管理诸如在目标节点上安装和执行代理（Chef 客户端）和分配任务等操作。这个组件还包括修复请求侦听器，当必须执行修复操作时，诊断和修复组件调用 Java 组件，以便 Chef 工作站可以为部署在目标机器上的 Chef 客户机准备修复配置。

如图 11–6 所示，监测系统分为两个部分，部署在不同的机器上。监视中心主机的监测管理器运行 OpenVAS 客户机和 OSSEC 管理器，包括监测事件请求侦听器 Java 组件，该组件被 SPECS 监测模块调用来检索监测事件并对其进行处理。类似地，SPECS 监测模块检索 OSSEC 管理器生成的事件。监测管理器以及上述讨论的组件由运行在监测中心中的 Chef 工作站适当安装的厨师客户端自动安装并在监测中心执行执行模块。

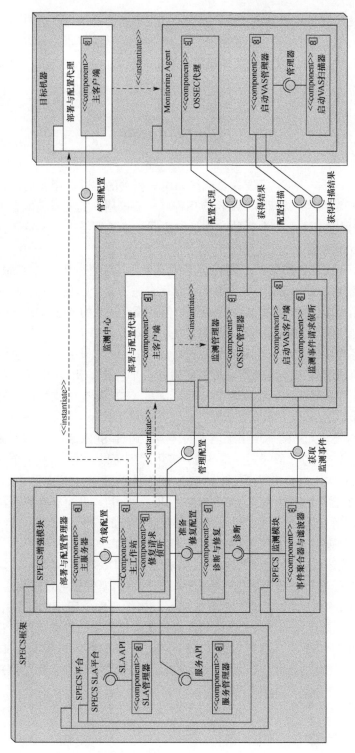

图 11-6　优化的监测结构

Chef 工作站还在目标机器上安装和执行一个 Chef 客户端，该客户端负责安装和执行监测代理。在这种情况下，监测代理包括 OSSEC 代理和 OpenVAS 管理器。前者由运行在监测中心上的 OSSEC 管理器配置，而后者由 OpenVAS 客户端配置，用于管理 OpenVAS 扫描器。

11.6　实际应用分析

本节将讨论一个与 Web 开发人员或终端用户相关的实际应用案例，该开发人员要获得 Web 托管服务来管理其 Web 应用程序。终端用户的安全技能有限，但也知道 Web 应用程序的主要安全威胁，并且愿意通过拒绝服务保护和持续扫描漏洞来加强托管 Web 服务器。

首先考虑没有规范的场景。在现有的研究条件下，希望在从公共 CSP 租用的资源上部署 Web 容器的 Web 开发人员负责应用合适的安全配置。确实存在提供预定义服务的设备，例如预配置的 Web 服务器，但是没有标准的方法来检查 CSP 可能提供的安全特性。因此，Web 开发人员必须：① 手动检查每个 CSP 的参数；② 逐项评估参数并将其与自己的安全需求指标进行比较；③ 如果所需的安全级别不是本地支持的，则通过外部工具选择合适的配置（几乎总是如此）。但最困难的任务是持续监测运行中的服务，以发现安全问题。这是 CSP 所无法支持的，完全取决于 Web 开发人员。

在这一点上，SPECS 就体现出了巨大的优势。通过 SPECS 应用程序提供服务确实具有许多明显的优势。事实上，SPECS 应用程序可以：① 提供单个界面中用于选择多个提供者的不同参数；② 允许 Web 开发人员通过协商以及与 CSP 签署 SLA 在目标 Web 容器上明确指定所需的安全功能；③ 自动获得和配置资源（即虚拟机），从而执行所需安全控件；④ 允许对协商所涉及的安全指标进行持续监测；⑤ 在违反 SLA 的情况下，自动发现并对某些警报进行修复措施。

本节将简要描述在 CSP 提供的 Web 服务器上执行 DoS 检测和缓解、漏洞扫描和管理功能时 Web 容器规范应用程序的行为。特别地，研究中将重点关注 DoS 保护能力，并给出了受到攻击情况下的操作示例。如图 11-6 所示的监测中心称为 SPECS 事件中心，是用于向 SPECS 监测模块发送警报通知的标准组件。它从监测适配器接收到发布的事件，并通过操作将 SPECS 内部格式转换为赫卡路由器（Heka Router）可管理的格式用以进行后续处理。Heka[①]是 Mozilla 开发的开源流处理软件系统，可用于加载和解析日志文件，并对任何数据流执行实时分析、绘图和

---

① https://hekad.readthedocs.org/en/v0.9.2/。

异常检测。

在 SPECS 应用程序的协商过程中，可以在 Amazon AWS（t2）上获得三个虚拟机池。使用 OpenSUSE 操作系统预先配置分布，分别有以下几种。

（1）OSSEC 管理分组。

（2）OSSEC 代理分组以及 Apache v2.2.2 实例（客户端）。

（3）OSSEC 适配器。

（4）Event Hub 组件。

此外，研究中还获得了 VM 的另一个实例，该实例使用不同客户端执行软件攻击。关于执行的攻击类型，搜索了 Apache 的漏洞形式，包括启用未授权代码的执行、管理特权的提升以及导致服务不可用等。根据存在于通用漏洞（Common Vulnerabilities and Exposures，CVE）字典[①]中的漏洞对常用漏洞数据库进行了分类，通过对比，在 Database[②]中，本研究特别选择了著名的 Slowloris 攻击[③]。这种攻击试图打开多个到目标 Web 服务器的连接，并尽可能长时间地保持其链接状态。它通过打开到目标 Web 服务器的连接并发送部分请求实现这一点，因此受影响的服务器将保持这些连接的开启，填充最大并发连接池，最终拒绝来自客户器的额外连接尝试。

这里，准备了运行 Slowloris 攻击的攻击机器，在防御方面，当管理器需要对检测到的警报的主动响应时，我们准备了一个脚本（即通过关闭所有活动端口）来对抗攻击。值得指出的时，管理器已经有几个内置的响应可以应用于此攻击，但它们不能按需停止正在运行中的攻击。因此，本节建立了新的解决方案。脚本包含在客户端分组中，以便与 Web 服务器上的代理一起部署。当在管理器上匹配特定的规则时（返回多个 400 错误代码），通过命令 fuser-k80/TCP 关闭 80/TCP 上的所有活动端口，就会进入激活状态。然后，再次激活 Apache Web 服务器。这样，恶意连接被关闭，正常的操作被重新建立。

在实验中，可以通过以下命令攻击者机器发起攻击：

./slowloris.pl -dns www.example.com -port 80 -timeout 2 -num 500 -tcpto 5

命令参数分别标识要攻击的地址和端口（分别是 dns 和 port）、重新传输的时间周期（timeout）、打开发送数据包的套接字数量（num）和 TCP（tcpto）的超时窗口。如果没有 DoS 检测和缓解能力，攻击的结果将是服务器不可用，因为该工具会打开多个套接字并定期以高频率发送请求。这将在 Apache access log 中注册显示来自同一 IP 的多个请求的条目，响应代码为"400-Bad-Request"。

① https://cve.mitre.org。

② http://www.exploit-db.com/。

③ http://ha.ckers.org/slowloris/。

247

随着功能的激活，大量"400 错误请求"响应会被通知给管理器，管理器会找到与其规则之一相匹配的请求，并在代理上激活脚本以停止攻击。管理器还可以激活 OSSEC 适配器，该适配器将检测到的攻击通知到 SPECS 的 EventHub。然后，收集事件并计算检测到的攻击次数。实际的攻击检测延迟（由 OSSEC 适配器作为事件度量并发送到 EventHuB）取决于 Apache 的请求超时，在生成 400-Bad-Request 之前，Apache 的请求超时必须过期。SPECS 应用程序使客户能够监测 Web 容器，并在专用网页中报告实际安全指标的量值，从而允许对 SLA 进行持续监测。

11.7　本章小结

在本章中，讨论了云中的安全监测，特别是基于 SLA 的监测。结合实际研究背景，在最近从事的 EU 项目 SPECS 中采用了本章所提出的方法，重点关注整个安全 SLA 生命周期的管理以及通过 SLA 提供安全云服务。关于 SPECS 框架，提出了一个基于 SLA 的监测体系结构，支持通过集成可用或自定义的云监测工具来自动部署和配置监测功能。讨论了 SPECS 中开发的两个监测功能，分别是拒绝服务检测和缓解，及漏洞扫描。这些功能是作为服务而提供的，并根据协商的 SLA 内容进行了调整和优化。对于这两种功能，已经确定了声明的安全特性和可度量属性，并说明了实现它们的软件机制。最后，通过一个真实应用案例研究，证明了所提出的 DoS 检测与缓解方法针对典型的 DoS 攻击具有一定的有效性优势。

参 考 文 献

Aceto, G., Botta, A., de Donato, W., Pescapé, A., 2013. Cloud monitoring: a survey. Comput. Netw. 57 (9), 2093–2115. doi:10.1016/j.comnet.2013.04.001.

Andrieux, A., Czajkowski, K., Dan, A., Keahey, K., Ludwig, H., Nakata, T., Pruyne, J., Rofrano, J., Tuecke, S., Xu, M., 2007. Web Services Agreement Specification (WS-Agreement).

Arshad, J., Townend, P., Xu, J., 2011. An automatic intrusion diagnosis approach for clouds. Int. J. Autom. Comput. 8 (3), 286–296. doi:10.1007/s11633-011-0584-2.

Brandic, I., Music, D., Dustdar, S., Venugopal, S., Buyya, R., 2008. Advanced QoS methods for grid workflows based on meta-negotiations and SLA-mappings. In: 2008 Third Workshop on Workflows in Support of Large-Scale Science.

Casola, V., De Benedictis, A., Rak, M., Villano, U., 2014. Preliminary design of a platform-as-a-service to provide security in cloud. In: CLOSER 2014—Proceedings of the 4th International Conference on Cloud Computing and Services Science, Barcelona, Spain, April 3–5, 2014, pp. 752–757.

Casola, V., De Benedictis, A., Erascu, M., Modic, J., Rak, M., 2016. Automatically enforcing security SLAs in the cloud. IEEE Trans. Serv. Comput. 1.

De Benedictis, A., Rak, M., Turtur, M., Villano, U., 2015. REST-based SLA management for cloud applications. In: Proc. 2015 IEEE 24th International Conference on Enabling Technologies: Infrastructures for Collaborative Enterprises (WETICE 2015), pp. 93–98.

Dekker, M., Hogben, G., 2011. Survey and Analysis of Security Parameters in Cloud SLAs Across the European Public Sector. ENISA.

Dhage, S.N., Meshram, B.B., Rawat, R., Padawe, S., Paingaokar, M., Misra, A., 2011. Intrusion detection system in cloud computing environment. In: Proceedings of the International Conference & Workshop on Emerging Trends in Technology, ICWET '11. ACM, New York, NY, USA, pp. 235–239.

Emeakaroha, V.C., Brandic, I., Maurer, M., Dustdar, S., 2010. Low level metrics to high level SLAs—LoM2HiS framework: bridging the gap between monitored metrics and SLA parameters in cloud environments. In: International Conference on High Performance Computing and Simulation (HPCS), 2010, pp. 48–54. doi: 10.1109/HPCS.2010.5547150.

Emeakaroha, V.C., Ferreto, T.C., Netto, M.A.S., Brandic, I., De Rose, C.A.F., 2012. CASVID: application level monitoring for SLA violation detection in clouds. In: Computer Software and Applications Conference (COMPSAC), 2012 IEEE 36th Annual, pp. 499–508. doi:10.1109/COMPSAC.2012.68.

Fatema, K., Emeakaroha, V.C., Healy, P.D., Morrison, J.P., Lynn, T., 2014. A survey of cloud monitoring tools: taxonomy, capabilities and objectives. J. Parallel Distrib. Comput. 74 (10), 2918–2933. doi: 10.1016/j.jpdc.2014.06.007.

Ficco, M., Rak, M., Di Martino, B., 2012a, An intrusion detection framework for supporting SLA assessment in cloud computing. In: Fourth International Conference on Computational Aspects of Social Networks (CASoN), 2012 , pp. 244–249.

Ficco, M., Venticinque, S., Di Martino, B., 2012b, Mosaic-based intrusion detection framework for cloud computing. In: On the Move to Meaningful Internet Systems: OTM 2012. Springer, Berlin, Heidelberg, pp. 628–644.

Ficco, M., Tasquier, L., Aversa, R., 2013. Intrusion detection in cloud computing. In: Eighth International Conference on P2P, Parallel, Grid, Cloud and Internet Computing (3PGCIC), 2013, pp. 276–283.

Gul, I., Hussain, M., 2011. Distributed cloud intrusion detection model. Int. J. Adv. Sci. Technol. 34, 71–82.

Karjoth, G., Pfitzmann, B., Schunter, M., Waidner, M., 2006. Service-oriented assurance, comprehensive security by explicit assurances. In: Gollmann, D., Massacci, F., Yautsiukhin, A. (Eds.), Quality of Protection, Advances in Information Security, vol. 23. Springer US, New York, pp. 13–24, doi:10.1007/978-0-387-36584-8_2.

Mehmood, Y., Habiba, U., Shibli, M.A., Masood, R., 2013. Intrusion detection system in cloud computing: challenges and opportunities. In: 2nd National Conference on Information Assurance (NCIA), 2013, pp. 59–66.

Modi, C., Patel, D., Borisanya, B., Patel, A., Rajarajan, M., 2012. A novel framework for intrusion detection in cloud. In: Proceedings of the Fifth International Conference on Security of Information and Networks, SIN'12. ACM, New York, NY, USA, pp. 67–74.

Nikolai, J., Wang, Y., 2014. Hypervisor-based cloud intrusion detection system. In: International Conference on Computing, Networking and Communications (ICNC), 2014, pp. 989–993.

NIST, 2013. NIST Special Publication 800-53 Revision 4: Security and Privacy Controls for Federal Information Systems and Organizations.

Pearson, S., 2013. Privacy, Security and Trust in Cloud Computing. Springer London, London, 3–42. doi: 10.1007/978-1-4471-4189-1_1.

Pearson, S., Benameur, A., 2010. Privacy, security and trust issues arising from cloud computing. In: IEEE Second International Conference on Cloud Computing Technology and Science (CloudCom), 2010, pp. 693–702. doi: 10.1109/CloudCom.2010.66.

Petcu, D., 2014. A taxonomy for SLA-based monitoring of cloud security. In: Computer Software and Applications Conference (COMPSAC), 2014 IEEE 38th Annual, pp. 640–641. doi:10.1109/COMPSAC.2014.50.

Rak, M., Venticinque, S., Mahr, T., Echevarria, G., Esnal, G., 2011. Cloud application monitoring: the mosaic approach. In: IEEE Third International Conference on Cloud Computing Technology and Science (CloudCom), 2011, pp. 758–763. doi:10.1109/CloudCom.2011.117.

Rak, M., Suri, N., Luna, J., Petcu, D., Casola, V., Villano, U., 2013. Security as a service using an SLA-based approach via SPECS. In: IEEE 5th International Conference on Cloud Computing Technology and Science (CloudCom), 2013, vol. 2, pp. 1–6.

Roschke, S., Cheng, F., Meinel, C., 2009. Intrusion detection in the cloud. In: Eighth IEEE International Conference on Dependable, Autonomic and Secure Computing, 2009. DASC '09, pp. 729–734.

Roy, A., Sarkar, S., Ganesan, R., Goel, G., 2015. Secure the cloud: from the perspective of a service-oriented

249

智能数据系统与通信网络中的安全保证与容错恢复

organization. ACM Comput. Surv. 47 (3), 41:1–41:30.

Sengupta, S., Kaulgud, V., Sharma, V.S., 2011. Cloud computing security-trends and research directions. In: 2011 IEEE World Congress on Services, pp. 524–531. doi:10.1109/SERVICES.2011.20.

SLA-Ready, 2015. Making cloud SLAs readily usable in the EU private sector. http://sla-ready.eu/.

SLALOM, 2015. Legal and open terms for cloud SLA and contracts. http://slalom-project.eu/.

Smith, M., Schmidt, M., Fallenbeck, N., Schridde, C., Freisleben, B., 2007. Optimising security configurations with service level agreements. In: Proceedings of the 7th International Conference on Optimization: Techniques and Applications (ICOTA 2007). IEEE Press, New York, pp. 367–381.

SPECS, 2013. Secure Provisioning of Cloud Services Based on SLA Management. http://www.specs-project.eu.

Ullah, K.W., Ahmed, A.S., 2014. Demo paper: automatic provisioning, deploy and monitoring of virtual machines based on security service level agreement in the cloud. In: 14th IEEE/ACM International Symposium on Cluster, Cloud and Grid Computing (CCGrid), 2014, pp. 536–537.

第 12 章　基于强化 iOS 设备的远程访问安全控制

12.1　引　言

智能手机在我们的生活中迅速普及，并变得越来越不可替代。在不到十年的时间里，这类小型设备已经想方设法地进入了我们的口袋，并且在日常生活中与我们形影不离。手机中存储了大量的个人信息，其中相当一部分是在用户不知情的情况下存储的，例如通话记录、电子邮件和短信、日历、地址簿、待办事项列表、去过的地方、照片、语音备忘录等，以及第三方应用程序数据，如来自 WhatsApp 和 Telegram 等应用程序的聊天记录等。此外，供应商已经开始生产可穿戴设备，这些设备与用户的联系更加紧密，可以收集和量化有关生活习惯的各种数据——随着苹果手表 Apple Watch 和其他类似设备的问世，这一趋势在未来几年将越来越明显。

移动技术的兴起给信息安全领域带来了巨大变化。黑莓（Blackberry），因其典型的安全特性，多年来一直占据各类企业信息平台的统治地位，然而，随着智能化和泛在化的市场不断深化，Blackberry 未能跟上竞争对手的脚步，在 2014 年第二季度，其市场份额低于 1%（International Data Corporation，2014）。相比之下，同期售出的设备中，安卓设备（Android）占有量为 84.7%，苹果设备（iOS）占有量为 11.7%。在商业环境方面，同期企业环境中激活的新设备中有 67%是 iOS 设备（Good Technology，2014）。

正如每一款软件产品都会遇到的情况一样，iOS 操作系统及其附带的核心应用程序在过去也曾遭受过许多漏洞的影响，这些漏洞的危害性各不相同。例如，最严重的实例是，远程网站可以通过 MobileSafari（集成的 Web 浏览器）完全控制用户设备（Allegra 和 Freeman，2011）。幸运的是，研究人员发现的许多漏洞已经在 Apple 随后的 iOS 版本中得到了及时的修补。然而，在过去的某个时刻，恶意攻击者很有可能会使用特定的漏洞来攻击运行特定 iOS 版本的设备。

2013 年，爱德华·斯诺登（Edward Snowden）对美国国家安全局（United States National Security Agency，NSA）相关信息的披露表明，该机构对移动设备的监控机制更加强大和持久（Rosenbach 等，2013），远远超过了针对基于此类平台的总体安全态势的预期。Zdziarski（2014）指出，对移动设备的监控完全可以通过所有 iOS 设备上一系列的后台服务程序来实现。在某些情况下，这些服务可能会泄露设备中存储的各种个人数据，绕过可选的备份加密密码，而根本不会向用户显示任何指示。取证软件解决方案可以利用这些机制从设备收集信息，然而，同样的机制也可能被用来获得对用户个人和公司设备的未经授权的访问。例如，有调查表明，美国国家安全局 NSA 习惯性地将系统管理员的个人资源作为目标，目的是进入他们工作的公司的网络（Gallagher 和 Mass，2014）。

在本章中，将分析几种用于减少这些服务暴露的攻击面的缓解技术。基于系统和深入的分析，将引入 Lockup 方法，这是一种附加软件工具，用于实现对暴露攻击的抵御，所涉及的一些措施是具有一定创新性。从理论上和概念上可以证明，该工具可以部署在通用型 iOS 设备上。

本章后续结构安排如下：12.2 节将概述 iOS 的安全架构，并指出可能从设备中提取大量用户数据的隐藏服务或后台服务，以及它们的潜在危险；12.3 节将讨论一些可用于增强设备安全性的缓解策略与相关机制；12.4 节将介绍本研究所提出的闭锁模型 Lockup，这是专门为实现攻击缓解而开发的软件工具；12.5 节将讨论一些与实际应用相关的重要问题，包括"越狱"过程的后果、反取证的含义以及可以用来绕过所提出工具的措施等；12.6 节将总结本研究的贡献，并指出今后的研究方向。

12.2　iOS 环境中的安全性与可信性

在本节中，将概述 iOS 安全架构的主要组件、信任模型、现有的隐私威胁，以及用于取证数据收集的不同方法。对上述内容的全面分析用以说明，由于一些 iOS 后台服务不具有已知的合法目的，因此 iOS 信任模型中某些弱点所引起的风险的影响可能远远超出预期。

随着时间的推移，基本的 iOS 系统已经包含了许多安全保护，包括应用程序沙箱、强制代码签名、数据执行预防（Data Execution Prevention，DEP）和地址空间布局随机化（Address Space Layout Randomization，ASLR）等。这些措施旨在减少攻击面，因此可能导致后续的漏洞监控和安全升级更加复杂化。

在 Miller 等（2012）的研究中可以看到对上述层面的全面分析。

此外，每个主要的 iOS 版本都加入了越来越多的企业功能（Apple Computer，Inc.，2014），特别是自从 2010 年 iOS4 和 iPad 的发布以来，智能终端实现了从交换和移动设备管理（Mobile Device Management，MDM）到生物身份识别的支持模式变迁。其中一些功能要求设备可以通过某种方式实现远程管理。为此，需要与外部设备建立一定的信任关系，从而能够远程访问 iOS 操作系统提供的一系列特殊服务。

然而，正如本章稍后将探讨的，这可能是一把双刃剑，因为恶意行为发起者完全可以使用相同的方法去读取存储在私密设备中的数据，或者偷偷地安装能够执行录音或捕获网络数据等危险任务的应用程序。

12.2.1 基于设备信任的远程访问

当涉及与外部设备（台式计算机、可以播放音乐的闹钟或汽车音频系统）共享信息时，iOS 安全模型的工作原理如下：当 iOS 设备通过电缆连接到之前未知的计算机或其他外部设备时，屏幕上会出现一个对话框，提示用户该计算机是否值得信任，如图 12-1 所示。在获得用户的同意后，这两个设备都会创建并交换一系列证书，这些证书将用于彼此身份验证，并发起安全的加密连接。由这些证书组成的配对记录存储在计算机和 iOS 设备的文件系统路径中。

Lau 等（2013）和 Zdziarski（2014）的研究表明，成功与 iOS 设备配对的计算机可以发起与 iOS 设备的连接，并通过锁定后台进程调用大量公开的服务，甚至是无线的，而且用户不会收到任何指示信息。只需要从受信任的计算机中提取配对记录，就可以在任何其他计算机或设备上执行相同的操作。

iOS 设备的用户无法查看他选择信任的外部设备列表，也无法撤销该信任，只能完全重新安装设备。

不幸的是，许多锁定服务的设计方式可能会泄露大量个人信息，甚至绕过用户的备份加密密

图 12-1　iPhone 提示用户是否信任
连接的计算机

码。由于任何可信的设备（闹钟和汽车音响）都可能获得一项能够访问所有服务的设备匹配记录，那么，这类设备可能会被位于机场或咖啡店（Liu 等，2013）等公共区域的恶意设备所利用，或窃取设备配对记录存储。然后，这些配对记录可以用来建立与 iOS 设备的连接，甚至可以通过 Wi-Fi 或蜂窝网络进行无线连接，以执行秘密行动，如部署恶意软件或从设备中提取信息。

12.2.2 敏感的 iOS 设备服务

通过 USB 电缆或通过 TCP 端口 62078 网络连接到 iOS 设备的计算机可以调用一系列服务，这些服务在 iOS 端通过锁定后台进程来提供（Zdziarski，2014；Lau 等，2013）。这些服务具有不同的功能，如允许 iTunes 同步或 MDM 远程管理等，由于功能中没有体现服务的最终目的，因此非常有可能成为情报机构、司法鉴定以及恶意攻击者能够利用的完美后门。

可以通过检查文件/系统/库/锁定/服务来查看完整的服务列表。例如，在 iPhone5 上安装的 iOS7.1.2 通过锁定总共暴露了 32 项服务，其中，从取证的角度来看（Zdziarski，2014b）存在的服务价值包括以下几个方面。

（1）**com.apple.file_relay**。此服务没有已知的合法用途判断。它旨在获取如下信息：用户完整的通讯录、日历、短信数据库、通话历史、语音邮件、备注注释、照片、已知 Wi-Fi 网络列表、GPS 定位日志、设备中配置的电子邮件账户列表、设备中存在的所有文件的列表、文件列表的元数据（包括文件大小、创建和修改日期等）、甚至是设备中键入的每个单词频度和计数列表，以及一些额外的系统日志等。在访问并获取上述信息数据时，服务应用不会向用户显示任何指示。请注意，尽管用户可以通过 iTunes 设置备份加密密码，但通过此服务发送的数据不会以任何方式加密。

（2）**com.apple.pcapd**。网络嗅探器，同样，也没有已知的合法用途判断。它可以远程激活，不会给用户留下任何痕迹。不仅可以监测到受害设备附近的其他设备的网络流量信息，还可能执行中间人攻击（Man-in-the-Middle Attack，MMA），这将为其他攻击者提供了更多的信息和机会，例如，攻击者们可以获得在特定位置的网络可用性信息（可能是被攻击节点访问的保密设施），用以通过模仿目标网络从而发起更高级的攻击；另一种可能的用途是通过检查附近设备的唯一标识符，如蓝牙设备的 MAC 地址，用以确认该位置监测目标是否存在。

（3）**com.apple.mobile.MCInstall**。安装管理配置，例如在 MDM 部署中使用的配置过程。这在公司环境中是具有实际意义的，因为公司可能需要对设备、预加载应用程序或加密证书实施安全限制；但国内用户很少这样做，因而可能成为入侵或攻击的入口点，攻击者可能会将隐藏的应用程序部署到受害者的设备上，如用于录制背景音频等。

（4）**com.apple.mobile.diagnostics_relay**。提供诊断信息，如硬件状态和电池水平等。

（5）**com.apple.syslog_relay**。公开各种系统日志。

（6）**com.apple.iosdiagnostics.relay**。显示每个应用程序的网络使用情况统计信息。

（7）**com.apple.mobile.installation_proxy**。iTunes 用来安装应用程序。

（8）**com.apple.mobile.house_arrest**。用于不同应用程序之间的文件传输与交叉调用。

（9）**com.apple.mobilebackup2**。用于 iTunes 设备备份。如果用户通过 iTunes 设置了备份加密密码，通过该服务发送的数据将使用该密码进行加密——在 com.apple.file_relay 服务的情况下不会发生这种情况。

（10）**com.apple.mobilesync**。用于 iCloud 和 iTunes 同步第三方应用程序数据

以及 iOS 核心应用程序的数据，包括 Safari 书签、笔记、地址簿等。

（11）**com.apple.afc**。公开完整的媒体文件夹，包括音频、照片和视频等。

（12）**com.apple.mobile.heartbeat**。用于维护与其他访问服务的连接。

前两个服务，即 file_relay 和 pcapd，是最危险的。当 Zdziarski 首次发现这些问题时，苹果回应新闻网站 iMore（Ritchie，2014）说："我们设计 iOS 的目的是使其诊断功能不损害用户隐私和安全，但仍然为企业 IT 部门、开发人员和苹果公司提供必要的信息用以解决技术问题。"

我们同意 Zdziarski（2014a）的观点，然而，似乎没有一个现实的场景可以确定认定是为了"诊断"和"故障排除"的目的而敞开了这么多用户数据的大门。

12.2.3 数据的取证方法

在 iOS 平台上获取用户数据的一种非常基本的方法是所谓的逻辑获取：通过标准的 USB 数据线将设备连接到运行 iTunes 的计算机上。iTunes 是苹果的多媒体播放器，负责将 PC 机端内容与设备同步。通过苹果文件连接协议（Apple File Connect，AFC），iTunes 将同步设备现有的全部信息，如联系人、日历、电子邮件账户和应用程序等，甚至可以检索设备的完整备份；然而，在这个过程中有两个需要注意的问题。

（1）为了同步，设备需要与 iTunes 软件正确配对。如果该设备受到密码保护，注意：这是自 2013 年将 TouchID 生物特征识别技术引入所有设备中后最可能出现的情况，调查人员无法解锁该设备，用以授权信任这个新的 iTunes 安装，并完成数据在设备间的同步。Zdziarski（2014b）提出了一种解决方案：通过从 iOS 设备（如所有者的计算机）中检索一组第三方密钥包，模拟 iOS 设备能够识别和信任的设备。

（2）以这种方式获得的转储文件可能丢失某些场景中的有用日志和系统文件，以及所有未分配的空间，而空间中的删除文件通过特定应用程序可实现部分恢复。

自第一版 iOS 面世以来，大多数 iOS 取证工具，如 Lantern 和 Oxygen，都遵循这一逻辑来获取数据。

在第一个 iOS "越狱"可用后，Zdziarski（2008）提出了一种物理采集方法用于获取 iPhone 的取证图像，在越狱设备上采用了 SSH 访问和 DD、NetCat 等标准 UNIX 工具，经过后续优化和集成，已经成为日益增长的 iPhone 越狱社区的一部分，类似方法可以参考（Rabaiotti 和 Hargreaves，2010）针对微软的 Xbox 设备的处理过程；数据传输过程通过该设备的 Wi-Fi 接口完成。在这种物理采集中，整个存储区域被清空，这包括了原本可以恢复删除文件的当前未分配空间区域。

一个比较特殊的供应商 iXAM（Forensic Telecommunications Services Ltd.，2010）开发了一种"零足迹"解决方案，该方案依赖于越狱工具采用的相同错误和漏洞。他们的软件没有像往常一样完成越狱和安装 Cydia 包管理器，而是上传了一个占用空间很小的软件代理，该代理控制着系统转储固态存储信息，然后重新引导设备回到正常状态。这种方法的问题是，随着新的 iOS 版本发布，需要不断地参数支持和软件升级；事实上，iXAM 网站称，他们的产品只适用于 2010 年推出的 iPhone 4 或更早的设备及版本使用。

文献（Iqbal 等，2012）也给出了类似的过程，尽管该论文的刊出同时伴随着另一种新的软件工具的发布。其他研究人员也在不同的相关平台上探索过类似的技术，所采用的平台包括 Android（Vidas 等，2011）以及 Windows Mobile（Grispos 等，2011）等。另一篇论文（Chen 等，2013）介绍了 iOS 取证工具的设计与实现，旨在简化 iOS6 及以上设备的取证获取。然而，这个工具本身似乎并没有发布，目前也没有找到有效的下载和配置途径。

2010 年发布的 iOS4 具有里程碑似的意义，因为苹果公司推出了基于硬件的加密技术，并将其命名为 iOS 数据保护。Bedrune 和 Sigwald 系统化地分析了 iOS 底层技术（Bedrune 和 Sigwald，2011），并发布了一套解密磁盘映像开源工具，该工具甚至可以恢复删除的某些文件类型（Bedrune 和 Sigwald，2011）；事实上，本研究团队在之前发表的一篇论文中就使用了他们的这套工具（Gómez-Miralles and Arnedo-Moreno，2015）。

随着时间的推移，苹果在硬件和软件层面都改进了 iOS 的数据保护加密过程。在硬件方面，需要注意的是，从 2011 年开始，苹果公司开发的设备都附带了新的启动芯片 BootRom，用于修复越狱破解的 iOS 设备中与解密和删除文件等相关的漏洞（Bedrune 和 Sigwald，2011）。然而，现代 iOS 设备中还没有发现类似的 bug。或者，至少没有公开宣布出现这类 bug。因此，到目前为止，无法从现代 iOS 设备上恢复已删除的文件 iOS，也无法执行物理获取。

商业工具已经失去了越狱的主要好处之一，即破解 iOS 数据保护机制、解密文件，甚至解禁文件的能力，商业工具回到了不需要越狱的逻辑获取方法（Chang 等，2015）的工具形态，iOS 设备可以将这些工具视为 iTunes 软件来使用，并且只能获取设备同意向 iTunes 公开或同步的信息。这些工具还可以在从计算机中提取的 iTunes 备份上运行，而不需要访问原始设备。另外，资源丰富的攻击者可能依赖于更高级的工具，甚至能够利用不为公众所知的漏洞，从设备中秘密检索数据。

12.3 防御策略

有不同的缓解措施可以用来应对最敏感的 iOS 服务中存在的弱点。这里将从最相关的策略入手，进行深入的分析和详细的介绍。

12.3.1 删除已有的配对记录

缓解这类问题的一种方法是控制 iOS 设备中的信任证书数量。这是 unTrust 工具（Stroz Friedberg，2014）所采用的方法：该工具运行在通过 USB 数据线连接到 iOS 设备的计算机上，删除设备中除用于执行该工具的计算机之外存在的所有配对记录。

这种方法的缺点是：iOS 设备仍然信任所有的计算机，因此仍然存在从计算机窃取配对记录并用于连接设备服务的风险。此外，如果用户决定或需要暂时信任远离计算机（如音频系统）的外部设备，那么直到用户可以访问可信计算机并再次执行 unTrust，才能撤销信托或清除受信任的设备列表。

12.3.2 限制敏感数据的 USB 接入（无线禁用）

另一种方法是将敏感服务限制为仅能通过 USB 运行，从而将无线攻击的风险降至最低。本章中给出的所有敏感服务均采用锁定后台程序处理，这种数据执行 USBOnlyService 选项，也就是将某些服务限制为只允许 USB 连接服务访问，此时，通过无线网络的服务访问或连接申请都会被拒绝。然而，iOS7 中的敏感服务完全不需要这个选项。从 iOS8 开始，该选项默认应用于 com.apple.pcapd（网络嗅探器）。

12.3.3 部分服务的禁用

最后，禁用最敏感的服务将是最理想的做法——迄今为止还没有这样做。这是为本研究所设计的工具 Lockup 选择的方法。考虑到所需的访问级别，它只在越狱破解的设备上运行。不过，对于苹果公司来说，在现有的 iOS 版本上实现这些更改是微不足道的。

12.3.4 锁定新设备配对

另一个值得关注的选择是阻止与新设备的配对，就像 Zdziarski 在实现"配对锁定"（PairLock）的那样。这在 iOS6 中是非常有用的，因为在这些相关的版本中，外部设备会被盲目地信任和接受，而 iOS 设备却不会向用户显示任何提示。iOS7 则在信任新设备之前通过请求用户许可来解决这个问题，所以配对锁定功能并没有更新到可以在 iOS7 中使用。然而，请求用户许可的方法仍然存在一定的漏洞，因为得到许可后，用户无法撤销现有的信任关系，也不解决从计算机或其他受信任设备窃取配对记录的风险。

12.4 闭锁模型：iOS 硬化与反取证

作为概念性的验证，本节将提出一种闭锁模型（Lockup），这是一种可以安装在运行 iOS 版本 7 和 8 的设备上的软件工具。闭锁模型可以使用三种不同的方法解决敏感服务的问题从而增强设备的安全性。

（1）通过禁用最敏感的服务来减少攻击面。com.apple.file_relay（绕过备份加密密码获取大量数据的服务）和 com.apple.pcapd（网络嗅探器），二者都不具备目的判断，也未得到苹果公司明确的保护授权（Ritchie，2014），目前几乎处于禁用状态。此外，他们向用户提供了一些配置文件，允许他定制发布服务，并仅支持设备可能需要的服务，而其余的都将被淘汰。例如，大多数用户没有注册企业移动设备管理系统，因此，他们不需要授权远程安装软件和配置文件，事实上，这确实是非常危险的攻击载体。

（2）通过限制部分服务只能使用 USB 激活或执行，用以消除无线网络引入的恶意攻击和入侵威胁。这在前面提到的大多数配置文件中都是自动完成的。

（3）通过在可配置的一段时间后自动清除所有配对记录，从而限制信任关系的存活期。这构成了针对攻击者的额外防线，攻击者可以从用户的计算机设备等信源窃取受信任的证书。

在分析诸如汽车音响系统等配件能够访问设备中存储的所有个人数据的信任模型时，不难得到这样的结论："苹果决定牺牲一定程度的用户安全，以简化用户体验。"

同样的问题在一定程度上影响了 iOS7 及之前版本应用程序的安全性。关于 iOS 沙箱安全特性的研究表明（Miller 等，2012）："关于 iOS 沙箱，需要注意的一点是，应用商店里的每一个第三方应用都有相同的沙箱规则。这意味着，如果苹果公司认为一个应用程序应该具有某种功能，那么其支持的所有应用程序都必须具备这种功能。这与 Android 的沙箱不同，在 Android 的沙箱中，每个应用程序都可以根据其需求为其分配不同的功能。iOS 模式的一个典型弱点就是过于自由。"

从 iOS8 开始，苹果为应用程序而非外围设备实现了细粒度级别更高的权限系统。当某个特定应用程序请求访问某些项目时，如地址簿、相机卷、相机和话筒、位置或健康数据等，用户可以授权或拒绝该应用程序，这时会向用户显示一个自定义提示。此外，"首选项"应用程序中的新"隐私"菜单允许用户查看哪些应用程序可以访问每个限制数据集，如果需要，也可以撤销，如图 12-2 所示。

当外部设备需要访问至少是最敏感的锁定服务时，即那些公开个人用户数据的服务，最好提供类似的提示。在本章所给出例子中，在闭锁模型（Lockup 模型）中实现这些更改似乎是不可行的，因为只有通过逆反向过程才有可能实现，即便如此，在未来的 iOS 更新中维护这些修改也会非常复杂，几乎难以实现。因此，本研究采取了不同的策略。与为每个外部设备设置单独的权限不同，Lockup 模型允许用户在一系列配置文件中进行选择，每个配置文件的限制越来越严格，这取决于用户在任何给定时间需要对设备做什么。有理由认为，为了提高 iOS 设备的安全性，牺牲一部分简单性或许是值得的。

图 12-2　iOS8 及更高版本中的新隐私选项

为了定义各种不同的配置文件，研究中尝试了许多配置方案，有选择地启用和禁用每个服务，并尝试了各种常见操作，以使 iOS 设备与其他外部设备进行有效安全的交互。实验中具体的做法包括以下几方面。

（1）在 Mac 计算机上使用 iTunes，在 iOS 设备上安装应用程序。

（2）使用 iTunes 安装在 iOS 设备上的应用程序进行文件传输。

（3）使用 iTunes 对存储在设备中的数据进行备份。

（4）使用蓝牙免提设备访问 iOS 设备的地址簿，并通过它进行通话。

（5）在 Mac 计算机上使用 iPhoto 导入设备的相机电子胶卷。

（6）使用立体声系统播放来自 iOS 设备的音频。

上述列表说明了向访问 iOS 设备的锁定服务的外部设备授予过多特权的问题。

如果用户没有定期备份到 iTunes，那么，当设备连接到通用设备时，如一个闹钟，为什么要公开这些服务呢？通过 Lockup 模型，用户可以根据需要调整设备的行为。

12.4.1 工具的功能

Lockup 的主要功能可以总结如下。

（1）定期清理存储的配对记录，控制设备的信任关系。

（2）禁用某些锁定服务，并防止通过 Wi-Fi 连接调用其他服务，以防止空中攻击。

随着 iOS 应用服务种类和数量的日益增多，iOS 的滥用问题受到了越来越多的关注，这是因为 iOS 缺乏一种方法来查看过去曾与哪些其他设备或计算机配对，或撤销这些信任关系。如果用户误按了错误的按钮，所连接的设备将永远被信任，除非执行设备的完全恢复，删除掉所有用户数据。这种操作模式带来了很大的风险，特别是考虑到攻击者可能从受信任的设备内部窃取配对记录，并使用它建立与 iOS 设备的远程连接。

在本研究所提出的解决方案中开发了可以选择性工作于后台的任务，它在一段可配置的时间后将从 iOS 设备中删除所有信任关系，同时，采用了 12.3.1 节中讨论的缓解策略。一旦发生这种情况，连接到该设备时将要求用户在 iOS 屏幕上确认建立信任关系。通过测试可以观察到，一旦用户通过点击屏幕上弹出的"Trust 信任"按钮授权进行匹配，即使类似 iTunes 同步这样的标准功能的时效设置值低到只有 1 min，仍然可以正常工作。需要注意的是，即使在会话中途删除了配对记录，这些功能仍然可以正常工作，只要两个设备都连接了，iOS 设备就不需要重新信任外部设备。

此外，正如在本章前面所介绍的，有些敏感服务可能非常危险，而且不具有对申请使用用途的判断，如 com.apple.mobile.file_relay，可用于绕过备份加密保护 com.apple.pcapd 来提取各种个人信息，可用于将设备转换为嗅探器，用以捕获它可以接收的网络流量，这些有问题的服务应该从每个设备中删除。

还有一些其他的服务，尽管有合法的用途，但也可以被用来泄露大量的个人信息或向设备中注入恶意软件。例如，iTunes 用于在设备中安装应用程序的服务 com.apple.mobile.installation_proxy( )，iTunes 用于从设备中复制应用文件的服务 com.apple.house_arrest，以及 iTunes 用来备份存储在设备中数据的服务 com.apple.mobilebackup2。

这里建议定义不同的服务级别，并根据用户需求将设备限制在最严格的级别，这是笔者所知本领域从未实现过的措施。例如，除非用户希望将设备连接到 iTunes，否则，没有必要启用所有与 iTunes 相关的服务，即使这样，如果用户喜欢使用 USB 数据线同步，也没有必要通过无线方式公开这些服务。类似地，许多用户会倾向于禁用与 MDM 相关的服务，这些服务可以用于在其设备中安装软件。这种方法适用于 12.3.2 节和 12.3.3 节中讨论的缓解策略。

12.4.2　应用服务的配置

下面，将描述在闭锁模型 Lockup 中如何实现的不同文件的配置，需要指出的是，每个配置文件的限制将越来越严格，从而使模型变得更加安全。为了决定应该在每个配置文件中禁用哪些服务，在分析过程中遵循了两种标准和思路。

一方面，首先需要禁用那些对用户造成更高隐私风险的服务。例如，那些能够绕过备份加密密码的服务、可以捕获网络流量的服务以及能够将配置文件和应用程序部署到指定设备的服务等，都属于安全高风险性服务。

另一方面，首先禁用的服务也可以是减少用户数量所需的服务。也就是说，可以先禁用完全不需要的服务，然后再禁用 MDM，最后禁用掉用户在特定时刻仅有的可能需要的其他功能，如通过 iTunes 安装应用程序等，同时仍然允许 iTunes 获取设备数据的备份。

1．一级——应用于 MDM 系统

在本文所构建的第一个安全级别中，只禁用那些不具有访问目的判断并有可能导致大量信息泄露的服务。特别地，这个级别将禁用以下服务。

（1）com.apple.file_relay。

（2）com.apple.pcapd。

在这种模式下配置的设备仍然具有完整的功能，即使在 MDM 环境中进行远程管理也是如此。尽管这些配置环境中有许多都不允许使用越狱设备，但从安全角度来看，功能的完备性仍是有意义的，因为正如前面已经提到的，越狱设备会禁用许多安全机制，从而造成风险。无论如何，这绝对是任何用户使用越狱设备的最低安全级别。

2．二级——应用于同步应用

除前一节定义的限制与禁用机制以外，本节还将禁止远程安装配置文件和一些诊断服务。

（1）com.apple.mobile.MCInstall。

（2）com.apple.mobile.diagnostics_relay。

（3）com.apple.syslog_relay。

（4）com.apple.iosdiagnostics.relay。

此外，其余的敏感服务（后续将在下一节安全级别的禁用服务中分析）都设置为只支持 USB 访问与执行，这意味着恶意节点或对象将无法通过无线网络或蜂窝网络发起攻击。除此之外，最重要的是，直接禁用了管理配置的安装，使恶意节点无法通过 GPS 跟踪设备远程窃取或清除本地数据，也使得面向 HTTPS 连接的中间人的攻击无法通过部署额外的证书和设备等途径实现。需要说明的是，这种变化有可能会影响设备在特定 MDM 环境中注册的能力。

绝大多数的国内用户应该能够使用这个配置文件，而不会发现任何负面影响。在这个级别配置的 iOS 设备仍然可以与 iTunes 同步应用程序和媒体，因此，这些应用仍然会公开以供设备任意安装，或提供用户检索存储在任何已安装应用程序中的用户信息。

3. 三级——应用于备份

除已经给出的应用限制外，本级别还将禁用以下服务。

（1）com.apple.mobile.installation_proxy。

（2）com.apple.mobile.house_arrest。

这将禁止将应用程序远程安装到设备。如果按如下路径激活应用（设置—iTunes 与应用商店—自动下载—应用），那么，当前设备与其他 iOS 设备将始终保持自动应用程序同步。

这种禁止还可以防止 iTunes 在 iOS 设备上安装的应用程序之间进行文件传输。需要注意的是，如果某个特定的应用程序提供了将文件上传到设备的机制，如许多应用程序可以为此激活一个集成的 Web 服务器，那么，它仍然会正常工作。

使用 iTunes 来管理设备应用程序和数据的做法，作为现代 iOS 版本的应用程序和数据，正变得越来越不常见，除非是你购买了一台新设备，并将其与之前的设备进行备份。因此，这个配置文件仍然适合大多数国内用户。

在这种模式下配置的设备仍然允许 iTunes 对设备中存储的用户数据进行备份。该服务有可能被攻击，用以获取存储在设备中的信息；但是，如果用户设置了备份加密密码，那么，通过此服务传输的文件将采用所设置的密码进行加密。

4. 四级——应用于同步媒体文件

除已经给出的应用限制外，本级别还将禁用以下服务。

（1）com.apple.mobilebackup2。

（2）com.apple.mobilebackup。

这个级别禁用 iTunes 备份存储在设备中的数据的功能。

在此级别配置的设备仍然能够与 iTunes 同步媒体文件，因此可以公开媒体文件夹中音频、图片和视频等内容，攻击者可能会通过滥用信任关系访问这些内容。然而，所有属于第三方应用程序的内容都应该是安全的，或者至少不能通过锁定服务访问。

如果没有通过 iCloud 同步书签、地址簿和日历数据，也可以通过 com.apple.mobilesync 服务在这一安全级别进行配置而实现。

5. 五级——应用于媒体共享

除已经给出的应用限制外，本级别还将禁用以下服务。

com.apple.mobilesync。

如此一来，iTunes 同步功能就完全停止了工作，通过锁定服务暴露出来的唯一敏感信息是媒体文件夹，其中包括存储在设备中的图片和视频，以及语音备忘录、音乐和播客等。这对于某些程序或外围设备访问设备中存储的媒体文件是必要的。

只要用户的设备数据不依赖 iTunes 进行备份，这个配置文件就适合他们使用。随着 iOS 允许用户直接将备份存储在 iCloud 存储区，这种情况会变得越来越普遍。

6. 六级——应用于无敏感服务

除已经给出的应用限制外，本级别还将禁用以下服务。

com.apple.afc。

这个安全级别破坏了与 iFunBox 等程序的兼容性，后者允许用户浏览存储在设备中的文件。此外，一些外围设备还可能依赖于此服务访问设备中存储的文件，因此在应用此配置文件时将停止工作。

不过，这个配置文件比较适合那些多数情况下不使用 iTunes 管理或备份设备的用户。

7. 七级——应用于完全未锁定的服务

这个安全级别将完全移除所有的锁定服务，包括 com.apple.mobile.heartbeat。

值得一提的是，即使在这种模式下，设备仍然能够通过不依赖锁定的其他机制与外部设备进行交互。特别地，本节验证了即使在设备配置为这种模式下，以下操作也能正常工作。

（1）通过蓝牙将 iOS 设备连接到派诺特 Minikit（Parrot Minikit）便携式智能语音操控免提设备上，用以实现地址簿和电话的导入。

（2）通过 USB 数据线将 iOS 设备连接到 Mac 计算机，并使用计算机中的 iPhoto 软件将存储在 iOS 设备中的照片和视频导入。

（3）通过 USB 数据线将 iOS 设备连接到 Denon RCD-M39 音频系统，用以使 iOS 设备中播放的音频通过 Denon 音频系统播放。

8. 其他注意事项

值得一提的是，本研究所提出的解决方案将禁用那些用户在越狱设备时可能已经安装的任何其他服务，无论用户是否知情。

需要说明的是，com.apple.afc2 这项服务是许多越狱工具都会安装的服务，用户也可以通过 Cydia 单独安装。该服务通过后台锁定可以公开 iOS 设备的整个文件系统，使可信的外部设备或欲窃取配对记录的攻击者能够通过 USB 数据线连接或通过无线访问的方式读写设备中的任何文件。考虑到其可能引入的隐私风险，该服务在所有配置文件中总是被禁用。如果用户需要远程文件系统访问，从安全的角度来看，存在更好的替代方案，如安装 OpenSSH，并使用与之配套的桌面应用程序——FileZilla 或 puTTY。如果采用了此类替代方案，那么，重要的便是更改根用户和移动用户的默认密码。

12.4.3 技术分析

本章所提出的 Lockup 闭锁模型主要应用于 iOS7 和 iOS8 的越狱版本。通常，在 iOS 正式发布的数周后，就会出现越狱破解，一旦越狱成功，Lockup 就可以很轻松地移植到新的 iOS 版本上。在迄今为止最糟糕的情况下，iOS7.0 需要 95 天才能对 iOS7 版本进行公开越狱；相比之下，iOS8 在正式发布 35 天后便实现了成功破解。同样值得注意的是，许多越狱应用程序的用户通常会坚持使用旧的 iOS 版本，直到新的越狱版本出现为止才会选择升级。

通过创建"/系统/库/锁定/服务"（/System/Library/Lockdown/Services.plist）文件的多个副本来定义不同的服务配置。在每个配置文件中，都会禁用越来越多的服务。此外，在大多数配置文件中，标志 USBOnlyService 应用于敏感服务，因此这些服务无法通过无线方式而任意访问，无论是通过 Wi-Fi 连接，还是通过用户的蜂窝连接。

为了设置配置文件，用户执行配置信息锁定命令。这可以通过终端应用程序（如 MobileTerminal）实现，如果设备已经完成安装，则也可以通过 SSH 访问设备实现。在调用命令时，用户会看到一个如图 12-3 所示的菜单。在用户选择配置文件后，相应的服务列表文件被复制到/System/Library/Lockdown/Services.plist 上。为了使更改立即生效，需要使用 kill 命令将软件终止信号 SIGTERM 发送到锁定的后台进程，从而重新启动系统并读取新的配置文件。其他选项允许用户枚举当前配置文件公开的服务，并清除 Services.plist 文件中的全部内容，该文件对于检测和调查无意中安装在系统的其他服务是十分有用的。

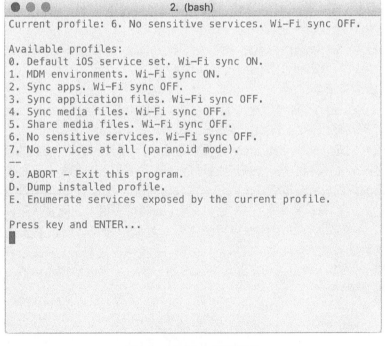

图 12-3　Lockup 配置菜单

为了定期清除配对记录，闭锁模型 Lockup 将使用多种文件。首先，安装负责删除配对记录的 shell 脚本。其次，通过/System/Library/LaunchDaemons/.pop.lockup-purge.plist 加载周期性运行上一个脚本的后台进程。此外，可以使用另一个脚本 lockup_interval 来更改删除配对记录的时间间隔，该锁定删除间隔默认情况下为 1h。图 12-4 给出了主要组件及其相互作用。

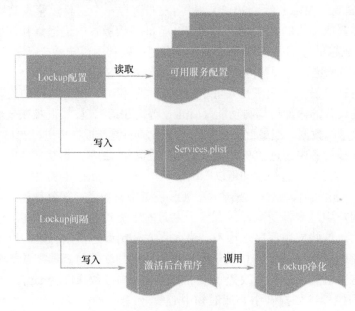

图 12-4 Lockup 组件及主要交互过程

12.5　技术讨论

本节将分析使用类似闭锁模型这样的工具对安全性和取证的影响。

12.5.1 "越狱"过程

iOS 的主要特性之一是应用沙箱（Sandboxing），这是一种独立于应用环境的以安全运行为信任程序的技术。沙箱的应用意味着 iOS 应用程序由于操作系统设置了安全屏障而不能完全访问系统。这反过来又限制和阻碍了软件的开发、定制和运行。为了克服这个限制，这里将使用"越狱"技术。

当 2007 年第一代 iPhone 模型发布时，操作系统并没有集成它当前的大部分安全特性：没有沙箱、没有代码签名、没有数据执行保护（Data Execution Prevention，DEP），也没有地址空间部署随机化（Address Space Layout Randomization，ASLR）。

仅仅一周，George Hotz 就想出了如何摆脱操作系统的限制并获得设备的根访问权限（Hotz，2007）：这个过程在 iOS 平台中称为"越狱"，而在 Android 平台中被称为"生根"。

随着时间的推移，陆续发布了一些应用工具允许在某些 iOS 的越狱版本上使用，例如 redsn0w1（iPhone Dev Team，2011）、greenpois0n（Chronic Dev Team，2010）和 evasi0n（Wang 等，2013）。每当发布这样一个工具，苹果公司的技术团队就会分析其暴露出来的 iOS 漏洞，并在 iOS 的后续版本中进行修补，这意味着每个 iOS 版本在越狱过程中都需要寻找新的漏洞加以利用，史蒂夫·乔布斯（Steve Jobs）本人曾经把这种过程称为"猫捉老鼠的游戏"（Soghoian，2007）。

越狱设备在开发人员和研究人员中的使用非常普遍，因为这样的设备使他们能够更好地控制设备的内部结构与功能（Miller 等，2012）。虽然很难在全球范围内找到越狱设备数量的数据，但最近一份关注中国市场的调查报告指出，2013 年 1 月，中国使用的 iOS 设备中超过 30%是越狱设备。到同年 12 月，这个数字已经下降到了 13%（Umeng，2014）。这种波动可以归因于同年 9 月发布的 iOS7 直到 12 月底才成功实现越狱。无论如何，这些数据表明，iOS 设备中有相当一部分是越狱的。

越狱在用户中越来越受欢迎，有成千上万的免费和付费应用程序可以安装在越狱设备中使用。这些应用程序永远不会进入官方分销渠道，因为它们以不同的方式违反了应用商店 App Store 的相关规则。例如，各种软件仿真器和各类系统的局部调整工具，这些调整工具可能改变了设备的默写全局参数（Freeman，2014），也可能改变了全局控件，如控制中心或通知中心等（Lisiansky，2014），也有可能向其他现有应用程序注入代码来改变操作系统的运行（Freeman，2014）。

值得一提的是，目前官方 iOS 版本中存在的一些重要功能在越狱社区之前就已经存在，在某些情况下会影响到苹果的最终版本实现。例如，通知中心、复制和粘贴特性的工作方式以及用于在应用程序之间切换的"卡"接口。

在本章的实例中，采用了越狱技术来禁用特定的锁定服务，并测试不同的连接场景，从而开发和测试了本章所提出的 Lockup 闭锁工具。其他用户和研究人员也可以安装，并可以从其功能中获益，前提是他们使用的是可以越狱的 iOS 版本。当然，供应商可以在未来的操作系统版本中实现这类工具。

12.5.2 "越狱"对安全模型的影响

经常有人认为，越狱设备，通过禁用重要的安全控制，例如，应用沙箱和强制代码签名，会引入了许多安全漏洞（Apvrille，2014；Porras 等，2010），这种观点并不完全错误。因此，这种技术的使用必须与引入的新风险进行权衡。

就本章中介绍的工具而言，可以认为越狱设备的安全权衡至少在三种可能的情况下是有意义的。

（1）以研究为目的，例如，为了测试工具和评估在其他工具或 iOS 核心功能中采用类似的方法。

（2）在旧的 iOS 版本中存在已知漏洞的过时设备中。例如，爸爸用了两年的旧 iPhone，然后交给妈妈，两年后妈妈又把它传给了他们十几岁的孩子。这是第一代 iPad iOS5.1.1 的案例，每一个 iPod Touch 到第四代，每一部 iPhone 到 iPhone4；当 2016 年 9 月发布新版本时，iPhone4S 和几款 iPad 可能仍将停留在 iOS9 上。考虑到这些 iOS 版本包含已知的漏洞，从而可以被相应的越狱工具利用，这些设备的所有者可能更喜欢越狱设备本身，以便安装这个和/或其他保护。

（3）即使是在现代设备和更新的 iOS 版本中，作为更复杂的强化策略的一部分，也需要使用额外的工具，这些工具很有可能是高级用户自己开发的。

在破解设备实现越狱时，用户应该始终更改用户 mobile 和 root（这两种情况下都属于 alpine）的默认密码，只从可信的工具来源下载并且只安装所需的软件包。

12.5.3 反取证的含义

在开始开发这个工具时，并没有考虑反取证的问题。然而，正如 Zdziarski（2014）所指出的那样，市场上的大多数（如果不是全部的话）取证工具都是通过本章讨论过的敏感服务从 iOS 设备中提取信息的方法。因此，直接使用所提出的 Lockup 来限制这些服务将导致这些工具无法从设备中提取数据。

鉴于本章所提出的工具可以提供不同的服务级别和相应的配置文件，对于安装了 Lockup 的特定 iOS 设备，取证工具的有效性将取决于在任何特定时刻使用的配置文件。虽然目前还不能将本章所提出的工具与商业取证软件工具进行比较，但是如果根据定义被禁用的服务获得相应资源，当取证工具试图从设备本身检索数据时，完全可以实现应用的拓展。排除其他分析来源，如存储在台式计算机上的 iTunes 备份，这应该是不同配置文件的反取证效果：

（1）**1 级**。在这个级别，已经禁用了 com.apple.file 中继，防止利用此服务的任何工具在设备上转储几乎所有数据，并禁止绕过备份加密密码。虽然尚不清楚是否有任何公开的取证工具利用这项服务，但希望在未来的研究中解决这个问题，为此，可以先假设对手开发这样的工具尚不具有重要意义。

（2）**2 级**。从这个级别开始，所有服务都必须通过 USB 数据线工作，通过 Wi-Fi 或蜂窝网络的无线访问与控制将严格禁止。这不会对取证工具有任何影响，因为通常的取证工具都推荐通过 USB 数据线检索数据。

（3）**3 级**。禁用 com.apple.mobile.house.arrest 可能对取证工具检索第三方应用数据以及应用中存储的用户数据产生一定的影响。尽管大部分数据仍然可以通过 com.apple.mobilesync 恢复，也可能以 iTunes 备份的形式存在，尽管在这种情况下，如果设置了备份加密密码，这些数据在一定程度上可能会受到保护。

（4）**4 级**。在这个级别上，设备将不会以 iTunes 备份的形式提供数据，因为服务 com.apple.mobilebackup 和 com.apple.mobilebackup2 已经被禁用了。

（5）**5 级**。该级别禁用 com.apple.mobilesync 服务，该服务可以防止取证工具从设备检索大多数应用数据；这既适用于第三方应用程序，也适用于现有的 iOS 应用程序，如消息、电话日志、日历事件等。

（6）**6 级**。通过禁用 com.apple.afc 服务，该级别可以防止最新的个人信息的访问，如包含图片和视频、语音备忘录、音乐和播客等内容的媒体文件夹。

（7）**7 级**。这个级别绝对禁止所有的锁定服务。这类似于采用第 6 级的方法禁用任何以谋利为目的的服务。

综上所述，级别 4 以及更高级别的用户数据应该远离取证工具，除了照片和视频，因为对于那些喜欢共享多媒体信息的用户来说，级别 4 和级别 5 仍然支持多媒体信息的共享。对于绝对隔离的应用，应该使用级别 6 或级别 7。

有人可能会说，使用可以破解越狱的 iOS 版本会让取证工具更容易访问设备中的数据。然而，设备越狱后，可以对越狱过程中使用的部分或全部漏洞进行修补，从而达到更高级别的保护。

至此，我们希望对现有的商业工具如何与受到闭锁保护的 iOS 设备交互进行更详细的研究。

12.5.4 应对措施：反取证的抵御

如果采用本章提出的 Lockup 闭锁工具或其他类似的解决方案，取证工具就可以更好适应和处理系统安全的问题。考虑到 Lockup 只能安装在可以越狱的 iOS 版本中，因此，可以修改取证工具，利用每个特定 iOS 版本允许越狱的缺陷，以重新控制设备，并重新激活提取信息所需的服务。然而，这很可能需要：访问物理设备；获知设备密码，即用户设置的密码；以及手动交互，以便能够使设备重新启动，并可能在引导期间按下某些按钮，以进入设备固件升级（Device Firmware Upgrade，DFU）模式。这意味着，在安装 Lockup 和应用限制性配置文件时，通过恶意设备进行攻击的成功的可能性要小得多（Lau 等，2013）。

试图滥用锁定服务的攻击者将在启用锁定限制配置文件后停止工作，仍然可以通过查找和利用设备中运行的特定 iOS 版本中的其他漏洞，或者通过 iCloud 等其他方式检索用户的私密信息（Oestreicher，2014；Ruan 等，2013）。

假设攻击者在 iOS 设备上执行代码，那么，它可以随意修改 Services.plist 文件，并重新启用任何服务以便在后续使用。设备所有者可以通过运行 Lockup 来发现这一问题，本研究将对此进行警告显示，通知用户已安装的 Services.plist 文件不对应于任何已知的配置文件，如图 12-5 所示。未来的 Lockup 版本可能还会包括定期检查，并对用户发出警告——同样，这也可能成为新的攻击目标。

```
●●●                        2. (bash)
Current profile: WARNING!! Unknown or corrupt Services.plist file.

Available profiles:
0. Default iOS service set. Wi-Fi sync ON.
1. MDM environments. Wi-Fi sync ON.
2. Sync apps. Wi-Fi sync OFF.
3. Sync application files. Wi-Fi sync OFF.
4. Sync media files. Wi-Fi sync OFF.
5. Share media files. Wi-Fi sync OFF.
6. No sensitive services. Wi-Fi sync OFF.
7. No services at all (paranoid mode).
─
9. ABORT - Exit this program.
D. Dump installed profile.
E. Enumerate services exposed by the current profile.

Press key and ENTER...
e
Enumerating services...

com.apple.crashreportmover
com.apple.mobile.notification_proxy
com.apple.mobile.heartbeat
com.apple.preboardservice
com.apple.misagent
com.apple.mobile.insecure_notification_proxy
com.apple.atc
com.apple.thermalmonitor.thermtgraphrelay
com.apple.mobile.MDMService
com.apple.rasd
com.apple.purpletestr
com.apple.mobile.mobile_image_mounter
com.apple.webinspector
com.apple.afc
com.apple.radios.wirelesstester.root
com.apple.mobile.debug_image_mount
com.apple.mobile.assertion_agent
com.apple.springboardservices
com.apple.crashreportcopymobile
com.apple.radios.wirelesstester.mobile
com.apple.hpd.mobile

bash-3.2$ ▉
```

图 12-5   Lockup 对用户当前安装 Services.plist 文件进行警告并列出当前启用服务

12.6   本章小结

在本章中，我们回顾了 iOS 操作系统中存在的某些后台服务带来的安全隐患和隐私风险，提出了一系列可用于减少这些风险的缓解措施。本章的主要贡献是 Lockup，这是一种软件工具，通过定义配置文件来减少公开服务的数量，从而增强 iOS 设备的安全性。此外，还讨论了所提出解决方案的反取证含义，以及可以用来绕过它的抵御反取证的措施。鉴于敏感服务的滥用可以获取大量的个人信息，为此有必要探索针对这一问题的解决方案。可穿戴设备潜在发展和预期市场只会增加对更高设备安全和隐私水平的解决方案的需求。

正如人们常说的，链条的坚固程度取决于它最薄弱的环节。如果只是为了让iOS用户处于严格的监控之下而牺牲一台受信任的设备，如台式计算机，那么，从这种角度来看，iOS并不会比普通的台式计算机更安全，因为普通的台式计算机中可能存在未打补丁的操作系统、过时的Java以及总是易受攻击的Flash Player等。这种级别的安全性是可以接受的，虽然可以承受一些偶然性的攻击，但是却无法抵御针对特定用户而进行的有针对性的攻击。

本章所提出的Lockup已经作为自由软件发布（Gómez-Miralles和Arnedo-Moreno，2015），以便其他研究人员或开发人员可以根据实际应用需求下载安装或对部分参数进行修改。后续研究将开发有关锁定、维护和面向实际需求的新功能，如监测和记录试图锁定服务的连接，从而实时提醒用户；为软件增加图形界面；监视可用服务集，并在添加新服务时提醒用户。当然，还可以将其与其他解决方案集成，如activator（Petrich，2014）。然而，从安全的角度来看，无论是在大小方面还是在依赖性方面，最好尽可能地保持软件的简单。

本章给出了概念性的验证工具，旨在对抗由许多iOS不需要的服务带来的安全风险。但是，必须记住的是，所提出的解决方案只适用于越狱设备，越狱过程本身就意味着绕过和禁用了大量原生iOS安全机制。

未来的研究将考虑创建自定义越狱工具，在部署该软件后，该工具将使设备尽可能地恢复到最原始的状态。这将保留苹果现有设备的大部分优点和安全特性，同时避免通过不需要的服务暴露出来的漏洞与风险。另外，可以对普通商业配件使用的服务进行调研，当然，希望可以获得商业工具的许可证，主要是那些被执法部门授权的，以便在实际商业软件上测试所设计软件的功能。

致　谢

本研究部分受到西班牙政府COPRIVACY项目（TIN2011-27076-C03-02）的资助。

本章术语表

ASLR：Address Space Layout Randomization，地址空间布局随机化，是一种针

对缓冲区溢出的安全保护技术，通过对堆、栈、共享库映射等线性区布局的随机化，通过增加攻击者预测目的地址的难度，防止攻击者直接定位攻击代码位置，达到阻止溢出攻击的目的。

Cydia：iPhone、iPod touch、iPad 等设备上的一种破解软件，类似苹果在线软件商店 iTunes Store 的软件平台的客户端，在越狱的过程中被装入到系统中，其中多数为 iPhone、iPod Touch、iPad 的第三方软件和补丁，主要都是弥补系统不足用。

DEP：Data Execution Prevention，数据执行保护。一套软硬件技术，能够在内存上执行额外检查以帮助防止在系统上运行恶意代码。

DFU：Device Firmware Upgrade，设备固件升级。iPhone 固件的强制升降级模式，iOS 设备可以通过输入一个特定的按键组合来进行安装。在 DFU 模式下的设备将通过 USB 数据线接收固件镜像，并将其写入设备内部存储并尝试启动镜像。

iCloud：苹果公司提供的云存储平台，能够在 iOS 设备和 Mac 计算机之间同步文档和数据。

iOS：苹果公司的移动操作系统，主要用于 iPhone、iPad 和 iPod Touch 等苹果公司的系列产品使用。在 2010 年推出 iPad 之前，它被简单地称为 iPhone OS，甚至在 iPod Touch 上也使用过。

iPhoto：iPhoto 是一款由苹果计算机为 OS X 操作系统和 iLife 软件套装编写，用于管理数码照片的应用软件。iPhoto 只能运行在 OS X，不能在早期的 Classic 版 OS X 或其他操作系统上运行。

iTunes：一款供 Mac 和 PC 使用的一款免费数字媒体播放应用程序，能管理和播放数字音乐和视频，也用于管理和备份 iPhone、iPad 和 iPod。

Jailbreak：越狱，指的是绕过苹果在其设备上对操作系统施加的很多限制，从而可以"Root 访问"基础的操作系统。简单来说，"越狱"可以让 iPhone 用户从苹果应用商店外下载其他非官方的应用程序，或者对用户界面进行定制。

Lockdown：锁定，一个 iOS 系统进程，它提供许多网络服务，可以通过 USB 数据线或无线方式从主机上访问。它的行为在某种程度上类似于许多 UNIX 系统中的 inetd 后台进程。

MobileSafari：嵌入每个 iOS 版本中的普通 Web 浏览器。

MDM：Mobile Device Management，移动设备管理。它提供从设备注册、激活、使用、淘汰各个环节进行完整的移动设备全生命周期管理。MDM 能实现用户及设备管理、配置管理、安全管理、资产管理等功能。MDM 还能提供全方位安全体系防护，同时在移动设备、移动 APP、移动文档三方面进行管理和防护。

Network sniffer：网络嗅探器，一种软件程序，使用 WinPcap 开发包，用于捕获网络数据（在本章中为无线数据），而不管设备是否为此类通信的预期目的地。

简单地说，无线网络嗅探器可以用来拦截附近其他设备的流量。

参 考 文 献

Allegra, N., Freeman, J., 2011. JailbreakMe 3.0. http://jailbreakme.com.

Apple Computer, Inc., 2014a. iPhone in business. https://www.apple.com/iphone/business/ios.

Apple Computer, Inc., 2014b. Resources for IT and enterprise developers. https://developer.apple.com/enterprise/.

Apvrille, A., 2014. Inside the iOS/AdThief malware. https://www.virusbtn.com/pdf/magazine/2014/vb201408-AdThief.pdf.

Bedrune, J.B., Sigwald, J., 2011a. iPhone data protection in depth. Hack In The Box Conference.

Bedrune, J.B., Sigwald, J., 2011b. iPhone data protection tools. http://code.google.com/p/iphone-dataprotection/.

Chang, Y.T., Teng, K.C., Tso, Y.C., Wang, S.J., 2015. Jailbroken iPhone forensics for the investigations and controversy to digital evidence. J. Comput. 11, 2.

Chen, C.N., Tso, R., Yang, C.H., 2013. Design and implementation of digital forensic software for iPhone. In: Proceedings of the 8th Asia Joint Conference on Information Security, AsiaJCIS 2013.

Chronic Dev Team, 2010. greenpois0n. https://github.com/Chronic-Dev/greenpois0n.

Forensic Telecommunications Services Ltd., 2010. iXAM—Advanced iPhone Forensics Imaging Software. http://www.ixam-forensics.com/.

Freeman, J., 2014a. Cydia Substrate. http://www.cydiasubstrate.com.

Freeman, J., 2014b. WinterBoard. http://cydia.saurik.com/package/winterboard/.

Gallagher, R., Mass, P., 2014. Inside the NSA's secret efforts to hunt and hack system administrators. https://firstlook.org/theintercept/2014/03/20/inside-nsa-secret-efforts-hunt-hack-system-administrators/.

Gómez-Miralles, L., Arnedo-Moreno, J., 2015a. Airprint forensics: recovering the contents and metadata of printed documents from iOS devices. Mobile Inform. Syst. 2015 (2015). Article ID 916262.

Gómez-Miralles, L., Arnedo-Moreno, J., 2015b. Lockup. http://www.pope.es/lockup.

Good Technology, 2014. Good Technology mobility index report Q2. http://media.www1.good.com/documents/rpt-mobility-index-q2-2014.pdf.

Grispos, G., Storer, T., Glisson, W.B., 2011. A comparison of forensic evidence recovery techniques for a windows mobile smart phone. Digit. Invest. 8, 23–36.

Hotz, G., 2007. iPhone serial hacked, full interactive shell. http://www.hackint0sh.org/f127/1408.htm.

International Data Corporation, 2014. Worldwide Quarterly Mobile Phone Tracker Q2 2014. International Data Group.

iPhone Dev Team, 2011. redsn0w. http://redsn0w.com.

Iqbal, B., Iqbal, A., Obaidli, H.A., 2012. A novel method of iDevice (iPhone, iPad, iPod) forensics without jailbreaking. In: Proceedings of the 8th International Conference on Innovations in Information Technology.

Lau, B., Jang, Y., Song, C., Esser, S., Wang, T., ho Chung, P., Royal, P., 2013. Mactans: injecting malware into iOS devices via malicious chargers. https://media.blackhat.com/us-13/US-13-Lau-Mactans-Injecting-Malware-into-iOS-Devices-via-Malicious-Chargers-WP.pdf.

Lisiansky, D., 2014. CCControls. http://cydia.saurik.com/package/com.danyl.cccontrols/.

Miller, C., Blazakis, D., Dai Zovi, D., Esser, S., Iozzo, V., Weinmann, R., 2012. iOS hacker's handbook. Wiley, New York.

Oestreicher, K., 2014. A forensically robust method for acquisition of iCloud data. Digital Invest. 11 (suppl. 2), s106–s113.

Petrich, R., 2014. Activator. https://rpetri.ch/cydia/activator/.

Porras, P., Saïdi, H., Yegneswaran, V., 2010. An analysis of the iKee.B iPhone Botnet. In: Security and Privacy in Mobile Information and Communication Systems, Lecture Notes of the Institute for Computer Sciences, Social Informatics and Telecommunications Engineering. Springer Berlin Heidelberg, Berlin, Heidelberg.

Rabaiotti, J.R., Hargreaves, C.J., 2010. Using a software exploit to image RAM on an embedded system. Digital Invest. 66 (3–4), 95–103.

Ritchie, R., 2014. Apple reaffirms it has never worked with any government agency to create a backdoor in any product or service. http://www.imore.com/apple-reaffirms-never-worked-any-government-agency-backdoor-product-service.

Rosenbach, M., Poitras, L., Stark, H., 2013. iSpy: How the NSA accesses smartphone data. http://www.spiegel.de/international/world/how-the-nsa-spies-on-smartphones-including-the-blackberry-a-921161.html.

Ruan, K., Carthy, J., Kechadi, T., Baggili, I., 2013. Cloud forensics definitions and critical criteria for cloud forensic capability: an overview of survey results. Digital Invest. 10, 34–43.

Soghoian, C., 2007. A game of cat and mouse: the iPhone, Steve Jobs and an army of blind hackers. http://www.cnet.com/news/a-game-of-cat-and-mouse-the-iphone-steve-jobs-and-an-army-of-blind-hackers/.

Stroz Friedberg, 2014. unTRUST. https://github.com/strozfriedberg/unTRUST.

Umeng, 2014. Insight Report: China Mobile Internet 2013.

Vidas, T., Zhang, G., Christin, N., 2011. Toward a general collection methodology for android devices. Digital Invest. 8 (special issue), s14–s24.

Wang, Y.D., Bassen, N., et al., 2013. evasi0n. http://evasi0n.com.

Zdziarski, J., 2008. iPhone Forensics: Recovering Evidence, Personal Data, and Corporate Assets. O'Reilly

Zdziarski, J., 2014a. Apple responds, contributes little. http://www.zdziarski.com/blog/?p=3447.

Zdziarski, J., 2014b. Identifying back doors, attack points, and surveillance mechanisms in iOS devices. Digital Invest. 11, 3–19.

第13章 无线体域网中面向数据容错的路径损耗算法研究

13.1 引　言

近些年来，无线体域网（Wireless Body Area Network，WBAN）的研究工作受到了从业者和学者的广泛关注，这主要是得益于信息与通信技术领域的迅速发展，特别是协议体系，成为 WBAN 网络通信的重要方面。事实上，WBAN 是专门为医学应用而开发的，因为大部分医疗应用依赖处于传感器从人体敏感区域进行数据收集，这些敏感区域包括心脏、血管、大脑等。因此，传感器节点应该是节能的，以延长电池寿命。除此之外，患者相关数据的传输通常会受到路径损耗和未经授权使用的影响。因此，需要传感器节点具有高度的节能有效性，并限制入侵者对患者数据进行未经授权的访问。

13.2　WBAN 框架的概述

在全球化的大潮下，我们的日常生活变得竞争越来越激烈，生态污染和病毒感染显然已经成为我们生活的一部分，医疗服务的种类和质量不断提升，先进医疗系统的重要性更是不言而喻。相较于其他物种，人类更容易感染各种各样（不论是自然的还是人为的）的疾病，因此，构建一种详尽完备的医疗体系框架是重要且必要的。该框架将满足人们对"移动性"和"便携性"的需要，在框架所包含的技术中，最具有信息时代特征的便是 WBAN 系统。有研究表明（Ragesh 和 Baskaran，2012），WBAN 因为出色的医疗服务体系已经受到全球的瞩目。这要归功于一些微小的元器件，如微型传感器，这些小型传感器可以安装在身体附近，或者嵌入那些需要医疗护理的患者体内，从而实现对体征信息的实时监控。这一技术的发展能够满足对老年人和需要照顾的患者进行实时监控的需求，例如，医疗专家或患者家属完全可以从偏远的位置对这类人群的健康体征或病体参数进行实时监测（Preneel，2003）。

目前，对用于医疗和非医疗应用的 WBAN 通信协议定义得到了广泛的认可，该协议支持通信范围应不少于 3 m（Pyckaert 等，2004）。已有研究补充指出（Kim 和 Kim，2014），"该协议的开发是为了支持低复杂度、低成本、低功耗、高可信度的无线通信，可以在人体内部或在人体附近使用（但不局限于人类）"来满足一系列的娱乐、医疗和服务。因此，WBAN 有望成为电子健康服务领域的基本要素发挥不可替代的作用。

在卫生服务领域，WBAN 可以监测罹患需要持续医疗关注疾病的患者，例如心脏骤停、糖尿病以及其他疾病等。据报道称，未来 10 年，医疗服务支出所占比例将达到国内生产总值（Gross Domestic product，GDP）的 20%。这个数字之巨大，足以表明世界经济将受此影响。因此，需要从实时治疗向远程医疗服务进行转变，以释放有限的医疗资源。用于定期医疗监测的可穿戴系统需要依赖先进的技术，可以帮助医疗行业和相关部门过渡到更加积极、更加廉价的卫生系统（Kim 和 Kim，2014）。

便携式传感器可以植入人体内部或附着在人体表面，以监测相关参数或体征的潜在变化，监测信息通过 WBAN 进行传输，并以多种多样的方式进行交换，具体采用何种通信技术取决于设备的类型和特性，如蓝牙、ZigBee（无线个域网标准）、MICS（医疗植入通信服务）和 UWB（超宽带）。当传感器和设备收集到的信息通过远程媒介交换到远程目的地时，这时"可能会发生路径损耗"。路径损耗既可以发生在体内，也可以发生在体外，其损耗程度取决于发射器和接收器之间往复操作和分离。Avi（2016）提出了 WBAN 的基本路径损失模型。Bell 和 Rescorla（2016）基于 MATLAB 提出了模拟体内路径损耗模型。一般来说，路径损耗模型主要分为四类：① 深层组织嵌入；② 封闭表面嵌入；③ 深度嵌入；④ 近表面嵌入。

13.2.1　WBAN 的无线信道特性

用于监测医疗环境的 WBAN 由多个传感器节点组成，这些节点可以检查重要数据并报告患者的健康状况和突发事件。这些传感器节点被放置在人体上，患者体内传感器节点的准确区域和连接取决于传感的种类、大小和数量。人类可以以独立设备的形式使用传感器，也可以将传感器与外设结合在一起，将其作为皮肤表面的小固定物连接起来，覆盖在患者的衣服或者鞋子上，甚至嵌入患者的身体中（Sana 等，2009）。WBAN 设备可以放置在患者身体表面或者患者身体内部，这些设备可以根据部署位置和连接在不同频段范围进行工作。允许的连接场景包括植入物到植入物、植入物到体表、植入物到外部点、体表到体表（视线和非视线传输皆可），如图 13-1 所示。

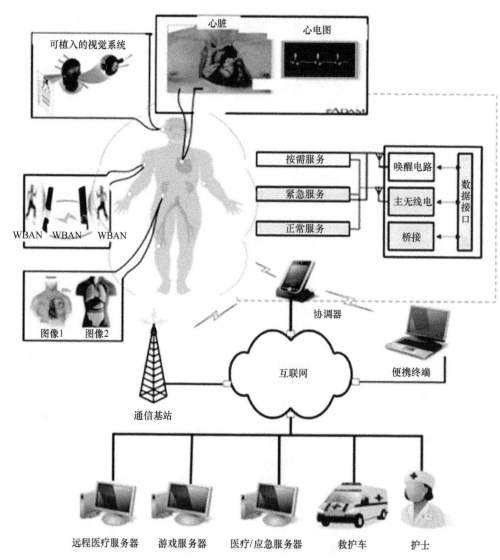

图 13-1　WBAN 通用体系架构

表 13-1 和表 13-2 给出了这两种类型 WBAN 的示例。

表 13-1　可穿戴的 WBAN 示例

可穿戴 WBAN	用　途
睡眠呼吸监测器	用于监测睡眠过程中的健康障碍
助听器	听力辅助装置
智能鞋与智能手表	用于健康生活领域应用
胰岛素泵	用于输送胰岛素

表 13-2 可植入的 WBAN 示例

可植入 WBAN	用　　途
血压传感器	测量并向医生报告血压水平
高级胰岛素泵	监测并报告胰岛素水平，保存糖尿病数据供医生观察

用于医疗监控的 WBAN 所使用的传感器数量和种类取决于客户端最终的应用需求，优势可能需要同时包含支持多种参数采集的传感器（Be 等，2010；Ugent 等，2011）。

（1）用于监测心脏运动的心电图传感器（Electrocardiograph，ECG）。

（2）用于监测肌肉运动的肌电图传感器（Electromyography，EMG）。

（3）用于监测大脑电活动的脑电图传感器（Electroencephalogram，EEG）。

（4）用于监测血氧浸入的血氧 SpO_2 传感器。

（5）用于监测循环应变的重量传感器。

（6）用于监测呼吸的电阻式或压电式中间带传感器。

（7）用于监测体温的血糖水平传感器温度传感器。

（8）用于跟踪目标的区域传感器，如 GPS。

（9）用于监测用户锻炼的形式和水平的基于加速度计的运动传感器。

13.2.2　WBAN 与 WSN 网络拓扑

IEEE 的报告表明，WBAN 在组网过程中通常使用两种格式：① 一跳星形拓扑；② 两跳星形拓扑。节点通常位于区域中心，类似于连接器（Shah 和 Yarvis，2006）。Sukor 等（2008）指出数据传输主要具有两种类型：一种是从协调器发送到设备；另一种通常是从设备发送给协调器。此外，星形拓扑中的通信模式也具有信标模式和非信标模式。当星形拓扑中心的节点控制通信时，就会出现"信标模式"。它发送周期性的信标来定义超级帧的开始和结束，以支持网络关联控制和设备同步（Movassaghi 等，2014）。"非信标模式"发生在网络中的节点能够向协调器发送数据，并且能够在需要时使用冲突避免载波侦听多址方法机制（Carrier Sense Multiple Access with Collision Avoidance，CSMA/CA）。节点需要启动并轮询协调器用以接收数据（Movassaghi 等，2014）。

WBAN 可以视为一种特殊类型的无线传感器系统（Wireless Sensor System，WSS）或无线传感器与执行器网络（Wireless Sensor and Actuator Network，WSAN），同时具有符合自身特色的要求。然而，传统的传感器系统无法应对与人体监测相关的特殊挑战。因为人体包括一个混乱的内部环境，需要与外部环境相互作用、相互影响（Javaid 等，2013）。人体及其所处周围环境是一个复杂的系统，它的规模虽然比较小，但是仍需要多种监测方式和手段，需要面对不同于无线传感

智能数据系统与通信网络中的安全保证与容错恢复

器网络（Wireless Sensor Network，WSN）所面临的挑战。在大多数卫生机构中，对卫生相关数据的感知和监测是非常重要的，并且非常普遍，因此这也增加了人们对可靠性的关注度，如表 13-3 和表 13-4 所列。

表 13-3　WBAN 与 WSN 的对比

对　象	无线传感器网络（WSN）	无线体域网络（WBAN）
网络的维度	在方圆几米到几千米的范围内只有几千个节点	密度分布受体型限制
拓扑	随机，固定/静态	一跳或两跳星型拓扑
节点大小	一般不大（多数应用条件下没有过多限制）	小型化
节点准确性	准确性由大量节点协同实现，并允许对结果验证	每个节点都必须准确和健壮
节点更换	容易实现（部分应用的节点不可替换，可直接丢弃）	体内植入节点难以替换
生物相容性	在大多数应用中无须担心	对于植入和部分外部传感器是必不可少的
电池及能源供给	可以接入电源或更换电池，当然需要考虑实际部署环境和具体应用	植入环境中无法接入电源，并难以替换电池
节点生存期	数年/月/周（取决于应用）	数月/年（取决于应用）
功率消耗	功率需求较高，但容易供给	功率需求较低，但难以供给
替代能源	可以考虑太阳能和风能	可以考虑动能和热能
数据速率	数据速率为同质均匀的	数据速率为异质非均匀的
数据丢失的影响	无线传输中的数据损失由大量节点来补偿	数据丢失更为重要（可能需要额外的措施来确保实时数据查询功能和 QoS）
安全级别	较低，取决于应用程序	提高安全基本，保护患者信息
服务与业务	应用相关，数据速率适中，循环，分散	应用相关，数据速率适中，循环，分散
无线技术	WLAN，GPRS，ZigBee，蓝牙和射频	802.15.6，ZigBee，蓝牙，UWB
环境感知	在定义良好的环境下使用静态传感器对环境感知要求一般不高	非常重要，因为身体生理的环境非常敏感
整体设计目标	自操作性，成本优化，能量有效性	能量有效性，消除电磁曝光

表 13-4　WBAN 的医疗与非医疗应用

对　象	无线传感器网络（WSN）	无线体域网络（WBAN）
规模	监测环境（m/km）	人体环境（cm/m）
节点数量	许多冗余节点用于广泛的区域覆盖	非常少，空间有限
结果准确性	通过节点冗余实现	通过节点自身精度和鲁棒性
节点任务	节点执行专用任务	节点执行多个任务

（续表）

对　　象	无线传感器网络（WSN）	无线体域网络（WBAN）
节点大小	小型是首选，但不是最重要的	小型是至关重要的
网络拓扑结构	很有可能是固定的或静态的	由于身体运动多为动态的
数据速率	数据速率为同质均匀的	数据速率为异质非均匀的
节点替换	容易实现（部分应用的节点不可替换，可直接丢弃）	体内植入节点难以替换
节点生存期	数年/月	数年/月，电池容量更小
功率供给	容易接入并可以替换	植入式应用不可接入电源且难以替换电池
功率需求	功率需求较大，能量续航可以实现	功率需求较小，难以实现能量续航
能量收集来源	可以考虑太阳能和风能	可以考虑动能（振动）和热能（体温）
生物相容性	在大多数应用中无须担心	对于植入和部分外部传感器是必不可少的
安全级别	较低，取决于应用程序	提高安全基本，保护患者信息
数据丢失的影响	无线传输中的数据损失由大量节点来补偿	数据丢失更为重要（可能需要额外的措施来确保实时数据查询功能和 QoS）
无线技术	蓝牙，ZigBee，GPRS，WBEN 等	低功耗技术

13.2.3　WBAN 的应用

　　WBAN 的应用在本质上几乎都是异构的。WBAN 标准的设计是为了允许不同设备之间的连接，因为每个传感器都有不同的特性，如温度传感器必然与心跳传感器的特性全然不同。数据的类型、频率和数量也不尽相同。能够处理这些异构系统的协议非常重要（Manirabona 等，2017）。这是因为信息速率通过该协议将会发生剧烈的变化，从 kb/s 的简单信息直传扩展到 Mb/s 的视频泛洪，或者可以认为，数据以"爆炸方式"进行传输，这意味着数据将以更高的速率发送。

　　表 13-5 和表 13-6 给出了各种应用程序的信息量、采样率、估计范围和精确程度等相关信息（Jaff，2009；Kim 等，2016）。总体来说，可以观察到的应用程序的信息量并不大，在少数情况下，WBAN 具有更少的小工具，如 12 个运动传感器、心电图传感器、肌电图传感器、葡萄糖测定仪等。当总信息量达到峰值时，几乎可达到 Mb/s 数量级，这比大多数现有的低功率无线电的总码片速率都要高（Lont，2013）。信息传输质量可以采用误码率 BER 来衡量。有研究表明，医疗器械的可靠性恰恰是取决于系统的信息速率（Khudri 和 Sutanom，2005）。

> "信息速率较低的设备可以适应高误码率 BER，而信息速率较高的设备需要较低的误码率 BER，因此，所要求满足的 BER 严格受限于信息速率。"（Singh，2013）

279

表 13-5 已有的 WBAN 应用

WBAN 的应用	医疗应用	可穿戴 WBAN
		评价士兵的疲劳和战备状态
		协助专业或业余运动训练
		睡眠分析
		哮喘监测
		可穿戴健康监测
	植入式 WBAN	心血管疾病
		癌症检测
	医疗设备的远程控制	生活环境辅助
		病患监护
		远程医疗系统
	非医疗应用	实时数据流
		娱乐应用
		非医疗类紧急事件

表 13-6 医用 WBAN 的应用与特点

应　　用	数据速率	带宽	精度
ECG（12 导）	288kb/s	100～1000Hz	12bit
ECG（6 导）	71kb/s	100～500Hz	12bit
EMG	320kb/s	0～10000Hz	16bit
EEG（12 导）	43.2kb/s	0～150Hz	12bit
血饱和	16b/s	0～1Hz	8bit
血糖监测	1600b/s	0～50Hz	16bit
温度	120b/s	0～1Hz	8bit
运动传感器	35kb/s	0～500Hz	12bit
人工耳蜗植入	100kb/s	—	—
人工视网膜	50～700kb/s	—	—
音频	1Mb/s	—	—
语音	50～100kb/s	—	—

13.2.4 典型 WBAN 传感器参数

WBAN 具有不可估量的应用潜力，如远程恢复分析、智能游戏以及军事应用等。然而，本研究仅关注 WBAN 在医学领域的应用和贡献。表 13-7 给出了部分在体内和体表的 WBAN 应用（Ibraheem，2014；Kwak 等，2010）。体内应用可以包括心脏起搏器的调度、植入式心血管除颤器的实时监测、膀胱容量的控制，以及附件发育的矫正等（Khan 等，2008）。然而，WBAN 的体表应用包括需要检查心率、血液循环压力、体温和呼吸等。因此，体表非治疗性的 WBAN 应用需要检查容易被忽略的敏感信息片段，包括建立非正式数据和组织活动，比如测量人员和战斗状态（Pote，2012）。

表 13-7　典型 WBAN 传感器参数

应用类型	传感器节点	数据速率	工作周期/%	功耗	QoS（延迟敏感性）	保密性
体内应用	葡萄糖传感器	几 kb/s	<1%	极低	有	高
	起搏器	几 kb/s	<1%	低	有	高
	内窥镜胶囊	>2Mb/s	<50%	低	有	中
体表医疗应用	ECG	3kb/s	<10%	低	有	高
	SpO$_2$	32b/s	<1%	低	有	高
	血压	<10b/s	<1%	高	有	高
体表非医疗应用	音乐耳机	1.4Mb/s	高	较高	有	低
	日常物品监测	256kb/s	中	低	无	低
	社交网络	<200kb/s	<1%	低	无	高

13.3　无线通信中的消息完整性

消息完整性描述了从信源发送到给定目的地的消息中的信息的有效性、可靠性和真实性，消息完整性能够确保系统的可靠性，例如，通过认证机制，其中，消息验证码可以保证接收方能够方便地观察或判断接收到的信息是否由授权方传输（Liu 等，2015）。消息验证码对加密原语带来一定的影响，如密码散列能力。虽然消息的真实性涵盖了消息敏感性的本质，但在消息的传输过程中无法区分不同的控制，如传输和延迟攻击的发起并不需要改变信息内容（Abouei 等，2011）。

完整性机制确保在传感器目标上传递的信息不会被破坏或篡改。因此，有必要对信息进行可靠性控制，以确保信息无论如何都不会发生任何改变（Taparugssanagorn 等，2008）。信息的真实性在生物传感器系统中是非常重要的，这是因为与健康护理相关的数据往往都属于敏感性信息，这类信息一旦被窃取甚至篡改，都可能会导致患者进行错误的药物使用、治疗并且造成严重的健康损害（Saleem，2009）。由此看来，安全保证对于与医疗相关的应用而言是不可或缺的，特别是 WBAN 已经成为生物技术中的重要组成部分，人体生物传感器系统在医疗领域已经得到了普遍的认可，更是强调了 WBAN 中安全研究的重要性。系统的安全性保证包括身份认证（传输装置是否得到授权或许可）、机密性（私密数据的交换和传输）、完整性（信息不得更改或出现错漏）以及可用性（传感器或装置在一定时间内正常运行）等关键问题。

尽管如此，该系统能够在确保信息和设备安全认证、信息的准确性、隐私性和新鲜度等方面具有更加突出的意义。由于这里考虑的是嵌入在身内的瞬时比特系统，因此，在可移植性和物理捕获方面的风险相对较小（Amir 和 Jim，2012），而远程通信信道的控制则存在一定的挑战。这种控制可以针对信息质量在物理层的不同表征，例如，在着陆边缘、标识质量、块错误率、覆盖范围和接入时间等。与此同时，攻击同样可以集中在几个点上。例如，从另一个区域延迟地重播。具体来说，这里更关注的是进入时间部分，例如对瞬态正值的攻击，如图 13-2 所示。

Bangash 等（2014）的研究指出，对信息或信息可信度的攻击可以采取信息延迟或信息激励的方式。攻击者可以通过提前发送消息来执行消息进程攻击，即发送虚假信息。而为了执行信息延迟攻击，攻击者需要将在收集到信息后进行重播。图 13-2（a）给出了无攻击者的正常传播的形式；图 13-2（b）给出了攻击者在发送信息之前先发送 r 的超前攻击形式；图 13-2（c）给出的是攻击者阻塞 r 并接收后，稍后重新发送以延迟消息收集。

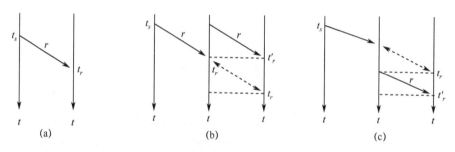

图 13-2　信息传输与信息完整性（Bangash 等，2014）

(a) 正常传输；(b) 超前攻击；(c) 延迟攻击。

13.3.1　WBAN 的加密算法

典型的 WBAN 包含了不同种类的恢复传感器，这些传感器与其他的恢复传感器远程关联，并/或与控制中心（如 PDA 等）相关联，通过如 WiMAX 或 Wi-Fi 等形式传输采集的数据（Koopman 和 Driscoll，2012）。先前的研究强调了从网络到控制中心的安全通信媒介的重要性和相关性（Padmavathi，2009）。也就是说，这项研究强调创建一个安全媒介和平台的必要性和重要性，据此，信息可以安全地传输到 Web 控制中心。从技术上讲，本章主要研究了传感器在体域范围的安全应用与相关技术。在 WBAN 中，密钥循环在攻击过程中对处于中间人攻击（Man-in-the-Middle Assault，MMA）总是无能为力。WBAN 面临的攻击可以分为主动攻击和独立攻击。动态攻击者可以采用删除消息并重播旧消息的攻击方式。独立的攻击者一般侦听 WBAN 上的通信，从而收集相关信息以发起攻击。

因此，Seshabhattar 等（2011）引入了一种名为"蜂鸟"（Humming Bird，

HB）的使用超轻量级安全密钥建立机制。HB 是一种基于转子的加密计算方法，适用于资源受限的设备或装置。"喃喃飞行物"（Murmuring Flying Creature，MFC）是一种超轻量级的密码原语，用于在资源极端受限情况下进行加密和验证。本章提出了一种"心电图–喃喃飞行物计划"（ECG-MFC Plan），用以保证 WBAN 上的安全通信。MFC 是段图和流图共同组成的，包括：

（1）16–bit 的段；

（2）256–段的密钥；

（3）0–bit 内部状态。

蜂鸟 HB 采用 256 位密匙对 16 位信息进行编码（Seshabhattar 等，2011）。MFC 作为两种物种杂交的产物，可以看作组件和流密码的复合应用。图 13-3 所示的加密和解密方法可以看作基于转子的持续工作的机器，并假设四个区分度不明显的内部方框作为虚拟转子的组成部分。

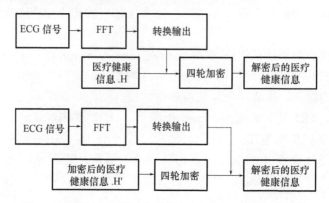

图 13–3　基于 HB 的加密系统（Seshabhattar 等，2011）

随后，Kumar 等（2012）为医用无线传感器网络开发了高效的加密协议，该系统确保患者的医疗数据不会暴露给未经授权的用户。该系统可以在会话库，可以使医护人员通过与患者的相互协议访问患者数据，而且用户也可以轻松更改密码。有研究提出了一种双用户身份验证协议，使用单向哈希函数和 XOR 操作来减少通信和计算开销。相似度和强度分析表明，这种认证协议比现有协议更加全面，提供了更好的安全性（Vaidya 等，2009）。

对身份验证协议的深入研究表明（Perrig 等，2002），基于 RC5（Rivest Cipher 的机密性对称加密和消息认证码（Message Authentication Code，MAC）可以为点对点的数据传输（传感器网络加密协议）提供基本的安全数据和信息保护。所设计的方案和技术框架相对比较完善，但在应用过程中很大程度上受限于资源。为了改善网络和设备本身数据的安全性，建议在 WSN 中使用一定数量的最新安全协议（Amrita 和 Sipra，2015；Wenbo 和 Peng，2013）。

13.3.2 哈希函数技术

密码学算法中主要包括三个元素：私钥、公钥和哈希（Hash）函数。哈希函数一般也称为"散列"，就是把任意长度的输入（也称为预映射），通过散列算法，变换成固定长度的输出，该输出就是散列值。这种转换是一种压缩映射，也就是，散列值的空间通常远小于输入的空间，不同的输入可能会散列成相同的输出，而不可能从散列值来唯一地确定输入值。简单地说，就是一种将任意长度的消息压缩到某一固定长度的消息摘要的函数。

与私钥和公钥不同，散列表达式通常用要求对不需要密钥的消息进行单向加密。相反，固定长度的哈希函数是根明文计算出来的，这样一来，无论是明文的内容还是明文的长度都难以获知，故无法补偿（Laccetti 和 Schmid，2007）。密码学中的哈希能力的基本用途是保证消息的可信性。哈希技术对消息的内容具有唯一计算机化标记，用以保证信息没有被破坏、攻击、感染或其他方法篡改。常用的哈希函数如下。

（1）散列消息身份验证代码（Hashed Message Authentication Code，HMAC）。HMAC 是密钥相关的哈希运算消息认证码，HMAC 运算利用哈希算法，以一个密钥和一个消息为输入，生成一个消息摘要作为输出。

（2）MD2。MD 是 Message-Digest 的缩写，MD2 算法首先对信息进行数据补位，使信息的字节长度是 16 的倍数。然后，以一个 16 位的检验和追加到信息末尾，并且根据这个新产生的信息计算出散列值。后来，有研究发现如果忽略了检验和 MD2 将产生冲突。MD2 算法加密后结果是唯一的（即不同信息加密后的结果不同）。

（3）MD4。类似于 MD2，MD4 算法同样需要填补信息以确保信息的比特位长度减去 448 后能被 512 整除（信息比特位长度 mod(512) = 448）。然后，一个以 64 位二进制表示的信息的最初长度被添加进来。信息被处理成 512 位迭代结构的区块，而且每个区块要通过三个不同步骤的处理。MD4 专门用于编程中的快速处理。

（4）MD5。类似于 MD4，但速度较慢，因为信息控制更多。它在 MD4 的基础上增加了"安全–带子"（Safety-belts）的概念。虽然 MD5 比 MD4 复杂度大一些，但却更为安全。这个算法很明显地由四个和 MD4 设计有少许不同的步骤组成。在 MD5 算法中，信息–摘要的大小和填充的必要条件与 MD4 完全相同。

（5）安全哈希算法（Secure Hash Algorithm，SHA）。一个密码散列函数家族，是 FIPS 所认证的安全散列算法。以 MD4 为模型，由 NIST 为安全哈希标准（Secure Hash Standard，SHS）提出，产生 160 块哈希加权值。能计算出一个数字消息所对应到的，长度固定的字符串（又称消息摘要）的算法。且若输入的消息不同，它们对应到不同字符串的概率很高。

当今的密码学世界中，在客户端看来这个独立的框架中实际上包含了大量的计算，这些计算作为连接的环节，用来构成系统的一部分。许多计算之所以被应用，是因为每一种计算都有特定的改进系统性能的方面。例如，Alice 需要给 Bob 留下一个印象，这种表示"印象"的消息应该是私密的、正确的，从而能够确定 Alice 的个性。Alice 首先通过哈希散列容量发送消息，用以获得哈希值，并利用一个特意的错误计算及 Alice 的私钥引起哈希值的偏移，从而构成了高级标识（Maxwell 等，2003）。

Alice 同样会采用任意会话密钥进行对称加密，用于对消息进行编码。该未知的密钥将使用 Bob 的公开密钥基于非平衡加密方式进行编码。经过加密的消息和经过编码的会话密钥形成了高级的封装，计算机化封装和高级标记一并发送给 Bob（Crosby，2012）。Bounce 使用非均匀加密将对称会话密钥与他的私钥进行解密，从而获得对称会话密钥。然后使用会话密钥对消息进行解码。破解后的消息通过哈希转换后所得结果与高级标识的哈希值进行对比，这里，高级标识的哈希值是用 Alice 的公开密钥解码所得的（Raja，2013）。

> 现在，Bob 获知对称加密的私密消息的内容。这条消息是为他准备的，因为他具有该消息的密钥。Nabi 等（2011）指出，由于其哈希值与 Alice 的哈希值一致，那么说明该消息并没有被篡改；又因为他可以利用 Alice 的公开密钥恢复正确的哈希值，那么就说明，这就是 Alice 发送的那条信息。

尽管如此，为什么需要这些加密计算呢？为什么不干脆对所有物品都直接使用 Hilter Kilter 加密呢？答案是速度。对于大规模加密，对称加密比 Hilter Kilter 加密快 1000 倍左右。Diffie-Hellman 加密和 RSA 加密在最初设计为一种利用分裂密钥对数据进行加密和解码的方法，并且这种方式解决了置乱加密的密钥交换问题。在 20 世纪 80 年代中期，Lotus Notes 的创建者 Ray Ozzie 和 PGP 的工程师 Phil Zimmermann 发现，置乱加密要比对称加密要慢得多，并且对于大量信息使用不均匀加密是不可行的（Nabi 等，2011；Braem 和 Blondia，2011）。他们计划利用对称加密技术对信息进行加密，而非均匀加密技术对密钥交易进行加密。例如，信息分组中的哈希值和标记值等都包含不同的运算，利用这些运算对发送方进行验证（Otto 等，2006）。

可以在需要解释要验证消息的正确性时使用散列。哈希值在数据验证过程中需要一段反应时间，计算机可以采用哈希值在采集到的"证书"上加盖"精心设计的印章"。例如，许多事故证明倾向于采用宝丽来相机，因为高级相机照片可以毫不费力地进行修改（Devi 和 Nithya，2014）。尽管如此，计算机化的相机还是很有帮助的，所以最好的做法是尽早对高级照片进行处理，以缩短照片被更改的时间窗口。例如，尼康 D200 和过去的一些相机可以"验证"它们拍摄的照片，显然，这是依靠散列完成的（Meena 等，2014）。

13.3.3 椭圆曲线密码技术

Koblitz（1987）开发了一种关系算法，后来成为椭圆曲线加密（Elliptic Curve Cryptography，ECC）的重要支撑。根据 Lenstra 和 Verheul（2001）的研究，ECC 本质上是一种非对称加密技术，它可以利用更少的长密钥为 SRA 系统提供和补充安全性。最近，Marzouqi 等（2015）指出："ECC 的基本操作是点标量乘法，即从曲线上的一个点乘以一个标量。"点标量乘法是通过计算一系列的点加法和点倍增来实现的，从几何性质推断，点通过一系列的加法、减法、乘法和它们各自坐标的除法划分来相加或倍增的。

Reberio 等（2012）补充认为，点坐标是在素数和不可约多项式下封闭的有限域的分量；因此，模块化操作是必要的。许多学者在文献中提出了多种 ECC 处理器，这些处理器主要是基于双域操作（Lai 和 Huang，2011）、二元扩展域（Wang 和 Li，2011）和素数域的（Mane 等，2011）。图 13-4 给出了 ECC 的渐进模型。从图中可以看出，ECC 被分隔为三种域，分别是实数域、素数域和成对的伽罗瓦域。ECC 的基本操作是点乘、点展开和点倍增（Rashwand 和 Misic，2012）。这些运算可以在广泛的域中执行，但是，由于点运算类的操作在素数域中效率更高，为此，素数域更适合于程序的执行（Devita 等，2014）。

ECC 是一种使用高级硬件实现高复杂度的多层系统。广泛的参数和设计选择影响 ECC 系统的整体实现（Marzouqi 等，2015）。此外，与非ECC 密码学相比，ECC 需要更小的密钥（考虑到

图 13-4　ECC 层次模型

普通的 Galois 字段）来提供相应的安全性。椭圆弯曲与加密、计算机化标记、伪任意生成器和不同的差事有关。它们还被用作在密码学中应用的一些整数因子分解计算的一部分，如 Lenstra 椭圆弯曲因子分解（Movassaghi 等，2014）。

RSA 和 ECC 的根本区别在于，ECC 对于较小的密钥提供了相同级别的安全性。椭圆曲线密码学在本质上是非常科学的。常规开放密钥密码系统，例如RSA、Diffie-Hellman 和 DSA，都是专门应用于广泛的整数域，而椭圆曲线密码系统则侧重于椭圆弯曲。Vanstone（2003）指出，ECC 默认情况下是基于子指数时

间。此外，该算法对于椭圆曲线离散对数问题（Elliptic Curve Discrete Logarithm Problem，ECDLP）来说并不是必需的，这表明，在 ECC 中可以使用的参数比 RSA 或 DSA 更少。密钥的大小表明了算法在哈希技术中的强度，因此，从较小的参数中可以获得的好处包括速度和较小的密钥或证书。根据 Vanstone（2003）的研究，ECC 相对于其他加密技术的优势包括：

（1）处理能力；

（2）存储空间；

（3）带宽；

（4）功率消耗。

因此，ECC 适用于许多资源受限的应用和环境，如智能卡、收集、PDA、数字邮戳等，尤其适用于医疗卫生领域。正如前文所述，ECC 中的密钥相对较小。为了不危及安全性，应该遵循 NIST 的 FIPS140-2 标准。对称密码，比如 AES，必须通过 RSA 和 ECC 等公钥算法的匹配强度。例如，一个 128 位的 AES 密钥要求 RSA 密钥的大小为 3072 位，以保证同等程度的安全性能，但是对于 ECC 密钥而言只需要一个 256 位的密钥就可以达到相同的安全级别。表 13-8 表明，在 ECC 中，密钥呈线性比例相关，不适用于 RSA，是密钥大小增加的结果。这与 AES 的实现过程有很大关系，其中 256 位需要的 RSA 密钥大小为 15360 位，而对于 ECC 只需要 512 位。

表 13-8　ECC 域 RSA 的运算性能

安全性/bit	对称加密算法	最小的公钥/bit		
		DSA/DH	RSA	ECC
80	—	1024	1024	160
112	3DES	2048	2048	224
128	AES-128	3072	3072	256
192	AES-192	7680	7680	384
256	AES-256	15360	15360	512

哈佛大学的 Malan 等（2004）对 ECC 的性能进行了深入研究。根据 NIST 的建议，研究人员使用 163 位密钥对 ECC 进行评估。他们还比较了 SKIPJACK 和 MICA2，还有 Diffie-Hellman 和 MICA2，ECC 和 MICA2。在实验的最后，可以得出结论，ECC 提供了更好的性能和更少的密钥，即 163 位和 1024 位。随后，研究人员对此进行了总结，生成 163 位公钥或共享密钥的成本较低。

（1）时间成本：34.161s。

（2）空间成本：1140B 的 SRAM 和 34342B 的 ROM。

（3）能量成本：0.816J（2.512×10^8 周期）。

ECC TinySec 的共享密钥允许节点之间高效、安全地通信，因此需要采用额外的加密机制，如哈希技术（Malan 等，2004）。ECC 部署可能需要大量的 RAM，因此不可能同时在同一节点上安装传感器网络应用程序以及进行 ECC 运算（Gura 等，2004）。然而，Liu 和 Ning（2008）提出了具有更低 RAM 消耗和功率需求的 TinyECC，以满足无线传感器应用需求。此外，还需要安装额外的安全装置和配套设备。

Xue 等（2013）基于 WSN 的时间凭证概念开发了一种特殊的安全方案，目的在于创建例如哈希和 XOR 这类成本较低的加密技术，他们认为方案已经足够好了。然而，Jiang 等（2015）在 Xue 等的研究中发现了一个漏洞，即可以对信息进行未经授权的使用和攻击，例如内幕攻击、推测攻击以及跟踪攻击等。于是，Jiang 等在不涉及公钥加密的情况下提出了更好的方案，从而弥补了这个缺陷，并声称他们的工作才是有效的和安全的。然而，Wang 等（2014）在 Xue 等（2013）的工作中又发现了另一个漏洞，即该方案无法向用户提供不可追溯性的特征。此外，后续研究中还发现了 Xue 和 Jiang 等在工作中的又一个共性漏洞，即协议容易受到离线推测攻击和传感器节点的伪装攻击。

资源受限是传感器的主要缺点，除此之外，身份验证也是不容忽视的弱点。许多相关研究中强调了 Yeh 等（2011）将 ECC 应用在 WSN 领域中的贡献。Shi 和 Gong（2013）提出的改进的 ECC 的 WSN 认证方案，也得到了一致性的认可。Choi 等（2014）进一步提出了增强型的认证方案来优化 Shi 等的方案。但是，这三种方案既不能提供匿名性，也无法保证不可追溯性。同年，Nam 等（2014）提出了一种基于 ECC 的身份验证方案，实现了用户的匿名性和完善的前向保密性。

13.4　WBAN 的无线标准

许多相关学者认为 WBAN 通信中的无线标准应包括 IEEE802.15.6 和 IEEE802.15（Filipe 等，2015；Wong 等，2013）。然而，Ragesh 和 Baskaran（2012）从实际应用角度列出了最常用的三个标准。

（1）**IEEE802.15.6**。有研究表明，IEEE802.15 的 6 号工作组（BAN）正在努力创建旨在为低功率设备使用的通信标准，并在不断推进标准化进程。

（2）**IEEE 802.15.4**。Ragesh 和 Baskaran（2012）补充说，研究人员虽然在 MAC 协议上付出了很多努力，但问题是 IEEE802.15.4 的性能足以为 WBAN 设备和应用提供支持。

（3）**蓝牙技术**。蓝牙技术广泛应用于服务和制造行业，包括医疗行业。尽管如此，蓝牙技术是为高速数据速率网络和高功率设备应用而开发的，尚未能完全支持 WBAN 需求。

　　这些标准是为低功耗设备设计的，其功能是远程健康护理、检查、购物和智能游戏。最近，各种生物技术与科学协会已同意在所有医疗设备上实施这一标准，因此，医疗保健中使用的所有设备都应遵循这一标准用以获得质量服务认证（Quality of Service，QoS），通常要求功耗应该非常低，且其信息速率高达 10mb/s（Begum 等，2014）。除在 WBAN 上强制实施的标准外，该技术还依赖应用程序，分为事件检测器和定期事件记录器。在功能事件检测中，一旦紧急事件发生，如心脏骤停或中风，节点将捕获并发送信息。对于周期性事件，节点在规定的时间间隔内捕获和传输信息，例如体温和血糖水平测量。由此可见，由于节点资源、数据收集、传输能力和容量都不尽相同，系统功能在很大程度上也具有差异（Marinkovic 和 E.，2012）。

　　Chen 等（2011）将 WBAN 通信构架分为三个维度：①BAN 内部通信；②BAN 相互通信；③BAN 外部通信。他们的分类依据是 WBAN 的第一层由病患内环境的传感器和本地网关构成，WBAN 第二层为病患域传感器之间的连接器，最后第三层是网络框架和逻辑连接媒介，如互联网。表 13-9 给出了关于无线体域网的现有项目。

表 13-9　无线体域网的相关项目

项　　目	目标应用	BAN 网内通信	BAN 网间通信	BAN 网外通信	传感器
MobiHealth	移动病患监测	手动	ZigBee/ Bluetooth	GPRS/UMTS	ECG，心率，血压
AID-N	大规模伤亡事件	有线	Mesh/ZigBee	Wi-Fi/Internet/蜂窝网	血压，脉搏，ECG，温度
CodeBlue	医疗保健	有线	ZigBee/ Mesh	N/A	运动，EKG，脉搏血氧计
CareNet	远程医疗	N/A	ZigBee	Internet/多跳 802.11	三轴陀螺仪，加速度计
UbiMon	医疗保健	ZigBee	Wi-Fi/GPRS	Wi-Fi/GPRS	3 导 ECG，2 导 ECG，动脉血氧饱和度 SpO$_2$
SMART	候诊室健康监测	有线	802.11.b	N/A	SpO$_2$ 传感器，ECG
WHMS	医疗保健	有线	Wi-Fi	N/A	EKG，ECG
MITHri	医疗保健	有线	Wi-Fi	N/A	EKG，ECG
HealthService	移动医疗	有线	UMTS/GPRS	UMTS/GPRS/Internet	EKG，ECG，SpO$_2$，脉搏率，呼吸，皮肤温度，活动，胸腺体积图
LifeGUARD	空间和地面应用的动态生理监测	有线	Bluetooth/Internet	Bluetooth/Internet	ECG，呼吸电极，脉搏血氧仪，体温，内置加速计

（续表）

项 目	目标应用	BAN 网内通信	BAN 网间通信	BAN 网外通信	传感器
LifeMinder	实时日常自我护理	Bluetooth	Bluetooth	Internet	反射电极 GSR，加速计，脉搏计，温度计
Telemedicare	家庭护理和医疗	Bluetooth	Internet	Internet	血压，体温，ECG，血氧仪
WiMoCA	运动/姿态检测蓝牙	基于星型拓扑和时间表	MAC 协议	Wi-Fi/Internet/蜂窝网/Bluetooth	三轴加速度计
ASNET	远程健康监测	有线或无线接口（Wi-Fi）	Wi-Fi/以太网	Internet/GSM	血压，温度

13.4.1 IEEE802.15.6——WBAN

IEEE 802.15 在标准化组内已经批准了几个标准，其他标准处于标准化过程的不同阶段。图 13-5 给出了不同的 802.15 标准及其相关子组。

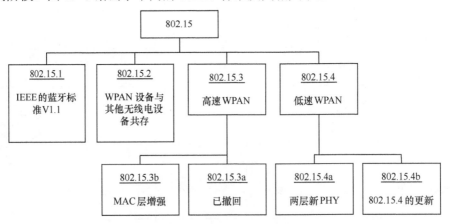

图 13-5　802.15 标准

一些专家认为，IEEE802.15.6 是 MAC 的一种约定和探索。分析表明，IEEE802.15.6 的优势并不适合 WBAN（Tjensvold，2007）。Wu 和 Long（2015）补充认为，这是因为该公约在多响应环境下的执行情况非常糟糕。对 WBAN 来说，IEEE802.11 WLAN 似乎并不是一个可行的选择，尽管它可以用于电池驱动的笔记本计算机通信，但它却不是为低功耗设备而专门设计的。从某种角度来看，可以认为 802.11 WLAN 是在 WBAN 通信标准化前的暂定替代方法。鉴于此，WBAN 目前仍没有具体的标准，因为所有现有的标准都有局限性。利用远程通信领域中的创新技术，同样也会带来大量的安全问题（Timmons 和 Scanlon，2004）。该框架的安全工具负责在应用程序要求时，向相应的安全管理机构提供指定的生物医学信息（Callaway，2003）。

（1）**信息加密**。信息加密的目的是在信息传递过程中不被发现。信息加密管理为防止窃听提供了保证。

（2）**信息完整性**。数据完整性管理包括信息正确性和信息起点确认。BN 和 BNC 的合法授权设备或装置保证所获得的信息不会被其他人篡改（Argyriou 等，2015）。

（3）**新鲜性保护**。数据新鲜性保证了信息集合的外封装整体性未被破坏，并且没有被重用。

（4）**确认**。这是一个有效的抵御伪装攻击的方法。

针对 WBAN 的物理层已经开展了大量的探索性研究。在 WBAN 系统构建开始时，许多创建者提议将超宽带（Ultra Wide Band Radio，UWB）作为 WBAN 的物理层。Roy 和 Bhaumik（2015）认为 UWB 的优势在于功耗相对较低、与现有远程系统配合较好且能够在很大程度上支持大规模网络系统。但是，由于体制问题和高速传输问题，超宽带网络未能充分发挥其潜力。许多专家提出的是小型支持 IEEE802.15.4 和 IEEE802.15.6 的 ISM 群体，即 Industrial（工业的）、Scientific（科学的）和更为重要的 Medical（医疗的）群体，而不是由超宽带网络提出的广泛的群体。目前，与 WBAN 模型相关的现有工作大部分都是由 ISM 工作组考虑的，其目的在于 WBAN 的改进和优化（Wu 和 Long，2015）。

13.4.2　医疗植入式通信服务

医疗植入式通信服务（Medical Implant Communication Service，MICS）是用于与医疗领域中使用的植入设备通信的短程无线链路；这类设备是用于实现监测的低功耗设备。相关专家可以通过植入的医疗设备，如 MICS，从患者外部监测患者体内的情况。更具体地说，MICS 允许从检查人员到患者体内以及患者体内到检查人员之间的双向通信。MICS 的频率范围通常在 402～405MHz。这一范围足够在人体内提供合理数据传输。医疗植入设备包括心脏起搏器、植入式心脏复率/除颤器（Implantable Cardioverter/Defibrillator，ICD）和神经刺激器等。

为了在信息传输过程中提供可靠的通信保证和较低的功率消耗，IEEE802.15.6 标准考虑了 MICS 的频带范围（Ahmed 等，2015），并将 MICS 频带分成 10 个频道，按照"先听后说"（Listen-Before-Talk，LBT）的方式进行通信，并在 MICS 波段进行转移交换。通过子频带信道的组合，只要不适用相同的频率，不同的邻居 WBAN 之间完全可以同时进行数据传输。此外，由于 MICS 频段仅为医用插入物通信管理的授权频段，因此 MICS 频段内的交换不会受到各种通信研究与开发的影响。由此可以看出，MICS 在体域内部的通信比其他类似 ISM 和 UWB 等任何复合工作组要更加稳定（Ahmed 等，2015）。

考虑到前面所述的 MICS 频段所具有的有利条件，IEEE802.15.6 将 MICS 频段上的对应安排具体化，即指明了 MICS 各频段的对应关系。为了以较少的通信层级和控制参数提供可靠的通信管理，MICS 频带上的通信将利用基于频带测量的独立信道访问组件进行构建，这表明 MICS 频率通信在相邻 WBAN 引起当前信道拥塞的情况下无须重新选择其他信道进行切换。事实上，不论在何种情况下，WBAN 都是应用在人口密集的范围内并采用密集传输的方式，例如，医疗机构或者是社会保险中心（Sarra 等，2014）。此外，由于 WBAN 系统级别的通用性，系统的影响和阻碍也发生了很大变化。在这种情况下，不管之前 Yang 等（2016）在研究中论证的 MICS 频段不同位置性能如何的不同，WBAN 基本上都会经历执行力和性能的下降。

13.4.3　路径损耗

路径损耗（PL）也称路径衰减，表述了任何给定电磁波在空间中传播时功率密度的下降。造成路径损耗的原因有很多，如无线电波的自然膨胀、障碍物遮挡引起的衍射路径损耗、传输介质对不同频率电磁波的吸收等。需要注意的是，即使在发生路径损耗的情况下，传输信号也可能沿着其他路径传输到预定的目的地，这种过程称为多路径。由于这些电磁波或传输的信息可以沿着其他路径传播，电磁波将在多个目标点重新组合，从而导致收到的信号发生显著变化。

最近，Ding 等（2016）的研究表明，路径损耗会引起更高的能量消耗，并认为减少路径损耗是实现能量优化的重要措施。这是因为 WBAN 和 WSN 在数据传输过程中消耗了太多的能量。因此，多个路径损耗的同时发生有可能会引起网络路径聚类，此时必须重新构建路由。在这种数据的重新分组的过程中，将导致大量类似的数据被重复传输，从而引起更高的消耗，造成资源浪费。不同于 WSN，WBAN 的无线电波来自位于人体内部设备，并在体内和体外进行传输，这种多路复用的特征更加复杂。特别是体内设备间通信、体内与体外设备间通信都需要考虑到人体的复合结构，即由不同而器官和组织一起协同工作，从而使得路径损耗模型变得更加复杂。

举例来说，人类的基本活动包括呼吸、心跳、散步、跑步等，这些活动会对无线传播产生一定的影响（Nie 等，2012）。从实用主义的角度来看，传播的电磁波不会穿过患者的身体，而是会在患者的周围转向并分裂成多个信号片段。Custodio 等（2012）指出：“路径损耗在接收天线放在发射天线对面的时候会非常高。”如果考虑 WBAN 中的内存有限性，那么就应该需要高效的数据接收、数据让步、数据传输、数据修正以及正确性校验等。此外，对于任何 WBAN 应用来说，必须在不影响性能和/或增加复杂性的前提条件下满足 QoS 要求，那么路径损耗则无法避免。

然后，应该考虑 WBAN 应用的实际情况，因为部署在患者体内的 WBAN 可以应用于具有不同数量规范的服务设备，如数据速率、频率、可靠性和功耗等。无论是为了可扩展性的目的、为了支持双方之间的数据传输目的、为了适应与即插即用系统协同工作的目的、为了支持稳定一致性连接的目的，还是为了在网络之间执行有效的切换的目的，WBAN 必须稳定地执行各种无线技术之间的消息传输。其中，所选择的支撑技术应该能够同时处理这些需求。Filipe 等（2015）指出，以往的研究工作和实验更多地关注于底层协议栈，而忽略了频繁接触 WBAN 技术应用层的传输层。

本研究旨在证明这一层对 WBAN 而言的重要性，因为传输层本身存在很多问题，包括拥塞控制、安全性、宽带分配、包丢失恢复和能量效率等。由于各种问题和性能限制，路径损耗的度量方法对 WBAN 的研究具有较大的影响。WBAN 的路径损耗主要发生在身体表面或身体内部，所部署的小型器件或装置之间的路径损耗会影响到对应关系，甚至影响通用医疗（Universal Health Care，UHC）中的监测结果（Savci 等，2013）。为此，将深入研究 WBAN 通信技术和期间发生的路径损耗，以及它对 UHC 的执行会带来怎样的影响（Cho 等，2009）。

给定电磁波功率密度的不断下降会引起路径损耗（Yuce 等，2007）。一般来说，路径损耗是由于传播信号的自由空间损耗而产生的，这种损耗更可能来自衰减、反射、吸收和折射等。Foerster 等（2001）认为，可能导致路径损耗的另一个重要因素是发送和接收天线之间的距离范围，此外，还有天线的位置、高度、结构（农村和城市地区有所不同，如地磁、摩天大楼和高楼等带来的影响），甚至传播渠道（如天气状况、潮湿或干燥的空气等带来的影响）。WBAN 中的路径损耗与传统的无线网络中的不同，它取决于两个主要的因素：距离和频率。首先，距离对于 WBAN 很重要，因为 WBAN 的性质和设计并不支持长距离；其次，频率也是 WBAN 路径损耗的重要因素，因为人体组织很容易受到传感器设备的普及和采集量的影响。

相隔距离为 d 的收发天线之间的路径损耗模型（以 dB 表示）为（Cavallari 等，2014）

$$PL(d) = PL(d_0) + 10n \lg\left(\frac{d}{d_0}\right) + \sigma_s \tag{13-1}$$

式中：$PL(d_0)$ 为参考距离为 d 时的路径损耗；n 为路径损耗指数；σ_s 为标准差。在 WBAN 中路径损耗非常重要。此外，WBAN 的 UHC 只有在发送端和接收端之间的路径损耗最低时才能正常发挥功能（Wac 等，2009）。在 WBAN 中，有几个因素会导致路径损耗，其中包括信号反射、折射以及被患者吸收。所有这些引起路径损耗发生的因素都被认为是接收信号时的干扰，从而引起接收端信号的失真，这种现象在发射机和接收机之间距离较大时尤为明显。

简而言之，由于路径丢失，数据很容易产生失真，从而给那些试图从远程位置检索数据的医护人员带来了问题（Bienaime，2005）。UHC 中的路径损耗可能会降低从患者和医疗团队的角度监测人体事件的效率（Khan 等，2012）。本节研究的目标是消除或减少任何给定 WBAN 的不同执行过程中出现路径损耗的次数。更具体地说，UHC 监测 BAN 效率的提升是面向整个过程的，而并非某个阶段。路径损耗与距离的关系为

$$PL = 20\lg\left(\frac{4\pi d}{\lambda}\right) \tag{13-2}$$

式中：PL 为以分贝表示的路径损耗；λ 为波长；d 为收发设备之间的距离。由于电磁波满足 $\lambda = cf$，因此，式（13-2）可以改写为 WBAN 中天线设计中常用的形式，即

$$PL = 20\lg\left(\frac{4\pi df}{c}\right) \tag{13-3}$$

13.4.4　性能参数

远程患者框架中用于执行的参数通常使用数据库系统来记录与特定患者有关的所有信息和活动。数据系统是用于存储的，因此，需要将数据从远程位置（技术上）即从患者所在位置，传输到医疗中心数据库（Rawat 等，2014）。信息库由 WBAN 专家通过来自不同传感器节点采集的信息进行存储创建。WBAN 的工作协议和数据库系统的典型示例如图 13-6 所示。治疗所需数据由 WBAN 采集、处理和

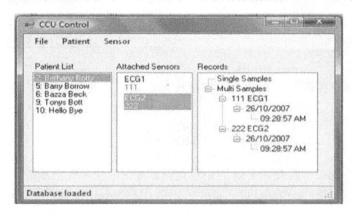

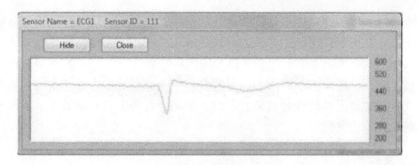

图 13-6　数据库窗口

（a）数据库上传；（b）从数据库检索医疗记录。

传输，如果在传输过程中数据未发生失真，则会被接收并储存在医疗设备记录 PC（典型的服务器）中。尽管如此，该系统具有捕获和存储多个数据的能力，专家可以选择相应的患者和传感器进行实时监测，从而判断后续治疗方法，如图 13-7 所示。

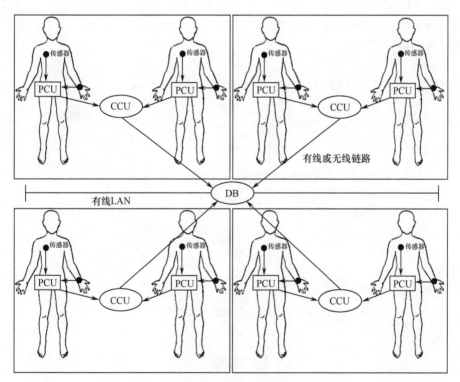

图 13-7　基于 WBAN 的多跳病患监测系统

　　WBAN 的专用传感器偶尔会从不同的位置发送信息。有研究表明（Ghamari 等，2016），随着传感器制造工艺的进步，WBAN 可以获得许多体内微小轮廓的识别从而给出更加科学的处理建议。为此，有研究（Ghamari 等，2016）重新制定了一个基于以太网标准的医生工作系统（Doctor's Facility System，DFS）。该系统将数据库服务器与 DFS 中的不同服务器和应用程序相关联。这些数据需要在不同系统之间相互交换，因此，很难同时满足所有系统的需求。通过多次实验，可以进一步观察数据间的调用和转换对结果的影响。为此，通常采用吞吐量表示每个传感器在系统获取有效的数据量。

13.4.5 接收机设计

为了解决附近振荡器的需求较高的问题，可以使用活性定位接收器。在这种结构中，协调系统是通过增强器和包络标识符来实现的。包络查找器对信息信号的递归并非不可或缺，因此可以去掉附近的高耗能振荡器。对于活性识别受体，有两种结构是比较常用的，如图 13-8 所示，这种活性受体（也可以称为活性接收器）的主要缺点是基带上不具有筛选能力。因此，必须在射频频段上实现选择性。循环递归增强器是接收装置中的重要环节，需要根据包络识别指标的易受性自适应调整振荡频率等参数。在任何情况下，与锁相环和常用的附近振荡器相比，体内环境的资源利用率必然明显减少。

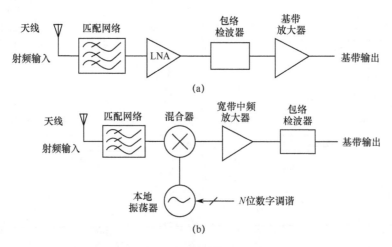

图 13-8 基于包络检波器的两种接收机结构

13.5 本章小结

近些年来，采用 WBAN 对患者进行监测引起了医疗行业和研究领域的广泛关注。鉴于此，大多数现代研究主要关注如何增强患者监控系统，以便为 WBAN 节点之间的信息传输和服务质量提供保障。基于这些观点，本章对近年来的 WBAN 技术进行了深入的分析和研究。为了说明最近得到广泛关注的 IEEE802.15.6 标准的性能，本章着重在两个不同的场景进行了有效的仿真和实验测试，验证如何保证信息完整性、如何将功耗降低到最低水平，以及如何减少与标准相关的路径损耗。

安全环境是确保医疗部门各项工作有效开展的关键。根据医院的治疗方向和护理的实际需求，将路径损耗问题考虑为动态问题进行建模。在当今的医疗环境下，转诊安全水平的管理越来越具有挑战性。在 WBAN 研究中，以往的方法和现在的先进技术水平之间存在着明显的差异。在未来，WBAN 相关协议的重要科学目标将会充分面向现实世界的需要和要求。在 WBAN 中，当设备特性与路由算法不兼容时，或者说，当设备不支持 WBAN 的路由算法时，可能会出现致命错误。例如，如果要使用微型传感器设备传输冗长的消息，那么，从技术上来说，网络生存周期会自然会减少。因此，WBAN 的算法不仅需要考虑感知信息效率的设计目标，而且还需要考虑设备自身的特性。

由于 WBAN 安全性的要求，目前的协议和方法还不足以完成患者相关数据的准确生成、采集和传输。为了实现数据的最佳路径传输，还必须涉及 MAC 协议和 IEEE802.15.6 架构。这种数学方法对计算时间表的模式非常有用。那么，最佳路径损失本身的值就代表了最佳适应度。因此，WBAN 的路由算法不仅要支持各种异构设备，还要满足不同目标的设计要求。对于消息的完整性，即使接收到的消息经过身份验证和加密，恶意攻击者也有能力故意篡改信息内容。在这种情况下，接收节点应该能够监测到这种数据损坏，并拒绝发送数据或信息。然而，恶劣的天气条件可能影响甚至破坏无线信道中的数据。处理消息完整性的一种常用方法是对每个传感器节点进行标识，该算法遵循并应用了"路由表""错误检测表""路径选择器"。

参 考 文 献

Abarna, K.T.M., 2012. Light-weight security architecture for IEEE 802.15.4 body area networks. Int. J. Comput Appl. 47 (22), 1–8.

Abouei, J., Brown, J.D., Plataniotis, K.N., Member, S., 2011. Energy efficiency and reliability in wireless biomedical implant systems. IEEE Trans. Inform. Technol. Biomed. 1–12.

Ahmed, S.S., Hussain, I., Ahmed, N., Hussain, I., 2015. Driver level implementation of TDMA MAC in long distance Wi-Fi. In: International Conference on Computational Intelligence & Networks, pp. 2375–5822.

Amir, Z., Jim, W., 2012. PRC/EPRC: Data Integrity and Security Controller for Partial Reconfiguration. Xilinx Int., Application Note, 887, pp. 1–17.

Amrita, G., Sipra, D., 2015. A lightweight security scheme for query processing in clustered wireless sensor networks. Comput. Electr. Eng. 2015 (41), 240–255. doi:10.1016/j.compeleceng.2014.03.014.

Argyriou, A., Breva, A., Aoun, M., 2015. Optimizing data forwarding from body area networks in the presence of body shadowing with dual wireless technology nodes. IEEE Trans. Mobile Comput. 14 (3).

Avi, K., 2016. Lecture 15: Hashing for Message Authentication. Lecture Notes on Computer and Network Security. Retrieved from https://engineering.purdue.edu/kak/compsec/NewLectures/Lecture15.pdf. (Accessed December 2016).

Bangash, J.I., Abdullah, A.H., Anisi, M.H., Khan, A.W., 2014. A survey of routing protocols in wireless body sensor networks. Sensors (Basel, Switzerland) 14 (1), 1322–1357. doi:10.3390/s140101322.

Begum, F., Sarma, M.P., Sarma, M.P., 2014. Preamble aided energy detection based synchronization in non-coherent UWB receivers. In: IEEE International Conference on Signal Processing and Integrated Networks, Noida, India, February.

Bellovin, S., Rescorla, E., 2006. Deploying a new hash algorithm. In: Proceedings of NDSS 06.

Bh, P., Chandravathi, D., Roja, P.P., 2010. Encoding and decoding of a message in the implementation of elliptic curve cryptography using Koblitz's method. Int. J. Comput. Sci. Eng. 02 (05), 1904–1907.

Bienaime, J., 2005. 3G/UMTS: an evolutionary path towards mobile broadband & personal Internet. Retrieved from https://studylib.net/doc/13187117/3g-umts-an-evolutionary-path-towards-mobile-broadband-and. (Accessed December 2016).

Braem, B., Blondia, C., 2011. Supporting mobility in wireless body area networks: an analysis. In: 2011 18th IEEE Symposium on Communications and Vehicular Technology in the Benelux (SCVT), pp. 1–6.

Callaway, E., 2003. Low Power Consumption Features of the IEEE 802.15.4/ZigBee LR-WPAN. Florida Communication Research Lab Motorola Labs.

Cavallari, R., Flavia, M., Rosini, R., Buratti, C., Verdone, R., 2014. A survey on wireless body area networks: technologies and design challenges. IEEE Commun. Surv. Tut. 16 (3), Third Quarter.

Chen, M., Gonzalez, S., Vasilakos, A., Cao, H., Leung, V.C.M., 2011. Body area networks: a survey. Mobile Netw. Appl. 16 (2), 171–193. doi:10.1007/s11036-010-0260-82-s2.0-79956094375.

Cho, N., Bae, J., Kim, S., Yoo, H.J., 2009. A 10.8 mW body-channel communication/MICSdual-band transceiver for a unified body-sensor-network controller. In: IEEE International Solid-State Circuit's Conference—Digest of Technical Papers (ISSCC 2009), San Francisco, CA, 8–12 February, pp. 424–425.

Choi, Y., Lee, D., Kim, J., 2014. Security enhanced user authentication protocol for wireless sensor networks using elliptic curves cryptography. Sensors 14 (6), 10081–10106.

Crosby, V.G., 2012. Wireless body area networks for healthcare: a survey. Int. J. Ad Hoc Sens. Ubiquitous Comput. 3 (3), 1–26. doi:10.5121/ijasuc.2012.3301.

Curry, R.M., Smith, J.C., 2016. A survey of optimization algorithms for wireless sensor network lifetime maximization. Comput. Ind. Eng. 101, 145–166. doi:10.1016/j.cie.2016.08.028.

Custodio, V., Herrera, F.J., López, G., Moreno, J.I., 2012. A review on architectures and communications technologies for wearable health-monitoring systems. Sensors 12 (10), 13907–13946. doi:10.3390/s1210139072-s2.0-84868218707.

Devi, L., Nithya, R., 2014. Wireless body area sensor system for monitoring physical activities using GUI. Int. J. Comput. Sci. Mobile Comput. 3 (1), 569–577.

Devita, G., Wong, A., Dawkins, M., Glaros, K., Kiani, U., Lauria, F., Madaka, V., Omeni, O., Schiff, J., Vasudevan, A., Whitaker, L., Yu, S., Burdett, A., 2014. A 5 mW multi-standard Bluetooth LE/IEEE 802.15.6 SoC for WBAN applications. In: ESSCIRC, pp. 283–286.

Ding, Y., Chen, R., Hao, K., 2016. A rule-driven multi-path routing algorithm with dynamic immune clustering for event-driven wireless sensor networks. Neurocomputing 203 (26), 139–149. doi:10.1016/j.neucom.2016.03.052.

Esat, D.E., 2004. Analysis and Design of Cryptographic Hash Functions, MAC Algorithms, Ph.D. Thesis, Katholieke Universiteit Leuven, pp. 1–259. ISBN 90-5682-527-5.

Filipe, L., Fdez-Riverola, F., Costa, N., Pereira, A., 2015. Wireless body area networks for healthcare applications: protocol stack review. Int. J. Distrib. Sens. Netw. 11 (10), 213705.

Foerster, J., Green, E., Somayazulu, S., Leeper, J., 2001. Ultra-Wideband Technology for Short or Medium Range Wireless Communications. Retrieved from http://developer.intel.com/technology/itj. (Accessed December 2016).

Ghamari, M., Janko, B., Sherratt, R., Harwin, W., Piechockic, R., Soltanpur, C., 2016. A survey on wireless body area networks for eHealthcare systems in residential environments. Sensors 16 (6), 831. doi:10.3390/s16060831.

Gura, N., Patel, A., Wander, A., 2004. Comparing elliptic curve cryptography and RSA on 8-bit CPUs. In: Proceedings of the 2004 Workshop on Cryptographic Hardware and Embedded Systems (CHES 2004), pp. 119–132.

He, D., Kumar, N., Chilamkurti, N., 2015. A secure temporal-credential-based mutual authentication and key agreement scheme with pseudo identity for wireless sensor networks. Inform. Sci. 321, 236–277.

Ibraheem, A.A.Y., 2014. Implanted antennas and intra-body propagation channel for wireless body area network. Doctor of Philosophy in Electrical Engineering.

Jaff, B.T.H., 2009. A Wireless Body Area Network System for Monitoring Physical Activities and Health-Status via the Internet. Master's Thesis. Department of Information Technology, Uppsala University.

Javaid, N., Khan, N.A., Shakir, M., Khan, M.A., Bouk, S.H., Khan, Z.A., 2013. Ubiquitous healthcare in wireless body area networks—a survey. J. Basic Appl. Sci. Res. 3 (4), 747–759.

Jiang, Q., Ma, J., Li, G., Li, X., 2015. Improvement of robust smartcard-based password authentication scheme. Int. J. Commun. Syst. 28 (2), 383–393.

Khan, J.Y., Yuce, M.R., Karami, F., 2008. Performance evaluation of a wireless body area sensor network for remote patient monitoring. In: Proceedings of the 30th Annual International Conference of the IEEE Engineering in Medicine and Biology Society, Vancouver, BC, pp. 1266–1269.

Khan, N.A., Javaid, N., Khan, Z.A., Jaffar, M., Rafiq, U., Bibi, A., 2012. Ubiquitous healthcare in wireless body area networks. In: IEEE 11th International Conference on Trust, Security and Privacy in Computing and Communications (TrustCom), pp. 1960–1967.

Khudri, W., Sutanom, S., 2005. Implementation of El-Gamal elliptic curve cryptography. In: International Conference on Instrumentation, Communication and Information Technology (ICICI), pp 1–6.

Kim, T., Kim, Y., 2014. Human effect exposed to UWB signal for WBAN application. J. Electromagnet. Waves Appl. 8 (12), 1430–1444.

Kim, B., Cho, J., Kim, D.Y., Lee, B., 2016. ACESS: adaptive channel estimation and selection scheme for coexistence mitigation in WBANs. In: 10th International Conference on Ubiquitous Information Management and Communication (IMCOM 2016). ACM, New York, NY, USA, p. 96.

Koblitz, N., 1987. Elliptic curve cryptosystems. Math. Comput. 48 (177), 203–209.

Koopman, P., Driscoll, K., 2012. Tutorial: Checksum and CRC Data Integrity.

Kumar, P., Lee, S.S., Lee, H.J., 2012. E-SAP: efficient-strong authentication protocol for healthcare applications using wireless medical sensor network. Sensors (Basel) 12 (2), 1625–1647. doi:10.3390/s120201625.

Kwak, K.S., Ullah, S., Ullah, N., 2010. An overview of IEEE 802.15. 6 standard. In: Proceedings of IEEE ISABEL, pp. 1–6.

Laccetti, G., Schmid, G., 2007. Brute force attacks on hash functions. J. Discrete Math. Sci. Cryptography 10 (3), 439–460.

Lai, J.Y., Huang, C.T., 2011. Energy-adaptive dual-field processor for high performance elliptic curve cryptographic applications. IEEE Trans. VLSI Syst. 19 (8), 1512–1517.

Lenstra, A.K., Verheul, E.R., 2001. Selecting cryptographic key sizes. J. Cryptol. 14 (4), 255–293.

Liu, A., Ning, P., 2008. TinyECC: a configurable library for elliptic curve cryptography in wireless sensor networks. In: Proceedings of the 7th International Conference on Information Processing in Sensor Networks (IPSN 2008), SPOTS Track, pp. 245–256.

Liu, D., Ning, P., Zhu, S., Jajodia, S., 2015. Practical broadcast authentication in sensor networks. In: Proceedings of the 2nd Annual International Conference on Mobile and Ubiquitous Systems: Networking and Services (MobiQuitous, 2015).

Lont, M., 2013. Wake-Up Receiver Based Ultra-Low-Power WBAN. Technische Universiteit Eindhoven, Eindhoven. doi:10.6100/IR762409.

Malan, D., Welsh, M., Smith, M., 2004. A public-key infrastructure for key distribution in TINYOS based on elliptic curve cryptography. In: Proceedings of IEEE Conference on Sensor and Ad Hoc Communications and Networks (SECON), pp. 71–80.

Mane, S., Judge, L., Schaumont, P., 2011. An integrated prime-field ECDLP hardware accelerator with high-performance modular arithmetic units. In: Proceedings of the 2011 International Conference on Reconfigurable Computing and FPGAs, IEEE Computer Society, New York, pp. 198–203.

Manirabona, A., Fourati, L.C., Boudjit, S., 2017. Investigation on healthcare monitoring systems: innovative services and applications. Int. J. E-Health Med. Commun. 8 (1), 1–18. doi:10.4018/IJEHMC.2017010101.

Marinkovic, S., Popovici, E., 2012. Ultra-low power signal oriented approach for wireless health monitoring. Sensors 12 (6), 7917–7937. doi:10.3390/s1206079172-s2.0-84863207168.

Marzouqi, H., Al-Qutayri, M., Salah, K., 2015. Review of elliptic curve cryptography processor designs. Microprocess. Microsyst. 39 (2), 97–112. doi:10.1016/j.micpro.2015.02.003.

Maxwell, B., Thompson, D.R., Amerson, G., Johnson, L., 2003. Analysis of CRC methods and potential data integrity exploits. In: Proceedings of the International Conference on Emerging Technologies, Minneapolis, Minnesota, 25–26 August.

Meena, R., Ravishankar, S., Gayathri, J., 2014. Monitoring physical activities using WBAN. Int. J. Comput. Sci. Inform. Technol. 5 (4), 5880–5886.

Movassaghi, S., Abolhasan, M., Lipman, J., Smith, D., Jamalipour, A., 2014. Wireless body area networks: a survey. IEEE Commun. Surv. Tut. 16 (3), 1658–1686.

Nabi, M., Geilen, M., Basten, T., 2011. MoBAN: A Configurable Mobility Model for Wireless Body Area Networks. SIMUTools, Barcelona, Spain.

Nam, J., Kim, M., Paik, J., 2014. A provably-secure ECC-based authentication scheme for wireless sensor networks. Sensors 14 (11), 21023–21044.

Nie, Z.D., Ma, J.J., Li, Z.C., Chen, H., Wang, L., 2012. Dynamic propagation channel charac-terization and modeling for human body communication. Sensors 12 (12), 17569–17587. doi: 10.3390/s1212175692-s2.0-84871673244.

Nnamani, K.N., Alumona, T.L., 2015. Path loss prediction of wireless mobile communication for urban areas of Imo state, south-east region of Nigeria at 910 MHz. Sensor Netw. Data Commun. 4 (1).

Otto, C.A., Jovanov, E., Milenkovic, E.A., 2006. WBAN-based system for health monitoring at home. In: IEEE/EMBS International Summer School, Medical Devices and Biosensors, pp. 20–23.

Padmavathi, G., 2009. A survey of attacks, security mechanisms and challenges in wireless sensor networks. Int. J. Comput. Sci. Inform. Security 4 (1), 1–9.

Perrig, A., Szewczyk, R., Wen, V., Culler, D., Tygar, J., 2002. SPINS: security protocols for sensor networks. Wirel. Netw. 8, 521–534.

Pote, S.K., 2012. Elliptic Curve Cryptographic Algorithm. 978–981. doi:10.3850/978-981-07-1403-1.

Preneel, B., 2003. Analysis and Design of Cryptographic Hash Functions. Graduate Theses and Dissertations. KatholiekeUniversiteit Leuven.

Ragesh, G.K., Baskaran, K., 2012. An overview of applications, standards and challenges in futuristic wireless body area networks. Int. J. Comput. Sci. Issues 9 (1), 180–186.

Raja, S.K.S., 2013. Level based fault monitoring and security for long range transmission in WBAN. Int. J. Comput. Appl. 64 (1), 1–9.

Rashwand, S., Misic, J., 2012. Bridging Between IEEE 802.15.6 and IEEE 802.11e for Wireless Healthcare Networks. University of Manitoba, Department of Computer Science. Ryerson University, Department of Computer Science, pp. 303–337.

Rawat, P., Singh, K.D., Chaouchi, H., Bonnin, J.M., 2014. Wireless sensor networks: a survey on recent developments and potential synergies. J. Supercomput. 68 (1), 1–48.

Rebeiro, C., Roy, S.S., Mukhopadhyay, D., 2012. Pushing the limits of high-speed GF (2m) elliptic curve scalar multiplication on FPGAs. In: Cryptographic Hardware and Embedded Systems, CHES, vol. 7428, pp. 494–511.

Roy, U.K., Bhaumik, P., 2015. Enhanced ZigBee tree addressing for flexible network topologies. In: Applications and Innovations in Mobile Computing (AIMoC).

Ryckaert, J., De Doncker, P., Meys, R., de Le Hoye, A., Donnay, S., 2004. Channel model for wireless communication around human body. Electron. Lett. 40, 543544. doi:10.1049/el:20040386.

Saleem, 2009. On the security issues in wireless body area networks. Int. J. Digital Content Technol. Appl. 3 (3). doi:10.4156/jdcta.vol3.issue3.22.

Sana, S.U., Khan, P., Ullah, N., Saleem, S., Higgins, H., Kwak, K.S., 2009. A review of wireless body area networks for medical applications. Int. J. Commun. Netw. Syst. Sci. 1 (7), 797–803.

Sarra, E., Moungla, H., Benayoune, S., Mehaoua, A., 2014. Coexistence improvement of wearable body area network (WBAN) in medical environment. In: 2014 IEEE International Conference on Communications (ICC), pp. 5694–5699.

Savci, H.S., Arvas, S., Dogan, N.S., Arvas, E., Xie, Z., 2013. Low power analog baseband circuits in 0.18 μm CMOS for MICS and body area network receivers. In: Southeast con, 2013 Proceedings of IEEE.

Seshabhattar, S., Yenigalla, P., Krier, P., Engels, D., 2011. Hummingbird key establishment protocol for low-power ZigBee. In: 2011 IEEE Consumer Communications and Networking Conference (CCNC), Las Vegas, NV, pp. 447–451. doi:10.1109/CCNC.2011.5766509.

Shah, R., Yarvis, M., 2006. Characteristics of on-body 802.15.4 networks. In: 2nd IEEE Workshop on Wireless Mesh Networks (Wi-Mesh), pp. 138–139.

Shi, W., Gong, P., 2013. A new user authentication protocol for wireless sensor networks using elliptic curves cryptography. Int. J. Distrib. Sens. Netw. 9 (4), 730831.

Singh, V., 2013. Performance analysis of MAC protocols for WBAN on varying transmitted output power of nodes. Int. J. Comput Appl. 67 (7), 32–34.

Sukor, M., Ariffin, S., Fisal, N., Yusof, S.S., Abdallah, A., 2008. Performance study of wireless body area network in medical environment. In: Asia International Conference on Modelling and Simulation, pp. 202–206.

Taparugssanagorn, A., Rabbachin, A., Matti, H., 2008. A Review of Channel Modelling for Wireless Body Area Network in Wireless Medical Communications. Centre for Wireless Communications.

Timmons, N.F., Scanlon, W.G., 2004. Analysis of the performance of IEEE 802.15.4 for medical sensor body area networking. In: Proceedings of First Annual IEEE Communications Society Conference on Sensor and Ad Hoc Communications and Networks (IEEE SECON 2004), pp. 16–24.

Tjensvold, J.M., 2007. Comparison of the IEEE 802.11, 802.15.1, 802.15.4 and 802.15.6 Wireless standards. https://janmagnet.files.wordpress.com/2008/07/comparison-ieee-802-standards.pdf.

Ugent, B.L., Braem, B., UGent, I.M., Blondia, C., Ugent, P.D., 2011. A survey on wireless body area networks. Wirel. Netw. 17 (1), 1–18.

Vaidya, B., Rodrigues, J.J.P.C., Park, J.H., 2009. User authentication schemes with pseudonymity for ubiquitous sensor network in NGN. Int. J. Commun. Syst. 23, 1201–1222.

Vanstone, S.A., 2003. Next generation security for wireless: elliptic curve cryptography. Comput. Security 22 (5), 412–415. doi:10.1016/S0167-4048(03)00507-8.

Wac, K., van Beijnum, B., Bults, R., Widya, I., Jones, V., Konstantas, D., Vollenbroek, M., H., Hermens, H., 2009. Mobile patient monitoring: the MobiHealth system. In: Proceedings of the 31st Annual International Conference of the IEEE Engineering in Medicine and Biology Society: Engineering the Future of Biomedicine. EMBS Engineering in Medicine and Biology Society, New Jersey, pp. 1238–1241.

Wang, Y., Li, R., 2011. A unified architecture for supporting operations of AES and ECC. In: 2011 Fourth International Symposium on Parallel Architectures, Algorithms and Programming (PAAP), pp. 185–189.

Wang, D., Wang, P., 2014. On the anonymity of two-factor authentication schemes for wireless sensor networks: attacks, principle and solutions. Comput. Netw. 73, 41–57.

Wong, A.C.M., Dawkins, M., Devita, G., Kasparidis, N., Katsiamis, A., King, O., 2013. A 1 V 5 mA multimode IEEE 802.15.6/Bluetooth low-energy WBAN transceiver for biotelemetry applications. IEEE J. Solid-State Circuits 48 (1), 186–198.

Wu, Y., Long, Y., 2015. A planar antenna for GPS/WLAN/UWB applications. In: Wireless Symposium (IWS), 2015 IEEE International. doi:10.1109/IEEE-IWS.2015.7164573.

Xue, K., Ma, C., Hong, P., Ding, R., 2013. A temporal-credential-based mutual authentication and key agreement scheme for wireless sensor networks. J. Netw. Comput. Appl. 36 (1), 316–323.

Yang, P., Yan, Y., Li, X., Zhang, Y., Tao, Y., You, L., 2016. Taming cross technology interference for Wi-Fi and ZigBee coexistence networks. IEEE Trans. Mobile Comput. 1009–1021. doi:10.1109/TMC.2015.2442252.

Yeh, H.L., Chen, T.H., Liu, P.C., Kim, T.H., Wei, H.W., 2011. A secured authentication protocol for wireless sensor networks using elliptic curves cryptography. Sensors 11 (5), 4767–4779.

Yuce, M.R., Nag, P.C., Lee, C.K., Khan, J.Y., Wentai-Liu, L., 2007. A wireless medical monitoring over a heterogeneous sensor network. In: Proceedings of the International Conference of the IEEE Engineering in Medicine and Biology Society, 22–26 August, pp. 5894–5898.

第14章 广域保密系统的安全性与容错性设计

14.1 引　言

近年来，我们目睹了日益频繁的灾害特征如何对大面积的地理区域产生影响，例如，对一个国家大部分的地区带来影响的灾害（2011 年 3 月 11 日，日本发生的9.0 级的地震和海啸），或同时对几个不同国家部分地区的灾害（2004 年 12 月 26日的 9.3 级印度洋大海啸），这些灾害造成了巨大的经济损失、社会影响以及大量的物资损耗。灾害的大小对宏观经济将产生短期的不稳定的影响，例如，1993 年密西西比河洪水造成的全部经济损失估计在 105 亿～201 亿美元；纽约的"9·11"恐怖袭击导致了大约 400 亿美元的保险损失。这些灾难的规模、影响和严重程度是如此之大，以至单一的应急组织无法像传统危机事件管理那样第一时间作出适当的反应，并从灾难中恢复过来。相反，这些灾难需要国家和国际一级不同组织之间进行合作，这些组织必须共同行动，并可能需要由人道主义事务协调厅（Office for the Coordination of Humanitarian Affairs，OCHA）等特定组织进行协调，从而为合作管理危机（Collaborative Crisis Management，CCM）铺平道路。由于决策必须是具有灵活性和响应性的［Organization for Economic Co-operation and Development（OECD），2004］，因此，危机管理中所有参与的组织之间需要对CCM 的密集的信息进行共享。近年来，灾害的发展的速度日益加快，经济损失达到前所未有的水平，这表明我们已经进入了一个灾难的新时代（NatCatSERVICE，2012），严重的自然灾害发生的频率及其所造成后果的严重性不容忽视，如图 14-1所示。

一系列的技术、行为和组织障碍使得这种需求难以满足。本章的研究工作将集中在技术方面，关注解决异构密集型环境中第一反应组织的全面合作和协调。具体地说，第一响应者组织的特征应当是提供合适的解决方案，对受损区域进行相关数据采集，并对现场人员进行部署，处理大量的数据以快速准确评价损失的整体情况和潜在的风险，以及对所收集到的现场环境和任务或控制相关的信息进行交换。然而，在危机管理市场上，并没有一种产品可以在内部完全设计和实现，或者可以直接从外部供应商那里获得，事实上，每个组织都具有特定的危机数据管理解决方案。因此，所面对的第一个问题是如何使用不同的技术产品，毕竟不同的技术产品在设计与开发中可能采用了不同的中间件、编程语言和目标资源计算方法。除技术存在异构性以外，还需要考虑语法和语义的异构性，例如，不同的技术可能使用不同格式或语义表示给定的公共概念和数据。因此，可以得出这样的结论，需要设计适当的技术解决方案，使跨境危机管理组织的网络设置具有灵活性，以便在支持系统的联合行动中不断更新和组织之间共享的信息。那么，就需要利用现有涉及组织内部的信息系统监测事件进展并促进资源共享。DESTRIERO 和 SECTOR 是由欧盟资助的两个研究项目，旨在通过提供系统的、全面的、政府间的以及多学科的方法，解决大规模灾害与安全管理中日益增长的数据共享与合作需求，从而在管理大规模灾害或事件时，为不同类型的应急设备与人员的提供协作支持。具体来说，危机信息系统中间平台已经在 DESTRIERO 的背景下原型化（Cinque 等，2016、2015），提供数据共享和合作能力，以集成异构信息源，支持损伤和需求评估以及恢复计划。在部门方面，重点是欧洲各地使用的危机管理系统（Crisis Management Systems，CMS）的互操作性正在通过共同的信息空间平台进行开发中。

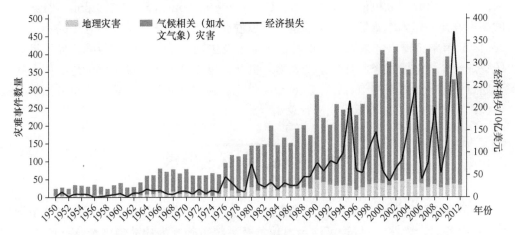

图 14-1　自然灾害的增长频率与代价

（来源：http:// hubpages.com/ education/Worlds-worst-natural-disasters#）

除在技术层面解决异构性问题所需的手段之外，还需要满足一系列非功能性需求，以便在具体的危机情况下使用这种集成平台。这些需求，在危机管理的背景下，使得"可靠性"成为一个关键的技术问题。考虑到信息共享在危机管理中的重要作用，以及相关装置或设备可能被部署的潜在不利条件，这可能会对信息的正确传播产生负面影响。事实上，在发生具有重大社会和金融影响的灾难性事件时，网络（如 Internet 或蜂窝网络）的稳定性和生存能力可能会受到损害，导致服务中断以及出现多个数据包丢失和拥塞的现象（Palmieri 等，2013）。通过协商会谈和技术讨论等形式，依据 DESTRIERO 和 SECTOR 设想的平台，利益相关者和终端用户共同确认了可靠性在危机管理通信中的重要性。但是，对于危机信息共享要保证的关键需求以及满足这些需求的相关手段仍缺乏共识。此外，另一个不可忽略的要求是安全性，例如，仅向授权实体提供所需的数据以及保护通信基础设施不受旨在影响其可用性、正确性和隐私性的攻击的能力。尽管安全性是一个复杂的概念，具有多种属性和形式化特征，但本章的研究将注意力限制在其中最为重要的属性上，这个属性是安全领域所有其他属性的支撑，那便是机密性。

在本章的研究中，我们将确定最适合危机信息系统解决问题的可靠性解决方案，就如同开发 DESTRIERO 一样，并将其集成到具体的危机信息共享平台中。此外，还将讨论如何实现前面提到的安全属性（在 SECTOR 内集成不同的 CMS 的关键需求），并提出初步的解决方案加载到危机信息共享平台中。

本章的后续结构安排如下：在 14.2 节中，将首先分析来自危机管理领域不同用户和技术专家对可靠性和保密性的基本要求；然后，在 14.3 节中，将分析现有的相关文献，并研究危机信息交换的主要平台，以确定需满足的需求和被忽略的需求；14.4 节将介绍危机信息共享平台（Crisis Information Sharing Platform，CISP）的高层设计。作为本章解决方案的基础，以便获知当前文献和实践中存在的不足；在 14.5 节中将提出一系列手段，解决在危机发生期间可能发生的故障，如信息系统变成一个无效的状态和任务系统妥协。据此，可以提供机密性来保证危机信息共享通过互操作性框架实施急救；14.6 节将给出相关的证实结果，证明本章方法的有效性；将在 14.7 节对本章研究进行总结。

14.2　可靠性和保密要求

"可靠性"在不同领域具有不同的含义，对于信息技术领域，所谓可靠性是指"正确服务的连续性"，尽管可能会出现危及系统正确行为的故障（Avizienis 等，2004）。在一些处理危机信息系统的研究中，也可以找到对数据可靠性的参考，即信息系统对危机事件中信息或数据的准确、可信和诚实的处理能力（Ley 等，2012；Kamel Boulos 等，2011）。这种可靠性要求在数据采集和处理中验证数据的准确性和真实性。在本研究中，采用了第一个关于可靠性的定义。

在相关研究和应用中经常与可靠性联系在一起的术语是"容错性"。当系统能够在压力或故障下适应，以避免故障加重并继续提供某种水平的性能（可能不是最初的性能，而是降级模式）时，系统被定义为具有容错性（Haimes，2011）。因此，所谓可靠的系统本质上是按照设计者的意图，在预期的时间内，能够在客户要求的任何地方运行的系统；然而，所谓"容错性"系统是指能够承受某些类型的故障，从客户的角度来看，在故障发生时仍然能在正常工作的系统。在危机管理的相关研究中有一些关于社会容错性的参考文献（Boin 和 McConnell，2007），在这些文献中，公民、应急人员和指挥人员接受了相关训练，能够在危机事件中，基于一套核心价值观、道德规范和优先事项，有效且独立地进行灾后决策和行动。这项工作的目的不是要解决如此广泛的概念，而是要为创建具有容错性的数据共享网络奠定基础，使其能够形成有效治理框架来增强社会容错性。

为了确定使危机信息系统能够满足容错性和可靠性的需求，必须为这类系统构建一个可靠的故障模型，例如，确定可能发生的故障类型以及分析危及整个系统的故障。危机信息系统，如图 14-2 所示，由多个节点组成，节点在保持通用性的前提下运行单个进程，用以获取、存储、处理和可视化目标数据，这些节点通过通信信道相互连接，形成数据共享网络。流程和通道都可能暴露错误的行为，例如，当它们偏离了正确或指定的行为，这些行为可以按照以下方式进行建模（Cinque 等，2012）。当进程和连接突然停止工作时，可能会发生中断。这种故障可以进一步分为节点崩溃，即节点由于硬件/软件故障（如老化现象、软件漏洞等）停止生成数据或无法对输入数据作出反应，当发生链路崩溃时，链路将完全失去连通性，如在某个时间间隔内数据包丢失。

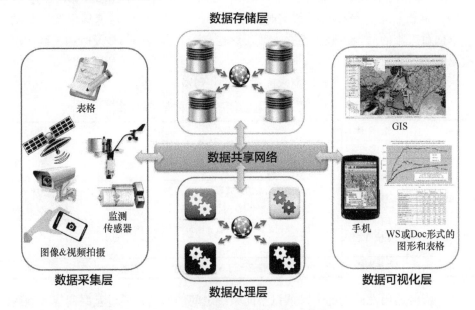

图 14-2　危机信息系统的结构示意图

即使链路正常工作，相互连接的路由器和节点的网络也可能导致一些通信故障，例如：① 数据丢失，当单个或多个数据包因为拥塞路由器虽坏或误丢弃等原因导致丢失，无法达到预期的目的地；② 突发时延，即沿信道交换信息所需的时间大于预期的最大交付时间（可能是因为路由器拥塞或过载）；③ 消息损坏，当数据包的内容损坏（可能是由于物理干扰，特别是在无线信道上的干扰），通过纠错码的方式被检测到，从而丢弃，并且其中的一小部分可能无法检测而被发送到上层；④ 无序接收，由于多种原因，消息到达的顺序可能与发送的顺序不同；⑤ 分区，由于网络设备故障或网络连接中断，网络可能被划分为几个独立的分区。位于同一分区中的节点能够交换信息，但在不同分区上的节点之间交换的消息总是丢失。在这种故障模型下，危机信息系统所需的容错手段可以归纳为如下（Cinque等，2012）。

（1）为了处理丢失和不正确的网络行为，需要适当的恢复方法，以确保信息在正确的时间被发送到预期的目的地，而不受网络条件的影响。

（2）为了处理中断，系统任何级别的设计都必须具有适当的冗余度，以便在节点或链接不可用的情况下，存在其他节点或链接可以替代它。Hernates 等（2013）认为，危机信息系统设计中的冗余问题在危机管理中具有重要意义。

（3）需要适当的日志系统监控危机信息系统的行为是否如符合预期，并在出现偏差时发出警报，以便采取适当的缓解措施，使系统处于安全状态和执行正确的操作。这说明了危机信息系统的持续维护是系统可靠性的先决条件（Hernates 等，2013）。

（4）危机管理总是要求必须实时做出决策，以便及时、迅速地采取必要的对策，以面对灾难的后果，减少伤亡人数。这也意味着容错必须是及时的，而不可以影响系统的性能。

表 14-1 总结了系统可靠性需求的相关含义列表。

表 14-1　可靠性危机信息系统的用户需求

Id	名　称	含　义	解 决 故 障
REL_REQ_001	网络容错性	可能的故障和/或路由失效并没有影响节点间数据的无损、有序和高效传输	通信故障
REL_REQ_002	系统冗余性	系统必须以冗余的方式设计，以便在组件或链接失效时，备用组件可以接管并执行它们的工作	中断
REL_REQ_003	系统日志	系统必须记录其活动，自诊断可能偏离正确行为的偏差，并加以缓解	所有
REL_REQ_004	系统容错	系统必须容忍错误，而不需要为性能下降付出过高的代价	所有

在不影响通用性的情况下，假设不同系统之间的通信是通过互联网等大型网络进行的。然而，在危机事件中，网络可能会受到故障和不可用性的危害和影响（Palmieri 等，2013）。为此，可以考虑在受损地区内建立一个特设无线网络，以便让部署在现场的人员和设备装置进行相互连接，并取代和扩大现有的和可能受损的互联网。但这样会导致通信可能被窃听，恶意的攻击方可能能够截获交换的信号并访问消息内容。危机信息是重要的数据，只有经过授权的实体才能访问，以避免危

机攻击管理系统。

（1）敌对方可能知道应急反应人员的部署地点，并避开这些区域来窃取损坏区域内的物资。

（2）敌对方可能访问获取有关受损区域的机密信息，而这些信息并不是为了让公众获取的，敌对方获取后散布这些信息，从而造成恐慌。

（3）敌对方可能知道人们正在撤离的地方，并计划进行恐怖袭击，以最大限度地增加伤亡。

为了避免发生这些情况以及类似情况的发生，必须保证应急反应者之间的通信是保密的。例如，只有具有特定属性集或声明特定标识的授权实体才能通过检索访问给定消息，甚至是访问与危机和恢复计划相关的敏感消息的一部分。

14.3 可靠性与保密性方法研究现状

在当前关于危机信息系统的研究文献和应用实践中，关于容错的信息很少。原因在于，研究团队往往关注于不同的技术对象主体，如异构数据源的集成、通过地理信息系统（Geographic Information System，GIS）和传感器优化数据的可视化、识别体现云计算范式采用的可扩展架构。可靠性问题留给用于集成危机信息系统的不同部分的中间件技术，因为大多数中间件解决方案都提供了可靠性选项。例如，Kolozali 等（2014）给出了一个在智慧城市中运用传感器网络来实现大型互联生态系统的解决方案，以监控和影响城市服务和基础设施的运营效率。该解决方案构建在高级消息队列（Advanced Message Queuing Protocol，AMQP）之上，该协议具有适当的部分来支持网络容错性。在作者的研究角度来看，这足以实现可靠性。然而，AMQP 的可靠数据分发协议在能够弥补消息丢失的同时，也暴露出其他的通信故障。此外，Kolozali 等（2014）的解决方案具有实时数据处理的要求，而在 AMQP 中使用可靠的数据分发协议是无法实现实时数据处理的。除 REL-REQ-001 等以外，Kolozali 等（2014）提出的体系结构没有包含任何关于如何处理剩余需求的细节。

作为典型的应用实例，公共信息平台（Common Information Platform，CIP）GIN[①]（由瑞士政府开发，用于收集瑞士联邦自然灾害信息并提供信息可视化的平台）对自然灾害的认识，是建立在多个预测和分析模型基础之上的，这些模型是由国家从不同的观测网络，以及在地区层面上获得的。要全面了解 GIN 的整体架构是不可能的，然而，相关的 Web 页面[②]中有很多关于分析工具的详细信息，而可视

[①] https://www.gin.admin.ch/gin/index.html.

[②] http://www.wsl.ch/fe/warnung/warn_informationssysteme/informations-systeme/gin/index_EN or http://www.gin-info.admin.ch/gin_short_en.htm.

化意味着平台所展示的这些信息可能更容易被公众获取和接受，而使人们忽略了GIN 用来提供可靠的容错性方法。另一个应用实例是 ResilienceDirect[1]，这是一个为英国国内应急响应社区提供的合作和信息共享平台。该平台保证在紧急情况下尽可能地减少通信中断，从而实现容错性[2]。该平台的解决办法的依据是保护国家基础设施（Centre for the Protection of National Infrastructure，CPNI）中关于加强电信网络和服务容错性的准则[3]。然而，解决方案只处理采用电信基础设施的容错性，通过对所有组件和固有的容错性组件使用端到端分离，以实现解耦，例如，使用同步数字序列（Synchronous Digital Hierarchy，SDH）环，而不是点对点或准同步数字序列（Plesiochronous Digital Hierarchy，PDH），所以消除单点故障并不能够确保全网络行为正确无误。这种解决方案能够在灾难发生后减少通信中断的发生，但却无法处理如图 14-2 所示的危机信息系统中其他组件的消息丢失或任何其他组件可能发生的系统故障。

这些实际应用案例代表了如何在危机信息系统的背景下考虑容错性和可靠性，方法是建立可靠性和容错性的网络而暂时忽略其他系统可靠性需求。事实上，容错性的沟通渠道在危机期间为当地的蓝光服务（如消防队和救护车）工作，这是在紧急服务危机期间做出应急准备的必要条件。然而，这还不够，因为还需要考虑其他因素。事实上，在危机管理过程中，为及时做出决策所需的各种数据要满足高度的可靠性也是至关重要的，这需要能够转换和聚合所需数据的各种数据处理引擎（即保证数据处理层的可靠性），此外，不同的可视化操作也是至关重要的（数据可视化层的可靠性）。

加密是最重要的安全手段之一，它包括对给定的信息进行编码，使其在没有有效的解码密钥的情况下难于理解，从而实现信息内容的安全。具体来说，允许访问这些信息的某个目的地必须正确解码加密的数据，才能获得原始数据。从文献中可以了解到两种主要的加密方案（Stallings，2010），分类主要是依据加密和解密过程中使用的密钥类型，通过设置关键性参数作为复杂的密码算法的输入，并通过一系列运算和操作得到密码输出（Stallings，2010）。这些加密方案可以是对称的也可以是非对称的（Stallings，2010）。如果加密和解密都使用同一个共享密钥，则为对称方式；如果加密和解密使用的是两个不同的密钥，则为非对称方式（Stallings，2010）。大多数对称和非对称方案是非常复杂的，难以通过语言描述，因此推荐感兴趣的读者阅读（Stallings，2010；Schneier，1996）获取更多的细节信息。具有两个密钥意味着对使用的密钥可以进行更简单的管理，同时也保证了交换信息的

---

[1] https://www.ordnancesurvey.co.uk/business-and-government/case-studies/resilience-direct.html。

[2] https://www.gov.uk/resilient-communications。

[3] https://www.gov.uk/telecoms-resilience。

机密性，因为在对称加密方案中，发布者必须将其密钥分发给所有感兴趣的订阅者或者受信任的集中式服务器。这是一个严重的限制，因为如果密钥交换阶段被破坏，通信可能变得极不安全。在非对称模式中，由于解密密钥仍然是秘密的，因此可以确保通知的隐私。但是，没有证据表明非对称方案提供了更高程度的安全性保证，因为可实现的安全性仅取决于密钥长度和破解加密算法的复杂性。但是，异步方案普遍比对称方案具有更高的计算开销（Petullo 等，2013；Al Hasib 和 Haque，2008）。

14.4 危机信息共享平台

DESTRIERO 开发的项目平台称为危机信息共享平台（Crisis Information Sharing Platform，CISP），其设计和发展的目的是适应危机管理、恢复、重建，促进跨境信息交换和支持决策者的选择以及在灾难发生领域优先进行活动。得益于标准化的规范公开接口，人们可以容易通过平台从遗留系统（外部系统）加快对网络信息共享的推动。在这种情况下，对不是替代的主要应急范围而言，CISP 平台可以为应急人员和设备提供的适当服务，以促进异构和分布式的外部系统的交互和合作。参与危机管理的组织可以选择直接从自己的系统或专用 CISP 人机接口访问平台功能，从而使现有不同集成系统之间的互操作性成为可能。为此，需要构建一种通用模型以支持异构设备之间的协作和通信，其所使用的语法和语义应可以支持单一的集成系统，并提供相应的功能来改善危机情况下的响应和恢复。这里，可以考虑采用一个适配器，允许外部系统访问 CISP 网络，该适配器称为 CISP 节点。CISP 节点安装在目标场所中，通过提供一组用于通信、互操作性、数据管理和协作的服务，而称为系统模型中的平台前端。这样的设计是芬梅卡尼卡集团（FINMECCANICA）针对危机任务系统背景而提出的，可以应用于例如空中交通管理等实际生活相关的场合，其新一代的 ATM 数据总线以及 Swim-Box 技术基础设施（Di Crescenzo 等，2010），实现了基于开放标准与完全信息共享支持安全性和可靠性（Carrozza 等，2010）。DESTRIERO 平台进一步扩展了 Swim-Box 的方法，提供了危机协作管理领域特定的服务。

CIPS 节点通过 CISP 网络通信的公共模型进行适当的转换来处理集成节点之间的异构性问题。为了这个目的，在 CISP 节点处，可以采用两种不同的逻辑组件，如图 14-3 所示。从图中可以看出，第一个包含后退和前进的集成逻辑，通过转换给定的模型系统来提供互操作性；第二个实现所有逻辑互连平台服务以及协作数据管理。

智能数据系统与通信网络中的安全保证与容错恢复

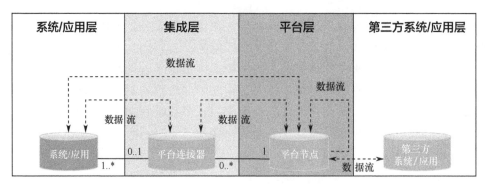

图 14-3　CISP 平台

具体来说，CISP 节点平台层的内部设计如图 14-4 所示，从图中可以看出三层式的分层结构。

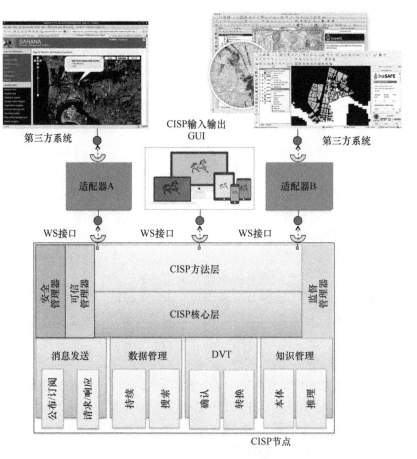

图 14-4　CISP 节点示意图

（1）**CIPS 底层**。CIPS 的底层由一系列基本服务组成，这些服务用于消息传递（包括请求、应答和发布/订阅方式）、数据和知识管理以及数据转换，用于将数据与特定模式进行比较，并将数据从一种表示形式转换为另一种表示形式。这些服务由用于开发的具体技术提供，如 JBoss 应用服务器、Web 服务和 OASIS Web 服务等。

（2）**CIPS 核心层**。它由系统适配器、符合 DESTRIERO 的应用程序和更高层直接访问的所有功能组成。这些功能是在通用的基本服务之上实现的，CIPS 的核心层需要加载特定领域的基本服务。这个层必须允许数据传播、数据持久性保证、数据验证和转换等功能的实现。

（3）**CISP 方法层**。它由所有支持协调/协作、信息集成和事件管理的功能组成。这个层提供了应用程序接口（Application Program Interface，API）来支持创建、读取、更新和删除（Create-Read-Update-and-Delete，CRUD）基本功能和特定域的 Web 服务，用于相关连接系统之间的交互。这种 API 是基于紧急数据交换语言（Emergency Data Exchange Language，EDXL）的标准而设计的，以增强所有涉及的危机管理系统 CMS 之间的语义和语法互操作性。

（4）**横向功能层**。它由对前两个层都有影响的所有功能组成，因此与前两层垂直。这一层提供了可靠性管理，并根据来自 SECTOR 的需求增强监管和安全管理能力。

危机管理系统 CMS 可以通过平台提供具体的协作式管理服务，直接实现 API 与应用 CISP 节点的交互，或者通过适配器实现互操作，可以将数据从遗留格式（外部格式）转换为规定的格式，反之亦然，并提供相关实体之间的服务映射。

14.5　解决方案

CISP 平台是基于一组普遍认可和接受的标准设计的。许多标准用于可靠的信息共享和数据同步/持久的基础服务，在此基础上开发平台的核心层。在分析的标准中，OMG 数据分发服务（Data Distribution Service，DDS）被用来支持信息分发和分布数据以及元数据持久性的机制。消息传递和注册中心核心服务都是在 OMG DDS 的基础上设计和开发的，目的是将可靠平台的所有"步骤"隐藏到特定领域的组件中。

（1）消息传递（Messaging）组件为需要交换的信息提供相应的服务质量（QoS）保证，并且将信息分发给对这些信息感兴趣的所有消息传递核心组件。特别的、关键的 QoS 指标应该是（不限于关键指标）具有耐久性和可靠性的。

（2）注册表（Registry）组件提供可靠的通信服务并且进行定期的检测，目的在于同步所有感兴趣的 CISP 节点之间的特定元信息。此外，该服务还提供元数据和一致性检查。为了避免单点故障和提供适当的冗余程度（REL REQ 002），所有 CISP 节点之间需要共享元信息。

元信息共享需要进一步的研究，以使节点能够在不同故障环境下保持一致性。根据可靠的危机信息系统 CIS 的要求，定期进行检查和重新部署活动可以解决多数常见问题，而不会显著影响性能。然而，DDS 的使用并不能满足这项工作的所有可靠性要求。具体来说，OMG DDS 仅能够通过 CISP 节点形成的覆盖层来提供通信的逐条链路连接，这是由于使用了类似于 TCP 重传的方式。而本研究更关注的是终端到终端（End-to-End，E2E）的可靠通信保证。此外，需要通过将数据副本放置在需要和合适的位置来正确配置数据冗余。为此，本研究在 OMG DDS 提供的发布/订阅通信和数据的持久性的基础上构建了一个合适的可靠性层，如图 14-5 所示。

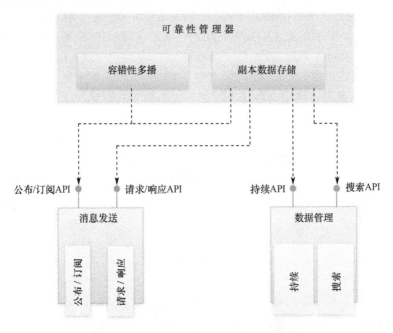

图 14-5　CISP 节点内集成可靠性的解决方案

CISP 平台是在面向服务的体系结构之上构建的。当安全性，特别是机密性，在 Web 服务环境中强制执行时，就可以使用 WS-Security 规范（Nordbotten，2003；Naedele，2009）；它通常在 Web 服务的编程环境和容器中能够得到本地支持（为了获得安全的传输，应该启用所使用的通信协议）。WS-Security 是由其他不同规范和方法组合而成的复合标准，它指定了两种不同级别的机制来实现所提供的安全级别。第一个是消息级别，即是通过定义执行安全性扩展的 SOAP 头在消息级别实现的。第二个是服务级别，即是在服务级别实现的以执行更高级的安全机制，例如，访问控制或身份验证等。

　　考虑到 CISP 平台的设计，可以在不损失通用性的情况下，将大规模危机信息系统 CIS 简化为由不同系统通过大规模网络集成而构建，如图 14-6 所示。在每个系统中，可以找到属于应急反应组织的节点，N_x 用以执行不同的操作。这里考虑一个具体的应用实例，节点 N_1 从智能手机、传感器和卫星上收集了关于受损区域的所有传感数据。节点 N_3、N_4、N_{14} 和 N_{16} 需要通过 GIS 图表或应用程序向组织的操作人员恰当地给出一些传感器数据。当然，有时可以直接在地图语境化显示。其他节点可以对收集的传感器数据或过去灾难的历史数据执行存储或处理操作。在组织的每个基础设施中，都可以找到一个 CISP 节点，记为 D_x，该节点都承载着托管组织的服务和操作员可以使用的 CISP 平台的功能。考虑到 CISP 节点的实际需求且认为信息是内部生成的而不是从其他组织接收而得到的，那么，每次将信息交付给 CISP 节点时，都可以将其本地分发给其他节点。为了满足表 14-1 中提到的系统可靠性需求，必须保证这种信息共享机制在可能发生故障的情况下是仍然能够成功执行。为了达到这个目的，相应的目标信息不应只存在于某个组织个体当中，而应该分布在所有组织中，从而使得在受损的情况下信息还可能在整个基础设施中应用，从而优化访问时延，因为数据可能从比之前更方便的位置进行检索了。由此可知，在 DESTRERIO 节点的可靠性层中，可以将数据副本存放于决策所得的最佳位置，从而最大化其可用性，并最小化其检索时间和内存消耗。

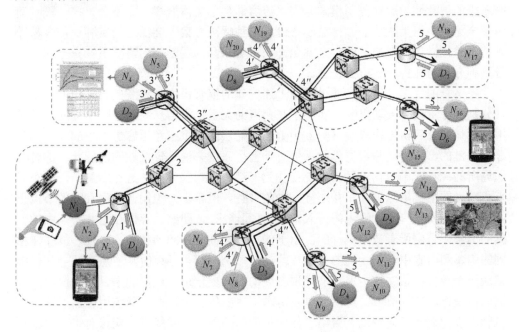

图 14-6　大规模危机信息系统中的协作

此外，还必须为 CISP 平台配备合适的容错性多播通信协议，以保证相应的信息能够到达预定的目的地。为了实现这一目标，还设计了容错性多播组件，以便进行可靠的危机信息共享。下面的小节将对前两个解决方案进行详细描述，并将日志记录方案的设计作为未来的研究方向。

<h3>14.5.1 危机信息系统中的复制策略</h3>

崩溃问题的容忍性研究中，普遍接受并认可的解决方案是实体复制（Wiesmann等，2000）。对于实体来说，容忍其最终崩溃是至关重要的极限条件。一方面，可以选择使用被动复制模式，在这种模式中，失效的实体由其备份之一所替代。实体及其所有副本同时失效的情况非常罕见，因此，该解决方案可以提高实体的可用性和整个系统的相对可靠性。但是，时效性也随之受到了一定的影响，因为实体会在某个时间窗口关闭，导致无法满足其最终用户的某些请求。另一方面，还可以选择使用主动模式，在这种模式中，失效的实体会立即被替换，而不会导致某些系统功能不可用。这样就可以保证系统的及时性；但是，仍然存在由于公共模式错误而导致所有协调器失效的可能性。

同类的研究也提出了混合方案，例如，半主动复制（Defago 等，1998），其中实体为主动的 p-冗余，也就是在相同时刻同时有 p 个副本目标处于活动状态；此外，每个活动对象都具有 k 个备份。系统设计人员可以通过改变 p、k 来自由地选择系统的健壮性。这种复制模式允许系统能够容忍实体崩溃，而不会再在一段时间内完全无法使用某些功能。得益于备份，这种解决方案不会像主动复制那样容易受到常见模式错误的影响。混合方案允许在不受相同问题影响的情况下，充分利用组合复制方案的优势。

在本章的研究工作中，通过采用上述构建的混合模型，将基础设施中的关键组件分别进行主动和被动复制，实现了在典型的大型危机信息系统中冗余度的合理应用。具体地说，认为构成图 14-2 中数据存储层的每个应急反应组织中的组件都是非常关键的，因为这些数据量的丢失对于整个系统来说是灾难性的。因此，部署组织场所的 CISP 节点内的数据存储是作为一组节点对整体结构进行示意的，每个节点由适当的字符串标识并相互连接，如图 14-7 所示。一组用于数据存储的节点正在运行并接收所有到达组织的传入请求。"写请求"，即修改存储在这些节点中的数据的请求，是由所有节点执行的，用于保持节点彼此之间的状态一致性，例如在相同的版本和内容中保留相同的数据片段。在每个写请求结束时，节点在适当文件中记录一个条目，该文件中保存节点过去活动的历史记录。这样的条目包含已更改数据的标识符，它的前值、当前值以及请求更改的执行者。在实际应用中需要这样的机制，以便在"任何时刻"撤销"任何可能"的更改，并知道谁应该对每个更改负责。如果写请求失败，则节点之间交换一条特殊消息，用以取消该请求在其他节点中引起的可能的更改，并恢复节点之间的一致性。"读请求"仅由活动数据存储节点执行，例如，第一个可用节点，其目的是向请求组织返回某些存储数据的副本。这允许并行地避开传入的读取请求，并减少总体的检索时延。此外，由于节点本身具有同步功能，"读请求"可以在彼此之间并行执行，并且可以与"写请求"串行执行，相比之下，"写请求"一般是优先于"读请求"的。

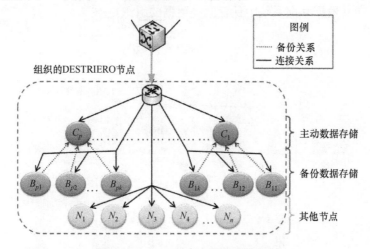

图 14-7　CISP 节点存储的数据副本

对于正在运行的一组用于数据存储的节点，假设它们是上一组活动节点的备份，那么，这些节点只接收"写请求"，并相应地更改其内部状态，即更改存储的数据。备份必须与活动节点一致，因此，每当一个节点改变其内部状态时，就会在组织内的活动节点和备份节点之间分发一条特殊的消息。这样的消息包含与写请求相关的、历史活动记录中的条目的内容。接收到此类消息的节点检查其历史活动记录中是否包含相同的条目。如果存在，则一致性得到保证；如果不存在，即检测不一致，那么所有节点都请求撤销更改，并通知请求组织操作未成功执行。每当活动节点被破坏时，它就被一个可用的备份所替代。例如，具有更大标识符的节点是新的活动节点。

每个组织都将其作为生产者的数据保存在其本地数据存储中。这种策略意味着，在组织不可访问的情况下，由于路由错误行为或数据存储失效，失去响应的组织所持有的所有数据都不可用。解决方案是让每个组织保存另一个组织的所有数据副本。然而，这意味着存储资源的巨大浪费，也意味着保持一致性的工作负载相当之大。更好的解决方案是将数据放置在给定的组织中，以实现最佳的数据可用性和检索时延，同时保持较低的存储资源消耗和一致性协议工作负载。

这里可以假设两种数据覆盖形式，第一种是每个组织内部互联的节点存储数据，如图 14-7 所示的活动节点和备份节点；第二种是附加级别覆盖，即每个组织都具有单个活动节点与对等组织相互连接，如图 14-8 所示。两个对等组织之间连接的节点称为超级对等节点，其职责是确定组织需要保存哪些数据。其他活动节点则充当备份，以防超级对等节点不可用时进行替换。当检测到超级对等节点不可用时，通过保持活动消息或超时机制，具有较大标识符的副本将自动当选为组织的超级对等点。在数据复制时，读请求和写请求不仅针对生成的相关数据的组织，而且还针对所有在其数据存储系统中保存此类数据的组织。

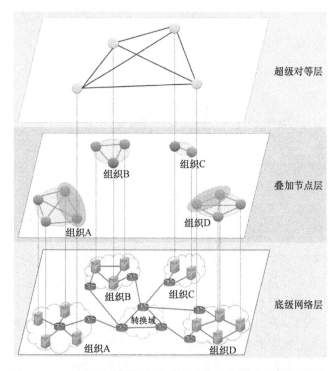

图 14-8　CISP 平台互联的每个组织中存储数据的节点两层叠加

为了获得这些信息，平台上可用数据可以通过设置特殊的字符串进行表示而分成不同的类别，该字符串可以标识数据类别，也可以标识超级节点及其副本，并将各个类别的数据映射到不同的节点，从而使得不同地址的节点持有不同的副本数据。那么，此时需要解决的问题就是如何确定在何处放置每个数据类型的副本。这样的决策是在没有任何集中管理干预的情况下做出的，但是超级对等节点之间彼此协作，以分布式的方式得到这个问题的解决方案。具体来说，每个超级对等节点为其组织中的实体所请求的每一类数据保留一组数据统计信息。这里设计了两类数据统计信息：数据可用性和检索时间。在第一种情况下，超级对等节点用成功写/读请求的数量除以总请求数；在第二种情况下，计算检索给定数据类实例的平均时间。超级对等节点每隔一段时间就会计算自己第 i 个组织的满意度，从而获知可用

副本的数量及其在整个 CISP 平台中的位置为

$$\delta_i(n,\overline{P}) = \omega_A\left(\rho_A - \frac{\kappa_{\text{Succ}}}{\kappa_{\text{Tot}}}\right) + \omega_\Lambda - \kappa_\Lambda \tag{14-1}$$

式中：ω_A 和 ω_Λ 为组织管理员选择的权重且满足 $\omega_A, \omega_\Lambda \in [0,1]$，用于标识可用性和时延的重要程度；$\kappa_{\text{Succ}}$ 为成功请求总数；κ_{Tot} 为发起请求的总数；κ_Λ 为计算平均检索时间；ω_A 和 ρ_A 分别为组织管理员每个数据类选择的数据可用性和检索时间的所需级别值。

如果满意度为正，则表示平台当前的设置满足给定组织的用户需求，不需要采取进一步的行动。相反，负值表示当前设置令人不满意，需要进行改进。某一组织为给定数据类维持副本的代价可以量化地表示为

$$cost_i = \omega_M\left(\frac{\theta_{\text{data}}}{\theta_{\text{Tot}}}\cdot 100\right) + \omega_\Lambda\left(\frac{\iota_{\text{data}}}{\iota_{\text{Tot}}}\cdot 100\right) \tag{14-2}$$

式中：第一项用于保存副本的存储资源的比例；第二项表示接收到的用于保存副本的请求占服务请求总数的比例。据此，期望可以最大化每个组织的满意度并确定相关数据类别副本的最佳数量和存储位置，从而将相对成本降到最低，即

$$\max_{i\in 0,N}\delta_i(n,\overline{P})$$
$$\min_{i\in 0,N} cost_i \cdot P_i \tag{14-3}$$

受限于

$$n = \sum_{i=0}^{N}P_i \leqslant \max \leqslant N$$
$$P_i = \begin{cases} 0, & \text{第}i\text{个位置无副本} \\ 1, & \text{第}i\text{个位置有副本} \end{cases} \tag{14-4}$$

式中：max 表示由 CISP 平台集合成的 N 个组织构成的基础设施结构中要放置的最大副本数量。这是一个多目标优化问题（Marler 和 Arora，2004），因为要满足的两个目标函数的解不具有一致性。例如，第一个目标函数最大化的解决方案并不是第二个目标函数最小化的解决方案，需要权衡取舍，这种权衡被称为帕雷托（Pareto）解决方案，即需要找到折中方法以保持两个目标之间的配置平衡，而不同的解决方案在这种情况实现双向全由。经典的解决方案（Jones 等，2002）在该案例中是不可行的，因为 CISP 平台规模很大，在这样的系统中具备全球化的知识库是无法实现的。由此，本研究考虑了一种分布式的方法，通过非合作博弈的方式来解决这个问题（Cardinal 和 Hoefer，2010）。

为了更严谨地论述，这里将超级对等叠加建模为由节点集合 X 和节点间边的集合 E 构成的无向图 (X,E)。定义可用节点为图中所有节点的子集，即 $Y \subset X$，所谓

可用节点是指可以选为存放数据副本的位置。考虑存储位置集合 $P := \{c_1, c_2, \cdots, c_p\}$，且有 $p \geqslant 2$。从形式上讲，对于每个位置 $c \in P$ 的策略集合定义为 $S^c = Y$，如此，任意节点选择的位置策略为 $s^c \in Y$。合并所有位置的策略集合，即 $S = S^{(c_1)} \times S^{(c_2)} \times \cdots \times S^{(c_p)}$，策略文件 $s \in S$ 意味着对于每个位置 c 的正确选择都将得到收益，记为 $\Phi^{c(s)}$，该参数聚合在收益文件 Φ^s 中。收益可以看作是正确选择副本存储位置得到的奖励，那么，考虑副本存储和副本托管，需要利用得到的收益管理读取/写入副本的传入请求，正如前面所述。

选择最优副本存储位置本质上是确定最佳的配置策略，这意味着所有位置可以获得最大收益。尽管在文献中出现了一些可以参考的公式，但本研究还是采用非合作博弈的框架来论述最优化的过程——"玩家"都是自私的，即每个人都只关心最大化自己的利润或最小化自己的成本，而不考虑其他玩家的状态，即使不是故意的，也有可能损害其他人的收益。在此基础上，可以给出本文所关注最佳副本位置选择的非合作博弈问题的表述：$\varGamma = (P, S, \pi)$，这与所有玩家收益最大化的目标是相关的，为此，需要找到纳什均衡，也就是说，给定策略 $s \in S$，玩家选择一个与当前策略文件不同的副本放置位置将无法得到收益，这是因为增加或删除副本是不会改变或降低收益的，这样玩家就没有动力去改变策略。这种平衡的存在是一个已知的 NP 难题，可以通过博弈论中的相关定理解决。Vetta（2002）的作者证明了针对上述博弈论模型至少存在一个纳什均衡，并给出产生这种均衡的条件。

这里可以将副本放置问题建模为 N 个玩家的非合作博弈，这个博弈的策略用是否持有副本的二元决策来表示。所构建的模型并不是将每个玩家的收益量化成公式，而是根据之前的 $cost_i$ 公式，将其成本合理分配给每个玩家。具体来说，采用 S_i 表示第 i 个玩家选择的策略的二进制值，如果第 i 个玩家决定持有副本，则为 1，否则为 0。第 i 个玩家执行其策略所付出的代价可以表示为

$$C_i(S_i) = cost_i \cdot S_i + \delta_i \cdot (1 - S_i) \tag{14-5}$$

式中：$cost_i$ 和 δ_i 与前面表达式中的含义相同。博弈可以从一个随机的策略配置文件开始，随着时间的推移，每个玩家都会改变自己的策略，从而将在上一个等式中得到的成本降至最低。这样的演变将带来以纳什均衡为代表的稳定解，在纳什均衡中，没有玩家具有改变策略的动机。根据纳什均衡定义，可以看到，当且仅当保证以下两个条件时可以采用配置策略文件 s 表示纳什均衡，即

$$\exists i \in Y \ \text{s.t.} \ \delta_i \leqslant cost_i \tag{14-6}$$

以及

$$\nexists i \in Y \ \text{s.t.} \ cost_i - \delta_i > 0 \tag{14-7}$$

第一个条件表明，放置在第 i 个节点上的副本所产生的满意度不会大于放置它的成本，因此，没有一个相邻节点有动机充当编解码器。然而，第二个条件是，当

第 i 个节点持有副本时，终止持有副本是不方便的，因为所支付的成本已经最小化了。第一个方程中的条件定义了超级对等节点判定是否持有副本的控制行为。

14.5.2 危机信息系统的容错性多播

CISP 节点在不同组织之间的通信是通过互联网进行的，因此，它们会受到链路失效和突发损耗模式的影响。此外，由于平台中引入了复制方案，系统中采用的数据交换模式为多播模式。可靠性一般是指在多播通信基础设施中容忍损失的能力，大致可分为两类（Esposito 等，2013）：一类是基于时间冗余；另一类是基于空间冗余。在第一种情况下，以某种方式检测到由故障引起的最终损失，例如，通过超时与序列标识符关联的数据包到达的错误顺序，并通过重新传输丢失的数据包进行恢复。另外，附加的信息会随通知一起发送，这样最终损失就可以在不需要重新传输的情况下解决。

因为在危机信息系统性能的问题上，本研究的注意力集中在基于空间冗余的方法，其中主要的是前向纠错（Forward Error Correction，FEC）（Rizzo 和 Vicisano，1998）和路径冗余（Path Redundancy，PR）（Birrer 和 Bustamante，2007）。以下两个缺点影响它们在真正的中间件产品中的适用性：路径冗余的有效性依赖于路径的多样性来保证，即多条路径不共享任何路径的路由组件，这在互联网上很难满足（Han 等，2006）。在 FEC 方法中，编码通常在信源上执行，而应用的冗余度是根据其中一个目的地所经历的最坏情况的损失率进行指定和调整的。对于其他损耗率较低的目的地来说，这可能不是最优的，甚至是危险的，对于信道容量来说也是如此，设置不合理可能导致拥塞现象。如果不遵守这样的规则，设置冗余度较低，那么，一部分目的地将会遭受损失，可靠性将受到严重影响。

本研究决定采用一种混合方法，将 FEC 和 RP 适当的结合到一个合适的通信协议中，再构建用于传播信息以实现路径多样性的多个不同树时，该协议可以感知底层的拓扑结构，从而实现路径的多样性。为了实现这个目标，这里采用了由 Esposito 等（2009）设计的协议。该协议通过选择从任何新的节点到上游父节点的路径建立了多个不同的路由树，从而暴露出最低的多样性程度，为了使给定的路径在节点之间保持一定的多样性，有必要量化和对比多样性。为了测量路径的多样性，这里引入了 Sorensen-Dice 系数（Dice，1945），这是一个用来比较两个样本相似度的统计学参量。

研究表明，该协议能够实现具有一定程度多样性的内在拓扑结构，该结构在网络层具有多个多样性路由树，这表明了多播系统的健壮性，即多播消息在当前连接失效时仍然可以绕过失效区域的连接，通过其他树节点进行传输。然而，如果这种多样性不像在实际的互联网配置中那样存在于网络级别，那么这种解决方案则无法构建完全多样化的多个路由树（Esposito 等，2009）。

当传播基础设施受到影响时，通过多个路由树进行传播就不那么有效了。事实上，流的给定数据包可能会丢弃在从数据包生成端到目的地的所有路径上，这是不可忽视的。为了降低这种可能性，消息发布者可以采用几种策略，这些策略意味着源和目标之间交换的数据包流具有不同的冗余度。最有效的策略是通过所有树发送消息副本，但这带来了一个麻烦的副作用：它产生了强大的流量负载，可以增强网络所经历的损失模式。一种对网络更友好的解决方案是使用 FEC 技术生成冗余数据包，并在每个树中转发部分编码数据包。即使从理论上讲，FEC 增强的多数方法可以降低节点丢失给定数据包的概率，但在实践中，由于消息生成器应用的冗余度的适当调谐是不可能的，因此无法实现这种方法。实际上，FEC 的最优调谐需要收集系统内损耗模式的全局知识，这对于互联网规模系统来说是不切实际的。

因为它们表现出双重的行为，也就是说，其中一种技术容易受到另一种技术有效容忍失败的影响，反之亦然。具体来说，在每个树中执行 FEC，以便根沿着树发出的数据包在假设没有连接可能失效的情况下，有很高的概率被发送到所有的节点，尽管这样做可能有损失。另外，消息的生产者应用编码技术，从 k 个消息包中生成 r 冗余包，因此要传递给每个节点的信息包是 $n = k + r$。然后，使它通过 t 个树，即每个路由树传递的数据包数量等于 n/t。如果可能发生的话，只会有一个连接失效危及消息沿单一路由树进行传递。每个节点只接收 $n - n't$ 个数据包，因此，如果采用编码技术使接收到的消息数量大于或等于容量，即所采用的 C，系统容错性将失效，即

$$n - \frac{n}{t} <= C \to \left(1 - \frac{1}{t}\right) \cdot n >= C \to \left(1 - \frac{1}{t}\right) \cdot (k + r) >= C \qquad (14\text{-}8)$$

考虑到上述表达式，可以在应用冗余度 r 的基础上，根据要发送的消息数据包大小（即 k）设置条件，从而实现单链路的容错性，即

$$r >= \left(1 - \frac{1}{t}\right) \cdot (C - k) \qquad (14\text{-}9)$$

这个结果可以推导出故障树的数量 ft，也就是由于链路失效，它们不会将数据包发送到某个节点，即

$$r >= \left(1 - \frac{1}{ft}\right) \cdot (C - k) \quad (ft <= t - 1) \qquad (14\text{-}10)$$

式（14-10）这个方程表明，信息生成端的 FEC 编码调谐不依赖于影响网络的失效模式，而是取决于系统表现出的容忍度，即 t。这说明调谐不需要全局知识体系，所以可以在大规模互联网系统中实现。这种对连接失效的考虑也可以应用于消息丢失，但在这种情况下，消息生成端不仅可以应用 FEC，而且可以应用多数森林中的所有节点，从而保护其每个连接可以正常工作。

14.5.3 CISP 平台内的保密性通信

WS-Security 提供的解决方案在 CISP 平台应用环境中并不是最理想的，因为它通过使用安全套接字层（Secure Sockets Layer，SSL）或传输层安全（Transport Layer Security，TLS），在通知覆盖的端点之间建立了长期的双向安全通道。在到达预期目的地之前，消息必须经过组成整个平台的节点之间进行一系列的交换，并通过 CISP 解决方案在联邦组织之间传递交换。具体原因如下。

（1）在图中所示的覆盖层的每个链路连接上，都需要承担加密和解密操作的成本，并保持两个端点之间的持续连接。

（2）逐条链路的连接方法当且仅当所有遍历节点均假定为受信任的条件下才能实现端到端机密性保证，而在由不同组织管理的大型平台系统上则可能难以满足这种前提假设。

通过对上述列表进行验证，可以实现逐条链路和端到端加密的上下文发布/订阅服务，这类似于 CISP 平台中使用的多路径形式，并在通信时延性能恶化且不采取任何加密技术的条件下进行测量。由于通信平台的节点需要通过使用密钥（以前是通过密钥协议进行交换）执行加密的次数与能够遍历节点的数量一样多，因此逐条链路加密负担会更重一些。过大的负载意味着性能的下降，如图 14-9 所示。

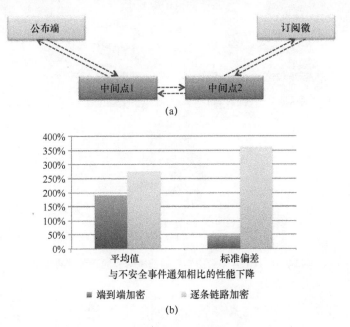

图 14-9 逐条链路加密和端到端加密的对比

基于上述分析和考虑，可以假设在 CISP 平台内的通信采用两种不同的方法来实现机密性。第一种方法如图 14-10（a）所示，其中安全协议，正如 WS-Security 规范所述，是用于保护所有平台内部的交互，从而将组织内生成的特定信息送到本地组织或不同组织的预期的目的地。尽管前面提到了这些问题，但是所有 Web 服务器和开发框架都能全面支持这种解决方案，并且易于应用于 CISP 平台的实现。另一种解决方案是实现端到端的加密，如图 14-10（b）所示，数据生成端在将消息传递到平台之前对其进行加密，而接收端则在接收到消息后立即请求对其进行解密。在这种情况下，可能需要面对实现过程的问题，因为所有的方法都必须通过专门设计和性能理想的密钥管理平台的支持。

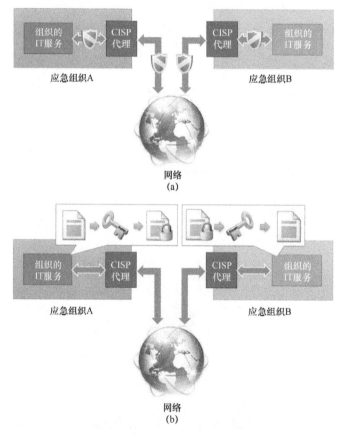

图 14-10　CISP 平台中实现通信机密性的两种解决方案

14.6　性能分析与评价

为了量化本文所提出解决方案的有效性，这里采用模拟仿真方法进行分析和评价。本节将从以下两个方面对所提方案进行评价：① 研究所提出方案的容错性多播对数据共享质量的影响；② 研究所提出的复制方法对大规模危机信息系统中数据可用性的影响。为了实现这一目标，本节采用 OMNET++模拟器[①]对性能进行仿真。在针对第一项研究的仿真中，交换的消息大小为 23KB，信息发送速率为每秒一条消息，节点总数为 40 个。假设编码和解码时间分别为 5ms 和 10ms。在每次仿真实验中发布 1000 个事件，每个实验在相同参数设置下进行三次，取平均值作为实验结果。在针对第二项研究的仿真中，假设包含 4 个节点的组织周期地生成 23KB 数据，而其他组织周期性地发起请求，用于访问之前由其他组织生成的数据。假设节点失效的概率为 0.05。为了使仿真在 CISP 平台环境中的应用更接近所提出解决方案的预期行为，这里将平台应用过程中得到的系统参数测试值作为所提出模型的输入参数进行仿真。具体来说，仿真中将通过一系列实验得到覆盖层级别上的链路时延，这些实验的开展旨在通过使用请求/应答通信模式来测量 CISP 节点之间交换信息的时间延迟。利用 JBoss 将平台部署在一系列通过本地局域网连接的虚拟机中，在 2～4 个节点进行实验，一个节点用于生成通知，另一个节点接收通知。这里应用了两种不同的通信模式：SOAP CXF WebService 上的请求/响应，其消息大小为 2375B；OpenSplice DDS 上发布/订阅，其消息大小为 1902B 的消息，且启用了多播。由图 14-11（b）和（d）可以看出，随着节点数量的不断增加测量标准偏差和时延的变化，标准差用于表示平均值附近时延数值的变化情况，仿真结果表明发布/订阅的服务呈现出的值较低，这是因为请求/应答承担了 SOAP 协议在 XML 格式消息处理中的开销，从而引起内部冗余的增加（Esposito 等，2010）。仿真中交换了 1000 条消息，但是放弃了收集前 50 条消息的时延，因为平台设置后在到达稳定开销状态之前，所得的测试结果是不可靠的。

从图 14-11 的实验中，也可以假设目的地位置数量的增加可以降低时延，但是由于环境的高可变性，这是不正确的。在发布/订阅通信的背景下，可以清楚地看到时延的增加，如图 14-11（d）所示，当信息发送到两个节点时为 15%，而目的节点数量增加为 3 个时，时延增加约为 40%。在请求/应答的情况下，时延也有所增加，但增加量不是非常明显，其在统计数据中的可观察性也因高度可变性而受到影响。基于这些度量，仿真给出了覆盖层节点之间时延的值。由于本研究修改了订阅信息用以构建平衡树，从而使每个节点连接的子节点不超过两个，所以得到的时延约为 50ms，这是使用两种不同通信方式的实验结果的平均值。

本章在研究中采用的评价指标如下：首先，成功率是接收事件的数量与发布事件的数量之比，定义为数据发布协议的可靠性。如果成功率为 1，即所有发布的事件均被目的地正确地接收；其次，信通性能采用平均时延表示，这是一个衡

---

① www.omnetpp.org。

量给定的分发算法发布通知速度的指标，时延的标准差能够表示因采用了容错机制而对性能造成的影响，体现了不满足及时性要求的时间惩罚。该指标可以衡量发布策略对网络流量负载的影响程度，应该尽可能保持在较低的水平，用以避免链路拥塞。

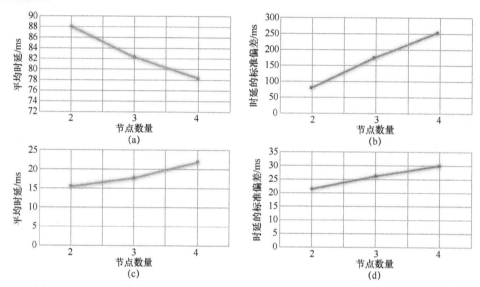

图 14-11　CISP 平台的性能评价：上半部分为请求/响应通信的时延，
下半部分为发布/订阅通信的时延

　　实验表明，如果不采用任何容错性的方法，数据传递协议就无法将信息送到到达所有目的节点位置，如图 14-12（c）所示，仅采用基于多数的解决方案能够在一定程度上提高成功率，即提供给定发布事件中接收事件的数量的比例。然而，它并不能算是完全的成功，例如，当采用 FEC 时也可以实现相同的效果。这是由于不可能存在完全不相交的分离路径，而编码能够弥补在相交链路上发生的损耗。这些解决方案不仅能够提高成功率，而且由于它们在数据传输中固有的并行传输特性而减少了交付时延，如图 14-12（a）所示，这两种方案都表现出稳定的性能，在交付时延方面的标准差非常低，如图 14-12（b）所示。

　　此外，仿真实验还通过确定成功回复响应的数据请求和发出请求总数之间的比率，研究了基础设施中数据的可用性。如图 14-12（d）所示，当基础设施中没有采用任何复制手段，那么，这种可用性非常低，而本章所提出的复制方法能够在不影响数据可用性的情况下容忍节点失效。由于空间有限，这里不再详细给出本章所提出方法的优越性。实验结果表明，本章研究所提出的复制方法相比于不进行复制的情况下，数据检索操作的速度可以提高 35%。

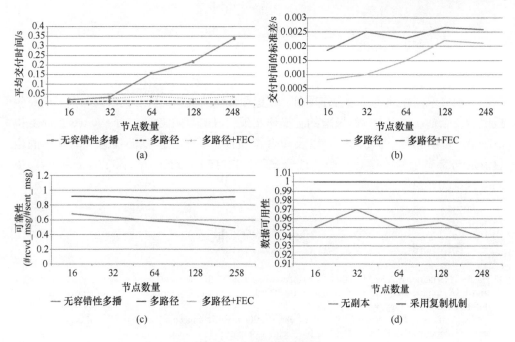

图 14-12　仿真实验结果

14.7　本章小结

本章针对广域危机信息系统的安全性和容错性进行了深入的研究，提出了实现可靠性和机密性的 CIS 交换方法以及面向实际应用的解决方案，给出了目前主持在研的欧盟资助项目 DESTRIERO 和 SECTOR 的最新成果，以满足 CIS 从大规模的灾难中实现信息恢复所需的要求，从而实现应用所需的可靠性和保密性。具体来说，网络容错性和系统冗余性的需求是本章第一部分的研究重点，详细介绍了一种用于处理节点和网络分区可能中断的复制方案，以及用于处理网络故障和失效的容错性多播方案。这两种方案都是通过基于仿真实验的方法进行评价的，其输入参数是通过两个研究项目正在开发的平台进行实际性能测试而得到的。在本章的第二部分中，分析了可能采用的解决方案，以确保危机管理系统 CIS 获得协同处理所需数据，并保证这些数据交换过程中的安全性和容错性。

为了完全覆盖对可靠危机信息已确定的需求，我们已经尽可能地计划了未来的工作，设计日志记录策略，以检测可能的故障并确定其原因。此外，我们还致力于在部门共同信息空间平台内实施机密通信的设想解决方案，并通过在平台的实际部署上进行测量活动，以实时地评估这些方案的效率和有效性。

致　谢

本研究感谢欧洲委员会合作项目"重建和恢复的决策支持工具研究与国际信息救援组织复杂情况下 CBRN 风险的互操作实现"（DESTRIERO，http://www.destriero-fp7.eu/，资助编号：312721），以及和合作项目"基于安全欧洲信息空间共享的应急反应与警察当局的信息互操作性研究"（SECTOR，http://www.fp7-sector.eu/，资助编号：607821）的支持。

参 考 文 献

Al Hasib, A., Haque, A.A.M.M., 2008. A comparative study of the performance and security issues of AES and RSA cryptography. In: Proceedings of the Third International Conference on Convergence and Hybrid Information Technology, vol. 2, pp. 505–510.

Avizienis, A., Laprie, J.-C., Randell, B., Landwehr, C., 2004. Basic concepts and taxonomy of dependable and secure computing. IEEE Trans. Dependable Secure Comput. 1 (1), 11–33.

Birrer, S., Bustamante, F., 2007. A comparison of resilient overlay multicast approaches. IEEE J. Sel. Areas Commun. 25 (9), 1695–1705.

Boin, A., McConnell, A., 2007. Preparing for critical infrastructure breakdowns: the limits of crisis management and the need for resilience. J. Conting. Crisis Manag. 15 (1), 50–59.

Cardinal, J., Hoefer, M., 2010. Non-cooperative facility location and covering games. Theor. Comput. Sci. 411 (16–18), 1855–1876.

Carrozza, G., Crescenzo, D.D., Napolitano, A., Strano, A., 2010. Data distribution technologies in wide area systems: lessons learned from SWIM-SUIT project. Netw. Protoc. Algorithm. 2 (3).

Cinque, M., Martino, C.D., Esposito, C., 2012. On data dissemination for large-scale complex critical infrastructures. Comput. Netw. 56 (4), 1215–1235.

Cinque, M., Esposito, C., Fiorentino, M., Mauthner, J., Szklarskic, L., Wilson, F., Semete, Y., Pignon, J.P., 2015. Sector: Secure common information space for the interoperability of first responders. Procedia Comput. Sci. 64, 750–757.

Cinque, M., Esposito, C., Fiorentino, M., Carrasco, F., Matarese, F., 2016. A collaboration platform for data sharing among heterogeneous relief organizations for disaster management. In: Proceedings of the ISCRAM 2015 Conference.

Di Crescenzo, A.S., Strano, A., Trausmuth, G., 2010. SWIM: a next generation ATM information bus-the SWIM–SUIT prototype. In: Proceedings of the 14th IEEE International Enterprise Distributed Object Computing Conference Workshops (EDOCW), pp. 41–46.

Defago, X., Schiper, A., Sergent, N., 1998. Semi-passive replication. In: Proceedings of the Seventeenth IEEE Symposium on Reliable Distributed Systems, pp. 43–50.

Dice, L., 1945. Measures of the amount of ecologic association between species. Ecology 26, 297–302.

Esposito, C., Cotroneo, D., Gokhale, A., 2009. Reliable publish/subscribe middleware for time-sensitive internet-scale applications. In: Proceedings of the Third ACM International Conference on Distributed Event-Based Systems (DEBS), pp. 16:1–16:12.

Esposito, C., Cotroneo, D., Russo, S., 2010. An investigation on flexible communications in publish/subscribe services. In: Software Technologies for Embedded and Ubiquitous Systems, Lecture Notes in Computer Science, vol. 6399, pp. 204–215.

Esposito, C., Cotroneo, D., Russo, S., 2013. On reliability in publish/subscribe services. Comput. Netw. 57 (5),

1318–1343.

Haimes, Y., 2011. On the definition of resilience in systems. Risk Anal. 29 (4), 498–501.

Han, J., Watson, D., Jahanian, F., 2006. An experimental study of internet path diversity. IEEE Trans. Dependable Secure Comput. 3 (4), 273–288.

Hernantes, J., Rich, E., Lauge, A., Labaka, L., Sarriegi, J., 2013. Learning before the storm: modeling multiple stakeholder activities in support of crisis management, a practical case. Technol. Forecast. Soc. Change 80, 1742–1755.

Jones, D.F., Mirrazavi, S.K., Tamiz, M., 2002. Multi-objective meta-heuristics: an overview of the current state-of-the-art. Eur. J. Oper. Res. 137 (1), 1–9.

Kamel Boulos, M.N., Resch, B., Crowley, D.N., Breslin, J.G., Sohn, G., Burtner, R., Pike, W.A., Jezierski, E., Chuang, K.Y., 2011. Crowdsourcing, citizen sensing and sensor web technologies for public and environmental health surveillance and crisis management: trends, OGC standards and application examples. Int. J. Health Geogr. 10 (67), 1–29.

Kolozali, S., Bermudez-Edo, M., Puschmann, D., Ganz, F., Barnaghi, P., 2014. A knowledge-based approach for real-time IoT data stream annotation and processing. In: Proceedings of the IEEE International Conference on Internet of Things (iThings), pp. 215–222.

Ley, B., Pipek, V., Reuter, C., Wiedenhoefer, T., 2012. Supporting improvisation work in inter-organizational crisis management. In: Proceedings of the SIGCHI Conference on Human Factors in Computing Systems

Marler, R., Arora, J., 2004. Survey of multi-objective optimization methods for engineering. Struct. Multidiscip. Optim. 26 (6), 369–395.

Naedele, M., 2009, 3rd Quarter. Standards for XML and Web services security. IEEE Comput. Mag. 11 (3), 4–21.

NatCatSERVICE, 2012. Münchener rŸckversicherungs-gesellschaft. Geo Risks Research.

Nordbotten, N.A., 2003. XML and Web services security standards. IEEE Commun. Surveys Tut. 36 (4), 96–98.

Organization for Economic Co-operation and Development (OECD), 2004. Large-scale disasters—lessons learned. Available at http://www.oecd.org/futures/globalprospects/40867519.pdf.

OMG, 2012. Data Distribution Service (DDS) for Real-Time Systems, v1.2. www.omg.org. (Accessed September 2012).

Palmieri, F., Fiore, U., Castiglione, A., Leu, F.Y., de Santis, A., 2013a. Analyzing the internet stability in presence of disasters. In: Security Engineering and Intelligence Informatics, Lecture Notes in Computer Science, vol. 8128, pp. 253–268.

Palmieri, F., Fiore, U., Castiglione, A., Leu, F.Y., Santis, A.D., 2013b. Analyzing the internet stability in presence of disasters. In: Proceedings of the CD-ARES Workshops, pp. 253–268.

Petullo, W.M., Zhang, X., Solworth, J.A., Bernstein, D.J., Lange, T., 2013. Minimalt: minimal-latency networking through better security. Available at http://eprint.iacr.org/.

Rizzo, L., Vicisano, L., 1998. RMDP: an FEC-based reliable multicast protocol for wireless environments. ACM SIGMOBILE Mobile Comput. Commun. Rev. 2 (2), 23–31.

Schneier, B., 1996. Applied Cryptography: Protocols, Algorithms, and Source Code in C, second ed. Wiley, New York, NY, USA.

Stallings, W., 2010. Network Security Essentials—Applications and Standards, fourth ed. Prentice Hall, Upper Saddle River, NJ.

Stallings, W., 2013. Cryptography and Network Security: Principles and Practice, sixth ed. Prentice Hall, Upper Saddle River, NJ.

Vetta, A., 2002. Nash equilibria in competitive societies, with applications to facility location, traffic routing and auctions. In: Proceedings of the 43rd Annual IEEE Symposium on Foundations of Computer Science, pp. 416–425.

Wiesmann, M., Pedone, F., Schiper, A., Kemme, B., Alonso, G., 2000. Understanding replication in databases and distributed systems. In: Proceedings of the 20th International Conference on Distributed Computing Systems, pp. 464–474.

致　谢

Ahmed Alzubi，艾哈迈德·奥祖比，凯里尼美国大学，塞浦路斯

Alba Amato，阿尔巴·阿玛托，坎帕尼亚大学，意大利

Alessandra De Benedictis，亚历山德拉·德·本尼德克蒂斯，那不勒斯费德里克二世大学，意大利

Antonio Scarfò，安东尼奥·斯克弗，那不勒斯，意大利

Arif Sari，阿里夫·萨里，凯里尼美国大学，塞浦路斯

Chang Choi，蔡昌，朝鲜大学，朝鲜

Christian Esposito，克里斯汀·埃斯波西托，国家大学信息技术联盟，意大利

David Sembroiz，大卫·萨姆布罗兹，加泰罗尼亚理工大学，西班牙

Davide Careglio，戴维德·卡基里奥，加泰罗尼亚理工大学，西班牙

Domenico Cotroneo，多梅尼科·科特罗尼奥，国家大学信息技术联盟，意大利

Erisin Caglar，埃尔辛·恰拉尔，凯里尼亚美国大学，塞浦路斯

Francesco Palmieri，萨莱诺大学，意大利

Gaetano Papale，加埃塔诺·帕培尔，那不勒斯大学，意大利

Gianfranco Cerullo，詹弗兰科·赛鲁罗，那不勒斯大学，意大利

Gianni D'Angelo，詹尼·D. 安杰洛，桑尼奥大学，意大利

Giovanni Mazzeo，乔凡尼·马泽奥，那不勒斯大学，意大利

Jian Shen，沈健，南京信息科技大学，中国

Joan Arnedo-Moreno，琼·阿尔内多·莫雷诺，加泰罗尼亚开放大学，西班牙

Luigi Sgaglione，路易吉·斯噶林，那不勒斯大学，意大利

Luis Gómez-Miralles，路易斯·戈麦斯·米莱尔，加泰罗尼亚开放大学，西班牙

Marcello Cinque，马尔塞洛·钦奎，国家大学信息技术联盟，意大利

Mario Fiorentino，马里奥·菲奥伦蒂诺，国家大学信息技术联盟，意大利

Massimiliano Rak，马西米利亚诺·拉克，那不勒斯联邦第二大学，意大利

Massimo Ficco，马西莫·菲科，那不勒斯联邦第二大学，意大利

Mauro Lacono，莫罗·兰科诺，坎帕尼亚大学，意大利

Michał Chora，麦克·肖拉，彼得哥什科技大学，波兰

Petar Kochovski，佩塔尔·可考夫斯基，卢布尔雅那大学，斯洛文尼亚

Rafat Kozik，拉法特·科兹克，彼得哥什科技大学，波兰

Salvatore Rampone，萨尔瓦托·丹普，桑尼奥大学，意大利

Salvatore Venticinque，塞尔瓦托·范提塞克，凯里尼亚美国大学，塞浦路斯

Sergio Ricciardi，塞尔吉奥·里卡德，加泰罗尼亚理工大学，西班牙

Stefano Marrone，斯特凡诺·马罗尼，坎帕尼亚大学，意大利

Stefano Russo，斯特凡诺·拉索，国家大学信息技术联盟，意大利

Umberto Villano，翁贝托·维拉诺，那不勒斯费德里克二世大学，意大利

Valentina Casola，瓦伦蒂娜·卡索拉，那不勒斯费德里克二世大学，意大利

Vlado Stankovski，弗拉多·斯坦科夫斯基，卢布尔雅那大学，斯洛文尼亚

Bruno Ragucci，布鲁诺·拉古奇，那不勒斯大学，意大利